山西晋祠泉域岩溶水系统
与生态修复研究

梁永平　王志恒　赵春红　申豪勇　唐春雷
任建会　侯宏冰　郭芳芳　谢　浩　赵　一　著

科 学 出 版 社

北 京

内 容 简 介

本书以晋祠泉域岩溶水系统为对象,从系统思想出发,剖析了泉域地质结构与岩溶发育特征,边界与水文地质性质,系统要素构成及转化关系,岩溶水动态与动力场、水化学场,岩溶水分布埋藏与富集规律等水文地质条件;联合建立了晋祠泉域和相邻的兰村泉域岩溶水系统拟三维渗流数值模型,开展了水资源质、量评价;分析了岩溶水环境问题及其发展演化趋势,揭示了环境问题成因;提出了岩溶水资源保护区划分方案;制定了晋祠泉水复流的生态修复措施,并对各措施的效果进行了定量评价与优化。本书涵盖了我国岩溶泉域水资源系统研究的各方面,可为我国北方地区岩溶水资源及水环境的研究、开发利用与保护和水生态修复提供一些新思路、新方法。

本书可供自然资源、水资源保护、环境保护等领域的科研和管理人员使用,也可供高等院校相关专业师生参考。

晋 AS〔2024〕001 号

图书在版编目〔CIP〕数据

山西晋祠泉域岩溶水系统与生态修复研究 / 梁永平等著. —北京:科学出版社,2024.3

ISBN 978-7-03-076907-7

Ⅰ.①山… Ⅱ.①梁… Ⅲ.①晋祠－水环境－生态恢复－研究
Ⅳ.①X171.4

中国国家版本馆 CIP 数据核字(2023)第 218109 号

责任编辑:郭勇斌 彭婧煜 邓新平 / 责任校对:杨 赛
责任印制:徐晓晨 / 封面设计:众轩企划

科 学 出 版 社 出版

北京东黄城根北街 16 号
邮政编码:100717
http://www.sciencep.com

北京建宏印刷有限公司印刷
科学出版社发行 各地新华书店经销

*

2024 年 3 月第 一 版 开本:787×1092 1/16
2024 年 11 月第二次印刷 印张:21
字数:488 000

定价:238.00 元

前　言

　　晋祠泉古称晋水，《水经注·晋水》中对晋祠泉就有"悬瓮之山，晋水出焉"的记载。晋祠泉出露于太原西山悬瓮山下晋祠公园内，由难老泉、圣母泉、善利泉组成，泉口高程 802.59～805 m，天然流量为 1.945 m³/s，水温常年维持在 17.5℃左右，是我国北方著名的岩溶大泉。

　　晋祠是全国重点文物保护单位，园内有气势恢宏的圣母殿，有构思奇特的鱼沼飞梁，有雄姿威严的金人台，有存留唐太宗李世民亲序及书圣王羲之墨宝的唐碑亭，还有并称晋祠"三绝"的周柏、宋代彩塑和北齐赐名的难老泉。晋祠公园松柏苍翠、环境幽静、景色秀丽，以雄伟古建筑群，超凡的塑像艺术和令人神往的晋泉、水磨、荷花、稻田构成的山光水色闻名于世。诗仙李白留有"晋祠流水如碧玉""百尺清潭写翠娥""微波龙鳞莎草绿"的诗篇；宋代文学家范仲淹、欧阳修也洒墨于晋祠，有"皆如晋祠下，生民无旱年"和"晋水今入并州里，稻花漠漠浇平田"的千古绝句。晋祠美，美在人文景观，美在清泉天成，更美在自然与人文的完美结合。

　　晋祠泉的开发利用历史悠久，其水利始于"三家分晋"。春秋"智伯渠"引汾水、晋水灌溉平阳城，是我国最早筑坝引泉灌溉的水利工程之一；至宋代可灌溉农田六百余顷，展示了"千家溉禾稻，满目江乡田"盛景；清代则有"溉汾西千顷田，三分南七分北"之水利规模；中华人民共和国成立后，晋祠灌区将原有 4 条河和 248 条支渠改建为长 17.3 km 的南北 2 条干渠和长 88.4 km 的 82 条支渠，使得灌溉规模达到 2800 hm²。晋祠泉集供水、旅游、生态功能于一体，千百年来川流不息，流出了一汪清泉，流成了汇入承载中华文明历史长河的支脉。

　　晋祠泉分别于 1933 年和 1942 年实测，流量约 2.0 m³/s；1954～1958 年实测平均流量为 1.94 m³/s，最大 2.06 m³/s（1957 年），最小 1.81 m³/s（1954 年），动态稳定；自 20 世纪 60 年代起，随着太原市化工工业发展对水资源的需求增加，开始在泉域内打井取水，到 1970 年泉水平均流量下降至 1.41 m³/s；20 世纪 70 年代，太原地区持续干旱，边山地带农村大量打井开采岩溶水，导致岩溶水水位下降，1980 年平均流量下降到 0.8 m³/s，善利、圣母两泉干枯；20 世纪 80 年代后，工农业开采量有增无减，大量的煤矿矿坑排水和降压排水加剧了晋祠泉的衰减趋势，同时流经泉域内碳酸盐岩渗漏区的汾河等地表水由于上游开发利用使得渗漏量大大减少，到 1989 年泉水平均流量降至 0.325 m³/s；1990 年后平均流量持续下降，1994 年 4 月 30 日，流淌了千年、取名自《诗经·鲁颂》的难老泉彻底断流。此后泉口水位持续下降，到 2008 年降至历史最低 774.83 m（距离泉口 27.76 m）。同时，晋祠泉域排泄区一些水化学组分含量不断增加，以矿化度为例，晋祠泉水断流前小于 700 mg/L，2000 年后增加到 900 mg/L 左右，部分时段超过 1000 mg/L。

　　晋祠泉的断流是一个生态灾难事件，也给山西人民带来极大的伤痛。为改善泉域水生态环境，山西省和太原市政府做了大量工作。立法层面，1990 年太原市第八届人民代表大会常务委员会第二十八次会议通过了《太原市晋祠泉域水资源保护条例》，1997 年山西省第八届人民代表大会常务委员会第三十次会议通过的针对山西 19 个泉域的《山西省泉域水资源保护条例》，其中规定了各泉域的边界、重点保护区以及相应的保护措施；工程层面，实施千里汾河清水复流工程、西山煤矿兼并重组、西山地区综合整治、利用万家寨引黄工程水源作为替代水源实行关井压采等措施，使得 2008 年后晋祠泉域岩溶水位出现止跌回升的局面；技术层面，山西省水利厅编制了《晋祠泉复流工程实施方案》，并于 2014 年 4 月在晋祠泉水断流 20 年前夕，组织国内相关专家进行了评审。

　　然而制定复流方案所沿用的主要依据是基于 20 世纪 90 年代前泉域岩溶水文地质条件的认识，事实上在 90 年代后，泉域岩溶水补、排条件均发生巨大变化，泉水复流的目标依然无法实现。泉域水文地质条件的变化主要表现在如下方面：

　　（1）1994 年和 2001 年晋祠泉及其下游平泉相继断流；万家寨引黄工程水源通水，太原市供水结构发生变化，开化沟一带水源地关闭；自 2005 年后，泉域内煤矿做了政策性整合，原有一些小煤矿关闭，闭坑后不少矿井老窑水溢出地表，并在一些碳酸盐岩河段形成对泉域岩溶水的渗漏补给，对岩溶水水质造成污染，同时处于带压开采的煤矿如白家庄煤矿、西铭煤矿过去一直进行降压排水，目前已关闭或接近闭坑阶段，也将改变泉域岩溶水的排泄状态且存在闭坑煤矿老窑水溢出地表的潜在污染威胁；2011 年晋祠泉口下游平泉一带自流井复涌，泉域岩溶水循环条件、流场形态发生变化。

　　（2）1999 年汾河二库放闸蓄水，到 2006 年，水位从坝址河床底高程 855.7 m 蓄至下奥陶统区域相对隔水层顶面 880 m，2014 年升至 898 m 以上，在形成大量渗漏的同时，悬泉寺泉群也被淹没覆压无法出流，其水源去向有待明确。此外，划分晋祠、兰村泉域边界的王封地垒在汾河二库水位标高大幅抬升后是否还能构成隔水边界也需要进一步核实。

　　（3）1986 年兰村泉断流后水位持续下降，是否会对晋祠泉域岩溶水产生影响无法确定，特别是汾河北部大面积出露的碳酸盐岩由于调查勘探精度低，2 个泉域间边界以柳林河地表分水岭划定的依据不甚充分。

　　（4）泉水断流后，山区岩溶水对太原盆地孔隙含水层的潜流补给减少，从而进一步加剧了太原市的地面沉降，2004 年《太原市地面沉降勘查报告》显示：1956～2000 年地面沉降范围，北起上兰镇，南至刘家堡乡郝村，西起西镇，东到榆次西河堡村；南北长约 39 km，东西长约 15 km，地面沉降涉及范围约 548 km^2，最大沉降中心累计地面沉降量 2 960 mm，沉降速率 63.0 mm/a；90 年代以来，沉降范围逐年向盆地边缘扩展，沉降漏斗面积逐年扩大，南部有向晋中盆地延伸的趋势，根据地面形成规模可划分出 2 处沉降区，4 个沉降漏斗中心。

　　为从根本上查明晋祠泉断流原因，论证泉水复流措施的合理性，避免次生环境问题的发生，2015 年 8 月，山西省人民政府向国土资源部发出了晋政函〔2015〕74 号《关于申请将汾河流域生态修复区重点岩溶泉域水文地质调查项目列入中央财政地质调查项目的函》，经中国地质调查局组织论证，设立"汾河流域晋中南大型岩溶泉域 1∶5 万水文地质调查"二级地质调查项目，由中国地质科学院岩溶地质研究所牵头，中国地质科学院水文地质环境地质研究所参加，山西省地质调查院、山西省地质工程勘察院、中国科学院大学、中国地质大学（北京）、核工业航测遥感中心协作完成。项目的总体目标任务是查明泉域岩溶水文地质条件与岩溶水赋存分布和变化规律、地下水开发利用状况及其相关生态环境地质问题，分析人类工程活动、自然气候变化与泉水断流的关系，构建泉域水文地质概念模型和数值渗流模型，开展地下水资源评价，提出地下水合理开发利用与泉水复流可行性方案，为晋祠等泉域的水生态修复提供基础依据。

《山西晋祠泉域岩溶水系统与生态修复研究》是以地质调查项目"汾河流域晋中南大型岩溶泉域1：5万水文地质调查"的成果为蓝本经归纳总结编写的。前言由梁永平编写；第一章第一、二节由梁永平、任建会编写，第三、四节由梁永平编写；第二章第一节由梁永平、唐春雷编写，第二、三、四节由梁永平编写；第三章第一、二节由梁永平编写，第三节由梁永平、侯宏冰编写，第四节由申豪勇编写，第五节由梁永平编写，第六节由赵春红、梁永平编写，第七节由赵春红、唐春雷、梁永平编写；第四章第一节由王志恒、梁永平、申豪勇编写，第二节由赵春红、谢浩编写；第五章由梁永平、赵一、申豪勇编写；第六章第一节由申豪勇编写，第二节由梁永平编写，第三节由王志恒编写，第四节由赵春红编写，第五、六、七节由梁永平、郭芳芳编写；第七章第一、二节由王志恒编写，第三、四节由梁永平、王志恒编写。最后由梁永平统一定稿。

项目开展过程中，太原市人民政府，山西省生态环境厅，太原市规划和自然资源局，太原市水务局，太原市兰村泉域水资源管理处，太原市晋祠泉域水资源管理处，太原市晋源区政府及区自然资源局，太原市万柏林区政府及区水务局，太原市尖草坪区政府及区水务局、区自然资源局，阳曲县政府及县水务局，清徐县政府及县水务局在工作中给予了大力支持。

山西焦煤集团有限责任公司西山地质处、山西省水资源研究所有限公司、山西省气象信息中心、山西省煤炭地质水文勘查研究院有限公司、太原市水文水资源勘测站、山西省水利电力勘测设计研究院有限公司、太原碧蓝水利工程设计股份有限公司、太原理工大学提供了很多基础资料。

太原市人民政府原副秘书长庞红，山西省水文水资源勘测总站副总工程师梁文彪教高，山西省地质勘查局王润福教高、郭振中教高，山西省生态环境厅王志朝教高，山西省地质勘查局李振栓教高，山西省水资源管理中心李录秀教高，山西省水资源研究所张文忠教高、张建友教高，山西省水利厅薛凤海教高、张建龙高工，山西省水资源管理中心侯保俊教高，山西省生态环境厅崔海英高工，中国地质大学（北京）邵景力教授、崔亚莉教授、张秋兰副教授，在工作协调、技术指导等多方面给予了无私帮助。

科学出版社的编辑为本书的出版付出了辛勤的劳动。

谨此对上述单位、个人给予项目开展和本书出版的鼎力支持表示衷心感谢！

山西晋祠泉域是我国北方岩溶水研究最多的地区之一，很多专业性科研院所以及山西省内几乎所有与水文地质相关的地矿、水利、煤炭、电力等部门所属单位都开展过相关勘查、研究工作，积累了大量的资料，取得了重要的认识，使本项目的开展调查工作首先拥有了一个雄厚的基础条件，同时也给创新性成果的提出带来了严峻挑战，特别是在基础性水文地质条件的认识方面再获得突破是一件十分困难的事。基于上述考虑，工作中我们博采众长，收集前人大量的成果资料，并与项目获取的新资料进行综合分析，在泉域边界修改划定、岩溶水强径流带和地下水转换带发现、汾河二库泉域归属的确认、前人制定的晋祠泉水复流措施效果的定量评价等方面提出了新的看法，取得了一些新的进展。尽管如此，受项目生产性工作任务重的限制，资料的分析还远未能达到透彻的程度，本书难免存在不足之处，恳请专家、读者予以批评指正！

作　者

2022 年 12 月于桂林

目　　录

第一章　晋祠泉域自然及基础地质概况

第一节　工作区自然地理条件

一、地形地貌

（一）地形

晋祠泉域地处太原市区汾河以西，跨越吕梁山脉和太原盆地。泉域内地形总体北高南低，西高东低；山区为剥蚀构造形成的中低山，一般山峰标高 1 600～2 000 m，最高峰为泉域西南狐爷山，标高 2 202.7 m，最低处位于泉域东南部的清徐县东于镇柴家寨，标高 757 m，最大高差近 1 500 m，平均海拔标高 1 300 m。大致以汾河干流古交段为界，汾河北岸为碳酸岩裸露区，土地贫瘠，植被稀少，平均海拔标高 1 500 m，北部静乐县的玉石窑山，海拔标高 2 041.1 m；汾河南岸为碎屑岩山区，平均海拔标高约 1 100 m，以石千峰、庙前山最高，海拔标高分别为 1 755 m 和 1 865 m。东南部为太原断陷盆地，地势平坦，土地肥沃，平均海拔标高约 780 m，地面平均坡降 0.2%，山区以较大的落差与盆地直接接触，构成了泉域地形地貌的基本格局。

（二）地貌

地貌是地壳内外营力长期相互作用的结果。晋祠泉域地貌形成的内营力作用突出地表现为断凸隆起与断凹沉降；外营力作用则表现为侵蚀作用、剥蚀作用与堆积作用。内营力作用造成地表形态的起伏，决定其运动的方向；外营力作用则对地表形态进行着削高填低的夷平作用。

研究其成因及形态特征，合理进行类型分区，是分析和掌握晋祠泉域生态地质环境的演化，地下水的形成和分布，地下水的补、径、排规律的重要基础。本区地貌按成因类型、形态类型及物质组成进行划分，区内共分 2 个大区、8 个亚区（详见地貌分区说明表 1-1 及地貌分区图 1-1）。

1. 剥蚀、侵蚀构造地貌（Ⅰ）

1）剥蚀构造岩浆岩变质岩区（$Ⅰ_1$）

主要分布于泉域北部昔湖洋—安家庄干河以东地区、泉域西南边界狐爷山区，属高中山、中山地形，山势比较陡峻壮观，由深变质的片岩、石英砂岩或燕山期岩浆岩组成，基岩裸露，反在山麓地带有少量坡、残积黄土状亚黏土覆盖。偶见石英砂岩构成的陡壁，山顶一般浑圆，沟谷幽深狭窄呈宽 V 字形，切割深度 500～1 000 m，区内植被生长一般，沟底有清水潺流。

表 1-1　晋祠泉域地貌分区说明

地貌分区				分布范围	地貌特征简述
区		亚区			
名称	代号	名称	代号		
剥蚀、侵蚀构造地貌	I	剥蚀构造岩浆岩变质岩区	I_1	泉域北部昔湖洋一安家庄干河以东地区、泉域西南边界狐爷山区	高中山、中山地形，山势比较陡峻壮观，由深变质的片岩、石英砂岩或燕山期岩浆岩组成，基岩裸露，反在山麓地带有少量坡、残积黄土状亚黏土覆盖。偶见石英砂岩构成的陡壁，山顶一般浑圆，沟谷幽深狭窄呈宽 V 字形，区内植被生长一般，沟底有清水潺流
		侵蚀、溶蚀碳酸盐岩区	I_2	泉域中北部汾河以北地区	高中山、中山地形，由寒武系、奥陶系碳酸盐岩组成，山势异常陡峻，常见数十米悬崖峭壁，冲沟多呈 V 字形干谷、溶洞及深槽发育，边上有泉水出露。第四系残积物仅在山坡较缓的地方少有保留，洪积物在河谷底部堆积
		剥蚀构造碎屑岩区	I_3	泉域中南部汾河以南地区	中山地形，由软硬相间的砂页岩组成，易风化剥蚀，故山坡平缓，山顶浑圆，零星交杂盖有坡、残积黄土状沉积物，主河谷开阔成 U 形，有第四系堆积的阶段分布，支沟一般呈较窄 V 字形，常见砂岩跌水陡坎
堆积侵蚀地貌	II	黄土丘陵沟壑区	II_1	泉域北部赤泥窊乡一上双井、西北部三浪一牛泥一带，东部化客头、西部睦联坡地区	山梁、山坡平缓由新生界黄土组成，主要为中更新统洪积物，顶部为马兰期风坡积黄土沉积，谷底基岩裸露，呈土、石混杂的地貌景观。梳状排列向河谷缓倾的黄土冲沟发育，地形上常见黄土沟、黄土梁相间分布，冲沟最大切割深度近百米，主沟沟壁陡立，横剖面呈箱型，支沟多呈 V 字形
		山间河谷区	II_2	汾河及其支流河谷区	河谷漫滩、低阶地主要由第四系全新统、上更新统冲洪积物组成，汾河流经太原盆地西边山切割强烈，呈峡谷，谷坡呈阶梯状，可见六级阶地，其支流入口处常出现跌水现象。低阶地区因水位埋深较小，村边见有水塘分布
		黄土台塬区	II_3	分布于晋祠泉域东南部山前西铭和聂家山一带	地形比较平缓，塬面全由上更新统马兰黄土组成，以 3°～30° 为坡度向盆地倾斜，冲沟比较发育，一般切割深度 30～50 m，塬前缘受隐伏断裂构造控制
		山前冲洪积倾斜平原区	II_4	分布于晋祠泉域东南部边山一带	由多个面积大小不等的冲洪积扇连接而成，除扇轴间有砂砾石沟床分布，扇间洼地有黏性土分布外，全由亚砂土组成，地形趋势是以 2°～5° 的坡度向盆地波浪状缓倾，扇体前缘有较多小湿地，盐碱地分布
		冲洪积平原区	II_5	分布于晋祠泉域东南部汾河以西地区	地势低平，沿盆地轴线自北东向南西微倾，属汾河阶地区，高阶地前缘高出河床 20 m 左右，低阶边前缘高出河床 2～6 m，地表由亚黏土、亚砂土组成，低阶地区因水位埋深较小，局部盐碱化程度较高

2）侵蚀、溶蚀碳酸盐岩区（I_2）

主要分布于泉域中北部汾河以北地区，属高中山、中山地形，由寒武系、奥陶系碳酸盐岩组成，山势异常陡峻，常见数十米悬崖峭壁，冲沟多呈 V 字形干谷、溶洞及深槽发育，切割深度 500～1 000 m，边上有泉水出露。第四系残积物仅在山坡较缓的地方少有保留，洪积物在河谷底部堆积。

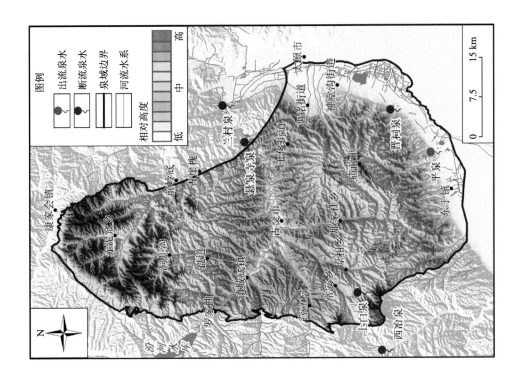

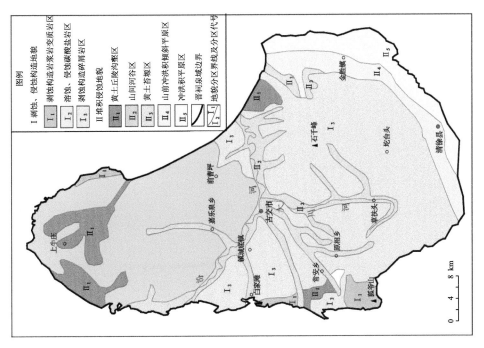

图 1-1　晋祠泉域地貌分区图

3）剥蚀构造碎屑岩区（Ⅰ₃）

主要分布于泉域中南部汾河以南地区，属中山地形，由软硬相间的砂页岩组成，易风化剥蚀，故山坡平缓，山顶浑圆，零星交杂盖有坡、残积黄土状沉积物，主河谷开阔呈 U 形，切割深度大于 500 m，有第四系堆积的阶段分布，支沟一般呈较窄 V 字形，常见砂岩跌水陡坎。

2. 堆积侵蚀地貌（Ⅱ）

1）黄土丘陵沟壑区（Ⅱ₁）

主要分布于泉域北部赤泥窊乡—上双井、西北部三浪—牛泥一带，东部化客头、西部睦联坡地区。山梁、山坡平缓由新生界黄土组成，主要为中更新统洪积物，顶部为马兰期风坡积黄土沉积，谷底基岩裸露，呈土、石混杂的地貌景观。梳状排列向河谷缓倾的黄土冲沟发育，地形上常见黄土沟、黄土梁相间分布，冲沟最大切割深度近百米，主沟沟壁陡立，横剖面呈箱型，支沟多呈 V 字形，切割深度小于 200 m。

2）山间河谷区（Ⅱ₂）

主要分布于汾河及其支流河谷区，河谷漫滩、低阶地主要由第四系全新统、上更新统冲洪积物组成，汾河流经太原盆地西边山切割强烈，呈峡谷，谷坡呈阶梯状，可见六级阶地，其支流入口处常出现跌水现象。低阶地区因水位埋深较小，村边见有水塘分布。

汾河及其较大的支流中多有窄条状冲、洪积河谷分布。汾河两侧至少可见到三个不同高度的阶地存在，一级阶地高出河床 3～4 m，由河漫滩相沉积物组成；二级阶地高出河床 10～20 m，由河床及河漫滩相沉积物组成；三级阶地高出河床 50～100 m，由基座及更新统堆积物组成；此外仍然可见到一些剥蚀不全的四级、五级阶地残存，标高在 1 000 m 以上。阶地沉积结构一般具有下粗上细的二元结构（图 1-2）。

图 1-2　汾河策马段二级阶地沉积物的二元结构

3）黄土台塬区（Ⅱ₃）

分布于晋祠泉域东南部山前西铭和聂家山一带，地形比较平缓，塬面全由上更新统马兰黄土组成，以 3°～30°为坡度向盆地倾斜，冲沟比较发育，一般切割深度 30～50 m，塬前缘受隐伏断裂构造控制。

4）山前冲洪积倾斜平原区（Ⅱ₄）

分布于晋祠泉域东南部边山一带，由多个面积大小不等的冲洪积扇连接而成，除扇轴间有砂砾石沟床分布，扇间洼地有黏性土分布外，全由亚砂土组成，地形趋势以 2°～5°的坡度向盆地波浪状缓倾，扇体前缘有较多小湿地，盐碱地分布。

5）冲洪积平原区（Ⅱ₅）

分布于晋祠泉域东南部汾河以西地区，地势低平，沿盆地轴线自北东向南西微倾，属汾河阶地区，高阶地前缘高出地表高出河床 20 m 左右，低阶边前缘高出河床 2～6 m，地表由亚黏土、亚砂土组成，低阶地区因水位埋深较小，局部盐碱化程度较高。

纵观全貌，晋祠泉域山峦起伏叠嶂，沟谷纵横，地形复杂，切割强烈，属构造剥蚀、溶蚀成因的低—中高山地形。

二、水文气象

1. 气象

本区为典型的温带半干旱大陆性季风气候，干旱多风，雨量集中，蒸发强烈，四季分明，昼夜温差大及无霜期短为其典型特征。

根据太原观象台资料，多年（1951～2017 年）平均降水量为 445.36 mm，降水量的年际、年内及地域分布极不均匀，最大年（1969 年）降水量为 749.1 mm。年际：最小年（1972 年）降水量为 216.1 mm，最大降水量是最小降水量的三倍以上。年内：最大 7 月平均降水为 108.58 mm，最小 1 月、12 月年均降水量为 2.915 mm，其中每年汛期 6～9 月降水量占全年总降水量的 72.9%。降水量的地域分布特征，一般为山区大于盆地，西部大于东部，中部大于北部和南部。石千峰至庙前山一带为暴雨中心。太原观象台逐年、月平均降水量动态曲线详见图1-3。

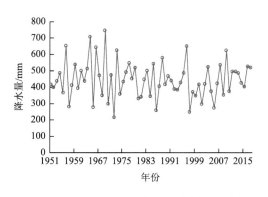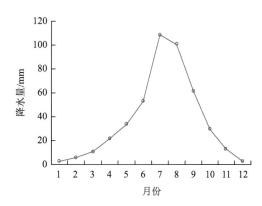

图1-3　太原观象台逐年、月平均降水量动态曲线图

太原站监测多年平均蒸发量 1 745.84 mm（20 cm 观测皿观测值）。多年平均气温 10.01℃，从 20 世纪 50 年代至 2015 年，气温总体呈上升趋势（图 1-4），年内气温 7 月最高，平均为 23.73℃，极端最高气温 39.4℃，1 月最低，平均为–5.75℃，极端最低气温 –25.5℃，呈现出雨热同期的特征。平均相对湿度 60%，最大冻土层厚 1.1 m，无霜期 160 d 左右。主导风向冬春为西北风，夏秋为东南风。

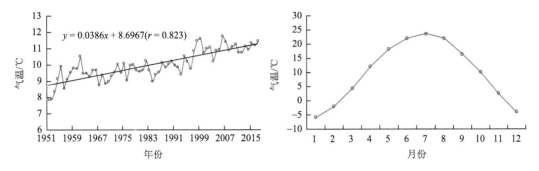

图 1-4　太原观象台逐年、月平均气温动态曲线图

2. 水文

区内河流水系较为发育，汾河是流经本区最大的河流，还分布有天池河、屯兰川、狮子河、柳林河、原平川、大川河、矾石沟、磨石沟、玉门沟、虎峪沟、冶峪沟、风峪沟、柳子沟、白石河、磁窑河等多条河流，均为汾河的一级支流（图 1-5），流域面积接近或 100 km² 及以上的概述如下。

（1）汾河。汾河主河道在罗家曲东侧以外源水形式进入泉域，上游汇水面积 5 345 km²。根据河床下伏基岩岩性分为如下 5 段：第一段为娄烦县罗家曲东—古交市镇城底镇李八沟村南汾河河谷，长度为 17.32 km，途经娄烦县强家庄村、龙尾头村，汾河由西向东分别穿越早古生界寒武系、奥陶系碳酸盐，河床标高从 1 058 m 降低至 1 030 m；第二段为古交市镇城底镇李八沟村南—古交市河口镇寨上村，长度 18.39 km，流经地层主要为石炭—二叠系，到寨上河床标高降至 950 m，河谷以 U 形宽谷为主，宽度一般在 200 m 左右；第三段寨上—古交市河口镇扫石村南东磺厂沟入口，总长度 18.61 km，流经地层为中奥陶统峰峰组—上马家沟组，该河段两侧石灰岩基岩高耸，为峡谷地貌，地面标高由 950 m 降至 895 m，河床比降较大；第四段从扫石村南东—太原市万柏林区下槐村，该段长度 9.53 km，是汾河二库蓄水区，河床下分布中奥陶统下马家沟组碳酸盐岩，向下游进入兰村泉域，其中兰村泉域汾河二库蓄水段长 4.3 km，二库坝址以下到兰村泉长度 14.27 km，汾河在兰村泉域内向下游从兰村进入太原盆地，直至尖草坪区三给十水厂一带再次进入晋祠泉域，构成泉域内第五段，该段到清徐县长头村西流出泉域，长度 43.89 km，全部处于太原盆地内，地面标高从 790 m 降低至 762 m，坡降最小，河床下伏数百米松散层，汾河河水与深部岩溶水间无直接联系。

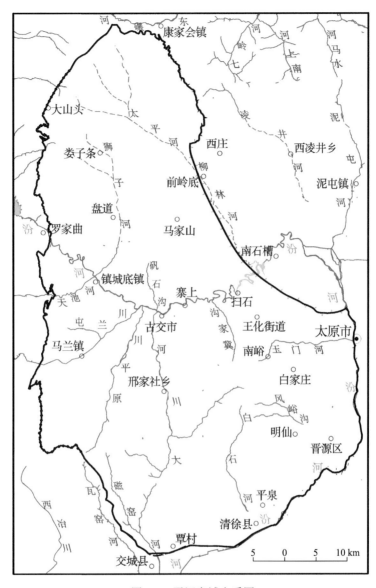

图 1-5　晋祠泉域水系图

　　与晋祠泉域相关的汾河水文站有汾河一库站（汾河水库站）、汾河寨上水文站，此外在太原西山兰村泉域内还有汾河二库站（水库修建较晚，观测流量系列较短，控制流域面积 7 616 km²）和兰村水文站。汾河水库站控制流域面积 5 268 km²。据 1958～2016 年实测流量资料统计，汾河河道多年平均放水量为 9.44 m³/s，最大年平均流量为 27.21 m³/s（1967 年），最小年平均流量为 2.36 m³/s（2007 年）。20 世纪 80 年代以前年平均流量为 12.38 m³/s，80 年代以后年平均流量为 7.70 m³/s，2000 年以后年平均流量为 6.53 m³/s（含部分跨流域的引黄水）。寨上水文站位于汾河水库站下游，控制流域面积 6 819 km²，较汾河水库站增加面积 1 551 km²，其间发育汾河北侧以碳酸盐岩裸露区为主的狮子河、南侧以煤系地层为主的大川河、原平川、屯兰川及天池河等支流。据

1956～2016 年实测流量资料统计，汾河年平均来水量为 10.80 m³/s，最大年平均流量为 33.04 m³/s（1967 年），最小年平均流量为 2.61 m³/s（2007 年）。20 世纪 80 年代前年平均流量为 14.75 m³/s，80 年代以后年平均流量为 8.23 m³/s，2000 年以后年平均流量为 6.84 m³/s。两站年平均流量系列资料表明 20 世纪 80 年代之后河道来水量呈减少态势（图 1-6），下游寨上水文站流量均值、最大值、最小值以及不同系列的平均值均较上游汾河水库站大，这是由于两站间的区间来水量的汇入所致。

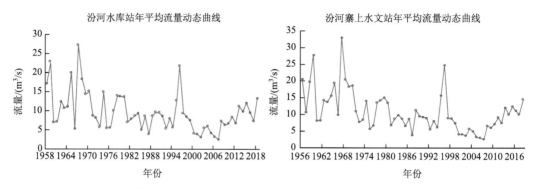

图 1-6　汾河水库站（放水量）、汾河寨上水文站年平均流量动态曲线

此外，根据汾河下游兰村水文站(控制上游流域面积 7 705 km²)实测流量资料统计，1956～2016 年平均来水量为 11.04 m³/s，最大年平均流量为 33.97 m³/s（1967 年），最小年平均流量为 1.57 m³/s（2007 年）。20 世纪 80 年代以前年平均流量为 19.33 m³/s，80 年代以后年平均流量为 6.97 m³/s，2000 年以后年平均流量为 4.89 m³/s。兰村水文站流量平均来水量、最大年均流量、20 世纪 80 年代前流量均大于上游寨上水文站流量，但 80 年代后的系列径流量、最小流量均较寨上水文站的流量小。其主要原因有 3 条：其一是寨上水文站到兰村水文站间为碳酸盐岩地层，流经该段地表水形成渗漏；其二是兰村水文站控制了兰村泉水的出流量，泉水在 20 世纪 90 年代断流，因此导致后期径流量大大减少；其三是汾河二库放闸蓄水，在增大汾河渗漏量的同时也减少了河水的来水量。

（2）狮子河。发源于太原古交市与忻州市静乐县交界的张咀坝山南麓，流经娄子条、洞沟、冶元、嘉乐泉，于炉峪口村汇入汾河，流长 29.6 km，汇水面积 177 km²，行政区隶属于古交市。其下垫面在冶元以上的中上游地区为碳酸盐岩地层，冶元以下进入石炭—二叠系煤系地层区。

（3）天池河。发源于娄烦县境内牛咀山南麓，流经韩家沟村、白家滩村，从崖头村东进入晋祠泉域，向下游石家岩村、顺道村，于上雁门村北东汇入汾河，流长 29 km，汇水面积 190 km²，行政区总体属于娄烦县，仅下游部分属古交市。流域下垫面在晋祠泉域外的上游地区为前寒武系变质岩及黄土分布区，从泉域入口至顺道村段，南北两侧下古生代碳酸盐岩段，仅在汾河入口段为上古生界煤系地层分布区。

（4）屯兰川。发源于古交市铁史沟山南麓，流经关头村、岔口村，从康庄村进入晋祠泉域，向下游过营立、马兰，于屯兰村北东汇入汾河，流长 41.7 km，汇水面积 298 km²，行政区隶属于古交市。流域下垫面在晋祠泉域外的上游地区为前寒武系变质岩及黄土分布区，进入泉域至营立段，南北两侧下古生界碳酸盐岩，向下游至汾河入口为上古生界煤系地层分布区。

（5）原平川。发源于晋祠泉域南部古交市与交城县交界的狐爷山南麓，流经常安、辛庄，从古交市西石家河村汇入汾河，流长 28.1 km，流域面积 220 km²，行政区归属古交市。流域内下垫面除源头局部地段为碳酸盐岩与火成岩侵入体外，绝大多数为煤系地层及松散层。

（6）大川河。发源于古交市、交城县、清徐县三地交界的庙前山的北麓，流经下庄、草庄头、邢家社，于古交市区汾河南岸汇入汾河，全长 39.3 km，流域面积 297 km²，全部归属古交市。流域下垫面全部为煤系地层或松散层。

（7）柳林河。柳林河上游分为北支和西支，北支发源于忻州市静乐县玉石窑山、莲花山南麓，西支发源于静乐县阁雷山东麓，两支大致于静乐县赤泥窊乡一带交汇，向下游流经横山村、柳林村、前岭底、青崖槐，于柏崖头村南侧汇入汾河。柳林河流域面积 468 km²，上游属于忻州静乐县，下游东侧属太原阳曲县、西侧属太原古交市。下垫面主要为碳酸盐岩裸露区或松散层，仅在流域东北分水岭地带有少部分前寒武纪变质岩系出露分布区。流域在柳林村以上及下游右岸属于晋祠泉域，面积 336 km²，下游左岸属于兰村泉域，面积 112 km²。

（8）磁窑河。位于晋祠泉域西南，发源于交城县贺家岭，北与原平川、大川河分界，呈北西南东走向流经岭底、磁窑村，于太原西山前交城县坡底村东侧流出泉域，最终汇入汾河。泉域内流域面积 98.2 km²，行政区全部归属吕梁市交城县。流域下垫面全部为上古生界和中生界碎屑岩。

第二节　工作区社会、经济发展概况

晋祠泉域面积 2 712.58 km²，其中有 2 261.89 km² 属于太原市，占泉域总面积的 83.4%，其余 450.69 km² 分属于忻州市静乐县（320.43 km²）和吕梁市交城县（130.26 km²）。静乐县处于晋祠泉域北部石灰岩补给山区，基本没有工业生产活动，居民以分散养殖、小型农业为主，水资源开发利用量非常有限，目前在区内仅有 4 眼岩溶水开采井，主要用于居民生活用水；吕梁市交城县部分处于泉域东南侧，多数地区为碳酸盐岩含水层深埋区，仅在太原盆地西边山断裂带局部岩溶水富集区有少量开采；太原市是泉域岩溶水的主要开采用户。

1. 太原市概况

太原市是山西省的省会，位于黄土高原东部，汾河流域中部，东、北、西三面环山，南部为开阔的河谷盆地，汾河纵贯全境，全市总面积 6 988 km²。2021 年统计年末全市常住人口 539.1 万，其中城镇人口 481 万，乡村人口 58.1 万，城镇化率 89.23%。所辖行政区为 6 区 3 县 1 市，分别是杏花岭区、迎泽区、小店区、尖草坪区、万柏林区和晋源区，古交（县级）市，清徐县、阳曲县、娄烦县，此外，还有 2 个国家级开发区和 3 个省级工业园区。

2. 太原市经济

太原是中华人民共和国成立初期的重要工业基地之一。20 世纪末以来，在山西省新型能源和工业基地建设中，太原坚持走新型工业化道路，承担起山西省产业结构调整和升级转化的重任。以不锈钢生产基地、新型装备制造工业基地和镁铝合金加工制造基地"三大基地"为代表的优势产业发展态势良好。中华人民共和国成立以来，经过 70 多年的建设，已形成了以能源、冶金、机械、化工为支柱，纺织、轻工、医药、电子、食品、建材精密仪器等门类较齐全的工业体系。工业、农业是太原市国民经济的主要产业。2021 年太原市地区生产总值为 5 121.61 亿元，占全省的 22.67%。其中：第一产业增加值 44.80 亿元，第二产业增加值 2 113.09 亿元，第三产业增加值 2 963.72 亿元。

3. 自然资源

1）生物资源

太原植物区系含有种子植物、蕨类植物、苔藓、地衣、藻类和菌类。太原地区野生动物资源有鸟纲 16 目 37 科 173 种。国家一级保护兽类 1 种、国家二级保护兽类 5 种、山西省重点保护兽类 3 种；爬行纲 3 目 4 科 8 种；两栖纲 1 目 2 科 5 种；鱼纲 2 目 4 科 21 种；甲壳纲 1 目 2 科 2 种；昆虫纲 13 目 70 科 177 种；蛛形纲 2 目 3 科 10 种。

2）矿产资源

太原探明矿藏主要有铁、锰、铜、铝、铅、锌等金属矿和煤、硫磺、石膏、钒、硝石、耐火黏土、石英、石灰石、白云石、石美砂等非金属矿。

3）水资源

根据山西省第二次水资源评价结果，太原市多年平均水资源量为 5.373 9 亿 m^3（其中地表水资源 1.828 9 亿 m^3，地下水资源 4.297 3 亿 m^3，地表基流重复量 0.752 3 亿 m^3），人均水资源量 168 m^3，仅为全国人均水资源量的 1/12，全省平均水平的 1/2，为重度缺水城市。

4. 交通设施

1）铁路

太原铁路局铁路总里程 2 800 km，太中银铁路、北同蒲铁路、南同蒲铁路、太焦铁路，石太铁路，太兴铁路，上兰村铁路，环城铁路，石太高铁、大西高铁、太郑高铁，太呼高铁（规划）、京太高铁（规划）等多条铁路干线汇集于此。

太原站、太原南站为主要的客运火车站，其中太原南站为华北第二大综合交通枢纽。此外规划了太原新西站。太原北站是华北最大编组站，汾河站、晋祠站、太原西站等为市内环城铁路枢纽；太原轨道交通已经开工。

2）航空

太原武宿国际机场是华北第三大国际机场，通往世界主要国家及地区和国内大部分城市。此外规划了太原清源国际机场。太原武宿国际机场位于太原市小店区，距太原市中心（五一广场）13.2 km。几乎所有的国内航班均在太原武宿国际机场停靠和起飞。太原武宿国际机场通航航线 110 条，通航城市 60 个，全年预计保障运输起降 7.5 万架次，旅客吞吐量 780 万人次，货邮吞吐量 4.4 万 t。

3）公路

太原市城区的路网结构以网状为主，呈环形放射状。最外有环状高速路（外环路），2013 年新建成通车中环快速路，在老城区已经形成内环路。到 2008 年，全市公路里程 6 035 km，城市道路里程 1 776 km。

5. 风景名胜

太原文物古迹有晋祠园林、永祚寺、凌霄双塔、龙山石窟、蒙山大佛、祭孔文庙、晋阳古城遗址以及中国十大石窟之一的天龙山石窟等名胜古迹。到 2013 年，全市共有市级以上文物保护单位 203 处，其中全国重点文物保护单位 33 处、省级文物保护单位 13 处、市级文物保护单位 157 处。同时拥有国家地质公园 1 处、森林公园 3 处。太原的文化生活丰富多彩，各种类型的演出、国际性的展会等一应俱全。晋剧被誉为山西的"省粹"，起源于清代咸丰年间，青年宫、太原市文广中心等都常有传统的晋剧演出。

第三节　地 层 岩 性

晋祠泉域地层出露比较齐全，基底变质地层有新太古界界河口岩群及五台群；沉积盖层有古生界寒武系、奥陶系、石炭系、二叠系，中生界三叠系和新生界新近系、第四系等（图 1-7）。

一、新太古界界河口岩群及五台群

界河口岩群贺家湾岩组主要分布于晋祠泉域北部北小店幅神堂沟—多子村—牛尾庄及团峪沟—下水马一带，呈北东向展布，与相邻斜长片麻岩类呈深熔超塑性剪切渐变接触，与二长片麻岩类呈侵入接触，局部呈残片形式分布于片麻岩中。该岩组为一套富铝的泥质岩及碎屑变质岩，主要岩性为石榴矽线二云淡浅粒岩、黑云母变粒岩、二云石英片岩、斜长角闪岩等。受深熔超塑性剪切流变作用的影响，岩性变化很大，变粒岩常渐变为细粒片麻岩，石英岩渐变为石英片岩或石英脉，多被新太古代五台期片麻岩及古元古代吕梁期变质花岗岩分割或围限，整体性和连续性较差。原始沉积界面及原生组构被改造，致使其原始特征很难恢复，地层层序难以辨认，岩层的原始厚度很难准确确定，该岩组厚度 9 837 m。

五台群岩性为含石榴石黑云变粒岩、角闪变粒岩、斜长角闪岩、细粒斜长片麻岩等夹少量的磁铁角闪岩、磁铁石英岩、长石石英岩。该岩组总厚 20 340 m。

二、下古生界

下古生界寒武系—奥陶系为一套陆表海碎屑岩-碳酸盐岩建造。其底部以寒武系霍山组底为界与下伏变质岩系呈角度不整合接触。根据区内该套地层的岩性组合特征及古生物特征，参照山西省地质矿产局（1997）划分方案，将区内下古生界划分为寒武系下寒武统霍山组（归属有争议，一些学者划为前寒武系）、馒头组，中寒武统张夏组，上寒武统崮山组、长山组、凤山组；奥陶系下奥陶统冶里组、亮甲山组，中奥陶统下马家沟组、上马家沟组、峰峰组。

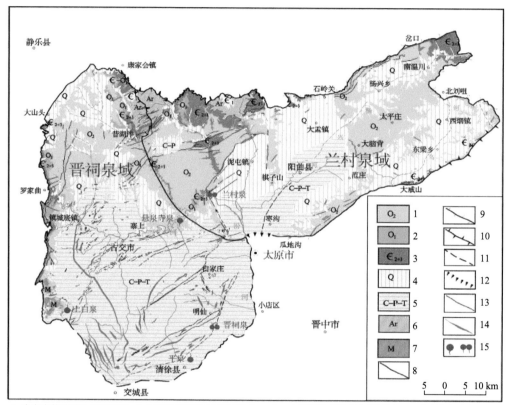

1. 中奥陶统碳酸盐岩裸露区；2. 下奥陶统碳酸盐岩裸露区；3. 中、上寒武统碳酸盐岩裸露区；4. 碳酸盐岩覆盖区；
5. 碳酸盐岩埋藏区；6. 前寒武系变质岩出露分布区；7. 中生代火成岩出露分布区；8. 泉域隔水边界；
9. 泉域地下分水岭边界；10. 泉域地表分水岭边界；11. 泉域碳酸盐岩深埋滞流型隔水边界；12. 泉域岩溶水潜流边界；
13. 断层；14. 褶皱；15. 岩溶泉

图 1-7　晋祠—兰村泉域地层分布略图

下古生界岩性主要包括陆源碎屑岩、泥质岩、非蒸发岩三大岩类，其中以非蒸发岩类为主，前两大类次之，蒸发岩仅在局部层位中有少量沉积。陆源碎屑岩包括霍山组底部砾岩、石英岩状砂岩等。泥质岩以馒头组中居多。非蒸发岩是泉域内下古生界分布最广、数量最多的一种岩石类型，根据组成岩石的主要矿物成分进一步划分为两种，即灰岩、白云岩，结构上包括内碎屑灰岩（竹叶状灰岩）、生物碎屑灰岩、鲕粒灰岩、泥晶灰岩、白云质灰岩、云斑灰岩（豹皮状灰岩）等。蒸发岩类主要呈不稳定层状或透镜体状分布于中奥陶统上下马家沟组和峰峰组底部泥灰岩中石膏，部分地段可进行开采。化学成分分析结果如表 1-2 所示。

表1-2　晋祠泉域下古生界碳酸盐岩岩石化学分析结果　（单位：%）

系	统	组	段	代号	定名	CaO	MgO	酸不溶物	方解石	白云石
奥陶系	中奥陶统	峰峰组	上段	O_2f^2	泥晶、粉晶灰岩	52.65	1.41	2.16	90.57	6.24
			下段	O_2f^1	角砾状灰岩、泥云岩夹白云质灰岩及石膏	29.04	15.69	9.18	30.44	39.41
		上马家沟组	上段	O_2s^3	泥晶灰岩夹薄层白云岩	54.08	0.67	1.44	94.65	3.75
			中段	O_2s^2	豹皮状灰岩夹薄层泥晶灰岩、含燧石结核	50.62	3.21	3.48	82.55	13.39
			下段	O_2s^1	白云质泥灰岩、泥灰岩夹石膏	42.5	9.92	5.91	58.6	34.66
		下马家沟组	上段	O_2x^3	泥晶-粉晶灰岩夹白云质灰岩	51.41	2.14	2.88	85.19	12.38
			中段	O_2x^2	泥晶灰岩夹豹皮状灰岩	45.26	7.23	1.95	59.89	36.82
			下段	O_2x^1	白云质灰岩、泥灰岩夹钙质页岩、石英砂岩及石膏	34.27	14.19	16.51	39.54	39.96
	下奥陶统	亮甲山组		O_1l	燧石结核白云岩、泥质白云岩	32.04	18.14	4.04	11.77	83.72
		冶里组		O_1y	泥质白云岩夹页岩	29.87	45.77	3.36	2.67	93.52
寒武系	上寒武统	凤山组		$\mathcal{C}_3f$	白云岩夹泥质条带灰岩、竹叶状灰岩	35.18	15.68	3.59	24.29	71.17
		长山组		$\mathcal{C}_3c$	白云岩	31.11	20.81	0.77	5.99	92.27
		崮山组		$\mathcal{C}_3g$	泥质条带灰岩、竹叶状灰岩夹页岩	50.03	2.55	4.17	82.44	13.08
	中、下寒武统	张夏组		$\mathcal{C}_2z$	鲕状灰岩、泥晶灰岩、生物碎屑灰岩	50.07	2.95	5.07	84.06	8.79
		馒头组、徐庄组		$\mathcal{C}_1m$、$\mathcal{C}_2x$	页岩夹灰岩、页岩			主体为非碳酸盐岩		

（一）寒武系

1. 下寒武统霍山组（$\mathcal{C}_1h$）

霍山组主要分布于泉域西部、北部边缘地区。其底部以角度不整合覆盖于前寒武纪变质基底之上，顶部与馒头组整合接触。

主要岩性为紫红色、褐红色中厚层—厚层中细粒（含砾）石英砂岩、石英岩状砂岩夹砂砾岩、砾岩，底部为约 0.1 m 厚的含砾砂岩，砾石分选性较差、磨圆较好，砾石成分不复杂，但随着不同基底有所不同，一般以花岗质、硅质为主，另见少量片麻岩类。岩石中多发育低角度冲洗交错层理、平行层理等，为一套成熟度较高的陆地边缘相区的滨岸碎屑岩沉积，厚 2～37 m。

2. 下寒武统馒头组、中寒武统徐庄组（$\mathbb{C}_1m$、$\mathbb{C}_2x$）

馒头组（应包括毛庄组和徐庄组）分布范围与霍山组相同，其与下伏霍山组及上覆张夏组均呈整合接触。

馒头组下部为紫红色薄层粉砂岩、粉砂质页岩；上部为紫红色粉砂质页岩夹绿色钙质页岩、灰黄色薄层粉晶白云岩；呈缓坡地貌；发育水平层理，层面上浪成对称波痕、干裂发育；代表了陆地边缘相区的滨岸潮上、潮间砂、泥、云坪沉积环境，厚 22～117 m。

前人将泉域内部分地区的徐庄组归并入馒头组（未分），为灰—浅灰色鲕粒状白云质灰岩、泥岩，下部为紫红色泥岩、砂质泥岩与细砂岩互层，底部有 20 cm 的底砾岩。厚 20～63.5 m。

3. 中寒武统张夏组（$\mathbb{C}_2z$）

张夏组主要分布于泉域西部、北部边缘地区。底部与下伏馒头组整合接触，以陡坎地貌且底部大量白云质灰岩出现划界；顶部被崮山组整合覆盖。为一套由台地边缘潮坪沉积过渡为碳酸盐岩台地沉积的组合，厚 173.13 m。据地貌特征及岩性组合可划分为两个蒸发相岩性段。

一段（$\mathbb{C}_2z^1$）：下部岩性为灰色、浅灰绿色灰质白云岩、白云灰岩、白云质泥灰岩，夹青灰色薄板状泥晶灰岩、砾屑灰岩、砾屑灰质白云岩；中上部为青灰色、灰色薄层、薄板状泥晶灰岩、泥质条带泥晶灰岩，向上夹鲕粒灰岩逐渐增多。地貌上形成缓坡夹小陡坎，厚 30.73 m。

二段（$\mathbb{C}_2z^2$）：灰色、深灰色薄层—厚层泥晶灰岩、泥质条带泥晶灰岩、鲕粒灰岩，夹生物碎屑灰岩、含海绿石灰岩、竹叶状灰岩，部分地区二段顶部出露白云岩化不均匀的白云质灰岩。地貌上呈大陡坎，最大厚 142.40 m。

4. 上寒武统崮山组（$\mathbb{C}_3g$）

崮山组主要分布于泉域西部、北部边缘地区。底部以张夏组厚层状鲕粒灰岩（陡坎）结束，而出现薄板状灰岩夹页岩（缓坡）组合划界，顶部被三山子组（上寒武统—下奥陶统一套白云岩）白云岩覆盖。为一套浅海碳酸盐岩沉积，厚 25.79 m。岩性为灰色、浅灰色薄层、薄板状泥晶灰岩、灰黄色钙质泥（页）夹竹叶状砾屑灰岩、生物碎屑灰岩、残余砂砾屑白云岩、白云质灰岩。由于白云岩化层位的高低不同，使得该组厚度变化较大。

5. 上寒武统长山-凤山组（$\mathbb{C}_3c\text{-}f$）

长山组主要分布于泉域西部、中北部边缘地区。为一套后生白云岩及少量准同生白云岩组合，厚 283.66 m，其下与崮山组呈渐变过渡的指状穿插关系。

凤山组：下部为灰黄色薄层粉晶白云岩夹砾屑白云岩；上部为灰黄色巨厚层粗晶（砂糖状）白云岩，岩性单一且较纯。呈陡坎地貌，厚51～105.4 m。

（二）奥陶系

1. 下奥陶统（O_1）

下奥陶统包括冶里组、亮甲山组（O_1y-l）。

冶里组岩性为浅灰、灰白色，薄层状白云岩、白云质灰岩、泥灰岩，中部夹少量竹叶状灰岩、硅质灰岩，厚14.6～102 m。

亮甲山组下部为灰白色中厚层细晶白云岩夹厚层粗晶白云岩、粉-细晶白云岩；中部为灰黄色薄层粉晶白云岩夹砾屑白云岩、黄绿色白云质页岩、薄层泥质白云岩；上部为灰白-灰黄色厚层含燧石结核（或条带）白云岩、薄层粉晶白云岩夹中-细晶白云岩。为卤水回流渗透而形成次生白云岩，厚27.3～131.68 m。

从岩性组合方面，目前也将长山组到亮甲山组的以白云岩为主的组合称为三山子组。地貌上亮甲山组往往呈陡坎（图1-8）。

图1-8　下奥陶统亮甲山组中燧石（左）及形成的地形陡坎（右）

2. 中奥陶统（O_2）

中奥陶统主要分布于泉域中南部大部分地区，与下奥陶统亮甲山组呈平行假整合接触（其间为怀远运动）。分为下马家沟组、上马家沟组和峰峰组，各组岩性从含石膏的泥质白云岩到白云质灰岩再到灰岩层，互为整合接触，进一步划分为六段，分别代表了三个从海进到海退的沉积旋回过程。

下马家沟组（O_2x）。岩性分为两段：下段（中奥陶统第一段，O_2x^1）为灰黄色、灰色白云质（泥）页岩，多数地区间不稳定的薄层石膏，易风化而露头较差，地貌上呈一缓坡，沉积厚度为18.3～43.52 m；上段（中奥陶统第二段，O_2x^2）上部为厚层状灰岩泥晶灰岩，白云质泥晶灰岩与泥质白云岩、灰质白云岩互层；下部为青灰色中层—厚层状泥晶灰岩、含云斑泥晶灰岩，角砾状白云岩。沉积厚度为118.6～159 m。

上马家沟组（O_2s）。岩性分为两段：下段（中奥陶统第三段，O_2s^1）岩性为灰黄色角砾状泥质白云岩、含角砾泥质白云岩，角砾状白云岩中常夹有原生石膏，易风化而露头较差，地貌上呈一缓坡，沉积厚度为 30.3～44.4 m；上段（中奥陶统第四段，O_2s^2）下部岩性较单一，主要为灰色、浅灰色厚层泥晶灰岩，发育少量云斑灰岩及纹层状泥晶灰岩；上部岩性较杂，灰色、青灰色薄层—厚层泥晶灰岩，灰黄色薄层、薄板状泥质白云岩、粉晶白云岩，灰色纹层状灰质白云岩，灰色、青灰色含云斑灰岩。沉积厚度为 99～170 m。

3. 峰峰组（O_2f）

峰峰组岩性分为两段：下段（中奥陶统第五段，O_2f^1）岩性下部为薄层浅黄色泥质白云岩、角砾状泥灰岩，中部为灰—深灰色厚层状白云质泥灰岩，下部为灰黄色角砾状白云质泥灰岩，上、下泥灰岩中常有石膏（图 1-9），呈层、带或脉状、透镜体状分布其中，一般厚度为 50.3～103.1 m；上段（中奥陶统第六段，O_2f^2）岩性为中厚—厚层状含砂屑细晶灰岩及含生物屑泥晶灰岩灰色、深灰色厚层状石灰岩，致密坚硬质纯，CaO 成分一般在 50%以上，厚度为 4.7～30 m。

西山龙山文物保管所附近峰峰组中石膏夹层　　　　古交阴家沟勘探孔岩芯峰峰组中的石膏脉网

图 1-9　中奥陶统中石膏

三、上古生界

上古生界分布于泉域南部。其底界与下古生界中奥陶统峰峰组上段呈平行不整合接触。为一套由古风化壳、滨岸-潟湖相、碳酸盐岩台地-潮坪相和海陆交互相、陆相沉积。可分为石炭系中石炭统本溪组、上石炭统太原组，二叠系山西组、下石盒子组、上石盒子组、石千峰组。

（一）石炭系

1. 本溪组（C_2b）

本溪组为著名的山西式铁矿及 G 层铝土矿含矿层位，其下部岩性为褐黄色—褐红色铁矿、铁质黏土岩、砂质黏土岩，铁矿厚度一般在 2 m 左右，上部为灰白色、灰黄色鲕状、豆状、致密状铝土岩、含铁质铝土岩，厚 3.5 m 左右。该段横向厚度不稳定，呈蜂窝状、透镜状产出，中上部为灰黑色泥岩、砂质泥岩及铁质砂岩，夹2～3 层厚度不稳定的石灰岩（半沟灰岩）及 1～3 层煤线或碳质泥岩。属海陆交互相沉积。厚 8.5～55 m。

2. 太原组（C_3t）

太原组连续沉积于本溪组之上，为海陆交互相，是本区主要含煤地层之一，分晋祠、毛儿沟、东大窑三个岩性段。

下段晋祠段以碎屑岩为主，中夹 2～3 层煤线及一层泥灰岩即吴家峪石灰岩，底部为白色中粗粒石英砂岩即晋祠砂岩（K_1），为本区一良好标志层；中段毛儿沟段为碳酸盐岩、碎屑岩夹黑色泥岩及 8、9、10 号煤层，其中 8 号煤层为稳定煤层，9、10 号煤层为较稳定煤层，在距 8 号煤层上、下各 3～5 m 处，局部赋存有两个不可采的薄煤层，该段上部为两层灰岩或泥灰岩，自上而下分别为毛儿沟灰岩（K_2）和庙沟灰岩（L_1），其层位稳定，岩性特征明显，为区域良好标志层；上段东大窑段以灰白色杂色砂岩为主，底部为层位稳定的 7 号薄煤层，7 号煤层顶板为斜道灰岩（L_4）；其上 6 号煤层为不稳定的薄煤层，顶板为菱铁质泥岩或泥灰岩（L_5 东大窑灰岩），本段顶部为含化石黑色泥岩。

太原组沉积厚度为 58.26～136.05 m。

（二）二叠系

1. 山西组（P_1s）

山西组主要分布于泉域中南部。其底部以太原组最上一层区域较稳定的海相灰岩（L_5 东大窑灰岩）顶面为界，顶部与下石盒子组一段砂岩（K_4 骆驼脖子砂岩）整合接触，是区内另一套主要含煤地层，为以河控三角洲为主的海陆交互相沉积。岩性主要为灰黑色、灰色泥岩、页岩、粉砂质泥、页岩，灰色、灰白色、灰黄色粉砂岩，灰色、灰白色厚层中粗粒长石石英砂岩、长石石英杂砂岩、岩屑石英杂砂岩、岩屑杂砂岩夹煤层、线，褐红色铁质岩、铁质结核。泥、页岩中含较丰富的植物化石碎片。沉积厚度不稳定，太原市中部剖面厚度为 127.8 m；榆次区乌金山一带北山煤化有限责任公司钻孔综合柱状图厚度为 66.07～94.56 m，平均为 79.14 m。

本组含煤层 3～4 层，其中 2、3 号煤层（3 号煤层在部分井田不稳定）稳定，4 号煤层不稳定。

2. 下石盒子组（P_1x）

下石盒子组为陆相沉积，连续沉积于山西组之上。主要在泉域中南部出露分布，分上、下两段：下段（P_1x^1）底部为灰白色、灰色中粒厚层状砂岩与山西组分界，其上为深灰色泥岩及砂质泥岩，夹有 1～2 层薄煤，偶有达可采者，该段岩性、颜色大体接近山西组，只是有机质含量减少，平均厚 40 m；上段（P_1x^2）底部以一层黄绿色粗中粒厚层状砂岩（K_5）与下段分界，向上为黄绿色、灰绿色砂质泥岩或粉砂岩，夹 2～3 层中粗粒砂岩，下部为黑灰色泥岩条带，顶部经常可见鲕状、豆状结构的含有紫斑的黏土泥岩（俗称桃花泥岩），是确定上、下石盒子组 K_6 分界砂岩的良好辅助标志，平均厚 45 m。

3. 上石盒子组（P_2s）

上石盒子组本组地层出露不全，大部分被剥蚀，致使各井田厚度不等，一般厚 200 余米（镇城底）至 400 m 以上（马兰、东曲）。连续沉积于下石盒子组之上，底部 K_6 为中粗粒砂岩，平均厚 10 m。本组以 K_7 分为上、下两段。

下段（P_2s^1）自 K_6 砂岩底至 K_7 砂岩底，以黄色砂岩与紫红色、杏黄色、蓝色等杂色砂质泥岩呈互层条带状，愈向上紫色色调愈明显。砂质泥岩中含大量植物化石，厚 200 m 左右。

上段（P_2s^2）因遭剥蚀程度不等，不同地区保留厚度相差很大，如镇城底井田仅在马兰向斜轴部残存 7.3 m，而东曲井田残存的平均厚度可达 228.00 m。由灰白色、紫色长石石英砂岩及紫色泥质砂岩组成。层位愈高砂岩中长石比例愈大。砂岩多具明显的大型交错层理，与下伏岩层冲刷接触。含树干、硅化木及少量植物化石。

4. 石千峰组（P_2sh）

石千峰组主要出露分布于古交矿区的马兰东部、屯兰南缘和东曲东南部。因受剥蚀各井田 P_2sh 厚度相差很大，如东曲井田仅残存 40 m，屯兰井田残存厚度超过 200 m。底部以一层紫色厚层状含砾中砂岩（K_8）与上石盒子组分界。砾石多为肉红色石英及燧石，磨圆度较好，分选不佳，泥质胶结，疏松，风化后呈浑圆状，与下伏 P_2s 呈整合接触。其上以紫色、砖红色为主的砂质泥岩与砂岩互层，间夹 3～4 层结核状淡水灰岩。

四、中生界

泉域内中生界主要分布于泉域南部，保留有不全的三叠系刘家沟组、和尚沟组及中三叠统二马营组，缺失侏罗系和白垩系。岩性紫红色泥岩消失，出现大量灰红色砂岩底面划界，与下伏孙家沟组呈整合接触，区内未见顶。

主要岩性为灰红色厚层细粒长石砂岩夹紫红色泥质粉砂岩、粉砂岩，砂岩与粉砂岩二者常形成韵律。砂岩中多发育板状交错层理，而粉砂岩中发育平行层理。为一套典型的陆相网状河沉积。出露厚度大于 900 m。

五、新生界

泉域内新生界出露广泛，主要分布于山间盆地及其四周的边山地带，分别为新近系保德组、静乐组；第四系大沟组、离石组、马兰组及全新统，此外，在阳曲镇北杨兴河北岸局部地区还分布有中更新统泥河湾组（太原盆地之下也有钻孔揭露）。泉域内缺失古近系。

（一）新近系

1. 保德组（N_2b）

保德组主要出露于泉域北部、中部地区。另外太原盆地中也有沉积。该组底界露头范围内与其下伏下古生界不同层位岩性呈角度不整合接触，其上与静乐组或离石组、马兰组呈平行不整合接触。岩性由一套冲积-洪积相的粗碎屑岩和黏土组成。阳曲县的上窑桥、峪儿村一带主要岩性为棕红色黏土、亚黏土夹灰色、灰白色砂砾石层、砂砾岩，少量灰白色钙质结核层。砂砾岩成分主要为灰岩、白云岩，少量灰红色砂岩、石英、燧石，磨圆度较好，但分选性较差。厚度一般小于 30 m。

2. 静乐组（N_2j）

静乐组与保德组分布一致，为一套残积-洪积成因的土状堆积物。岩性为一套深红色黏土夹层状分布的灰白色钙质结核、星散状钙质结核组成，黏土中含有大量锈红色的铁锰质薄膜。钙质结核呈核桃仁状、葡萄状。局部地段底部夹砾石层。该组厚度变化较大，根据泉域内剖面控制厚度和邻区资料，其厚度为 0～42.5 m，一般厚度为 20 m 左右。

（二）第四系

泉域内下更新统仅在局部地区有分布。

1. 中更新统离石组（Q_2l）

离石组多出露于黄土冲沟的中、下部。主要岩性为一套洪积相为主的棕黄色亚黏土、亚砂土夹多层古土壤，亚黏土中富含钙质结核。其上被马兰组平行不整合覆盖或斜披，呈平行不整合覆于大沟组、保德组、静乐组之上，或呈角度不整合覆于古生界之上。

离石组岩性、岩相变化不大，古土壤层约 3～4 层，厚约 0.2～0.5 m，钙质结核多呈层状，厚度小于 0.2 m，多发育于古土壤层之下，也有呈零星状分布于棕红色亚砂土、亚黏土中。厚度为 12 m。

2. 上更新统马兰组（Q_3m）

马兰组为广泛分布在盆地边山地带、丘陵区的黄土塬、梁、峁顶部的土状堆积物。为一套风积相的淡黄色、灰黄色亚砂土，质地均一，结构疏松，垂直节理发育，具大孔隙，常有植物根遗留体，含零星钙质结核，结核不成层，个体小，核径一般 2～4 cm。山前地带底部有少量透镜状砂砾石层。常呈斜披方式角度不整合披盖于基岩或平行不整合于离石组之上，其横向厚度变化较大，山梁地带厚度较薄，一般多小于 3.0 m，而斜坡地带厚度较厚，一般厚约 5～10 m。

3. 全新统（Q₄）

全新统主要分布于河谷中，为冲洪积砾岩、砂岩及黏土层，厚度不稳定，汾河河谷部分地段沉积厚度可达 40 m。

全新统选仁组（Q₄x）：河流一级阶地堆积，岩性为砾石，含巨砾、间夹少量薄层亚砂土、亚黏土，具二元结构，成因为冲洪积相。主要解译标志为灰白色夹暗绿色，色调相对较浅，多靠近水系呈条带状展布。

全新统沱阳组（Q₄t）：现代河流相堆积，包括河漫滩相砂砾石层、细砂、粉砂和河床相砾石、粗砂、细砂堆积。主要解译标志为灰白色夹暗绿色，色调相对较浅，条带状影纹，多分布于现代河床中。

全新统汾河组（Q₄f）：冲洪积灰褐色，砂砾卵石及砂土、含砾亚黏土。主要解译标志为灰白色夹绿色、紫色，色调相对较浅，条带状影纹，多为耕地和建筑用地。

第四节　地　质　构　造

一、区域构造运动概述

晋祠泉域所处地区从地壳的纵向力学特征方面大致分为四层，自下而上依次为：变质岩基底、以碳酸盐岩为主的下古生界、以碎屑岩为主的上古生界和中生界及松散或半成岩的新生界。它们既是构造发展的不同阶段的产物，也接受后地质构造时期的改造。在漫长的地质历史中既有过大幅度的下降、接受巨厚的沉积，又发生过剧烈的造山运动，经历岩浆、变质和构造变形及成矿等地质作用演化过程。从构造运动期次看，自本区形成碳酸盐岩地层之后，对现今岩溶发育及地下水运移具有控制性作用的构造运动主要有四期，分别是早古生代中奥陶世末期加里东运动、中生代早期印支运动、中生代中晚期燕山运动和新生代以来古近纪末—新近纪喜马拉雅运动，各期构造运动均是在早期构造形迹继承改造基础上完成，最终造就了现今盆岭相依的构造景观格局。

1. 加里东期构造

加里东（包括之前的）运动，以地壳整体垂直升降为主要特征，使得碳酸盐岩长期遭受陆表溶蚀、剥蚀，在中奥陶统峰峰组与石炭系本溪组间形成假整合面以及成铁、铝质古残积风化壳。

2. 印支期构造

印支运动是发育在三叠纪到早侏罗世之前的地壳运动，由于华北地台在古生代末的海西期已经与北侧西伯利亚地台和南部扬子地台对接，蒙兴地槽和秦岭地槽封闭，华北地台结束了古生代的孤岛状态，此次运动受到南北向区域地质应力场的挤压，形成了走向近东西向的断褶构造。

3. 燕山期构造

中生代的燕山运动，华北陆台构造运动进入了一个相当活跃的活动时期，是对本区基本地质构造格架形成具有控制性的一次地壳构造，它奠定了现今构造以及地貌发育的雏形。这一时期华北地台（欧亚大陆的一部分）主要受东部太平洋板块向西俯冲碰撞影响，压应力方向由印支期的南北向转变北西西—南东东向，因此形成的构造形迹走向多为北东东斜向排列，规模大、延伸远、分布密集。根据前人的研究，依照燕山期构造发育顺序、构造特征以及方位差异可分为三期。第一幕到第三幕走向从60°逐渐转变到25°～30°，后期构造斜列叠加在早期构造之上，并有规律性地沿逆时针旋转。区内构造活动表现强烈，其构造形迹以复杂褶皱及断裂系统为主，如系舟山逆冲推覆构造带、太原西山复向斜西翼南北陡立岩带，这些构造带控制了整个泉域的构造轮廓。燕山早期构造变形变质基底隆升，形成区内广泛发育的逆冲推覆构造，造成地壳在水平方向强烈收缩，垂向增厚；晚期构造变形形成 NE、NW 向正断层系统及南北向构造带。伴随着地壳运动的发展破裂，狐爷山一带岩浆活动频繁，大量中生代中晚期碱性火成岩侵入进早古生代地层中，反映了中生代燕山运动的强烈活动程度。

4. 喜马拉雅运动期构造

始新世以后，古特提斯海消亡，华北地台区长期、持续受到西南印度板块与东部太平洋板块的挤压，2 个方向的挤压方式存在较大的差异，在接触方式上，印度洋板块与青藏高原呈碰撞式对接，地壳折叠增厚，太平洋板块则斜插入中朝板块之下。在平面应力方向上，印度板块向北挤压，太平洋板块向北西挤压；在剖面应力方向上，印度板块向斜上掀斜，地形持续升高，太平洋板块则牵引上覆地壳向斜下俯冲，形成了源于深部区域性不对称的应力场。在这种印度板块的多次强烈碰撞（向北上）和太平洋板块俯冲（向南东下）的长期挤压下，我国东部由先期的压应力转变为南北向张扭性的拉应力，北东和北北西向的断裂呈张性活动状态，华北地台区地壳也由隆起转化为由西向东梯级性沉降，并形成了一系列断陷盆地，这些盆地边缘多承袭早期断裂构造但力学性质则由压扭性转为张扭性。汾渭地堑、华北平原地堑系以及太行、吕梁隆起就是在这种背景下形成的。汾渭地堑是由一系列北北东向的断陷盆地组成，包括大同、忻定、晋中、临汾、运城及关中等盆地。在张扭力作用下的形成陷落过程中，盆地边缘断裂构造受控于现代地应力作用和前期地质结构，往往呈阶梯状或地堑、地垒相间的构造格局，这些断裂现今仍然处于积极活动阶段。晋中断陷即为汾渭地堑中部的重要组成部分，北起石岭关南至介休，走向北东，长约 150 km，东西宽约 40 km。本书研究所涉及的范围只是晋中断陷的北段（交城县城以北），暂称此区域为太原盆地。在该区域内基底埋深由北向南逐级加深，基底地层的年代由老变新。依据基底埋深的平均深度及地层的时代，太原断陷区可划分成三部分：三给地垒及以北区域称北段，或称泥屯阳曲断陷；三给地垒以南至田庄断裂带称中段，或称太原晋源断陷；田庄断裂带以南的部分称为南段，或称清交断陷。

二、主要构造形迹

晋祠泉域分布于太原西山及盆地西部，考虑构造的完整性，这里将太原构造形迹分山区和盆地一并介绍。

（一）山区构造形迹

受不同构造期区域大地应力作用影响，泉域内发育了多种形态和展布方向的构造形迹。

1. 东西向构造

1）西蒜峪—观家峪东西向褶断

太原山区的东西向构造较少，在东山地区较为发育，以西蒜峪—观家峪东西向褶断带最典型，该褶断带东西长 16 km（水峪—平地泉），南北宽 10 km（孟家井—施家凹），其构造形迹由 8 条紧密平行排列的正断层及其相间的褶皱所组成，表现形式为一东西向的褶断带，其中有 6 条集中于观家峪附近，垂直断距一般小于 100 m，褶皱两翼倾角多介于 10°～20°之间，卷入层位有石炭系、二叠系及奥陶系。

2）盘道—马家山断褶带

西山晋祠泉域内东西向构造为盘道—马家山断褶带，在古交市嘉乐泉乡冶元村咀底坡一带，可见两条断层、一个紧闭向斜（图 1-10）、一个宽缓背斜，其东西延伸（东部的东西向段）约 13 km，卷入层位有石炭系、二叠系及奥陶系。

图 1-10　盘道—马家山断褶带中地层产状（摄于古交咀底坡）

东西向构造被认为是太原地区较老的一组压性断褶带，前人一般将其划归为燕山期产物，但没有足够的证据，从区域大地构造的力学性态分析，将其划归为印支期更为合理。其依据有两条，第一是盘道—马家山断褶带大致在马家山北西，阻隔了燕山期北东向前岭底地堑向西南的延伸；第二是该断褶带东段受（后期）燕山期东西向应力的挤压（西山复向斜西翼南北陡立岩带）影响，发生了走向由东西向北东的偏转。

2. 北东向构造

北东、北北东向构造形迹在泉域内分布最普遍，无论区域性构造（图1-11）还是局部的节理裂隙的分布（图1-12）均占据绝对优势。区域性构造在晋祠泉域内产出状态多表现为断褶带且以一定间距分布，这一规律尤其在晋祠泉域汾河以南地区表现突出，如图1-11所示，自南向北的各断裂带描述如下。

图1-11　晋祠泉域地质构造略图

1）碾底—平地窑断裂带

由两条断层构成小型地垒，断层走向65°～70°，倾向相背，相距1～1.5 km。东南侧平地窑断层从白石河和南峪沟分水岭一带向北东至晋源区西侧水泥厂一带为晋祠断裂所接，泉域内延伸约12.4 km，向南东倾斜，倾角60°～75°，破碎带宽30～40 m，垂直断距30～80 m；西北侧碾底断层实际由碾底断层和瓦窑断层组成，与平地窑断层近于平

行，从清徐申家山向北东过碾底到晋源区白灰厂与山前晋祠断裂斜交，泉域北延伸近
25 km，断层面向北西倾斜，倾角 60°～80°，地层紧闭，由西向东，可见断层上盘的 P_2s^1
和 P_2s^2 地层分别与下盘 P_1x^1 和 P_1x^2 地层接触，垂直断距 60～80 m。

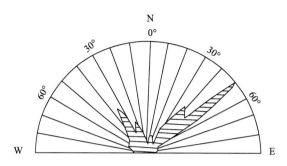

图 1-12　屯兰井田节理玫瑰花图（资料源于山西焦煤集团有限责任公司）

2）杜儿坪断裂带

由杜儿坪断层和白石崖—小虎峪断层组成，从古交市陈家社村向北东延伸至大虎
峪、小虎峪一带被北西向山前断裂带三家庄断层所截。两断层相距 1.0～1.5 km，西南段
窄，北东段宽；走向北东 40°～65°，延伸长度约 15 km，断层面倾向相背，倾角 60°～
75°，西南段陡，北东段缓，断层落差 10～155 m，由东向西落差逐渐变小。

3）王封断裂带

由随老母—王封南断层和高无足—下水峪断层组成，走向 60°左右，西南起古交市
水木塔村和骆驼足村，向北东至下水峪村，延伸长约 22 km，两断层倾向向背，相距
1.2～2 km，构成一地垒，又称王封地垒。东南侧随老母—王封南断层倾向南东，倾角
70°～80°，断层带内节理、劈理发育，裂隙为方解石脉充填，伴有牵引褶皱，断层垂直
断距一般为 45～65 m，向两端减少至 10～20 m；高无足—下水峪断层倾向北西，倾角
80°左右，断层带宽 5～20 m，断层带内可见压性透镜体、断面具擦痕、阶步，断层两侧
岩石破碎且具牵引褶皱，中段断距 100～140 m，两端减少至 30～50 m。

4）古交断褶带

古交断层呈组出现，共计有五条断层，均呈 NE—SE 向，其中两条构成地垒形式，
自梁庄村经古交镇至河口村，穿越汾河，其断距一般为 25～50 m，属张性正断层。断层
带内见有褶皱构造，如东大岭向斜等。

5）前岭底地堑

西南起始于古交市乔家山一带的盘道—马家山断褶带以北，以北东 30°方向过唱家
山—黄草梁，到前岭底西侧横切柳林河到西庄一带。地堑由唱家山断层和前岭底断层组
成，两断层相距 1.0 km 左右，相向而倾，倾角 70°～85°。柳林河河谷两侧出露下奥陶统
亮甲山组燧石团块白云岩，地堑内出露中奥陶统下马家沟组灰岩，项目勘探孔（编号
FK3）揭露下奥陶统埋深 138.43 m，以下奥陶统顶面计算地层断距在 200 m 以上。向
西地堑演变为西庄—官庄向斜，两断层间距变大并发生转向，北侧唱家山断层偏北转，
南侧前岭底断层偏东转，成为包络西庄—官庄向斜的边缘断层。

6）沙滩断裂带

起于古交市嘉乐泉乡园横峁，止于阳曲县北小店乡新阳一带，延伸长度约 14 km，切过晋祠、兰村 2 个泉域，由 4～5 条长短不一的北东向断层组成，断裂带宽约 5 km，断裂带内西侧及北侧断层为张扭性，东南侧为压性。

7）桃府村断层

位于柳林河上游，西南起于静乐县赤泥窊乡桃府村，以约 58°走向向北东至阳曲县交界的岭沟一带，延伸长度约 12 km。断层东段均发育在太古界变质岩中；中段断层北侧为太古界、南侧为寒武系；西段断层南侧为中奥陶统，断层北侧为中、上寒武统。断层向南东倾斜，倾角具有由陡变缓的铲式特征，根据桃府村南的 FK6 勘探孔资料，该孔位于断层南侧下降盘，距断层约 120 m，开孔分别揭露第四系及中奥陶统，97 m 见下奥陶统，至 157 m 后揭露深灰色泥叶岩（为徐庄组），再向下穿过馒头组页岩及霍山组石英岩状砂岩，至 250 m 揭露太古界墨绿色角闪片岩。钻孔缺失张夏组至下奥陶统亮甲山组下部，推算断层间距 358 m（其中：徐庄组 10 m、张夏组 132 m、崮山组 16 m、三山子组约 200 m），该断层使得区域水位以下的碳酸盐岩含水层在这一区域完全缺失。

8）柳科府—周洪山 NE 向断裂带

该断裂带由赵永贵和蔡祖煌（1990）定名，从娄烦县城北西的周洪山向北东到静乐县四楞山一带，延伸约 42 km，由多条逆断层构成，不同地段断层数量、倾向不一。北东段出露良好（图 1-13），总体呈现一地垒构造，中部出露太古界或寒武系老地层，两侧为奥陶系；中段覆盖严重，但在静乐县润子沟晒西村、鲁庆沟支家庄村附近可见受严重挤压的陡立或倒转的奥陶系及石炭系；南段在峰岭山、周洪山一带露头最好，在峰岭山汾河水库上端的峡谷两岸可见下古生界强烈扭曲、倒转、破碎，尤以上下古生界间、下古生界与变质岩间的断裂滑动为最明显。断层对上新统亦有一定影响，断层近旁可见上新统砂砾岩夹黏土层的倾角达 10°～20°，表明该断裂带的活动具有一定持续性。实际是宁静向斜东南翼边缘断层带，但对晋祠泉域影响主要是北东段，构成了与黑汉沟泉域的边界。

图 1-13 静乐三浪村一带柳科府—周洪山 NE 向断裂带

3. 南北向构造

1) 神堂沟—西社—强家庄断裂带

它北起古交、静乐、娄烦三县（市）区交界的黄草梁、大背山一带，向南过古交市营立—娄烦县强家庄—交城县西社—靓头，最后到达晋中凹陷的西边山文水神堂村后，为东西向山底—黄采坡断裂所截，南北延伸长度近 140 km。该断裂处于吕梁山块断隆起东缘，属太原西山复向斜的西翼，与吕梁山断块西侧紫荆山断褶带相呼应。其形成的构造背景为吕梁山隆起块体与相对下降的西山下古生界块体间产生层间滑动和挠曲，呈现压性特征。由于该断裂带出露的早古生代碳酸盐岩地层普遍较陡（图 1-14），因此也被称为南北陡立岩带。作为区域控制性构造，受应力强度及岩石力学性态影响，不同地段及东侧太原西山复向斜内构造形变也表现出较大的差异。

图 1-14　太原西山复向斜西翼南北陡立岩带古生界碳酸盐岩（摄于交城县靓头）

（1）北段。从汾河北岸强家庄向北到断裂带最北段，它向北分为两支，一支沿变质岩顶部北延并抵柳科府—周洪山 NE 向断裂带，总体表现为挠曲，下古生界碳酸盐岩倾角一般在 20°～40°，向南有加大趋势，到汾河沿岸倾角可达 60°～70°，局部甚至倒转，纵向断裂构造除南部外较少，另一支成NNE向，从强家庄向李子山伸向到大背山一带，主体由 2 条分别向东西相背倾斜的压性断层间夹的地垒构造组成，2 条断层分别是西侧向西倾的花果山—水井上断层和东侧向东倾斜的柳沟—寺家坪断层，地垒中间出露中奥陶统上马家沟组，两侧为下马家沟组。由于断裂东侧出露早古生代碳酸盐岩脆性地层，其应力释放以断裂构造为表现形式。

（2）中段。大致从强家庄到交城县水峪贯，主要表现出 3 个特征，其一是断裂构造与变质岩顶部挠曲构造合二而一，陡立岩带（及基底变质岩中）内发育多条走向逆断层；其二是屯兰川以狐爷山碱性杂岩体大规模底辟式侵入，使周围下古生界形成穹窿，构造整体上呈向西凸突的弧形，在岩体的东、南、西三面形成以顺层滑动为主的弧形断裂系，最大地层断距 340 m；其三是东侧太原西山复向斜核部地层深陷，根据西山煤田勘探资料，马兰向斜核部 9 号煤层标高在 400 m 以下，在古交市马兰镇—仙人坪形成了碳酸盐岩地层埋藏深度在 1 000 m 以上的深埋区。应该说该段是应力最集中、地层变形最强烈的地段。项目在该断褶带内施工的 FK5 勘探孔，虽然处于泉域边界补给区，但其单位涌水量仍达到了 42.36 m³/(d·m)。

（3）南段。水峪贯以南至晋中断陷边缘构造比较简单，表现为地层的陡倾和一条沿下、上古生界间的层间滑动断层。离断层不足 500 m 倾角迅速变缓，下、上古生界和中生界倾角分别为 60°～70°、30°～50°、10°左右。在东部，受层间滑动断层上盘向东滑动挤压影响，上古生界及中生界柔性地层被挤压增厚，这一点在晋祠泉域东南边界的磁窑河一带表现得非常显著，大致在庙东—郑家庄东部以及往北，由一群轴向近南北舒缓开阔和基本对称的短轴褶皱所组成，两翼倾角较缓，一般为 10°左右。

2）下水峪褶皱带

西山北部晋祠与兰村泉域交界的兰村泉域马头水附近，由数条轴向近南北的褶皱组成，包括悬泉寺背斜、北石槽背斜、下水峪背斜及其间的相应向斜，褶皱延伸一般 3～5 km，最长下水峪背斜达 10 km，褶皱两翼地层倾角一般在 7°～25°，属于宽缓褶皱（图 1-15）。

图 1-15 北石槽背斜东翼产状

4. 北西向构造

虽然前人研究认为北西向构造与北东向构造互为共轭，但晋祠泉域内山区的北西向构造发育较少，且规模也比较小，而且节理裂隙的统计也是如此（图 1-12）。形成一定规模且对岩溶水运移富集具有意义的北西向构造仅见一处，即三家庄断裂带和官地矿西背斜组成的断褶带。该断褶带南起赵家山向北西至官地后，被杜儿坪北东向断裂带所截，延伸长度约 5 km，根据煤炭勘探资料，断裂带由十余条 NNW 向正断层组成，倾向 NE 或 SW，倾角 70°～80°，落差 5～50 m，断层组宽 200～400 m，呈间距宽窄不一的地堑构造，并伴有 NNE 向小断层。断裂带西侧平行发育官地矿西背斜，其西侧为直通晋祠泉水的岩溶水强径流带。

（二）盆地构造形迹

盆地构造形迹包括分割山区和盆地的边山断裂带以及发育于盆地内的各种构造。太原盆地属晋中凹陷北部，是由太原东山、西山、北山围绕向南开口的断陷盆地，山盆交界的边山断裂带由北东、北西方向断阶组成，盆地内部东西向或南北向地垒进一步分割成次级盆地，共同构成一个"垒、堑相间，堑中有垒、垒中有堑"且"西深东浅、逐级向南陷落"的不对称复合凹陷（图1-16、图1-17）。

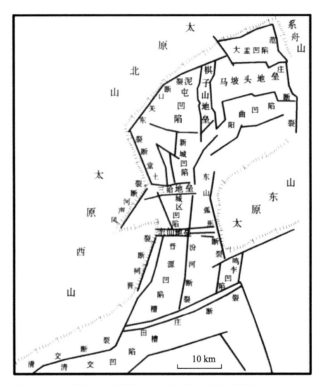

图 1-16　太原盆地基底构造略图（赵永贵和蔡祖煌，1990）

1. 西边山断裂带

太原盆地西边山断裂带是本区规模最大的断裂之一，它从北至南纵贯晋祠、兰村泉域全区，由一系列互相追踪为北东、北北东和北北西断裂组成。从南向北主要断裂构造依次有：清交断裂、晋祠断裂、风声河断裂及兰村泉域内的土堂断裂、东关口断裂，其中东关口断裂与晋祠泉域岩溶水关系不密切，下文不介绍。

1）清交断裂

由2～3条阶梯状断裂构成，泉域内从交城县天宁镇坡底村向北东至清徐县平泉村，延伸长度约17 km，此后插入进太原盆地（盆地内又称田村断层）。该断裂使得西山山区基岩与盆地松散层对接，根据物探及勘探资料，盆地的清交凹陷内松散层最大厚度达4 200 m以上，断层的断距在5 000 m以上。

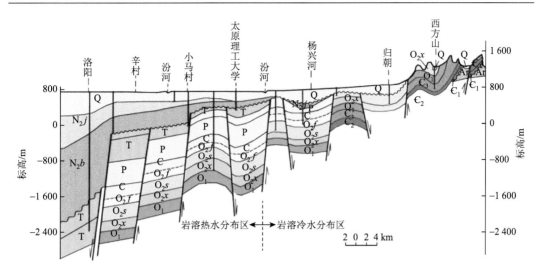

图1-17　太原盆地南北向剖面图（据山西省第一水文地质工程地质队资料清绘）

2）晋祠断裂

与清交断裂相交于晋祠南侧，同为太原盆地西边山断裂，走向NNE，向北东至义井一带为亲贤东西向地垒所截，延伸长近15 km，断裂带规模大，岩石破碎（图1-18），前人资料表明在晋祠一带宽度达1.5 km，断距总体南大北小，最大可达1 200 m以上。东侧盆地内对应晋源凹陷。

图1-18　开化沟口的晋祠断裂的牵引构造

3）风声河断裂（小西铭—后石马断裂）

西南起小西铭至北东后石马为东西向三给地垒所截，延伸长度约7 km，走向与晋祠断裂几乎一致，断层向盆地方向倾斜，断面陡立，山前形成非常清晰的断层陡崖，力学性质在新生代为张性，断裂使得西侧碳酸盐岩与东侧盆地内松散层对接，断距与晋祠断裂相反，北段大而南段小，东侧盆地内对应城区凹陷。

4）土堂断裂

该断裂是太原盆地北部西缘断裂，走向北西 340°左右，南起桑树坡东三给地垒，向北西至兰村一带，延伸距离约 10.5 km，为高角度正断层，同时其西侧还发育与之平行的横岭断层呈阶梯状向盆地错落。西侧盆地内为新城凹陷。

2. 盆地内断裂

盆地内构造为厚层松散层所覆盖，其信息的获取主要依据钻探及地球物理勘探，在一些局部地段，地形以及边山地层的起伏对盆地内构造也有一定显示。太原盆地内东西向构造分别有亲贤地垒、三给地垒以及马坡地垒，它们分别构成了盆地内次级凹陷的边界，即亲贤地垒分割了晋源凹陷和城区凹陷，三给地垒分割了城区凹陷与新城凹陷，马坡地垒分割了阳曲盆地与大盂盆地。南北向地垒为棋子山地垒，它分割了西部的泥屯盆地的东部的阳曲盆地和大盂盆地（图 1-16）。泥屯凹陷内大部分区域的新生界，厚度为 100～200 m，基岩为奥陶系；新城、阳曲、大盂三凹陷内的新生界厚度达 300～400 m，其基底为石炭—二叠系，其余部分的基底均为奥陶系灰岩；太原断陷内其新生界平均厚度为 400～600 m，基底为石炭—二叠系；晋源凹陷新生界厚度达 1 300 m 以上，基底岩层为三叠系；而田庄断裂以南的清交凹陷新生界厚度达 4 000 m 以上。

1）田庄断裂

该断裂为分割太原盆地中、南部的区域性断裂，实际是清交断裂在盆地中的延伸部分，田庄断裂带以南为清交凹槽，基底为三叠系，新生界厚度最大超过 4 000 m。

2）亲贤地垒

西起小西铭，向东到杨家堡，由迎泽大街断裂、黄家坟北断裂等构成，该构造与西山的北北东、北北西向断裂大角度相交，岩石破碎。深部岩溶热水勘探结果表明，岩溶水在该构造带也形成了富集，如沙沟探矿机械厂、山西焦煤集团有限责任公司汇锦花园小区地热井单位涌水量达到 100 m³/(d·m)以上。从方向和位置上分析，该构造是东山的西蒜峪—观家峪东西向褶断向西的延续。

3）三给地垒

由 2 条近于平行的摄乐村断裂和三给断裂构成，宽约 1.5 km，断层走向 60°～80°，分别向南东和北西倾斜，以松散层厚度计量，断距 100～150 m，但考虑到基岩地形的起伏状况，基岩地形随地垒隆起，实际的断距要小，如地垒内三给村钻孔中奥陶统地面标高为 459.8 m，摄乐村断裂以北（地垒北侧）的芮城钻孔为 409.95 m，2 孔均揭露到石炭、二叠煤系地层，奥陶系顶面未受侵蚀，因此以统一标志层计算的地层断距还不足 50 m。

此外，盆地内还发育由两条近乎平行、走向近南北的正断层组成的汾河断裂带，位于盆地中段太原市区附近，大致和汾河现代河床位置一致，并构成盆地中心裂堑，成为凹陷中心槽。

三、新构造运动

进入第四纪以来，山区以间歇性抬升，形成了多级夷平面、阶地和黄土丘陵等，盆地内侧则形成深浅不一的块凸和块凹。该时期山区在整体上升的基础上，盆地中形成了巨厚的松散堆积物，山区发育峡谷、河流普遍有多级阶地，间歇性、差异性升降是新构造运动的特点。本区新构造运动总体上表现为山区、丘陵区强烈上升，升幅西山高于东山；盆地区相对下降，降幅西部大于东部，南部大于北部。同时，新构造运动具有鲜明的继承性，升降区的分界严格受到前新生代断裂构造的控制。

新构造运动在本区保留的主要有以下直接证据。

1. 盆地内巨厚的松散层沉积

由前述可知：虽然太原盆地基岩基底有所起伏，但都沉积了不同厚度的松散层。根据晋祠附近钻孔资料，在深度 103.45～113.9 m 的松散层中揭露到泉华沉积物，经同位素年龄测定为 20 万年的中更新世产物，表明中更新世以来的盆地西侧的下降速率约 0.5 mm/a。晋祠地震台的大地水准测量结果表明，1976～1983 年，山前断裂两侧升降高差 7 mm，年均 1 mm。

2. 西山区碳酸盐岩区大量河流峡谷

太原西山强烈上升的另一主要证据是峡谷地貌，这种地貌主要分布在坚硬脆性的石灰岩河段，峡谷形态呈 V 字形（图 1-19），特别是汾河从古交河口镇到上兰村段，峡谷高差可达 200～400 m，局部单个陡壁高度可达 100 m 以上，南部支沟在抬升条件下的快速下切，发育成一线天地貌（图 1-20）。

图 1-19　汾河峡谷（上）及岸边陡壁（下，高近　　　　　　图 1-20　王封沟形成的一线天
　　　　　　100 m）

3. 地震活动

汾渭地堑是我国地震活动带，太原盆地地震发生较为频繁。如近年来记载的地震有：2002 年 9 月 3 日 5.0 级地震，2010 年 6 月 5 日 4.6 级地震，2012 年 3 月 9 日太原榆次交界处的 2.5 级地震，2012 年 12 月 18 日阳曲县的 3.0 级地震，2013 年 10 月 22 日太原市的 3.1 级地震，2014 年 2 月 10 日太原市的 2.4 级地震，2016 年 11 月 18 日太原市的 3.4 级地震，2018 年 11 月 15 日清徐县发生 3.1 级地震，等等。地震发生位置多与断裂构造有关，其中一些表现得比较活跃，如亲贤地垒附近曾发生过多次地震，太原市有记录的 5 次 5 级以上地震中，有 2 次发生在该断裂带。与此同时，在一些边山断裂带内的碳酸盐岩，往往可见到石灰化现象，它是有氧条件下，断裂活动摩擦生热产生的石灰（或石灰膏）的残余。

4. 松散层的角度不整合现象

在西山山前断裂带，可见到上下两套地层产出状态存在明显的不整合现象（图 1-21）。这种不整合也可能是早期大型滑坡体被后期松散层掩埋次级所致，其成因还有待进一步确定。但大型滑坡体的形成所显示的也是强烈构造运动的地质背景。

图 1-21　兰村断层（镇城村西）造成的松散层角度不整合

5. 河流阶地

河流阶地及岩性结构是新构造运动间歇性上升的直接证据。汾河及其支流沿岸一、二级阶地较为普遍，多为嵌入型阶地，一级阶地一般高出河床 2～5 m，二级阶地高出河床 10～15 m，三级阶地保留不完整，多残留在高出河床 60 m 以上的岩壁上的基座阶地（图 1-22、图 1-23）。阶地的沉积物表现为下粗上细的二元结构（图 1-22），代表了一种突发的强烈运动后趋于平静的间歇性构造运动特征。更高级别的阶地保留极少，根据前人资料，兰村附近汾河峡谷壁上保留有基座阶地，沉积下更新统，高出河床 125 m。

图 1-22　汾河的三级阶地及阶地二元结构

图 1-23　柳林河的一、二级阶地

四、岩浆活动

太原地区的岩浆活动主要有 2 期，分别是前寒武纪和中生代，截至目前尚未发现现代岩浆活动的迹象。前寒武纪的新太古代、古元古代岩浆活动规模最大，分布面积较广，早期为镁铁质火山岩浆的喷发和各类斜长片麻岩的侵入，晚期为各类二长质片麻岩的形成；古元古代岩浆活动早期形成了区内零星分布的片麻状辉长砾岩；晚期岩浆活动频繁，以多期次的二长花岗岩、正长花岗岩侵入为代表。中元古代岩浆规模较弱，以区内广泛分布的北西西及近东西向辉绿岩、花岗斑岩墙侵入为代表。此外，在东部的寺家坪—张家河断褶带内，部分地段有闪长岩侵入，但规模较小。

中生代的岩浆岩主要出现在古交市与交城县交界的狐爷山一带，如前所述，其形成与太原复向斜西翼南北陡立岩带的形成演化关系密切。火成岩多呈岩床或岩脉，沿断裂带或煤层及软弱地层侵入，钻孔揭露厚度最大达 35 m 以上，一般为 6～10 m。岩性主要为正长斑岩，斑晶较大，多呈方柱状，矿物成分主要为正长石、角闪石，钻孔中多为绿灰色，地表风化多呈黄灰色、白色。岩浆侵入使得地层整体上隆并向西弯凸，与石灰岩接触带形成矽卡岩铁矿，同时使一定范围内的煤层变质，煤种变为瘦煤、贫煤、无烟煤，严重者被火成岩烘烤成天然焦或部分焦炭残渣。

五、地质构造的水文地质意义

地质构造对岩溶含水层的分布埋藏与产出状态、裂隙网络发育、地形地貌等，对岩溶的发育和岩溶水的循环与富集都具有重要的影响。但由于所处位置、发育规模、力学性质不同，地质构造对岩溶水文地质影响程度和功能也不尽一致。按照水文地质功能，区内对岩溶水有重要影响的构造分类如下。

1. 岩溶水系统边界的控制性功能

一些构造控制或直接构成了泉域各种水文地质性质的边界。

（1）太原西山复向斜西翼神堂沟—西社—强家庄南北断裂带，西侧为岩溶水区域隔水底板的下寒武统碎屑岩及太古界变质岩，构成了晋祠泉域西部中段边界，水文地质性质为隔水边界。

（2）柳科府—周洪山 NE 向断裂带，使得西部区域隔水底板逆冲，构成晋祠泉域西北段边界。

（3）系舟山断裂带，在兰村泉域西北部，平行于主断层的其次级背斜构造—岔口村背斜轴部使得区域隔水底板高于区域岩溶水位，形成了兰村泉域与北部黄场峪泉域的隔水边界。

（4）太原东山背斜，轴部下奥陶统区域相对隔水层高出岩溶水位，构成了分割兰村泉域与娘子关泉域的隔水边界。

（5）寺家坪—张家河断褶带，由于其断距大，下寒武统页岩仰冲到区域岩溶水位之上，同时沿断裂有闪长岩侵入隔水体分布，构成兰村泉域与娘子关泉域的隔水边界。

（6）岭底向斜，实际是分布于磁窑河一带的褶皱群，最终使得碳酸盐岩向西深埋，在南段与清交断裂交界处岩溶水钻孔涌水量迅速降低，构成了晋祠泉域西南部深埋滞流型隔水边界。

（7）王封地垒初步分析认为是汾河二库修建前悬泉寺汇水区的南边界。

（8）三给地垒，构成了盆地内兰村泉域的南边界。

2. 转换带功能

泉域内存在多个含水岩组，通常情况下不同含水岩组间存在相对稳定的隔水层（或相对隔水层），一些规模较大的断裂构造使得含水岩组间隔水层的隔水性能被破坏，同时不同含水岩组在平面上产生对接，并使含水岩组间的地下水形成各种形式的补排关系，断裂构造发挥了转换带功能。

晋祠泉域内的盘道—马家山断褶带构成了泉域内中上寒武统含水岩组中地下水向中奥陶统含水岩组中地下水的转换带。

太原西山山前晋祠断裂带是中奥陶统含水岩组岩溶水向盆地内松散层孔隙水的转换带。

兰村泉域内的范庄断裂、东山弧形断裂、兰村断裂构成了溶地下水从中上寒武统含水岩组向中奥陶统含水岩组的转换带。

3. 地下水富集控水功能

地质构造是控制岩溶发育且影响岩溶水富集非常重要的因素，既能形成富集，也能造成贫乏，从而加剧岩溶水分布的不均一性。岩溶水系统中一些处于有利部位的张性断裂构造带往往是岩溶水富集带，而一些深凹向斜，其轴部使得碳酸盐岩埋深加大，地下水获得的补给条件以及岩溶作用的侵蚀 CO_2 条件不佳，可能形成贫水区。构造对岩溶水富集的控制性作用在晋祠泉域表现得比较显著。

本次实施的晋祠泉域补给区古交市盘道村 FK5 勘探孔，处于盘道—马家山断褶带南侧，抽水降深 0.05 m，出水量达到了 1 008 m^3/d；西山山前从开化沟到明仙沟沿晋祠断裂带约 8 km 长范围内所有岩溶水钻孔的单位涌水量均在 500 $m^3/(d·m)$ 以上，其中地震台钻孔达到 2 699.5 $m^3/(d·m)$。

西山复向斜深埋区，整体上在北部马兰村附近凹陷较深，在轴部最深处的碳酸盐岩顶面标高为 –150 m，岩溶发育较弱，导致岩溶水在该地带运移迟缓、排泄不畅，为岩溶水相对滞流区或滞流区，使得岩溶水主径流路径呈现出沿向斜潜埋藏区绕流的弧形特征。

静乐县赤泥窊乡桃府村正断层上盘的 FK6 勘探孔揭露出的地层柱，为奥陶系与下寒武统馒头组直接接触，断层致区域地下水位以下的中、上寒武统碳酸盐岩含水层缺失，使得断层南侧形成了面积约 8.3 km^2 的无水区。

4. 导水功能

晋祠泉域内碳酸盐岩在各构造运动时期遭受强烈的构造变动，形成不同规模、不同形态的褶曲和断裂，这些褶曲和断裂纵横交错，彼此切割，构成复杂的裂隙网络，为地下水运动、储存和排泄提供了良好的空间通道。构造裂隙网络是岩溶发育的基础，也是岩溶水渗流的通道。其中一些特定构造在导水性能方面发挥着更加突出的作用。晋祠—兰村泉域的特殊性在于东、西山间为深陷的太原盆地，但岩溶水的天然排泄点均分布在西山地区，盆地中一系列东西向断裂构造如三给地垒、棋子山南—兰村的近东西向断裂带在沟通东西山岩溶水的过程中起关键性导水通道的作用。而晋祠泉域内由三家庄断裂带及其次级构造组成的断褶带，对南峪—白家庄煤矿西—龙山—明仙沟到晋祠泉的岩溶水强径流带的形成具有控制性作用。

第二章　岩溶地貌及岩溶发育的影响因素

第一节　岩溶地貌

岩溶地貌是水对可溶性岩石进行以化学溶蚀作用为主，并包括水的机械侵蚀、重力崩塌，是物质的携出、转移和再沉积的综合地质作用的产物。岩溶地貌按照空间产出分为地上地貌、地下地貌，按照尺度大小分为宏观地貌与微地貌，按照岩溶作用过程可分为溶解地貌和沉积地貌，按照形成时间又可分为古岩溶地貌与现代岩溶地貌。

一、地表岩溶形态

1. 常态山

北方侵蚀-溶蚀-构造山、风蚀-溶蚀-构造山、岩溶断块山在区内普遍存在。正地形以常态山为主，有连续的山脊和完整的地表排水网，封闭负地形不发育。与我国南方峰林、峰丛地貌不同，本区的山体受侵蚀-溶蚀或风蚀-溶蚀作用，山顶多呈浑圆状，坡度较缓，总体形态上受构造控制明显（图2-1）。

图 2-1　常态山

2. 干谷

干谷与干沟是研究区内裸露岩溶区最为典型的岩溶地貌，它是由于地下排水系统的存在而形成的干涸或间歇性河水的河谷和沟谷（图2-2）。岩溶干谷有两种，一种是从上游到下游全河道都在可溶岩中，这类干谷平时无水，雨季有暂时性流水，一般就地入渗，很难流出沟口，只有在暴雨季节才有洪水流出沟谷，如狮子河、柳林河，每年仅在洪水季节有短暂地表径流通过；另一种是沟谷上游为非溶岩区，有常年性流水，中下游进入岩溶区，地表水逐渐漏失，成为干谷，如西山山前风峪沟、冶峪沟，汾河南岸的王封沟、磺厂沟等。

图 2-2　岩溶干谷

3. 溶痕、溶沟、溶槽

地表水沿可溶岩石的节理裂隙流动，对岩石溶蚀和冲蚀，开始是微小的溶痕，进一步形成沟槽的形态——溶沟（图2-3）。沟槽间突起者为石芽，本区这一典型的形态出现于岔上北下马家沟组厚层白云质灰岩中。由于岩性及结构差异，溶痕的形态也各异，如白云岩表面多为刀砍状溶痕，纯质灰岩表面溶痕多为光滑的浅沟，某些藻类灰岩或豹皮状灰岩因含白云岩斑，灰岩易溶，溶解后下凹，白云岩相对难溶，壁面突出，往往形成了凹凸不平的差异性溶痕面（图2-4）。

4. 岩溶夷平面

岩溶夷平面是经过抬升并经岩溶作用形成准平原，在后期抬升至山顶，其地貌上呈现波状起伏、峰顶齐一的形态（图2-5），本区广泛分布在汾河以北的泉域北部及太原东山碳酸盐岩裸露区，层状地貌并伴有古洼地。根据高程分布，区内大致可划出 3 个高程的夷平面，其一是标高 800～1 000 m 的夷平面，其上分布有古岩溶盆地，包括泥屯盆地、阳曲盆地，盆地内往往被黄土覆盖；其二是标高 1 200～1 600 m 的夷平面，包括西烟盆地、杨兴河谷地，其间多保留有石灰岩山丘，在棋子山地垒顶面 1 200～1 400 m 小型洼地（泥屯山—枣树湾连线间）可见大量沉积的钙板（图2-6）；其三是标高 1 900～2 000 m 的夷平面，主要见于柳林河上游的分水岭地带，桃子山、寿土山、玉石窑山、四架山、石在山等围绕柳林河上游分水岭地带山顶均发育在这一标高内，这一夷平面向南成面状倾斜降低，到盘道—马家山断裂降至 1 400 m+，而后进入碳酸盐岩埋藏区，显然这一夷平面受到后期构造运动的改造，是太行期和唐县期（北京的鱼岭期和东岭子期）古岩溶的典型遗迹。

图 2-3　溶痕、溶沟、溶槽

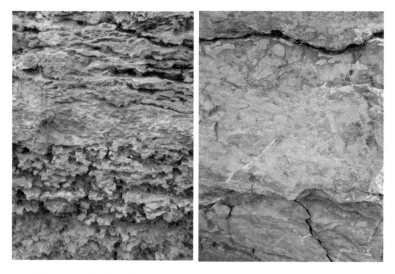

图 2-4　豹皮状灰岩的差异性溶蚀（右为同一露头点岩石新鲜面）

5. 溶丘

经溶蚀作用形成的溶丘，呈浑圆状或长岗状（图 2-7），与构造侵蚀地形截然不同。一般相对标高 50～150 m。

图 2-5　岩溶夷平面地貌

图 2-6　棋子山地垒山顶古岩溶洼地中碳酸钙钙板

图 2-7　溶丘地貌

6. 岩溶洼地

　　岩溶洼地是由岩溶作用而产生的封闭洼地。本区标准的岩溶洼地基本已被后期水流作用破坏不复存在，但剔除后期水流改造的干扰，恢复一些小型盆地的原型不难看出，一些现今的小盆地原为几个岩溶洼地组合而成，这些洼地多保留在与夷平面配套的山区，如柳林河上游范家洼、赤泥窊、天洼坪、双井洼等几个小型洼地的组合，洼内均为上新统河湖相三趾马红土，棋子山地垒山顶可见古岩溶洼地及沉积的钙板（图2-6）。

7. 溶洞

受降雨、温度、生物等自然条件的制约，北方岩溶区溶洞从数量和规模上都不能与我国南方相提并论，特别是本区地处吕梁山区，与太行山区比较，本区溶洞发育规模较太行山区小，所见溶洞可进入深度多数在100 m以内，沿层面（特别是下马家沟组泥灰岩之上）发育水平溶洞。区内发现的规模较大的溶洞有东仙洞、六仙洞、水洞、狐妖洞、西仙洞、三浪洞等。典型溶洞平面、剖面示意图如图2-8所示，西仙洞、三浪洞如图2-9所示。发育层位以下马家沟组居多，其次是上马家沟组，少数洞内还沉积有水流作用下的钙板、边石，以及滴水下的钟乳石和特定气候条件下的乳白或乳黄色月奶石等化学沉积物。

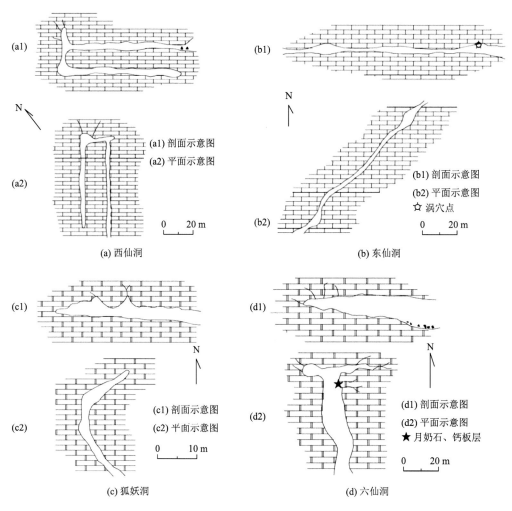

图2-8　典型溶洞平面、剖面示意图（赵永贵和蔡祖煌，1990）

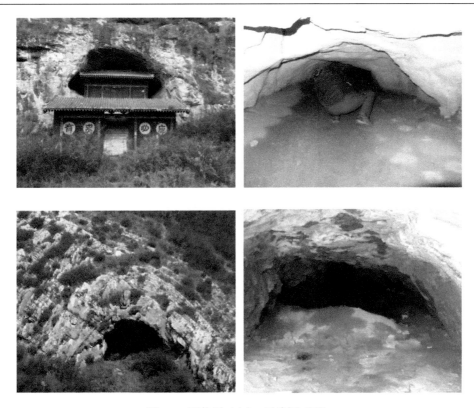

图 2-9　西仙洞（上）、三浪洞（下）

三浪洞洞口高 3.94 m，宽 5.48 m，深 13 m，溶洞内宽 2.9 m，高 1.3～1.6 m，溶洞内溶孔、溶隙发育，有渗水现象，溶洞呈半圆形，洞口朝向 160°。

8. 岩溶陷落柱

陷落柱是该区重要的岩溶地貌，一些陷落柱延伸至地表或被后期侵蚀出露（图 2-10）。陷落柱的地表多呈圆形和椭圆形，直径几十米至几百米，剖面形态上大下小，柱内混杂有不同时代的上覆地层与碎块。一般认为，其成因是地质历史特定时期由地下膏溶作用而引起的塌陷。

(a) 前岭底　　　　　　　　　　　　(b) 太原至古交公路旁

(c) 南温川北   (d) 太原水泥厂

图 2-10   岩溶陷落柱

9. 膏溶角砾岩

膏溶角砾岩（图 2-11）在中奥陶统中普遍可见，有 4 个突出的特点：①有固定层位，都与含石膏层位紧密相关；②角砾和胶结物的成分与含膏层及上覆岩层相同，泥灰岩中常见石膏假晶；③角砾大小混杂，无磨圆，没有搬运分选的迹象；④顶板岩层都非常错乱破碎，底板岩层却较完整，层面平整清晰。

图 2-11   马家沟组中膏溶角砾岩

10. 蚀余红土

蚀余红土碳酸盐岩溶化后残留富含氧化铝和氧化铁的黏性土类，是湿热的气候条件下氧化溶淋作用的产物，多分布在古溶蚀夷平面上，如西山柳林河东岸山顶（榆树梁北）。

二、地下岩溶形态

1. 溶隙

溶隙是区内最普遍的岩溶微形态之一，主要沿构造裂隙、风化裂隙及层面裂隙发育

（图 2-12），多呈陡倾斜状，有分叉、合并、尖灭等现象并彼此交错构成溶蚀裂隙网。在碳酸盐岩古风化壳中，特别在河谷两岸裸露区，常可发育成宽达数十厘米的宽大溶隙，上宽下窄呈"楔形"，延伸较大。沿断裂带或裂隙密集带发育的溶隙往往呈带状存在，多发育成溶隙溶缝，溶缝延伸远、切层性强，其岩溶水文地质意义较大。

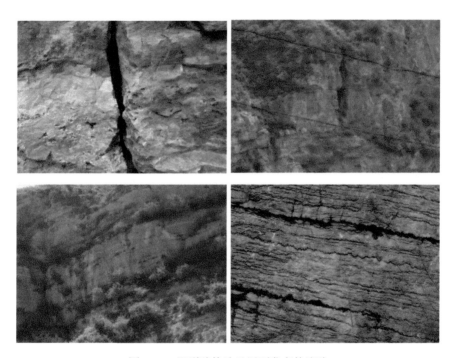

图 2-12　沿裂隙构造及层面发育的溶隙

2. 溶孔、晶孔

溶孔是指可溶岩中直径小于几厘米的溶蚀小孔（图 2-13）。多沿被充填的溶隙和构造破碎带分布，少数在质纯的灰岩中见到，在奥陶系中各组第一段膏溶角砾岩也较发育。晶孔多见于奥陶系下奥陶统和寒武系上寒武统白云岩中，其成因为晶间、晶内溶蚀扩大和白云岩岩化过程中孔隙度增大。

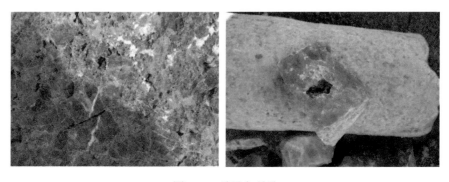

图 2-13　溶孔与晶孔

3．地下溶洞

地下溶洞为钻孔揭露（表 2-1），揭露溶洞主要分布在泉域排泄区，多数为充水溶洞，补给、径流区 3 个钻孔揭露到溶洞，其中有 2 个为红色黏土充填。溶洞高度最大可达 5.14 m，难老泉口 103 号孔揭露到 4.3 m 高的溶洞。大型溶洞的发育多为溶蚀、侵蚀共同作用的结果，代表了一种强导水的水动力条件。

表 2-1　太原地区部分钻孔溶洞统计表（山西省第一水文地质工程地质队资料）

孔号	位置	层位	溶洞埋深/m 标高/m	溶洞高/m	备注
J18	小卧龙村	O_2s	393.40～334.08 830.93	0.65	充水
			395.26～396.36 828.62	1.1	充水
CKs	开化村	O_2s	75.70～81.20 772.77	1.5	充水
CK1	风峪沟沟口	O_2s	109.40～110.60 714.65	1.2	充水
103	晋祠难老泉南	O_2f	14.95～19.25 788.09	4.3	充水
103-2	晋祠难老泉南	O_2f	26.05～26.76 780.64	0.65	充水
			39.90～40.95 766.49	0.95	充水
J13	周家庄	O_2s	244.59～245.81 803.19	1.22	充水
J3	南峪村	O_2f	171.55～172.55 664.67	1	充水
			177.48～182.62 654.6	5.14	被松散物充填
GBt	上固释村	O_2f	218.00～218.50 571.98	0.5	充水
S1	平泉村	O_2f	188.42～189.57 696.29	1.1	充水
G5	北郊南洼村	O_2s	457.22～459.62 407.59	2.4	充水
Z-2	镇城底	O_2s^2	466.15～409.40	2.35	充水
J21	冶元	O_2f	117.0～121.50 1 035.28	4.5	被红色黏土充填

4. 地下岩溶陷落柱

太原西山煤田是山西陷落柱最多的煤田之一。根据山西焦煤集团有限责任公司资料，迄今为止已发现岩溶陷落柱 4 000 余个（表 2-2），且 2009 年 2 月，古交矿区马兰矿18 306 工作面发生陷落柱突水事件。陷落柱在平面的分布密度相差较大，前山矿区（西山山前）较古交矿区发育；在古交矿区，东北侧西曲、东曲地区矿区较多，西部镇城底、屯兰、马兰矿区较少。陷落柱的分布与地质构造关系密切，岩溶陷落柱多分布在靠近轴部的褶曲两翼，沿北东向或北西向条带式或串珠式分布。在横截面上岩溶陷落柱常为不规则，多数椭圆形陷落柱长轴方向与主要构造线方向一致。从煤层揭露的数量比较，下部煤层比上部煤层岩溶陷落柱密集，如白家庄矿揭露的 8 号煤层岩溶陷落柱数量是 2 号煤层的 2 倍左右。

表 2-2　西山煤田岩溶陷落柱分布统计

矿区		煤层陷落柱数量/个			小计/个	总计/个	截止时间
		2 号	4 号	8 号			
古交矿区	西曲	186	8	36	230	706	2009 年 6 月
	东曲	74	60	77	201		2008 年 6 月
	镇城底	66		15	81		2008 年 3 月
	马兰	65		18	74		2009 年 4 月
	屯兰	97		23	120		2007 年 11 月
前山矿区	杜儿坪	1 308		304	1 612	3 340	2009 年 6 月
	官地	390		42	432		2009 年 6 月
	白家庄	98		193	291		2009 年 6 月
	西铭	213		792	1 005		2009 年 6 月

三、洞穴堆积物

按照洞穴堆积物堆积方式的不同，将其分为洞内碎屑堆积物和洞内次生化学堆积物 2 类。

1. 洞内碎屑堆积物

洞内碎屑堆积物主要有 2 种。一种是冲积砂砾石层或黏土层，是由流水从洞外地表带入洞内的，特别是黏土层较为普遍。流水堆积物以黏土、粉砂为主，如西仙洞（图 2-9）以及钻孔揭露的充泥溶洞。另一种广泛分布的堆积物为崩塌堆积物。多为洞顶塌落的岩块，主要是棱角状、无分选、杂乱堆积的块石，其成分与洞顶所在层位成分相同，陷落柱内堆积物多为这种成因。

2. 洞穴次生化学堆积物

总的来看，本区大部分洞穴内次生化学堆积物不甚发育，但在北岭向斜周围的洞穴中，可见千姿百态的碳酸钙质沉积物，主要以滴水类的石钟乳、石笋为主，个别洞穴内可见月奶石。

四、膏溶现象

华北地台在中奥陶世经历了三个大的沉积旋回，区域资料认为，在铜川—保德—石家庄—德州一线以南，河津—新乡间的下马家沟组、上马家沟组和峰峰组各组底部沉积了云坪相的含石膏夹层的碳酸盐岩—硫酸盐混合建造。其原始沉积为一套潟湖相泥晶白云岩—泥质碳酸盐岩—石膏及硬石膏岩混合建造。由于近代岩溶作用的破坏，地表及浅层部位的石膏已经少见（本区部分地区的石膏可开采），常见的是溶蚀后的石膏假晶和大量层次不清的膏溶角砾岩。膏溶角砾岩的形成过程是蒸发作用形成石膏，随着上覆冲积层厚度增加被深埋，压缩脱水形成硬石膏，构造运动使得含膏层位抬升地表与水接触后，硬石膏变为石膏，同时体积增加 67%，对上覆岩层形成强力挤压并破碎，地下水作用下石膏易溶并带走形成大量空洞，上覆被压裂的岩石坍塌，在原含膏层位之上形成似层状砾岩，被称为膏溶角砾岩。膏溶角砾岩对中奥陶统岩溶水的运移、富集具有重要的意义。

五、岩溶水文地质现象

1. 岩溶泉

岩溶泉是本区及周边最主要的岩溶水文地质现象，如晋祠泉、兰村泉、平泉、上白泉、悬泉寺泉、交城西冶泉以及分布于山区的众多上层滞水泉。

2. 泉华

一般在泉水出流地表由于压力减小，水中侵蚀 CO_2 逸出使其溶解能力降低，从而形成 $CaCO_3$ 沉淀，最终形成泉华。区内现代排泄的岩溶泉尚未发现出露地面的泉华，但晋祠宾馆附近的 K180 钻孔，在深度 103.45～113.9 m 的松散层中揭露厚度达 10.45 m 的中更新世泉华沉积，表明目前排泄基准较当时已经上升 100 余米。

第二节　影响岩溶发育的因素

在岩溶作用过程中气候因素、岩性结构、层组结构、断裂、裂隙构造、水的溶蚀能力、水动力条件、碳酸盐岩埋藏深度等诸因素都对岩溶发育产生影响，而且各因素间相互协同、叠加、制约。上述各种因素相互作用，互为因果，使得岩溶发育机理复杂化。

一、气候因素

本区属内陆半干旱-干旱气候带，多年平均降水量不足 600 mm。特定的气候条件下，水的化学溶蚀作用较弱，地表以物理风化为主，因而造成空中试样重量损失最大。气候对岩溶作用的控制是最直接的，不同气候条件控制的水、热、生物环境形成了不同特色的岩溶地貌景观。在试验区（以及我国北方地区）自然环境配置条件下，地表岩溶地貌演化更大程度上取决于物理风化作用，而地下岩溶发育相对较弱，在地表与地下不断争夺物质及能量传输途径的岩溶作用过程中，无法达到像我国南方以地下为主要排泄途径的岩溶强烈发育阶段，因此，发育成以溶蚀裂隙为主、洞穴少见、缺少岩溶负地形、地表呈现以常态山为特征的我国"北方型岩溶地貌"。前人研究结果表明，岩溶发育与降水量具有密切关系，不同气候带的溶蚀速率也反映了各带岩溶发育速度的差异，陈志平（1985）提出了溶蚀速率与多年平均降水量间的经验公式为

$$DC = 0.0079 \times R^{1.23}$$

其中，DC 为溶蚀速率（mm/ha）；R 为多年平均降水量（mm）。

溶蚀速率在半干旱带为 14～20 mm/ka；在亚湿润带为 19～26 mm/ka；在湿润带为 21～35 mm/ka。

前人采用桂林泥盆系融县组亮晶鲕粒砂屑灰岩标准样开展的野外溶蚀试验结果表明，溶蚀量与降水量具有较为显著的正相关关系（图 2-14）。

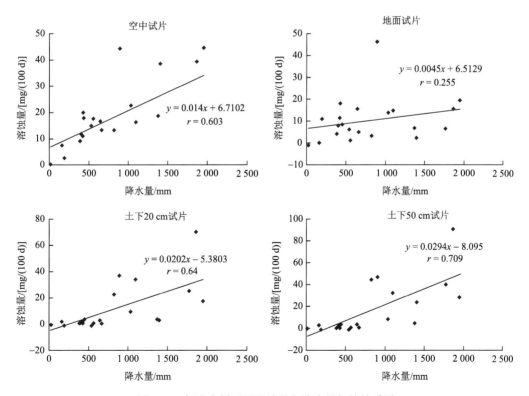

图 2-14　标准岩样百日溶蚀量与降水量相关关系图

北方岩溶区开展的分层（空中、地面、土下 20 cm 和土下 50 cm）野外溶蚀试验结果显示：空中试片的重量损失最大，地面次之，土下最小，试片在空中的重量损失一般是

土下重量损失的 5 倍，在地面的重量损失是土下的 4 倍，与我国南方地下溶蚀量远大于地表溶蚀量的试验结果相反（图 2-15），表明北方地表的物理风化在岩溶作用过程中起主导作用。这正是我国北方岩溶发育以溶蚀裂隙为主，洞穴少见，地表缺少大型岩溶负地形，呈常态山和岩溶干谷为特征的"北方型岩溶地貌"的原因。

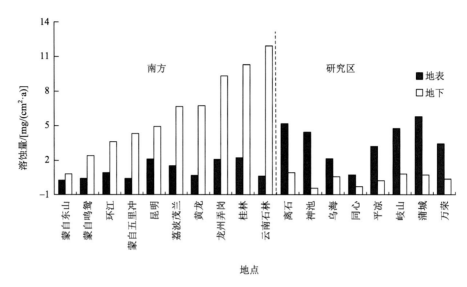

图 2-15　我国南、北方地表与地下溶蚀量图

二、岩性结构和层组结构

1. 岩性结构

石灰岩和白云岩是组成碳酸盐岩的基本成分，岩石的可溶性首先取决于其化学成分。实验结果表明，在 25℃纯水中方解石的溶解度为 14 mg/L，而 18℃纯水中白云石的溶解度为 302 mg/L，如果水中存在碳酸或其他有机酸时，方解石和白云石的溶解度会大大提高，而且方解石的溶解度以及溶解速率远高于白云石。对于碳酸盐岩岩石，其 CaO/MgO 比值越大则溶解度越大。前人的研究认为：假定方解石的溶解度为 1.0，当 CaO/MgO 比值为 1.2～2.2 时（白云岩），岩石的相对溶解度为 0.35～0.82；当 CaO/MgO 比值在 2.2～10.0 时（相当于白云质灰岩），岩石的相对溶解度介于 0.8～0.99 之间，总体上石灰岩较白云岩在一般状态下更易溶解，野外岩溶的发育特征也与之相一致。根据我们在北方的野外溶蚀试验结果表明，石灰岩的溶蚀量较白云岩高出 21.8%～26.5%。

前人在邻区娘子关泉域开展的野外溶蚀试验结果表明，石灰岩试片（有 O_2s、O_2x、$\text{\Cambrian}_3c$、$\text{\Cambrian}_2z$ 和标样）的溶蚀量均是白云岩试片（O_1 样）溶蚀量的 2 倍以上。室内溶蚀试验（表 2-3、图 2-16），其结果总体上石灰岩的相对溶蚀速率较白云岩大，含白云质泥质灰岩的相对溶蚀速率最大，生物屑灰岩、斑状白云质灰岩和泥晶灰岩的相对溶蚀速率次之，中粗亮晶白云岩最小，相对溶蚀速率与 CaO/MgO 具有较高的指数相关关系，其相关系数为 0.801。与由野外溶蚀试验结果建立的溶蚀量和 CaO/MgO 关系类型相一致（图 2-17）。

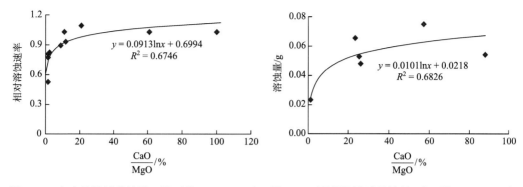

图 2-16 室内溶蚀试验结果：岩石的 CaO/MgO 与 图 2-17 野外溶蚀试验结果：岩石的 CaO/MgO 与
相对溶蚀速率的关系 溶蚀量的关系

表 2-3 岩石溶蚀试验成果表

岩石名称	地质层位	化学成分（平均值）				矿物成分		孔隙率（平均值）	相对溶蚀速率（均值）
		CaO含量/%	MgO含量/%	$\frac{CaO}{MgO}$/%	酸不溶物含量/%	方解石质量分数/%	白云石质量分数/%		
泥晶灰岩	O_2	53.18	0.87	61.12	2.99	93.0	4.0	1.9	1.03
斑状白云质灰岩	O_2	49.49	4.52	10.94	2.08	77.2	20.7	0.5	1.03
生物屑灰岩	O_2	54.1	0.54	100.2	2.03	95.5	2.5	0.4	1.03
含白云质泥质灰岩	O_1	50.17	2.36	21.26	5.19	84.1	10.7	—	1.09
鲕状白云质灰岩	$\mathcal{C}_2z$	47.6	5.44	8.75	3.22	71.5	25.3	4.1	0.89
砾屑灰岩	$\mathcal{C}_3c$	47.96	3.96	12.11	6.27	75.6	18.1	0.4	0.93
灰质白云岩	O_1	36.92	15.12	2.44	3.48	27.4	69.1	4.6	0.82
泥晶白云岩	O_2	3.07	18.48	1.66	5.36	10.1	84.5	7.9	0.80
微细亮晶白云岩	O_1	28.83	19.36	1.48	7.33	4.2	88.5	3.1	0.77
中粗亮晶白云岩	$\mathcal{C}_3f$	30.67	21.31	1.44	1.54	1.10	97.4	3.2	0.52

　　从晶体化学、结晶学出发，采用微观或超微观方法研究矿物结构与岩溶作用机理，前人做了很多扎实的研究工作。碳酸盐岩岩石泥晶、亮晶及颗粒组合形式、矿物晶系、颗粒形态特征等对岩溶作用均有影响。比如，由于与水溶液接触面积的关系，一般认为细粒泥晶方解石溶解速率比粗粒亮晶方解石更快；矿物晶体边缘、具晶格缺陷、解理交会部位成为水溶液首先选择溶蚀的部位；白云岩由于其相对均匀的晶粒和晶间孔，多具整体扩散性溶蚀的特点，野外在白云岩表面常见到大量白云砂。刘再华等（2006）采用澳大利亚产的微侵蚀计在湖南郴州礼家洞通过一年的野外水下溶蚀试验表明，粗粒亮晶白云岩机械侵蚀对试块侵蚀速率的贡献达到 90% 以上。岩石结构与岩性对可溶性的影响一般处于次要地位，更大程度上是影响着溶解速率。不均匀白云岩化作用下形成具斑状结构的白云质灰岩或灰质白云岩，差异溶蚀的结果使钙质部分下凹，白云质部分突出。岩石原生孔隙大小，对岩溶作用的影

响是非常直接的，孔隙直径越大，可形成水溶液渗透的起始水力坡度越小，越有利于岩溶的进一步作用，反之则不利于岩溶作用。

区内碳酸盐岩岩层以白云岩为主的主要为下奥陶统亮甲山组和上寒武统凤山组，前人所做 9 个不同粒级白云岩试样的溶蚀试验也证明了这一点，颗粒越粗，相对溶蚀速率越小。这些试样的化学成分和矿物成分相近，其相对溶蚀速率平均值为：中粗亮晶白云岩 0.52，微细亮晶白云岩 0.77，泥晶白云岩 0.80（表 2-3）。这是因为组成岩石的矿物颗粒越小，其比表面积就越大，其溶蚀量也随之增加。区内所见白云岩，一般颗粒较粗，孔隙度也普遍比灰岩大，几个样品都在 3%以上，大者 7.9%，主要是白云岩化和重结晶过程中形成的晶间孔隙（一般体积会缩小 13%）以及石膏、方解石溶解形成的孔隙。岩体内水流有一定的可渗性，加之一些白云岩粒间时见泥晶方解石斑块充填，较易溶蚀。随着地下水不断渗流和溶解，岩体内逐渐形成溶孔、晶孔积小孔洞。也就是说，白云岩的溶解具有空间溶解的性质，溶解作用是在裂隙及整个岩体的空间内进行的。

2. 层组结构

碳酸盐岩中不同岩性层的组合方式构成其层组结构，调查结果表明，连续沉积的碳酸盐岩中弱岩溶化层或相对隔水层的存在对岩溶发育具有重要的影响。水平岩层在垂直方向或倾斜岩层在迎水面方向对地下水的阻挡有利于水的汇集，长期的岩溶作用结果往往在二者的接触面形成强岩溶带或扩大形成溶洞。这种情况在区内的中奥陶统上马家沟组、下马家沟组底部泥灰岩之上比较普遍（图 2-18）。

(a) 下马家沟组底部泥灰岩之上的溶洞

(b) 上马家沟组底部泥灰岩之上的溶洞

(c) 狮子河支沟沿层面发育的溶洞

(d) 柳林河咀底坡沿层面发育的溶洞

(e) 沿构造裂隙发育的溶洞　　　　　　　　　(f) 沿断裂构造发育的溶洞

图 2-18　沿层面及构造裂隙发育的溶洞

三、断裂、裂隙构造

　　岩溶作用除了受其岩性的自身因素影响之外，很大程度上是由岩层的各种裂隙（包括构造裂隙和风化裂隙）扩溶而成，所以裂隙的发育程度直接影响溶蚀作用的强度。这种强度对于现代岩溶来讲，在裸露区构造裂隙、风化裂隙都起甚为重要的作用，而在埋藏后，尤其是深埋区，由于碳酸盐岩原生孔隙非常细微，构造裂隙起主导性的控制作用。岩溶的分期建立在构造运动的基础上，前燕山期为古老岩溶，喜马拉雅运动期属新岩溶。现在所见到的岩溶地貌和景观在燕山期形成的基本轮廓，是经喜马拉雅运动期改造演化的结果，反映着构造对岩溶的形成和发展控制性作用。本区碳酸盐岩在历次的构造运动及长期的物理、化学、生物风化作用下，形成了纵横交错的断层、褶皱、层面裂隙、构造裂隙及风化裂隙，为水流渗入岩体内进行溶蚀作用提供了通道和场所（图 2-18）。晚近期以来，山区处于间歇性相对抬升状态，岩石长期遭受风化剥蚀，形成大量卸荷裂隙。裂隙构造发育不仅提供了大量的溶蚀空间，而且在岩层断裂破碎过程中，摩擦热往往造成碳酸盐岩的石灰化，产生 CO_2 从而增强了水的溶解能力。层流状态下的渗流由于水的运动黏滞力影响，在固液间存在一个滞留薄膜界面，未达到平衡的固态碳与液态碳间的反应交换速率取决于界面两侧浓度差驱动下的离子扩散速度，当水流速度慢时，扩散界面较厚，两侧浓度梯度小，因而离子的扩散速度也小，岩溶作用速度也慢。相反水流速度愈快，水的运动黏滞力作用愈小，扩散界面愈薄，愈有利于岩溶作用的发生。岩体内裂隙越发育，张开度越好，连通性越强，则岩体的渗透率越大。在地下水水力坡度一定的情况下，地下水流速越快，越有利于在连通性好的张性裂隙内发育成巨大的溶蚀空间，与此同时，地下水的偏流效应促使更多的水流向大裂隙中汇集，进一步加大其中的岩溶发育强度，长期作用将形成地下水集中渗流通道。晋祠泉域内北西走向的官地矿西背斜（使得碳酸盐岩隆起）、三家庄断层带，是形成泉域北部补给的岩溶水向晋祠泉集中渗流的岩溶水强径流带的构造基础；交汇于兰村泉口的土堂断层、西关口断裂、兰村断层是接收来自南西西、北部和北东方向的导水通道，同时，钻探岩芯上见到溶孔（洞）甚为发育，在下马家沟地层遇较多处 1 m 左右的溶洞。

四、水的溶蚀能力

在水、岩间的岩溶作用过程中，可溶岩的岩性、结构、构造等可认为是相对固定的，水的溶蚀能力是影响岩溶发育最活跃、最积极的因素，它包括了物理侵蚀和化学溶蚀两方面的能力，其中以化学溶蚀作用为主导并贯穿岩溶作用全过程。由于碳酸盐岩的可溶性及水的溶蚀性在三维空间上的差异，岩溶形态特征、发育程度在平面和剖面上千差万别。

水对碳酸盐岩的化学溶蚀能力的强弱主要取决于水中酸的含量，受到气候、植被、所处的地质环境等因素的制约，水中的酸包括碳酸、硫酸及各种有机酸等，其中水中侵蚀 CO_2 对岩溶发育影响最具普遍性。水中 CO_2 除部分来源于大气外，更多的是来源于土壤层。我们在北方一些地区对土壤 CO_2 的含量测量结果表明，其中 CO_2 的含量是大气中的 8～12 倍。工作区石炭、二叠纪煤系地层中含黄铁矿等硫化物，这些矿物氧化与水作用产生硫酸，使渗透过这种地层的地下水变为酸性或弱酸性，致使水的溶蚀能力增强。特别是煤矿开采对地层的开凿加大了硫化矿物的氧化条件，将使水的 pH 大大降低成为酸性水。例如柳子沙沟的下石煤矿老窑水枯水季的 pH 为 3.14～3.48。

晋祠泉域地处黄土高原边缘地带，泉域内碳酸盐岩覆盖区面积达到 361 km^2，同时在埋藏区也分布有相当面积的黄土层。黄土中含有大量次生 $CaCO_3$，雨水入渗淋溶黄土层矿物将消耗大量侵蚀性 CO_2，使其进入碳酸盐岩层时的溶蚀能力大大降低。对 2016 年 4～5 月枯水季 21 组松散层孔隙水样品和 33 组地表水样品的方解石（SIC）、白云石（SID）、石膏（SIG）的饱和指数进行计算，除了 3 组矿坑地表水样外，所有样品的方解石（表 2-4）均为过饱和，白云石的过饱和样品数比例为 75%，黄土的大面积覆盖是造成本区岩溶发育强度较弱的重要因素之一。

表 2-4　2016 年枯季地表水、松散层孔隙水样品饱和指数计算成果表

类型	取样位置	TDS 含量/(mg/L)	HB 含量/(mg/L)	饱和指数			P_{CO_2}
				SIC	SID	SIG	
地表水	晋源区姚村镇圪垯村	3 108	786.00	−4.54	−9.57	−0.274	4.703
	晋源区晋祠镇下石村	4 475	1 885.00	−4.374	−9.012	0.077	1.085
	晋源区姚村镇黄楼村	2 606	1 210.40	−0.310	−0.956	−0.194	2.495
	古交市原相乡白岸村	1 040	343.10	0.248	−0.248	−0.913	2.252
	古交桃园街道郝家庄村	709	455.70	0.271	−0.118	−0.976	2.017
	尖草坪古城街道下兰村	369	221.80	0.293	0.437	−2.048	2.145
	晋源区姚村镇蚕石村	424	274.80	0.322	0.118	−1.451	2.344
	晋源区姚村镇黄楼村	2 037	1 141.00	0.335	0.367	−0.301	2.026
	晋源区晋源街道周家庄	557	285.29	0.481	0.009	−1.12	2.815
	晋源区姚村镇杏坪村	640	389.80	0.510	0.680	−1.442	2.698
	尖草坪区上兰村	599	315.00	0.519	0.709	−1.414	2.962

续表

类型	取样位置	TDS 含量 /(mg/L)	HB 含量 /(mg/L)	饱和指数			P_{CO_2}
				SIC	SID	SIG	
地表水	静乐县赤泥窊乡沙滩村	328	284.00	0.520	0.508	−1.825	2.489
	晋源区姚村镇杜里坪村	408	247.55	0.591	0.873	−1.706	2.776
	古交邢家社乡郭家社村	442	324.54	0.610	0.275	−1.295	2.584
	清徐县姚村镇高家堡村	1 059	629.50	0.659	1.014	−0.914	1.913
	清徐县马峪乡安家沟村	346	218.29	0.680	0.595	−1.572	3.039
	清徐县马峪乡寺家坪村	376	209.05	0.692	0.539	−1.422	3.296
	晋源区晋源街道庞家寨村	703	339.75	0.753	1.319	−1.301	2.987
	清徐县清源乡北营村	549	293.80	0.801	1.057	−1.286	2.982
	古交市原相乡下石沙村	318	256.10	0.803	1.002	−1.546	3.104
	古交市嘉乐泉乡嘉乐泉村	597	441.20	0.851	1.321	−1.088	2.770
	娄烦县杜交曲镇罗家曲	548	286.00	0.879	1.303	−1.427	3.325
	万柏林区西铭街道偏桥沟村	635	427.00	0.885	1.224	−0.973	3.102
	古交市河口乡红梁上村	1 216	730.50	0.885	1.103	−0.593	2.822
	清徐县清源乡北营村	2 456	1 686.70	0.903	1.325	−0.077	2.532
	古交市邢家社乡中社村	594	389.80	0.915	1.045	−1.097	2.951
	晋源区姚村镇南岭村	1 212	776.60	0.954	1.563	−1.114	1.373
	古交市原相乡后岭底村	336	237.54	1.003	1.208	−1.63	3.285
	古交市原相乡原乡村	415	303.85	1.022	1.41	−1.364	3.084
	古交市河口镇河口村	611	320.60	1.026	1.937	−1.386	3.253
	万柏林区大虎峪村	1 026	595.50	1.107	1.717	−0.748	2.997
	晋源区金胜乡金胜村	1 292	578.90	1.169	2.094	−0.839	3.593
	晋源区晋源街道黄冶村	3 490	1 206.80	1.249	1.724	−0.054	5.786
松散层孔隙水	万柏林区西铭街道南峪村	368	142.53	0.015	−0.867	−2.003	2.131
	尖草坪区阳曲镇黄花园村	395	162.70	0.045	−0.039	−2.158	2.388
	万柏林区大卧龙村	878	660.40	0.082	−0.182	−0.702	2.213
	晋源区晋祠镇南大寺村	890	676.00	0.14	−0.069	−0.754	1.905
	古交市常安乡小娄峰村	273	220.75	0.243	−0.174	−2.458	2.273
	晋源区晋祠镇三家村	1 298	865.00	0.241	0.279	−0.607	1.815
	尖草坪区古城街道新村	483	373.05	0.256	0.279	−1.617	1.906
	晋源区姚村镇蚕石村	1 246	915.00	0.265	0.233	−0.511	1.896
	清徐县东于镇柴家寨村	1 165	747.80	0.29	0.232	−0.619	2.183
	清徐县马峪乡东梁泉村	1 356	885.10	0.309	0.300	−0.546	1.912
	阳曲县泯屯镇岔上村	317	275.15	0.323	0.326	−2.192	2.271
	阳曲县泯屯镇耀子村	235	212.20	0.436	0.424	−2.693	2.690
	阳曲县泯屯镇龙泉村	274	239.80	0.47	0.495	−2.193	2.637

续表

类型	取样位置	TDS 含量 /(mg/L)	HB 含量 /(mg/L)	饱和指数			P_{CO_2}
				SIC	SID	SIG	
松散层孔隙水	万柏林区东社街道袁家庄村	779	559.60	0.473	0.532	−1.016	2.331
	清徐县东于镇东高白村	428	230.35	0.475	0.479	−1.971	2.483
	古交市嘉乐泉乡红湾子村	234	189.00	0.475	0.412	−2.525	2.735
	古交市嘉乐泉乡猫儿尖村	301	232.20	0.476	0.690	−1.885	2.619
	万柏林区东社街道袁家庄村	788	580.80	0.498	0.669	−1.026	2.123
	古交市常安乡常安村	503	395.70	0.532	0.355	−1.234	2.480
	古交市常安乡麻家口村	559	426.40	0.584	0.524	−1.151	2.578
	晋源区晋源街道武家寨村	560	237.80	0.587	1.022	−1.577	2.447
	阳曲县杨兴乡杨兴村	263	227.05	0.617	0.675	−2.094	2.976
	阳曲县杨兴乡石槽村	500	407.00	0.784	0.983	−1.937	2.598

　　晋祠泉域在太原盆地部分是岩溶热水分布区，与山区浅循环岩溶水通过山前断裂带接触并接受补给，在水量交换过程中由于山区冷水与盆地热水的混合，存在热水混合岩溶作用。

五、水动力条件

　　流动的地下水是促使岩溶形成和发展的另一个重要条件，地下水在岩层中需要有储存和运动的空隙，但反过来地下水的运动又促进了岩溶的发展。泉域岩溶水的循环是岩溶水由补给区向排泄区逐步汇集的过程，总体上地下水从补给区到排泄区在单位过水断面上的水流通量呈逐步增加趋势，因而存在排泄区的岩溶发育程度强于补给区的规律。晋祠泉域 80%以上的岩溶水极强富水区分布在泉域径流排泄区。一些大型管道可能还存在局部的紊流，物理侵蚀作用能够加速管道空间的发展，使得含水介质的差异性更加突出，在一些地区形成岩溶水强径流带。

六、碳酸盐岩埋藏深度

　　岩溶的埋深效应包括化学效应和水动力效应两个部分。这里的水动力效应是指地下水在含水层中运移的动力源于高程上的水力压差势能转化动能，沿途受水岩间的摩擦阻力逐步消耗其势能，这种能量消耗随运移距离增加而增加，在一些深埋地区将被滞留。化学效应则体现在水的溶蚀能力，通常条件下，水的溶蚀能力主要依赖于大气或降水入渗过程中土壤中的 CO_2，与势能的消耗一样，随着径流途径的增加，水中侵蚀 CO_2 也逐步被消耗直至完全丧失，所以在同等条件下埋深影响着岩溶发育程度，浅部较好，深部则差。如下马家沟组与上马家沟组相比，在岩溶机制上类同，但由于埋深的不同，所以在同一钻孔中往往上马家沟组岩溶发育优于下马家沟组，如古交钢厂以东的 C-39 号孔

（原编号），O_2x 地层在孔深 468.95～473.11 m（标高 491.17～487.01 m）岩溶发育较弱，水样的矿化度 2 808 mg/L，总硬度 2 164.69 mg/L，O_2x 含水层抽水试验降深 28.75 m，单位涌水量 0.026 L/(s·m)，说明 O_2x 和 O_1 含水层已处于岩溶发育微弱的深缓径流带；太原东山瓜地沟 TS-19 号孔（原编号）上马家沟组单位涌水量大于 20 L/(s·m)，下马家沟组为 1.51 L/(s·m)。当然，在一些特殊的条件如构造作用或膏溶作用条件下可能会改变这种"纯埋深"的观念。

第三节　岩溶发育期及古岩溶

现代岩溶地貌往往是在历史时期岩溶基础上继承演化而来，伴随着历次区域构造运动，可溶岩经历了多次漫长的陆表期岩溶作用过程，形成了各期古岩溶。本区岩溶发育期可划分为早古生代与晚古生代加里东期古岩溶、古近纪古岩溶、新近纪喜马拉雅运动期古岩溶和第四纪以来现代岩溶。

一、古生代古岩溶

晋祠泉域内普遍存在两期造山运动后的古岩溶作用期。第一期是在早奥陶世后期的"怀远运动"，这一期古岩溶在本区的证据是中奥陶统下马家沟组底部普遍沉积的砂岩层（相当于底砾岩）；第二期是中奥陶世后期的"晋、冀、鲁、豫造山运动"，华北地台总体（西南边缘地带除外）在中奥陶统马家沟群沉积后升为陆地，直到中石炭世后接受沉积，当时本区处于热带、亚热带气候带的岩溶有利发育环境，经历长达一亿多年的溶蚀期，形成起伏较大的古溶蚀面，厚达几十米，形态包括洼地、漏斗、低洼处为铝土矿、铁矿等充填。

二、古近纪—新近纪古岩溶

燕山运动结束以后的白垩纪—古近纪，东亚有个比较稳定的阶段，华北经受了准平原化作用，一般地势平坦，只有少数蚀余山坡突起。大陆上的气温要比现在高得多，全部大陆属于行星风系的环流形势。当时华北属于亚热带阔叶混交地带，当高气旋活动频繁时，降水多，植物生长茂密。而此时太原地区一直遭受剥蚀，没有沉积。

新近纪上新世，喜马拉雅运动强烈，这次大规模的构造差异运动使原来古近纪的平缓地貌大为改观，河流侵蚀上升的山块、古老的准平原已被摧毁，地形出现起伏，盆地中沉积保德期红土。新近纪总体经历了 2 个溶蚀剥蚀-夷平作用，分别是新近纪的太行期和唐县期古岩溶与不同高程的夷平面。特别是上新世后，前人利用孢子花粉的研究认为华北地区处于一种潮湿的暖温带-亚热带气候条件，是重要的岩溶化时期，因此在区内及周边岩溶山区保留了大量不同时期的古岩溶地貌遗迹。

新近纪古岩溶期的岩溶化过程大致在中新世到上新世时期，剥蚀面在 1 450 m 以上。在柳林河上游，以近东西向的北台期夷平面分布高程大约为 1 800～2 000 m，是该级夷平面的残留，呈梁状低山地貌，向河谷和下游倾斜。在沟谷内残留新近纪红黏土，局部残留小型碟状洼地（如静乐上双井一带），代表一种比较暖湿气候，时代应与山西三趾马红土相当。

三、第四纪岩溶

第四纪以来，始于古近纪—新近纪的喜马拉雅运动期更加活跃，自然环境的演变也进入了一个十分复杂的阶段。由于大气环流的改变，愈到第四纪晚期，气候日益干冷，平均气温自第三纪末至今总下降值达 9℃左右，同时，喜马拉雅运动期使本区产生了巨大的差异升降运动，盆地剧烈沉陷，山体抬升，地貌分异显著。

第四纪以来西部差异性震荡式升降运动在本区表现尤为突出，区内多数河流保留有三级阶地（图 1-22），它们分布在不同的高度，对应有第四纪初期以来早、中、晚更新世和全新世时期相对稳定阶段沉积的河流冲、洪积层及发育的岩溶地貌。河流作为岩溶水控制性排泄基准，阶地必然对应稳定排泄高程下的地下水循环，并在地下水面附近形成层状溶洞。三级阶地由中更新世形成，多为侵蚀阶地或基座阶地，高出现代河床 60～100 m；二级阶地高出现代河床 10～20 m，柳林河支流干河对应发育有一层溶洞，如图 1-8 右所示。在盆地内，碳酸盐岩逐渐被深埋地下，脱离现代地下水循环，岩溶发育强度逐渐减弱。

由上述可见，古近纪—新近纪是岩溶作用比较活跃的时期，本区乃至华北发育了较大规模的岩溶系统，形成诸如北台、唐县期的夷平面和准夷平面。第三纪晚期以来，岩溶发育的自然环境发生了巨变，由于构造运动和气候变化使岩溶作用减弱，并且在方式上也发生了转化。

第四节　晋祠泉域岩溶发育特征

一、岩溶垂向发育特征

1. 成层性

岩溶在垂向上具明显的成层性。岩溶水平分布是岩溶沿层发育的必要条件，岩层的组合特征是岩溶多层次结构的另一个重要条件，在太原地区这两个条件都是具备的。无论是野外露头观察、钻孔岩芯描述，还是镜下鉴定都显示出岩溶成层分布的规律，其形态特征和岩溶景观在汾河河口村—兰村的峡谷中，或其他较大河谷的两岸都可见到。本区自上而下分别有峰峰组、上马家沟组、下马家沟组、亮甲山组、凤山组、张夏组六个溶蚀层，全区普遍发育。其中以上马家沟组、下马家沟组最强，次为峰峰组，膏溶作用对其影响深远，其余则更次。但由于构造和所处部位不同，所以主次各有差异。

2. 埋藏深度

西山向斜核部埋藏区构造较简单，是岩溶不发育区，自北而南的屯兰、郝家庄、李家村、常峪沟、半沟、圪僚沟、圪台头等钻孔都充分证实了岩溶不发育（后述）。特别是 K181 孔分别揭露了峰峰组、上马家沟组、下马家沟组的全部地层，岩芯很完整，很少见到溶蚀现象，抽水实验证实基本不含水。岩溶随着碳酸盐岩埋藏深度的增加而减弱。

3. 主要溶蚀层

在所有的溶蚀层中以上马家沟组最发育，较大的洞穴悬挂在地质剖面上，洞穴的规模或数量都居首位，这些岩溶现象在地貌上甚为雄伟壮观，也往往作为野外地质人员宏观确认地层的标志之一。但在该组中以第三段发育最好，第二段次之。在机制上，第二段是以裂隙及扩溶为主，也包括溶蚀后的机械破碎作用。之所以会出现这两个溶蚀段，首先是岩性结构所致，虽然两段同以方解石为主，但第三段为泥晶结构，有利于岩溶的发育；第二段则以细晶为主，溶蚀条件差于泥晶。第二段底部之所以有一个溶蚀层，是因为其下段有一层难溶解的角砾状泥灰岩。连续性不强的角砾状泥灰岩为弱透水层，致使垂直下渗的地下水转变为沿弱透水面的水平运动。下马家沟组的溶蚀条件类同于上马家沟组。但矿物成分、结构以及层间组合均较上马家沟组差，再加上整体埋藏深度较大，故在区域内大部分的范围内溶蚀次于上马家沟组。

二、岩溶横向发育特征

横向发育与泉域水动力条件关系密切，总体上排泄区最强，径流区次之，补给区较差，在碳酸盐岩深埋区最弱。构造控制方面，除北部石灰岩裸露区为 EW 向的纬向构造带以外，地层总体以单斜构造倾向南，加上 NE 向断裂构造的复合，岩溶甚为发育，无论沿汾河、柳林河谷及狮子河的北端都可在剖面上见到上马家沟组、下马家沟组内有似层状的溶蚀洞穴。汾河以南虽属埋藏型岩溶，但由于断层呈近等距的地垒成对出现，所以岩溶发育得多，特别在靠东侧的西山山前地带，在这些地垒内的钻孔中分别见到大于 1 m 的溶洞。在边山断裂带，岩溶甚为发育。在圪僚沟、风声河、玉门沟和风峪沟附近，于地表出露的峰峰组、上马家沟组内分布有干溶洞，并且在这些沟内进行钻探工程时都见到 1~3 m 的溶洞，其中以晋祠泉附近的溶洞更为发育。往南，洞儿沟和平泉之所以富水性好，其主要也是由于断裂影响所致。

第三章　晋祠泉域岩溶水文地质条件

第一节　泉域区域水文地质条件

晋祠泉域总面积 2 712.58 km²，大部分地区为基岩山区（图 1-7），仅在东南部约 250 km² 的地区处于太原盆地中。泉域内太古界变质岩仅在泉域北东局部地区出露；下古生界寒武系—奥陶系碳酸盐岩在泉域北部出露，在东南部则埋藏于晚古生界及中生界碎屑岩之下；石炭、二叠系煤系地层及中生代三叠系碎屑岩主要分布于泉域中南部；新生界松散岩类除在山区较大河谷区有阶地、河漫滩松散层沉积分布外，还有不稳定的黄土梁、峁形态产出。此外，在泉域西侧中段还有少量中生代侵入岩分布。

根据含水介质的岩性与结构，将该泉域内地下水划分为 5 种类型，分别是：①松散岩类孔隙水；②碎屑岩类裂隙、孔隙水；③碎屑岩夹碳酸盐岩类层间岩溶裂隙水；④碳酸盐岩类岩溶裂隙水；⑤变质岩、火成岩风化裂隙水。

一、松散岩类孔隙水

晋祠泉域内松散岩类孔隙水根据其所处地貌单元、含水层岩性及地下水埋藏条件可分为山区河谷冲积层潜水、黄土丘陵区潜水、盆地区浅层潜水及深层承压水等。

1. 山区河谷松散层孔隙水

汾河是流经本区的最大河流，其主要支流有大川河、原平川、屯兰川及天池河，河谷阶地宽 300~800 m，厚 0~45 m，一般 20~30 m，由全新统砂、砂砾及卵石层组成，赋存第四系孔隙水。河谷冲积层中的潜流宽度以汾河最宽，约 600~800 m，大沟谷次之，小沟谷只有几十米至二三百米，含水层渗透性以汾河河谷最好，较大沟谷次之，小沟谷最差。汾河冲积层的钻孔单位涌水量 0.176~11.97 L/(s·m)，一般 4.22~6.22 L/(s·m)。根据钻孔计算的渗透系数在不同地段相差很大，其变化范围为 6.832~96.8 m/d。

孔隙潜水水位很浅，埋藏深度一般 3~5 m，旱季稍深，随季节变化。同时受汾河水库放水控制，放水期水位抬高。孔隙潜水的补给来源以大气降水和地表水为主，运动方向受地形控制，与地表水流向基本一致；排泄途径以蒸发作用为主，次为农业灌溉与居民生活用水。潜水水质一般较好，矿化度 230~729 mg/L，水温受气温影响，水化学类型以 $HCO_3 \cdot SO_4$—$Ca \cdot Mg$ 水为主。

2. 太原盆地孔隙水

太原盆地东、西、北群山环绕，边山河流汇集期间，有利于地表和地下水的入渗补给。深度 60 m 以内主要为浅层潜水，其含水岩组主要是全新统、上更新统砂砾石及沙层，厚度在盆地中部一般在 10 m+，边山洪积群地带 10～30 m，局部地段或古河道部位能达到 40 m。

西山山前冲洪积扇群，松散层粒度粗，孔隙大。含水层富水性强，浅井涌水量一般在 500～1 000 m³/d。扇前及与汾河的交接洼地地区，粒度细、孔隙小，富水性较差，单井涌水量一般在 500 m³/d 以下，但在汾河及支流的古河道上，涌水量最大可在 1 000 m³/d 以上。沿汾河走向的南北方向上，受含水层岩性及厚度的变化，富水性向下游也逐渐变弱。以汾河两岸为例，柴村以北的汾河上游段（属于兰村泉域范围），含水层主要为汾河沉积卵砾石，厚度 18～30 m，这一带地下水具有降水入渗、汾河水及西山岩溶水的多源补给条件，水质良好、水量丰富，单井涌水量可到 5 000～10 000 m³/d，天然条件下水的矿化度一般在 400 mg/L 以下。西张水源地即建于此地，其开采能力达到 230 000 m³/d。南屯、义井到柴村段（部分属于晋祠泉域范围），含水层岩性由砂卵石变为砂夹砾石层，含水层厚度一般大于 20 m，单井涌水量一般在 1 500～4 000 m³/d，矿化度较高的可在 400～500 mg/L。南屯以南，含水层岩性为中、细（或粉细）砂，厚度 10～28 m，单井涌水量 500～1 000 m³/d，矿化度一般在 500～1 000 mg/L。西山山前洪积扇前缘，含水层一般以细粉砂为主，厚度一般小于 15～22 m，单井涌水量 100～500 m³/d，矿化度一般在 1 000 mg/L 以上。

盆地中浅层潜水的富水性总体上是：洪积扇群区，扇顶强于扇前、扇轴强于扇翼；冲积平原区是河流沿岸及古河道地带强于其他地带。

埋藏深度在 60～200 m 的孔隙水为中深层承压水，含水层的粒度、厚度以及富水性与浅层潜水分布规律有一定相似性，汾河古河道及冲积扇顶部下伏含水层，含水层由粗粒的砂和砂砾石组成，一般厚度 20～50 m，补给条件好、富水性强。区内三给以北的汾河冲积平原区，厚度 30～90 m，单井涌水量可达 5 000 m³/d 以上，矿化度一般在 400 mg/L 以下。刘家堡以北的汾河沿岸和开化沟以南的冲积扇中顶部含水层以砂卵石及粗砂为主，厚度 20～40 m，单井涌水量可达 1 000～5 000 m³/d，矿化度一般在 500 mg/L，局部 500～1 000 mg/L。平原区汾河古河道外侧，含水层以中细砂为主，厚度 15～35 m，单井涌水量 500～1 000 m³/d，矿化度 500～1 000 mg/L。

3. 黄土丘陵区潜水

广泛分布于泉域西山山区，主要为中晚更新世离石、马兰黄土，其中局部夹有砂砾石透镜体（图 3-1）。由于其特殊的成因，可覆盖于不同高程的山区基岩之上，地貌多为黄土梁、峁，厚度一般小于 40 m。区内沟谷纵横，地形破碎，多数地段下伏新近系红色黏土，地下水分布零星，多以上层滞水形式出现，水量贫乏，单井涌水量一般在 10 m³/d 以下。

二、碎屑岩类裂隙、孔隙水

泉域内裂隙含水岩组主要是石炭系、二叠系及三叠系碎屑岩。

图 3-1　黄土中夹砂砾石透镜体

1. 三叠系裂隙含水层

三叠系以砂岩构造裂隙水为主，分布在 2 个区域，其一是晋祠泉域东南侧，大致分布在标高 1 300～1 700 m 的大川河、原平川和磁窑河的地表分水岭山区，呈山顶戴帽的产出特征，以潜水为主，这里人烟稀少，几乎无钻孔抽水资料，所见泉水流量一般在 0.05～0.5 L/s；其二在太原盆地内的小井峪南寒区内分布裂隙承压水，钻孔单位涌水量为 0.259～1.059 L/(s·m)，矿化度一般小于 0.5 g/L，水化学类型为 $HCO_3 \cdot SO_4$—$Ca \cdot Na$ 水。

2. 二叠系孔隙-裂隙含水层

区内二叠系广泛分布在泉域南部，由砂岩、粉砂岩、砂质泥岩、泥岩等组成，下部山西组夹煤层。其中，砂岩裂隙发育，一般含水，但富水性均不强。裂隙含水岩层浅部一般以风化裂隙潜水为主，中深部具承压性质。

1）裂隙潜水

二叠系基岩风化壳含水层的厚度主要受地形、岩性及盖层厚度控制。谷底一般 10～20 m，山顶 30～50 m。根据钻孔抽水资料，钻孔单位涌水量为 0.000 78～0.397 L/(s·m)，富水性微弱至中等。在较大的沟谷中潜水溢出成泉，流量可达 2～3 L/s。裂隙潜水的补给主要来自大气降水，水量随季节变化，雨季在沟谷、山麓出露的下降泉较多，但多数流量很小，枯水季节骤减至干涸。

石盒子组厚层砂岩较多，出露范围较广，除一些风化较强的区域外，一般富水性较差。石盒子砂岩含水层富水性很弱可视为隔水层，在局部地段可形成自流井。水化学类型为 $HCO_3 \cdot Cl$—Na 水，矿化度 390 mg/L。

山西组砂岩裂隙含水层主要是 K_3 砂岩（北岔沟砂岩）和 2 号、4 号煤间砂岩，K_3 砂岩厚度变化较大，煤炭钻孔揭露的厚度从不足 1 m 到 16.94 m。岩性为中—粗砂岩或含砾砂岩，胶结较松散。山西组在本区出露较少，大多埋藏较深，含水性差。总体该层水量微小，属富水性弱至极弱的含水层。

本区裂隙潜水水质较好，主要为 $HCO_3 \cdot SO_4$—$Ca \cdot Mg$ 水，矿化度一般小于 0.5 g/L，水温随季节变化，除作小型民用供水外，无大型供水意义。

2）承压水

裂隙承压水含水层主要为山西组和石盒子组数层砂岩。其含水性主要取决于岩性、岩层厚度和裂隙发育程度，其富水程度差异较大。从平面分布上看，主要取决于埋藏条件，一般埋藏较浅处，易于接受补给，富水性较强。在垂向上，因含水层岩性和厚度的差异，由下向上钻孔单位涌水量有逐渐变小的趋势。经统计，各层单位涌水量如下。

P_1s： $q = 0.000\,04 \sim 0.054\,8$ L/(s·m)

P_1x： $q = 0.002\,5 \sim 0.055\,8$ L/(s·m)

P_2s： $q = 0.026 \sim 0.041$ L/(s·m)

裂隙承压水的补给来源主要是沿露头带入渗的大气降水，其次是浅部的裂隙潜水。地下水流向是由西北流向东南。裂隙承压水的水质视含水层的埋藏条件而变化。在补给区及承压区浅部水化学类型为 $HCO_3 \cdot SO_4$—$Ca \cdot Mg$ 水，矿化度 $500 \sim 1\,000$ mg/L；至承压区深部及南部泄水区，由于地下水中溶解了较多的矿物质，使矿化度上升到 1\,000 mg/L 以上，形成了 $SO_4 \cdot HCO_3$—$Ca \cdot Mg$ 水。

三、碎屑岩夹碳酸盐岩类层间岩溶裂隙水

石炭系太原组在泉域内主要围绕马兰向斜及石千峰向斜分布，最深处在马兰向斜轴部。本组由砂岩、泥岩及厚度不等的 $4 \sim 5$ 层灰岩组成，含 4 层可采煤层，石灰岩与砂岩构成含水层，含水层多埋藏于 9 号煤以上，9 号煤以下为相对隔水层。但 L_5 灰岩（东大窑灰岩）仅在西部马兰一带发育，平均厚 0.8 m；其余各层段灰岩在西山各区的发育程度也不一致，相对而言，L_1（庙沟灰岩）、K_2（猫儿沟灰岩）厚度较稳定。根据钻孔抽水成果统计，该层单位涌水量从 0.000\,6 L/(s·m)到 2.17 L/(s·m)不等，多数在 $0.003 \sim 0.3$ L/(s·m)，属于富水性弱—中等的含水层。石炭系碎屑岩夹间层灰岩裂隙岩溶含水岩组的水化学类型属 $HCO_3 \cdot SO_4$—$Na \cdot Ca$［或 Cl—$Na \cdot Ca$（或 Mg）］水，矿化度 $228 \sim 538$ mg/L。

该含水岩组富水性不均一，表现为埋藏较浅的汾河以北富水性较好，前人勘探所揭露的富水性达到中等的钻孔均位于汾河河谷或其北岸，沿汾河往南，随着埋深的增加富水性不断降低。由于这些碳酸盐岩夹层含水层一般处于煤层之上，因此在煤矿开采区，其中地下水被采煤疏干，开采价值基本丧失。

四、碳酸盐岩类岩溶裂隙水

晋祠泉域内碳酸盐岩类岩溶裂隙水主要储存于下古生界寒武—奥陶系中，根据含水层介质结构及富水性，可分为中奥陶统上下马家沟组、峰峰组构成的中奥陶统（上）含

水岩组和中、上寒武统张夏组、崮山组、长山组、凤山组组成的中、上寒武统（下）含水岩组，其间被区域性相对隔水层下奥陶统分割。

1. 中奥陶统（上）含水岩组

中奥陶世华北地台发生 3 次大的海侵、海退沉积旋回过程，与之相对应有峰峰组、上马家沟组和下马家沟组 3 组，并进一步划分为 6 个岩性段（也有另一种划分，将下马家沟组、上马家沟组上段进一步分为 2 段，总体划分为 3 组 8 段，本书从含水层的岩溶发育特征出发，采用 3 组 6 段方案）。各组为一个沉积旋回单元，岩性从下向上为含石膏的泥云岩—白云质灰岩（或豹皮状灰岩、蠕虫状灰岩）—灰岩的组合，构成 3 套碳酸盐—硫酸盐混合沉积建造，总厚度 346～784 m。除局部地段外，区域上具有统一的流场，构成水文地质赋存特征相近的含水岩组。不同岩性段的矿物成分、结构、层组组合特征对岩溶的发育具有明显的控制作用，大量调查与勘探表明，中奥陶统含水岩组总体上各组上段（O_2x^2、O_2s^2、O_2f^2）介质结构特征表现为富水性中等—极强的溶蚀孔洞型，而各组下段（O_2x^1、O_2s^1、O_2f^1）则为相对隔水层。其中最为突出的是各组底部含石膏的泥质白云岩，它具有"区域透水、局部隔水"的水文地质性质，对岩溶水的循环及水化学均有重要影响。

1）峰峰组二段含水层（O_2f^2）

地表裸露区常剥蚀不全。上部为灰色深灰色厚层状石灰岩，致密坚硬、质地较纯，CaO 一般在 50%以上；有时夹泥灰岩和白云质灰岩。中下部多为灰色角砾状石灰岩、白云质灰岩夹泥灰岩，厚 4.7～30 m。该段石灰岩岩溶裂隙发育，水蚀现象严重，为本区重要含水层之一。岩溶水主要含水层段，一般位于从奥陶系侵蚀面以下20 余米至第一泥灰岩石膏带（O_2f^1）顶板之上，大部分地区层位稳定，埋藏较浅，地下水补给条件好。地面观测和钻孔揭露，该段岩溶裂隙发育，钻孔所见岩溶以溶孔为主，溶孔直径一般为5～20 mm，常呈蜂窝状，水蚀现象严重，富水性好，水量丰富，西曲、镇城底一带有4 个前人钻孔揭露到溶洞。由于岩溶裂隙发育不均匀，富水性也有很大差异，钻孔单位涌水量 0.001 2～25.54 L/(s·m)（K200 孔、K198 孔），一般在 1～8 L/(s·m)。水化学类型在中、北部的补给区为 $HCO_3 \cdot SO_4$—$Ca \cdot Mg$ 水，向东至边山一带变为 $SO_4 \cdot HCO_3$—$Ca \cdot Mg$水，矿化度由 0.218 g/L 增至 1.035 g/L。

2）峰峰组一段相对隔水层（O_2f^1）

主要为灰色、浅灰色角砾状石灰岩、白云质灰岩、泥灰岩、角砾状泥灰岩、泥质灰岩夹 1～2 层石膏带或在层理面和裂隙中充填次生石膏（图 1-9），厚 50～103 m，统称第一泥灰岩石膏带。不仅是奥灰岩层的重要标志层，也是峰峰组及奥陶系灰岩中的相对隔水层。

3）上马家沟组二段含水层（O_2s^2）

O_2s^2 上部主要为灰色致密、质纯、薄层状石灰岩、白云质灰岩夹白云岩、泥灰岩和石膏；中部为深灰色、灰黑色，厚层—巨厚层豹皮状灰岩（白云质石灰岩），致密、坚硬、夹薄层角砾状白云质灰岩、泥质白云岩。下部多为角砾状灰岩夹泥灰岩、有时夹石膏，厚 99～170 m。本段岩溶裂隙发育，且多见于质纯石灰岩中，常呈串珠状、蜂窝状、网络状相互贯通。在古交矿区钻孔中，岩溶裂隙发育，上述岩溶裂隙发育形态均有发育。尤以沿裂隙发育的串珠状岩溶更为显著。岩溶裂隙直径一般为 5～15 mm，最大达 50 mm，且相互贯通，透水性良好，水量丰富，钻孔单位涌水量一般为 1.32～11.91 L/(s·m)。总体上，在碳酸盐岩浅埋的径流排泄区及河谷渗漏区，富水性较强，兰村 S_1 孔（原编号），在 O_2s^2 底部与下伏 O_2s^1 泥灰岩的接触面处，见直径 10～30 mm 的小型溶穴，钻孔单位涌水量达 15.43 L/(s·m)，渗透系数为 50.81 m/d，火山村南侧的 C-47（原编号）孔，位于汾河河谷内，其单位涌水量达 36.00 L/(s·m)；在碳酸盐岩深埋区，地下水径流条件差，富水性也变差，如东曲井田西南部虎爪山四里沟口的 K148 孔，为干孔，郝家村附近的 K117 孔，单位涌水量仅为 0.42 L/(s·m)。该含水层组中水质普遍较好，水化学类型在北、西北部补给区为 HCO_3—$Ca·Mg$ 水及 $HCO_3·SO_4$—$Ca·Mg$ 水，在径流区古交附近局部地区，古交断裂带以南及西南部地下径流不畅的地区、及边山断裂附近的排泄区，变为 $SO_4·HCO_3$—$Ca·Mg$ 水及 SO_4—$Ca·Mg$ 水，矿化度 0.286～2.29 g/L。

4）上马家沟组一段相对隔水层（O_2s^1）

上部以灰、黄灰色厚层—中厚层石灰岩、泥灰岩为主，下部以灰色、浅灰色角砾状灰岩、角砾状泥灰岩为主，裂隙及层面充填大量次生纤维状石膏。下部与顶部有时为豹皮状灰岩、白云质灰岩，在煤田西北部常含 2～3 层角砾状泥灰岩夹原生石膏，厚 30～44.4 m，统称第二泥灰岩石膏带。同样，既是本区 O_2 的重要标志层，也是 O_2 中的局部相对隔水层。

5）下马家沟组二段含水层（O_2x^2）

O_2x^2 上部为灰、深灰色中厚层状石灰岩、角砾状白云质灰岩夹泥灰岩、泥质灰岩、白云岩，局部夹薄层石膏及脉状次生石膏；下部以灰、深灰色厚层—巨厚层豹皮状灰岩，夹泥质条带，灰岩及白云质结晶灰岩，底部夹薄层石膏底部有时为角砾状灰岩。总厚 118.6～159 m。该层也是太原西山东部地区的主要含水岩层。河口镇以下汾河沿岸碳酸盐岩渗漏区，汾河二库钻孔揭露 O_2x^2 层段岩溶裂隙也较发育。本项目盘道勘探孔（编号 FK3），下马家沟组段岩芯破碎、塌孔严重，岩芯采集率较低，抽水水位降深 0.05 m，出水量达到 42 m³/h，抽水稳定时间 24.5 h，停抽后 3 min 恢复到初始水位。兰村 S_1（原编号）钻孔处于太原盆地西边山断裂带，单位涌水量达到 13.74 L/(s·m)，渗透系数为 18.45 m/d。该层岩溶水水化学类型为 $HCO_3·SO_4$—$Ca·Mg$ 水及 $SO_4·HCO_3$—$Ca·Mg$ 水。矿化度 0.28～0.889 g/L，pH 7.4～7.8。中部及南部因其顶板埋深均在 400～500 m 以上，岩溶裂隙一般不发育，如清徐县碾底乡东圪台村 K181 孔，中奥陶统埋深 364.38 m，水量仅能采用提桶法抽水，降深达 53.47 m。

6）下马家沟组相对隔水层组（O_2x^1）

上部为灰—深灰色厚层状石灰岩、角砾状白云质灰岩、白云岩；下部为灰、灰黑色角砾状灰岩、白云质灰岩、白云岩夹泥质白云岩、泥质灰岩和薄层硬石膏，厚 18.3～43.25 m，是 O_2 中的相对隔水层。受其隔水性作用影响，往往在泥灰岩之上形成小型上层滞水泉，如柳林村的 S9 泉水、洞沟村 S19 泉等。

2. 下奥陶统（O_1）

下奥陶统冶里组岩性上部为深灰、灰白色厚层—巨厚层粉细-粗亮晶白云岩及白云质灰岩，顶部发育燧石团块或条带，下部多为薄层状硅质灰岩夹白云岩，厚度 27.3～131.68 m；亮甲山组岩性为浅灰、灰白色薄层状白云岩、白云质灰岩、泥灰岩，中部夹竹叶状灰岩、硅质灰岩，厚度 14.6～102 m。

下奥陶统在太行山区具有区域上相对隔水、但在断裂构造作用下局部可透水的水文地质特征，这种认识是在钻孔出水量、岩性及相关岩溶发育特征、泉水出流的大量水文地质资料的基础上建立的，例如山西阳泉市的娘子关泉水的出流与下奥统的隔水作用密不可分，娘子关泉口勘探孔的分层抽水试验表明，下奥陶统单位涌水量为 55.2 $m^3/(d·m)$，而下伏寒武系含水层的单位涌水量达到 1 211.36 $m^3/(d·m)$，二者相差 21.9 倍；山西长治市的辛安村泉群、晋城的延河泉群，80%以上的流量在下奥陶统层位之上排泄，越过下奥陶统至寒武系排泄的水量不足 20%；山西晋城市三姑泉域岩溶水大部分受丹河小山字形构造的作用影响，从中奥陶统转换进入下伏寒武系并从张夏组中出流，但处在中游地区白洋泉、郭壁泉均是受下奥陶统阻（隔）水而形成排泄；晋祠泉域内出流于汾河河谷的悬泉寺泉群其成因同样是受下奥陶统阻水所致，距晋祠泉口约 800 m 的地震台 K179 孔，该层单位涌水量为 0.116 $m^3/(h·m)$，古交矿区有 2 个勘探孔对下奥陶统做了抽水试验，分别为马兰矿水源普查孔（编号 MS-7）和西曲矿供水水源详细勘探孔（编号 C-39），其中 MS-7 为干孔，C-39 孔单位涌水量为 0.026 $L/(s·m)$，汾河二库坝址勘探的压水试验表明，下奥陶统的单位吸水量一般在 0.01 $L/(min·m)$ 以下。野外亮甲山组白云岩中发育大量小型孔洞，但多为封闭的方解石晶洞。本层在晋祠泉域内钻孔单位涌水量 0.032～8.95 $L/(s·m)$，矿化度一般为 0.274～1.41 g/L，水化学类型为 $HCO_3·SO_4$—Ca·Mg 水及 SO_4—Ca·Mg 水，硫酸根主要来源于上覆含石膏的中奥陶统含水层补给。

3. 中、上寒武统（下）含水岩组（C_{2+3}）

中、上寒武统（下）含水层全区基本均有分布，出露于泉域西部及北部，东部和南部则被埋藏于地下。由于各组间无稳定隔水层且钻孔资料较少，因此不再分层进行描述。泉域内具有开发利用价值的主要分布在裸露或浅埋区，进入中南部埋藏深度大，富水性较差，如泉域排泄区地震台 K179 孔，上部马家沟组含水层的单位涌水量 112.5 $m^3/(h·m)$，而上寒武统含水层仅为 0.007 $m^3/(h·m)$。泉域内该层水主要通过泉域西缘断裂及中北部盘道—马家山断褶带越过下奥陶统区域相对隔水层，侧向补给中奥陶统上含水岩组。总体上该层以构造溶蚀裂隙为含水介质，富水性主要受控于裂隙构造且极不均一。根据钻孔抽水试验资料，除了位于汾河岸边和区域上南北向断裂带附近强家庄钻孔单位涌水量达 25.29 $L/(s·m)$ 外，其余均在 1.6 $L/(s·m)$ 以下，一般为 0.021～0.536 $L/(s·m)$，矿化度一般为 0.254～0.81 g/L。水化学类型为 HCO_3—Ca·Mg 水、$HCO_3·SO_4$—Ca·Mg 水。

五、变质岩、火成岩风化裂隙水

分布于西山煤田西部。岩性为太古界角闪斜长片麻岩及混合岩，风化裂隙带深可达

20～30 m。赋存风化裂隙潜水，裂隙多出露于沟谷底部及沟岔交汇部位，泉流量与径流汇水面积及裂隙的发育程度有关，一般为 0.018～1.046 L/s。裂隙泉虽然流量不大，但其分布面积广泛，泉点分布密度大，几乎沟沟有泉水。

此外，在本区西部边缘尚有少量岩浆岩与变质岩分布，因资料甚少，不予讨论。

第二节　碳酸盐岩含水岩组划分

泉域内碳酸盐岩类岩溶水，根据时代、岩性、岩溶发育情况和含水层、隔水层与透水性能及水力特征，可按如下方案划分含水岩组和隔水岩组：区内碳酸盐岩类岩溶裂隙水以下奥陶统区域相对隔水层分界，分为上下 2 个含水岩组，一是由峰峰组和上、下马家沟组组成的中奥陶统岩溶裂隙（上）含水岩组，二是由凤山组、长山组、崮山组和张夏组构成的中、上寒武统岩溶裂隙（下）含水岩组。

1. 前寒武变质岩及下寒武统碎屑岩区域隔水底板

前寒武太古界及元古界变质岩，下寒武统霍山组石英岩状砂岩及馒头组紫红色页岩、泥岩夹白云岩，构成区域碳酸盐岩岩溶水稳定的隔水底板。

2. 中、上寒武统碳酸盐岩（下）含水岩组

包括中寒武统张夏组和上寒武统崮山-凤山组。由厚层鲕状灰岩、白云质灰岩、粗晶白云岩及竹叶状灰岩组成，岩溶裂隙发育，为含水层。主要出露于泉域外围东部及北东部边缘，构造控水明显。在泉域中南部深埋于奥陶系之下，大部分地区因补给条件差，地下水处于区域性缓慢循环状态，许多钻孔表明具有高压滞流特征，仅在泉域东部和北部出露，或者在浅埋区及构造发育、补给条件有利地段形成局部强富集区。

3. 下奥陶统白云岩区域相对隔水层

下奥陶统为含燧石结核的白云岩及泥质白云岩，除排泄区和构造断裂破碎带岩溶较发育外，大部分深埋于 O_2x 之下，岩溶裂隙不发育，径流缓慢，含水微弱，多构成系统内相对隔水底板。但由于一些区域断裂构造的作用影响，其隔水性能被破坏，成为沟通上覆中奥陶统含水岩组与下伏中上寒武统含水岩组地下水的转换带。

4. 中奥陶统碳酸盐岩岩溶裂隙水（上）含水岩组

为补给晋祠泉的主要含水岩组。中奥陶统碳酸盐岩，以质纯灰岩、斑状白云质灰岩为主夹三层膏溶角砾岩。中奥陶统地层为典型的硫酸盐岩-碳酸盐岩混合建造，岩溶作用具有分层性。峰峰组与上、下马家沟组从上而下，岩性特征为石灰岩—角砾状石灰岩—角砾状泥灰岩或泥灰岩。每组下段含石膏泥灰岩或角砾状泥灰岩，岩石软塑，发育蜂窝状溶孔但不连通，形成相对弱透水层。上覆灰岩由于石膏溶解时的膨胀挤压，岩石破碎，形成角砾状石灰岩，岩溶发育（多有小溶洞），为主要含水层位。

各组底部泥灰岩的相对隔水作用，使岩溶水在一些局部地区具有分层性及承压性，碳酸盐岩裸露区大量沿泥灰岩出流的上层滞水泉都是极好的例证。晋源区周家庄钻孔，揭露的峰峰组岩溶水位标高 962.585 m，而上马家沟组的岩溶水位标高 805.375 m，水位相差 157.21 m，但从区域岩溶水位分析，峰峰组中的地下水属于上层滞水。根据古交矿区 32 个同时揭露到峰峰组与上马家沟组的煤炭勘探孔资料对比（表 3-1），二者水位均有一定差别，最大的相差在 200 m 以上。从分布上，在富水性较强（后述，为强—极强富水区）的炉峪口—镇城底—梭峪一带水位相差极小（K18、K27、K19、K31、K45），但在南部碳酸盐岩埋藏深度大的马兰、李家社一带（如 K167、K118、K125、K147 等孔）O_2f 和 O_2s 含水层水位相差达 168.66～249.36 m，二者水位差距代表着岩溶发育程度以及构造对两组间泥灰岩相对隔水层隔水性能的破坏程度。

表 3-1 古交矿区 O_2f、O_2s 分层水位数据之对比（山西焦煤集团有限责任公司资料）（单位：m）

钻孔编号	O_2f 层段			O_2s 层段			O_2f 与 O_2s 水位差
	揭露深度	厚度	静止水位标高	揭露深度	厚度	静止水位标高	
K167	547.06～669.500		1 129.843	669.5～825.8		909.443	＋220.40
K118	386.48～515.48	1.00	1 004.853	515.48～739.36	73.74	836.193	＋168.66
K97	665.31～745.12	5.00	881.565	745.12～960.13	63.82	889.325	−7.76
K146	452.80～591.00	41.00	903.428	591.00～760.07	67.60	905.626	−2.20
K125	612.80～737.60	124.80	1 069.031	737.60～921.50	183.90	884.521	＋184.51
K147	739.80～872.30	132.50	1 154.47	872.30～920.36	48.06	905.11	＋249.36
K68	80.00～173.68	25.00	868.551	248.81～380.00	131.19	866.551	＋2.00
K105		9.25	939.30	278.66～532.00	121.20	855.4	＋83.90
K113	476.80～516.64	5.70	880.90	629.87～766.74	50.63	884.276	−3.396
K99	141.78～258.80	35.28	779.67	258.80～450.29	82.82	878.36	−96.69
（GS-18）	40.20～163.19	14.40	885.00	163.19～370.98	68.00	825.4	＋59.60
K102	145.80～223.41	31.21	931.49	223.41～381.66	34.21	882.09	＋49.40
K18	113.47～179.56	33.73	897.12	190.02～431.65	55.77	896.87	＋0.25
K27	280.00～312.62	43.20	895.17	339.30～562.00	53.14	894.36	＋0.81
K19	180.53～249.17	10.29	895.71	253.70～553.40	32.05	896.09	−0.38
K31	200.14～225.22	32.25	893.83	293.30～478.42	98.89	893.31	＋0.52
K45	225.81～252.76	31.15	893.41	266.61～476.95	40.00	893.82	−0.41
K84	128.20～142.58	14.38	880.37	203.4～216.00	12.60	874.32	＋6.05
（C-3）	88.06～119.20	16.52	925.5	204.50～241.95	24.75	870.83	＋54.67
（C-4）	122.56～154.90	17.90	921.16	200.15～221.54	6.98	871.53	＋49.63
（C-5）	107.12～123.60	12.85	923.71	255.39～261.92	6.53	871.59	＋32.12
K104	169.71～252.42	39.00	919.12	305.05～355.14	50.09	871.33	＋47.78
（C-11）	147.50～152.50	5.00	920.57	251.12～346.55	35.81	874.14	＋48.43
K48	183.20～224.45	18.52	876.81	290.37～302.94	12.57	878.92	−2.11

续表

钻孔编号	O_2f 层段			O_2s 层段			O_2f 与 O_2s 水位差
	揭露深度	厚度	静止水位标高	揭露深度	厚度	静止水位标高	
（C-20）	231.90～250.12	16.12	876.21	354.00～371.95	6.55	875.17	＋3.75
（C-22）	124.30～135.07	10.77	916.87	245.10～258.37	19.27	874.82	＋42.05
（C-25）	61.94～160.00	20.67	887.03	175.32～198.39	23.07	877.72	＋9.31
K80	203.55～231.00	8.05	872.35	329.00～341.43	12.43	870.90	＋1.45
（C-27）	95.71～109.86	12.00	901.99	133.20～182.80	30.20	874.13	＋27.86
（C-40）	121.50～162.30	16.96	924.57	292.47～403.89	6.09	873.24	＋51.33
（C-46）	103.40～122.30	11.05	921.04	243.75～267.44	22.05	873.66	＋47.38
（C-61）	211.66～232.70	11.63	878.69	299.16～316.78	11.50	903.75	−25.06

注：括弧内为钻孔原编号。

多数情况下，中奥陶统岩溶裂隙（上）含水岩组在构造裂隙和断裂构造构成的溶蚀网络空间导水作用下，宏观层面各含水层组间又有统一的地下水位。根据沉积旋回的岩性进一步划分为 3 组 6 段，各段的岩溶发育强度所决定的岩溶水文地质性质如表 3-2 所示。

表 3-2 奥陶系含水岩系特征一览表

统	组	段	代号	层厚/m	主要岩性	含膏层位	岩溶发育主要特征	水文地质性质
中奥陶统	峰峰组	二段	O_2f^2	4.7～30.0	中厚层生物碎屑灰岩及斑状白云质灰岩		强岩溶化，溶蚀裂隙蜂窝状溶洞发育	透水层
		一段	O_2f^1	50.3～103.1	泥晶白云岩夹石膏地表多膏溶角砾岩	含膏层	弱岩溶化溶孔为主	弱透水层
	上马家沟组	二段	O_2s^2	99.0～170.0	中层泥晶灰岩及斑状白云质灰岩，上部夹 6 m 石膏层		强岩溶化溶蚀裂隙，蜂窝状溶洞发育	含水层
		一段	O_2s^1	30.0～44.4	薄层泥晶白云岩，夹石膏，地表多膏溶角砾岩	含膏层	弱岩溶化溶孔为主	弱透水层
	下马家沟组	二段	O_2x^2	118.6～159.0	中厚层泥晶灰岩，斑状白云质灰岩		强岩溶化溶蚀裂隙，蜂窝状溶洞发育	含水层
		一段	O_2x^1	18.3～43.5	薄层泥灰质泥晶白云岩夹石膏，地表多膏溶角砾岩	含膏层	弱岩溶化溶孔为主	弱透水层

5. 石炭—二叠系煤系地层隔水顶板

中奥陶统灰岩沉积以后，在长达 1 亿多年的加里东古岩溶期，碳酸盐岩受风化溶蚀作用形成凸凹不平的古剥蚀面并在古风化壳中残留铁矿和铝土矿。之后，华北地台逐步脱离海相环境，在中奥陶统之上以假整合接触关系沉积了中、晚石炭世海陆交互相及二叠纪陆相煤系地层，构成了岩溶水的区域隔水顶板。

第三节　晋祠、兰村泉域的边界及其水文地质性质

泉域边界及其水文地质的确定是开展岩溶水文地质调查的基本内容，也是进行岩溶水评价、开发与管理的重要前提。

一、前人的泉域边界划分方案与存在问题

1. 前人划分方案概述

前人对晋祠、兰村泉域边界做过大量的研究工作，不同学者的划分各有异同，总体上可归结为三种划分方案。

第一种方案是山西省第一水文地质工程地质队的划分方案，分别见于 1989 年山西省第一水文地质工程地质队和原地矿部水文地质工程地质研究所提交的《山西省太原市地下水资源管理模型研究》，以及 1990 年山西省第一水文地质工程地质队提交的《山西省太原市东西山岩溶水补排关系及岩溶水开发利用可行性研究》成果报告。该方案大致以棋子山地垒和太原东山山前弧形断裂带为界，将太原岩溶水划分为东山岩溶水系统和西山岩溶水系统（图 3-2）。该方案认为天然条件下太原东山岩溶水绕过东山背

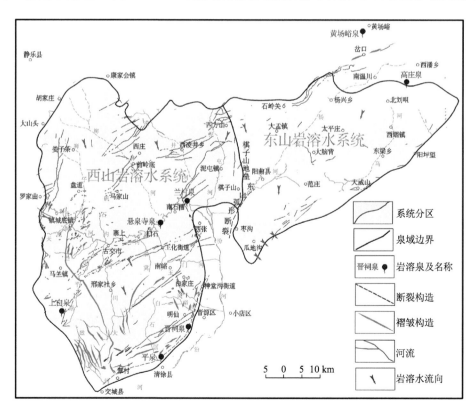

图 3-2　1989 年太原市岩溶水系统划分方案（山西省第一水文地质工程地质队资料）

斜倾伏端向娘子关排泄，开采条件下东山岩溶水通过三给地垒向西山排泄；西山岩溶水系统则主要由西山山前晋祠泉、兰村泉及向山前松散层、含水层潜流排泄。当时对西山岩溶水未作进一步划分，认为兰村泉、晋祠泉为同一个系统的 2 个排泄点，在更早的1984 年由山西省第一水文地质工程地质队和中国地质科学院地质力学研究所共同编制的《太原西山地区岩溶水资源评价研究》中，将太原西山分为晋祠和兰村 2 个泉域，2 个泉域间的分界为静乐县横山村—后神堂坪—扫石—三给一线，且认为该边界为可变边界。

　　第二种方案是由中国科学院地质研究所（现中国科学院地质与地球物理研究所）和山西煤田 229 队划分的方案（赵永贵和蔡祖煌，1990）。该方案认为太原地区岩溶水分为北山岩溶水系统、东山岩溶水系统和西山岩溶水系统（图 3-3），北山岩溶水系统（包括了杨兴河谷地、大盂-阳曲盆地、棋子山地垒及柳林河以西向南到三给地垒的西山北部）的岩溶水主要向兰村泉及西张水源地排泄，西山岩溶水系统由晋祠泉（还有向松散层潜流）排泄，东山岩溶水系统主要向太原盆地内松散层及深部岩溶含水层排泄。

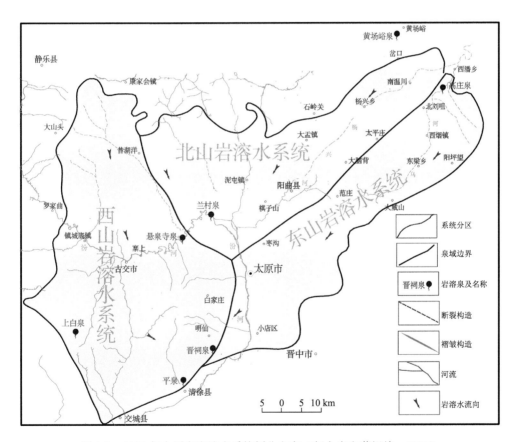

图 3-3　1989 年太原市岩溶水系统划分方案（赵永贵和蔡祖煌，1990）

　　第三种方案是由中国地质科学院岩溶地质研究所和原山西省水资源管理办公室的划分方案（韩行瑞等，1993）。该方案认为太原岩溶水分为晋祠和兰村 2 个泉域，并将第一种方案中东山岩溶水系统划归为兰村泉域。1997 年，山西省水资源管理办公室为开展山西省岩溶泉域水资源管理与保护，从管理角度出发对泉域边界又进行了修订，并作为山西省泉域水资源管理的依据（图 3-4）。由于第三种方案出自水资源行政主管部门，因此在之后的岩溶水资源评价、管理应用中被广泛采纳。

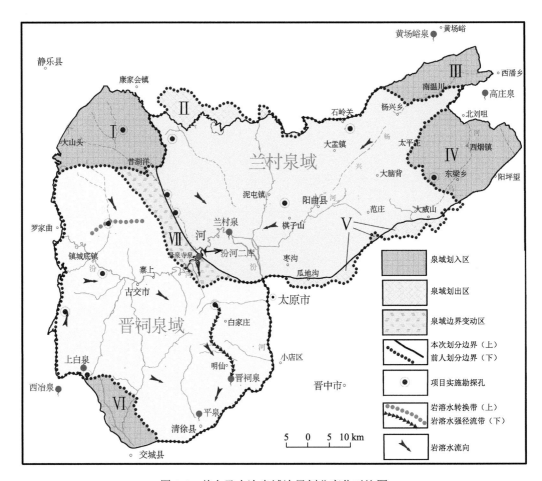

图 3-4　前人及本次泉域边界划分变化对比图

此外，对泉域局部边界还有一些不同的看法，如王瑞久（1985）通过水化学、同位素方法研究，认为东山岩溶水系统岩溶水无法进入娘子关，而是向北东排向忻定盆地的黄场峪泉及更远的滹沱河谷出流的坪上泉。

2. 前人方案的不足

造成上述各划分方案差别的原因，归结起来主要有以下几个方面。

第一是早期资料不足，难以达到一定的认识深度。如汾河北部柳林河、狮子河基岩山区，以往岩溶水钻孔资料非常有限，因此泉域边界确定在很大程度上是根据地表地质条件，带有一定的推测性。

第二是对水文地质条件认识存在一定偏差。如第一种方案将三给地垒以北的东山弧形断裂带作为隔水边界，仅在开采条件下通过三给地垒（钻孔证实该地垒富水性很强）沟通东山、西山岩溶水，其主要依据是三给地垒以北的新城凹陷由于下陷使碳酸盐岩深埋，岩溶发育条件差，具有隔水性。但实际钻孔揭露情况显示新城凹陷的碳酸盐岩埋深较三给地垒的埋深大约多 50 m，如三给村 K94 孔碳酸盐岩顶面标高为 459.8 m（埋深335.1 m），而北侧凹陷内的芮城 K63 孔的碳酸盐岩顶面标高为 409.96 m（埋深383.29 m），分析认为如此小的埋深差别对于具有膏溶作用的中奥陶统含水层的岩溶发育很难成为隔水边界。同时根据前人对晋祠泉水和兰村泉水的同位素氚值分析结果，晋祠泉水为 18.66TU ± 0.56TU，兰村泉水为 1.75TU ± 0.29TU，表明兰村泉水的循环周期更长，代表了一种大深部、远距离的传输特征。显然，与兰村泉域相关的太原西山的水文地质条件不相符。

第三是现状水文地质条件发生了改变。汾河二库修建后，极大地抬高了库区及周边岩溶水水位，原有镶嵌于晋祠、兰村泉域间的悬泉寺泉被淹没无法排泄，形成了水库对岩溶水的反向渗漏补给。汾河二库的蓄水不仅使库区排泄的悬泉寺泉群消失，同时也大大地改变了原有的岩溶水流场格局，地下水系统边界也随之改变。

此外，第三种方案经修订后出于使用目的的需要，将一些行政区边界划为泉域边界，这种划法仅可作为管理区边界，但作为泉域边界显然是不科学的，它将会导致水资源评价错误和环境问题成因分析过程中出现误判。

二、晋祠泉域边界修正的依据

通过本次调查分析，对目前通行的第三种方案做了 7 处修改（图 3-4），最后使得晋祠泉域面积由 2 030 km² 变为 2 712.58 km²，兰村泉域面积由 2 500 km² 变为 2 613.84 km²。其中涉及晋祠泉域边界有 3 个区，分别是 I 区、VI 区、VII 区；涉及兰村泉域的 5 处，为 II区、III区、IV区、V区，以及 VII 区（与晋祠泉域共有边界）。各区调整的依据分述如下。

1. 柳林河上游区（ I 区）

前人划定的晋祠泉域北边界大致在柳林河与狮子河地表分水岭一带（图 3-4），是地下水分水岭边界。但通过调查，发现其边界存在问题，其主要依据如下。

（1）该区地层为总体向南倾斜的单斜结构（图 3-5）。

（2）北部东碾河切出了前寒武系霍山砂岩和中细粒黑云母花岗岩岩溶水区域隔水层，其标高在 1 500 m 以上，实测南侧娄子条钻孔（含水层为中上寒武统碳酸盐岩）水位埋深 247 m，标高 1 353 m，远低于北部区域隔水底板的出露标高。

（3）东碾河河谷内未见有岩溶泉水排泄点，因此岩溶水应由北向南径流，其北部边界应该划定在玉石窑山一带，其水文地质性质为隔水边界。

2. 覃村—岭底区（VI 区）

该区被第三种方案划到晋祠泉域之外（图 3-4），但根据区内太原盆地西缘边山断裂带岩溶水文地质钻孔资料，富水性普遍很强（图 3-6），特别是 VI 区内交城水泥厂北 K179

孔和交城县义望乡奈林砖厂 K201 孔，处于新民与坡底间背斜隆起区，单位涌水量分别达到 173.1 m³/(d·m)和 414.55 m³/(d·m)，分别是中等富水区和强富水区，水文地质条件判断其唯一补给来源于北东晋祠泉方向补给的岩溶水。在这一带开采岩溶水或采煤（一旦发生突水）必然会对晋祠泉水流量造成巨大影响，因此将该区划出晋祠泉域对晋祠泉水的保护非常不利。沿剖面再向西南，进入岭底向斜，碳酸盐岩含水层埋深逐步加大到500 m 以上，K199 孔（碳酸盐岩埋深 408 m）的单位涌水量急剧降低到 0.103 6 m³/(d·m)，因此将岭底向斜轴向北西到狐爷山火成岩体作为晋祠泉域的西南边界。

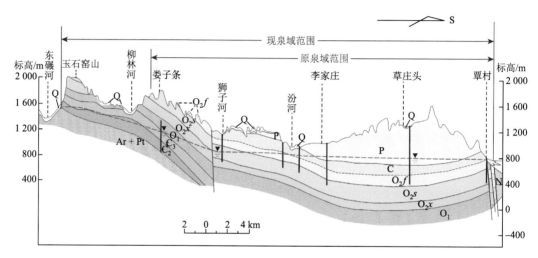

图 3-5　晋祠泉域南北向水文地质剖面略图

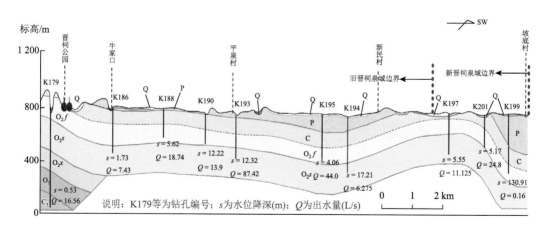

图 3-6　太原盆地西缘山前断裂带外侧晋祠—坡底水文地质剖面略图

3. 柳林河右岸—王封区（Ⅶ区）

1）汾河以北段

该区为晋祠泉域与兰村泉域的东西边界，由于在 20 世纪 90 年代前该区的汾河以北没有岩溶水钻孔控制，故第三种方案将柳林河与狮子河的地表分水岭确定为晋祠—兰村泉域边界（图 3-4），这种划分缺乏必要控制性钻孔的水位等依据。为此，项目开展中特别在柳林河谷内的前岭底村和青崖槐村南施工 2 个岩溶水文地质勘探孔，同时对周边岩溶水开采井做了水位统测并绘制流场（图 3-7），结果表明，大致沿柳林河谷存在一个岩溶水分水岭，该地下水分水岭构成了 2 个泉域在汾河以北的泉域边界；汾河河谷则以下奥陶阻隔出流的下槐泉为界。

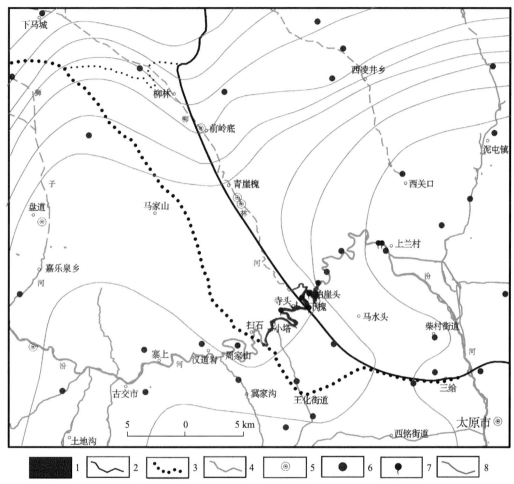

图 3-7　晋祠、兰村泉域交界处岩溶水流场图

1. 库区；2. 新晋祠—兰村泉域边界；3. 旧晋祠—兰村泉域边界；4. 等水位县；5. 项目勘探孔；6. 岩溶孔；7. 泉水；8. 河流

　　该边界决定了汾河二库渗漏量的去向。由于第三种方案几乎将汾河二库库区划归为兰村泉域，因此认为二库修建蓄水渗漏主要补给兰村泉及西张水源地，似乎对晋祠泉域没有补给。而事实表明，在 2008 年以后，晋祠泉域排泄区地震台长观孔（包括王封—晋祠泉口一线）水位普遍上升 20 m 以上，其动态变化趋势与二库基本一致（图 3-8）。这种大面积上升绝非靠晋祠泉域内太化水源地关闭所能及，它进一步佐证了二库库区主体划为晋祠泉域的正确性。反观水库下游水位，虽然坝址上（二库水位）、下游（汾河水

位）水位差近 45 m，但下游未见有地下水溢出点（这与坝址的防渗处理有关），但在坝址下游约 2 km 处的岩溶水位实测标高为 832.79 m，与汾河水位几乎一致，说明二库蓄水后通过坝址及周边直接补给兰村泉域的水量不大。此外，金芳义等（2010）等通过数值模拟结果也表明，水库渗漏对兰村泉水的补给有限。

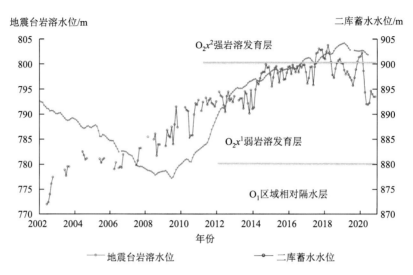

图 3-8　晋祠泉排泄区地震台岩溶水位、二库蓄水水位动态曲线图

从水文地质条件方面分析，二库修建前，在寺头到悬泉寺一带出露了 5 个岩溶泉，被称为悬泉寺泉群，从汾河上游向下游，分别为寺头泉、下槐上泉、下槐下泉、柏崖头泉和悬泉寺泉，出露标高从最上游的寺头泉 870.19 m 到最下游的悬泉寺泉 851.8 m，目前除悬泉寺泉外（该泉高出汾河河谷约 20 m，实际为出露于下马家沟组泥灰岩中的上层滞水泉），上游 4 个泉点均被二库蓄水淹没，流量无法测定。根据《1∶20 万太原幅区域水文地质普查报告》，总流量为 0.4～1.0 m³/s。区域上，太原西山岩溶水由北西向南东晋祠、兰村泉方向运移，但在太原盆地西北山前，地层总体向南西倾斜，因此造成了地层倾向与岩溶水流向不一致的逆向渗流，当地下水流遇到下奥统区域相对隔水层时，受到"阻挡"，使得岩溶水溢流出地表（图 3-9）排泄，形成了悬泉寺泉群。

对悬泉寺泉群的补给范围，前人均未做过专门调查与论述，但从山西省第一水文地质工程地质队绘制的 1989 年 6 月岩溶水等水位线图表明，泉群西侧汉道岩钻孔水位标高为 879.7 m，分别高于西侧古交市一带的 874.7 m、875 m 和东部周家山孔的 873.5 m 及东侧悬泉寺泉群标高，具有地下水分水岭的特征；南部王封钻孔的岩溶水位为 971.91 m（1981 年成井水位标高），小塔磺厂沟 97 号（原编号）孔、北银角 83 号（原编号）孔1993 年标高分别为 875.80 m、876.01 m，也高于悬泉寺泉群中寺头泉 870.19 m 和汾河南岸排泄的下槐泉的 866.66 m、柏崖头泉的 860.15 m（图 3-9）；向北侧为区域岩溶水位向泉群的补给方向。由此判断，天然条件下，岩溶水流场具有一个以悬泉寺泉群为汇聚点由北、西、南部向泉水汇集的局部漏斗，南界大致到王封地垒（图 3-10），西界到汉道岩一带，北界无资料，具体位置不详。二库修建后，目前水库蓄水水位已达到 900～902 m，悬泉寺泉群中上游 4 个泉点均被淹没（图 3-7）。据 2016 年岩溶水位统测结果，水库周边水位较 20 世纪 80 年代均有大幅度提高，例如，汉道岩钻孔水位由 879.7 m 升至 898.5 m，提高 18.8 m；王封钻孔水位由 866.5 m 升至 887.9 m，提高 21.4 m；距离较远的古交市东曲一带岩溶水位则由 874.7 m 下降到 873.5 m（图 3-7），整体形态是围绕二库蓄水区形成了高于东、西及南侧岩溶水位的鼓丘，表明二库蓄水后，已完全"充满"了原有的小型漏斗，悬泉寺泉泉群不仅不再出流，这一带还成为了水库渗漏对岩溶水的反向补给区。

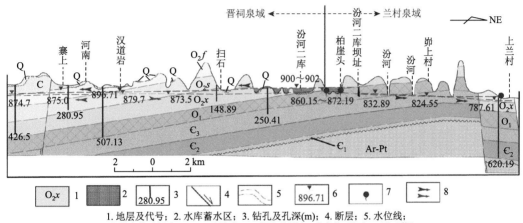

图 3-9 汾河二库库区岩溶水文地质剖面略图

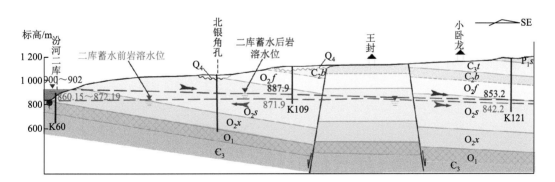

图 3-10 王封地垒水文地质剖面略图（图例同上）

2）汾河以南段

前人对汾河南侧晋祠兰村边界的划分是从扫石向南沿王封沟西侧地表分水岭自然延伸至王封地垒，而后沿王封地垒南界向东北到何家山，再向东过石马村到达三给地垒南侧。其主要依据是：①王封地垒具有相对阻水作用（源于《1∶20 万太原幅水文地质普查报告》，地垒两侧岩溶水位相差近 30 m）；②三给地垒是沟通太原东山、西山岩溶水的通道，早期等水位线上呈现微隆的地下分水岭。

本次划分的不同点是王封地垒段，有必要对该段的水文地质性质进行简单讨论。王封地垒位于二库南侧 3～6.5 km，由两条走向北东的正断层组成，地垒北侧断层断距约

50 m，南侧约 65 m。由于地垒内下奥陶统区域隔水层抬升，而且前人实测在地垒两侧岩溶水水位相差近 30 m，因此认为地垒具有一定隔水性，构成了晋祠一兰村泉域的隔水边界。但根据地垒南侧断裂带钻孔揭露，该孔峰峰组及上马家沟组底板标高分别为931.88 m 和 691.96 m，这一带岩溶水位实测标高为 866.5～887.9 m，地垒内扣除断层断距后，岩溶水在岩溶发育较强的上、下马家沟组中尚有约 300 m 的厚度（图 3-10），因此从岩溶水文地质条件分析，地垒构成隔水边界的条件难以成立。同时依据等水位线，从汾河二库向南自然延伸跨越到王封地垒南侧，二库蓄水后的王封地垒不再成为 2 个泉域的边界，汾河二库的库区大部分蓄水区应划归入晋祠泉域。

图 3-11 绘制出的汾河二库及周边岩溶水位月动态曲线显示，它们具有相同的发展演化趋势，其中水库上游汉道岩（距离水库 4.6 km）及南侧的王封（距离水库 4.3 km）岩溶水位动态与水库月蓄水水位几乎为同步，2014 年二库蓄水水位从 890 m 加高到 895 m以上，相应汉道岩、王封以及上游冶元的岩溶水位均升高 3～5 m，同时二库蓄水水位与汉道岩及王封钻孔水位在同期内具有显著的线性相关性，它们的相关系数分别达到了0.94 和 0.91（图 3-12）。

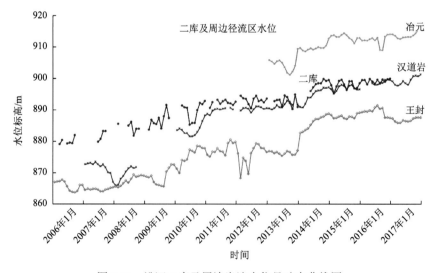

图 3-11　汾河二库及周边岩溶水位月动态曲线图

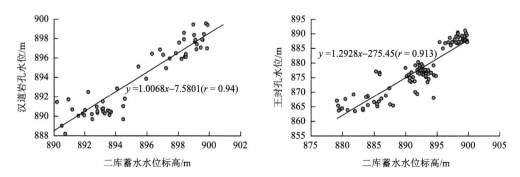

图 3-12　二库蓄水水位与汉道岩、王封钻孔水位关系图

晋祠泉域排泄区（地震台、晋祠、王家坟、刘家园）岩溶水位在二库蓄水后的反应与水库周边不同，表现为先降后升的特征，分析认为是对二库蓄水的滞后响应。从地震台观测孔的水位看，持续性回升的起始时间为 2009 年末，此后到 2013 年初为快速上升期，2013 年之后水位回升速率显著减缓，这种增幅和排泄区晋祠、王家坟以及下游刘家园水位相一致，减缓的水位分界标高大致在 794 m 左右。根据库区出露地层调查，整体向南西倾斜，在坝址柏崖头一带 880 m 标高出露下马家沟组泥灰岩顶面（该处下马家沟组顶面标高 980～990 m，到库尾扫石村一带下降到 920 m＋），即水库蓄水水位在 880 m 以下，蓄水区下伏为下奥陶统及下马家沟组泥灰岩相对隔水层，渗漏量有限，二库蓄水高程大致在 2006 年 9 月后才达到一定高程，因此认为在 2006 年 9 月前水库的渗漏量较小，表现在二库水位尽管上升，但仅能影响汉道岩钻孔及王封钻孔水位，9 月以后，水库蓄水水位抬高到 880 m 以上，水库回水区进入下马家沟组二段由纯碳酸盐岩和膏溶角砾岩构成岩溶强烈发育层位中（图 3-8），形成大量渗漏补给。

2007～2011 年，二库蓄水水位以每年 2～3 m 的速率增长，从 881.81 m 增加至 892.29 m，年均增幅 2.62 m；2011～2013 年，蓄水水位变化不大，维持在 891～893 m；2014 年水位升幅较 2013 年增高近 4 m，年均达到 898.37 m，此后呈小幅抬高状态，2016 年达到 900 m，2018 年达到 902 m。

晋祠泉水排泄区的岩溶水位增幅以排泄区地震台岩溶水位为代表，2008 年前，水位动态延续了早期的下降趋势，2008 年与 2009 年持平，2009 年后，进入快速上升期。地震台长观孔水位标高从 2006 年的 774.94 m 升高至 2013 年的 791.94 m，年均升幅达到 4.25 m。排泄区水位对二库渗漏补给量形成滞后响应，且下游平泉等自流井尚未出流（后期出流流量较小），先前所形成的降落漏斗底部区域较小，从而造成水位快速上升。2013 年后，随着需要回填的漏斗面积扩大，同时水位抬升到一定高度后，泉域下游自流井群流量逐步增多，大大抑制了水位回升速率（图 3-13）。

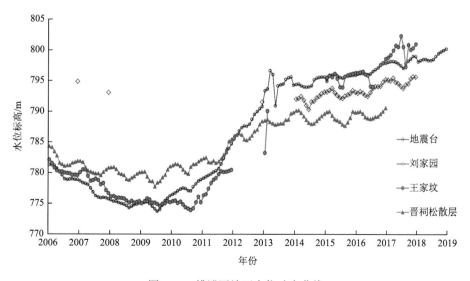

图 3-13　排泄区地下水位动态曲线

相比较，兰村泉域排泄区的水位发展演化趋势与晋祠泉域水位有较大差别，其水位有所回升，回升时间大致在 2007 年底，但回升速率远低于晋祠泉域（图 3-14）。其特征表明 2 个问题：第一是兰村泉对二库蓄水后渗漏补给的响应较晋祠泉域排泄区快，这与其距离较近有关；第二是兰村泉附近岩溶水及孔隙水水位升幅小，而 2008 年期间水位出现大幅上升是西张孔隙水水源地关井压采所致，由此表明二库渗漏进入兰村泉域的补给量有限。

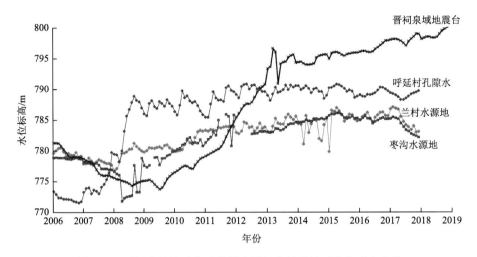

图 3-14　晋祠泉域地震台及兰村泉域部分钻孔地下水位动态曲线

汾河二库处于晋祠泉域东侧岩溶水径流区，设计最大蓄水标高 905.7 m，目前蓄水标高 902 m 左右，利用上游寨上水文站和下游兰村水文站对二库渗漏量的计算结果，目前渗漏量为 2.015 m³/s。根据建立的水库蓄水水位和渗漏量统计模型计算，当二库水位提高到未来最大蓄水高度 905.7 m 时，预测的渗漏量为 2.568 m³/s，即每日可增加近 5.4 万 m³的渗漏量。显然，采取抬高二库蓄水水位的措施，对晋祠泉水复流方案的制定具有重要的价值。

三、兰村泉域边界修正的依据

1. 牧马河上游（Ⅱ区）

区内主要为太古界变质岩系，属风化裂隙水，地下水与地形密切相关。区内地表水属北部牧马河（图 3-4），无论地表水还是地下水均无法进入兰村泉域内，因此该区以牧马河地表分水岭或牧马河流域内碳酸盐岩与碎屑岩界线为边界，划出兰村泉域。

2. 岔口—南温川区（Ⅲ区）

前人的 3 种划分方案大致以杨兴乡一带为地下分水岭边界（图 3-4），将Ⅲ区均划归为北部黄场峪泉域（泉水标高 900 m），这一认识一直沿用至今。但经本次调查，Ⅲ区岩溶水沿杨兴河向东到西部变质岩出露区无泉水出流；向北与黄场峪间存在一个北东向背斜，轴部（岔口村）出露上寒武统凤山组白云岩，地面标高 1 410 m，推算该区域隔水底板馒头组标高在 1 100 m 以上（图 3-15），背斜北侧黄场峪泉出露标高 900 m，南侧南温川岩溶井水位标高 981.36 m，南侧岩溶水无法越过背斜轴隔水层。该背斜为北部忻州盆地边山系舟山断裂带派生构造，延伸长度近 20 km，向北东一直延伸到太古界变质岩出露区，形成向北径流的阻水边界。因此认为黄场峪泉是背斜北东翼地下水排泄点（实测总流量 11 L/s），而南东翼的岩溶水则向西南兰村泉方向成为唯一的径流出路。经对岩溶水位统测，距杨兴东北不足 1 km 坪里孔水位 965.9 m，低于南温川孔水位标高 981.36 m，证实杨兴乡一带不是地下分水岭，Ⅲ区应归属于兰村泉域范围。

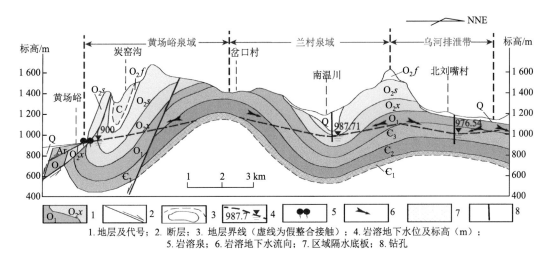

图 3-15　黄场峪—北刘嘴水文地质剖面略图

3. 西烟盆地区（Ⅳ区）

西烟盆地被第三种方案依据太原和阳泉盂县的行政区边界划到兰村泉域之外（图 3-4）。通过地质构造分析认为，东山区岩溶水向东南为东山背斜，轴部区域隔水底板高于盆地岩溶水位（863～962 m），向北东沿乌河在大湾一带水位最高（962 m），乌河河谷中寒武底部出露高庄泉，流量较小（上游打井开采断流），表明补给范围有限，因此认为西烟盆地内岩溶水只能向西渗流，属兰村泉域岩溶水补给区，西烟盆地划归兰村泉域。

4. 东南部东山背斜区（Ⅴ区）

该区边界划分主要涉及东山背斜，背斜使得大部分地段的中下寒武统区域隔水底板高出岩溶水位，如大方山南侧 1 360 m 高程出露中寒武统徐庄组页岩。依据前人对娘子关泉域研究结论，以东山背斜轴作为兰村泉域—娘子关泉域泉边界，水文地质性质为隔水边界。

5. 棋子山地垒的水文地质性质讨论

棋子山地垒呈南北向展布，长约 14 km，宽约 4 km。地垒核部出露中奥陶统碳酸盐岩，与东、西两侧阳曲盆地、泥屯盆地以正断层形式接触，断距分别为 1 000 m+ 和700 m+，受地层牵引影响，地垒两侧地层呈反向向两侧盆地倾斜，局部地段倾角可达50°以上，地垒内与两侧盆地碳酸盐岩含水层相连。前人将该地垒确定为分割太原东、西山岩溶系统的隔水边界（刘文修，1986）。但根据本次调查，地垒内构造非常发育，见有强烈石灰化现象（图 3-16），山顶古岩溶洼地内沉积有钙板，地表见有岩溶陷落柱，虽然抬升后含水段处于中上寒武统含水岩组中，但在东、西两侧分别与阳曲盆地和泥屯盆地内中奥陶统含水层以山前地层形式构成侧向对接（图 3-17），结合近年来施工的开采井以及水位统测结果，认为棋子山地垒难以构成隔水边界。2018 年在地垒内施工 ZK5勘探孔，孔深 700.83 m，揭露中上寒武统含水岩组，水位埋深 465.95 m，抽水试验水位降深 0.35 m，涌水量 485.47 m³/d，属极强富水区。棋子山地垒北部、中部以及内部均具有相同地质结构，确认棋子山地垒不能构成区域隔水边界。

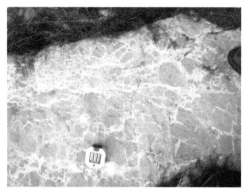

图 3-16　棋子山地垒西侧断层碎裂岩及内部次级逆断层石灰化

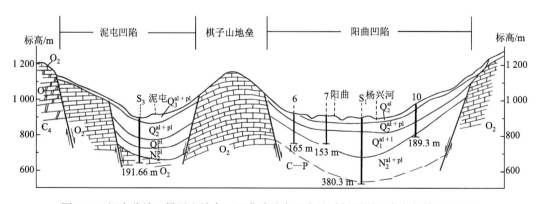

图 3-17　泥屯盆地—棋子山地垒—阳曲盆地东西向地质剖面图（米广尧等，2015）

6. 东山山前弧形断裂带的水文地质性质

第一种方案将东山山前弧形断裂带作为隔水边界，其理由如下。一是东山山前枣沟水源地富水性极强，单位涌水量可达 5 000 m³/(d·m)，而向西北约 600 m 的谷旦村岩溶井富水性急剧下降，单位涌水量降至 218 m³/(d·m)；二是弧形断裂西侧的新城凹陷内岩溶水位高于东侧山区岩溶水位，向西渗流受阻。因此，认为天然条件下东山岩溶水通过东山背斜倾伏端向东南侧娘子关泉域排泄，将东山大约 1 750 km² （其中碳酸盐岩裸露区面积 700 km²）的面积划入娘子关泉域；而在开采条件下，可通过新城盆地南部三给地垒补给太原西山岩溶水，并由兰村泉水排泄。这种划分结果对以下水文地质问题难以解释。

（1）划分的泉域面积内补给资源量与实际泉水排泄量不匹配。兰村泉多年平均流量 4.1 m³/s，晋祠泉水流量 1.94 m³/s，此外尚有西山岩溶水向太原盆地松散层孔隙含水层的潜流量 1～1.5 m³/s，而该方案所圈定的西山系统范围内碳酸盐岩裸露区面积为 1 137 km²，加上汾河地表水的渗漏补给，总的补给量远达不到实际排泄量（为使二者相匹配，当时碳酸盐岩裸露区的降水入渗系数采用了 0.31，该数值在山西明显偏大），因此，分析认为，西山岩溶水（重点是兰村泉域）应当存在西山以外地区获得的补给。

（2）20 世纪 80 年代初，前人对太原市降水的氚同位素样品实测值（13 个样品）为 26.6～89.2TU，平均值为 51.94TU；汾河河水的氚同位素值为 41.3TU；晋祠泉 26.1TU，兰村泉 17.1TU，兰村泉口 S1 长观孔 2 个样，分别是 1.7TU 和 1.0TU。新城盆地内深层岩溶水 6 个样品测定最大值为 2.2TU，东山瓜地沟、枣沟及观前门岩溶水的氚同位素值依次为 5TU、9.12TU 和 12.7TU。从水文地质条件分析，假如兰村泉的补给主要来自西山的补给，晋祠泉水径流距离及循环深度远大于兰村泉，其水化学组分含量也远高于兰村泉，那么其氚年龄应当低于兰村泉，但实际的测定结果完全相反，符合逻辑的解释是兰村泉应有更远距离的补给源。

（3）根据前人的研究（王怀颖和王瑞久，1989b），太原东山南侧观家峪一带岩溶水向东、向南均无通畅排泄途径，处于一种滞流的状态，矿化度达 1 600～2 040 mg/L，与东山倾伏端北侧枣沟一带低矿化度岩溶水呈现出极大的差别，认为东山岩溶水一部分进入盆地松散层孔隙含水层，另一部分则向北东排向滹沱河坪上泉，完全否定了向娘子关方向排泄的可能。

（4）新城凹陷内岩溶含水层具有较强的导水性。项目开展期间收集到新城凹陷中的岩溶水钻孔有 2 个，分别是迎新街长观孔和东张村北 K17 孔。迎新街长观孔，1982 年成井，孔深 681.43 m，奥陶系碳酸盐岩埋深 619.90 m，揭露碳酸盐岩厚度仅 61.53 m，出水段孔径 89 mm，水位标高 817.03 m（自流，1989 年为 815.45 m），放水试验降深 10.59 m，出水量 4.77 L/s（412.13 m³/d）。北郊区东张村北的 K17 钻孔，1984 年 9 月成井，孔深 493 m，奥陶系碳酸盐岩埋深 386.7 m，揭露碳酸盐岩 106.3 m，出水段孔径 240 mm，水位标高 813.97 m（1989 年为 816.93 m），抽水试验降深 6.45 m，出水量 14.3 L/s（1 235.53 m³/d）。此外，新城盆地北缘北郊区柏板乡南 50 m K203 孔，1981 年 8 月成井，孔深 401.43 m，奥陶系碳酸盐岩埋深 194.50 m，揭露碳酸盐岩 206.60 m，出水段孔径 89 mm，水位标高 816.63 m（1989 年为 813.73 m），抽水试验降深 3.9 m，出水量 15.37 L/s（1 327.97 m³/d）。新城盆地南缘三给地垒内三给村 K94 孔，1983 年 9 月成井，孔深 630.04 m，奥陶系碳酸盐岩埋深 335.1 m，揭露碳酸盐岩 294.94 m，出水段孔径 273 mm，水位标高 815.83 m（1989 年为 816.93 m），抽水试验降深 18.87 m，出水量 58.85 L/s（5 084.64 m³/d）。

（5）关于新城凹陷中的高水位问题。根据 1989 年山西省第一水文地质工程地质队绘制的太原岩溶水等水位线图，凹陷东南侧枣沟一带水位为 814.11～814.23 m，南侧边缘三给地垒中钻孔水位标高为 816.26～816.93 m，凹陷中迎新街长观孔水位标高为 815.45 m，凹陷西缘柴村街道杨家村水位 812.91 m，兰村泉口标高 810.9 m，岩溶水流场确实存在无法越过凹陷、向西渗流的问题。但由于 1989 年西张水源地（与西山岩溶水关系密切）、兰村水源地、枣沟水源地已建成投产，开采影响下的流场已失去了自然条件下的本来面目，因此这一证据有些不足。

由上述钻孔资料可知，新城凹陷南北两侧（或四周）导水性很强，中部深埋区相对较弱，但盆地内 2 个钻孔的单位涌水量分别为 38.9 m³/(d·m)和 172.8 m³/(d·m)，显然作为隔水边界处理是不恰当的。同时，根据本次工作绘制的岩溶水等水位线（见后），东山岩溶水完全可以越过新城凹陷抵达兰村泉口。

7. 其他

第二划分方案的东山和北山系统间，以莲花池—闹贝向斜轴（大致杨兴河和乌河地表分水岭）作边界，认为向斜轴部径流条件差而阻水，但该向斜宽缓，区域水位之下碳酸盐岩含水层连续分布，不存在任何隔水体，同时本项目的南小李 ZK-5 勘探孔接近该边界，抽水试验降深 0.11 m（由于水位埋深达 558.6 m，受抽水设备限制，无法做大降深抽水），涌水量达 528 m³/d，证实该向斜轴非隔水。

四、泉域边界及水文地质性质

1. 晋祠泉域边界及水文地质性质

晋祠泉域边界及水文地质性质分布图如图 3-18 所示。

（1）A—B 段，长 73.6 km，为隔水边界。位于泉域西侧，是泉域岩溶水区域隔水底板太古界变质岩—下寒武统霍山砂岩—下寒武统馒头组页岩与中寒武统张夏组接触界线，确定为隔水边界。

（2）B—C 段，长 8.67 km，为推测边界。位于泉域西北，该段全部由松散层覆盖，无钻孔控制，仅根据南北两端出露地层连接，准确位置难以确定，定为推测边界。

（3）C—D 段，长 29.2 km，为隔水边界。位于泉域北部，该边界多为松散层覆盖，基岩断续出露，西南段为四棱山断褶带，该断褶带由数条走向北东的逆断层构成，在横切剖面上地层具有两侧新、中间老的特征，实质是由背斜进一步挤压断裂基础上形成，在胡家庄村、南社村、柳科府村和寨沟村西侧出露太古界变质岩系，出露标高在 1 500 m 以上，高于区域岩溶水位，构成隔水边界；北段位于东碾河南岸，多为松散层覆盖，但在一些南北向冲沟中可见太古界变质岩出露，该边界南为柳林河（又称太平河）与东碾河分水岭，地层总体向南倾斜，向南娄子条钻孔实测岩溶水位标高 1 352 m，低于北部区域隔水底板出露标高（1 500 m 以上），且在东碾河南侧冲沟中未见泉水出流，故认为岩溶水可越过玉石窑山地表分水岭，顺地层倾向向南径流，将岩溶水区域隔水顶面线确定为隔水边界（图 3-5）；东北段基岩出露，以下寒武统馒头组顶板构成隔水边界。

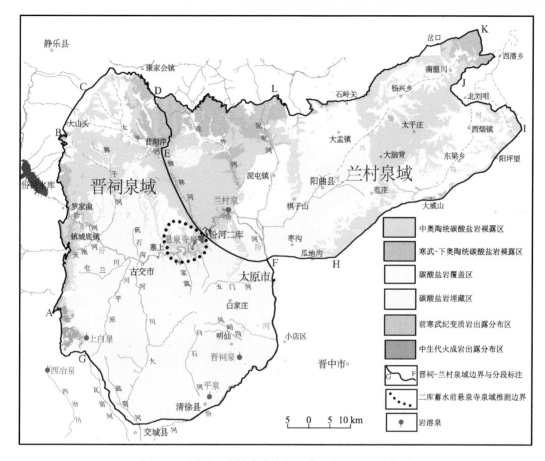

图 3-18　晋祠、兰村泉域边界及水文地质性质分布图

（4）D—E 段，长 15.48 km，为地表分水岭边界。该段以柳林河上游流经安家河—沙滩村的南北向支流东侧地表分水岭为界，根据调查，河床在沙滩村以北为太古界变质岩，河水接受流域内出露的太古界及寒武系碳酸盐岩地表及地下水补给，为常年性河流，河床向下游接近沙滩村后进入寒武系碳酸盐岩段，在枯水季河水全部渗漏潜入地下补给岩溶水，因此将该地表流域划入晋祠泉域，流域边界为地表分水岭边界。

（5）E—F 段，长 34.7 km，为地下水分水岭边界。该段主要由绘制地下水流场获取。其中：为确定该段边界位置及水文地质性质，地质调查项目组分别在柳林河谷内前岭底村、青崖槐村、古交盘道村东、古交阴家沟村部署 4 个岩溶水文地质勘探孔，根据 2017 年岩溶水位统测绘制的流场，在该段大致沿柳林河谷形成了分割晋祠泉域与兰村泉域的岩溶水分水岭边界（图 3-7）；在汾河河谷段，以下奥陶统区域相对隔水层的顶面作为与兰村泉域分界线，其水文地质性质为隔水边界，主要依据是悬泉寺泉群受下奥陶统隔水作用而出流（图 3-9），由于该段长度小，图面上无法表达，且目前为汾河二库淹没，原有泉水目前已无法出流；汾河以南到太原盆地西缘后石马村一带与三给地垒南侧断层相接，同样是以岩溶水流场绘制的地下水分水岭划分晋祠、兰村 2 个泉域。

（6）F—G 段，长 91.25 km，为岩溶水深埋滞流型隔水边界。该边界碳酸盐岩含水层埋藏深，岩溶水流动缓慢，处于相对滞流的状态，这类边界实际是一个具有过渡性质的模糊带，不具有严格意义上的界线，目前尚未形成统一的划分标准，因此在各地对此类边界划分中考虑的要素和尺度不尽一致，本次划分在盆地内部分主要沿用山西省水资源管理办公室的结果，而在交城县（夏家营以西）及山区部分，则根据已有水文地质钻孔等资料做了修正。其中，后石马向东到汾河，为三给地垒南侧地层，此后沿汾河向南再折向西到交城县夏家营村一带，主要采用了山西省水资源管理办公室划定的边界，均在太原盆地内，受清交断裂和晋祠断裂影响，碳酸盐岩含水层埋藏深度在 800 m 以上；从夏家营村向西到边山断裂带，主要依据交城铁合金厂、交城坡底村钻孔资料，碳酸盐岩埋藏深度在 400 m 以上（图 3-6），富水性极差；坡底村向北西主要沿磁窑河和瓦窑沟地表分水岭到 G 点，这一段处于褶皱带碳酸盐岩深陷区（前人也称岭底向斜），构成岩溶水深埋滞流型隔水边界。

（7）G—A 段，长 19.2 km，为推测边界。该段处于中生代火成岩侵入区，中奥陶统碳酸盐岩及火成岩交织产出，边界东西两侧分别有上白泉和西冶泉 2 处岩溶水排泄点，它们的出露标高分别为 1 430 m 和 1 230 m，由于碳酸盐岩含水层与岩浆侵入岩关系无法确定，因此将该段划为推测边界。其中南部东西走向段以狐爷山（海拔标高在 2 000 m 以上）构成的地表分水岭划界，从郭家梁村西（村内 1 钻孔揭露火成侵入岩）向北过水溢村、龙庄沟村最终到 A 点，其间可见断续出露的南北走向岩脉，有构成隔水边界的可能（但由于无法确定地下火成岩与碳酸盐的接触面位置，因此仍作为推测边界处理）。

此外，汾河、天池河以及屯兰川在泉域西侧的上游区均为变质岩产流区，常年有地表河水进入泉域并在碳酸盐岩渗漏段形成对岩溶水的补给，确定为 3 处地表外源水入口边界。

由上述边界构成的晋祠泉域面积为 2 712.58 km²。

2. 兰村泉域边界及水文地质性质

兰村泉域边界及水文地质性质分布图如图 3-18 所示。

（1）FH 段为太原盆地内三给地垒，地垒以南碳酸盐岩深陷，构成兰村泉域南部边界。

（2）HI 段为东山背斜，轴部下寒武统区域隔水层高于区域岩溶水位，在大威山一带出流高程达 1 300 m 以上，构成与娘子关泉域分界的隔水边界。

（3）IJ 段为地下水分水岭（也是地表分水岭）边界，为兰村泉域与乌河排泄带（高庄泉等）的边界。

（4）JK 段为出露下寒武统的隔水边界。

（5）KL 段为隔水边界，由系舟山断裂带的次级派生岔口背斜轴构成。

（6）LD 段为碎屑岩区组成的地表分水岭边界。

由上述边界构成的兰村泉域面积为 2 613.84 km²。

第四节　晋祠泉域岩溶水系统的要素构成与循环

一、晋祠泉域岩溶水系统要素及转化关系

晋祠泉域岩溶水系统是由一系列要素构成的，这些要素包括大气降水、外源水、地表水、水库、各种类型的地下水。每一种要素在其特定的循环过程中，相互间又存在不同程度与形式的转化，构成了一个有机的整体。晋祠泉域岩溶水系统的要素如下。

1. 大气降水

大气降水是系统内各地表水、地下水等要素最重要的补给源，虽然在泉域内存在大量的水面蒸发与陆面蒸腾量，对局部气候有一定影响，但这部分量很少能够再次以雨水形式补给当地，因此一般认为具有单向性，在系统水资源要素间转化关系图不做循环处理。

2. 外源水

外源水是指泉域外通过地表水系进入泉域的水量，并构成系统内水资源要素的重要补给源。晋祠泉域的外源水主要分布在泉域西侧，包括汾河在罗家曲上游、天池河在崖头村上游和屯兰川在康庄村上游的入境地表水。其中罗家曲上游汇水面积 5 345 km²（其中汾河一库控制面积 5 268 km²），据汾河一库 1958～2016 年实测流量资料，汾河河道多年平均放水量为 9.44 m³/s；天池河和屯兰川上游汇水面积分别为 139.4 km² 和 170.36 km²，上游产流区下垫面主要是前寒武系变质岩，它们的产流量没有水文站控制。这些外源水进入系统后对泉域岩溶水、河谷松散层孔隙水以及盆地孔隙水形成渗漏补给，剩余量则最终由汾河排出区外。

3. 地表水

地表水是泉域内重要的水要素，在各要素转化中扮演着特殊的角色。区内主要水系除了接受外源水补给的汾河、天池河、屯兰川外，还有泉域内汾河南侧的大川河、原平川，泉域东南侧（西山山前）的玉门沟、虎峪沟、风峪沟、牛家口沟、南峪沟、磁窑河，以及泉域北侧的柳林河、狮子河、矾石沟，等等。

按照地表水的径流特征分为常年性河流和季节性河流。常年性河流多发源于碎屑岩或变质岩地区，其径流除了接受降水的地表产流外，枯水季节往往能够获得碎屑岩区基岩裂隙水和风化裂隙水的补给，从而维持持续性的径流。但在人类采煤、拦河修库的干扰下，不少常年性河流也出现不同时段的断流，变为季节性河流。季节性河流多发源于碳酸盐岩地区或流域面积较小的碎屑岩区河流，例如，泉域北部的狮子河和柳林河，它们仅在暴雨时能够产生地表径流，多数时期则干涸无水。地表水与系统内其他水要素的转化关系比较复杂，多数常年性河流（泉域南侧及东南侧河流）在上游接受降水、其他支流来水以及碎屑岩地下水补给，同时与河谷内松散层孔隙水间还存在不同形式的补排

关系，进入下游碳酸盐岩河段后渗漏补给深层岩溶水。受地质条件和径流路径的影响，一些河流存在 2 个渗漏区段（如汾河），其补排过程将出现重复现象，还有部分河流不存在碳酸盐岩渗漏区（如磁窑河、牛家口沟、南峪沟等），其地表产流直接进入汾河排泄到泉域以外，与泉域岩溶水基本无水量交换。

4. 水库

水库作为一种特殊的系统水要素，由于一些水库在系统中与其他要素间存在着重要的转化关系，因此有必要单独列出。晋祠泉域内具重要转化作用的水库是汾河二库，控制了上游 7 616 km^2 的地表产流量，库区位于下奥陶统至中奥陶统下马家沟组碳酸盐岩河段，水库蓄水前这一河段是岩溶水局部排泄点，通过悬泉寺泉群排泄补给汾河河水；蓄水后，水库水位最大抬高 40 m 以上，不但泉水不再出流，还形成了水库水对岩溶水的反渗漏补给。

5. 松散层孔隙水

松散层孔隙水可分为山区松散层孔隙水和盆地松散层孔隙水。山区松散层孔隙水以碎屑岩区河谷冲洪积层为主，一般接受两侧基岩裂隙水及河水的补给，在适当部位又排泄补给河水；盆地松散层孔隙水接受大气降水入渗补给、基岩山区碎屑岩裂隙水和岩溶水的侧向补给，部分地段（或时期）接受河流的渗漏补给。其天然排泄途径主要是蒸发排泄和向河流排泄。

6. 碎屑岩、变质岩（风化）裂隙水

碎屑岩、变质岩（风化）裂隙水主要接受降水入渗的补给，以泉水或潜流形式向松散层孔隙水及地表水系排泄。

7. 岩溶水

岩溶水无论从水量大小、平面分布的广度还是含水层厚度都是系统内最主要的水要素。它接受系统内其他各类因素的补给，存在多种形式的排泄途径，其转换过程将在后面做专门论述。

晋祠泉域各种水要素的转化关系结果框图如图 3-19 所示。

二、晋祠泉域岩溶水的循环

（一）岩溶水的补给

晋祠泉域岩溶水的补给包括大气降水补给、河流渗漏补给、水库补给以及其他补给。

1. 大气降水补给

在碳酸盐岩裸露区（含一部分覆盖区面积）接受大气降水直接补给，根据降水入渗

补给强度，可分为三类：一是中奥陶统碳酸盐岩裸露区，岩溶相对发育，入渗强度最大；二是寒武系及下奥陶统碳酸盐岩裸露区，岩溶发育相对较弱，入渗强度中等；三是碳酸盐岩覆盖区，碳酸盐岩之上有松散层沉积，入渗强度主要决定于覆盖层岩性结构，在第四系松散层之下有新近系红色黏土层分布地区，其入渗强度要弱。

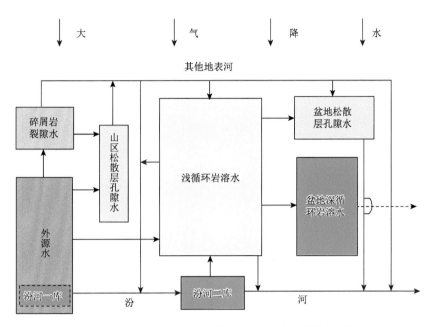

图 3-19　晋祠泉域岩溶水系统水资源要素间转化关系图

2. 河流渗漏补给

河流渗漏补给是指系统内各河流进入碳酸盐岩裸露区后的渗漏补给。晋祠泉域均属于汾河水系，各河流水量最终汇入汾河，有些是汇入汾河渗漏段上游，除自身有对岩溶水形成渗漏补给外，进入汾河后还存在二次渗漏；有些则汇入汾河渗漏段下游，仅在自身渗漏段形成渗漏。总体上泉域内主要的渗漏河流大致有五种：①有外源水并接受泉域内地表产流的河流，主要分布在泉域西部，如汾河、天池河、屯兰川；②接受泉域内上游碎屑岩产流补给，在下游渗漏段形成对岩溶水渗漏补给的沟谷，主要分布在寨上以下的汾河南北岸及晋祠—罗城和小西铭—石马的太原西山山前诸沟，如汾河沿岸的冀家沟、王封沟、磺厂沟、随老母沟、紫金沟等，泉域东南部的玉门河、开化沟、冶峪沟、风峪沟、明仙沟等，这些河流一般流域面积较小，渗漏段长度较短，渗漏量有限，但近年来随着煤矿关闭，太原西山山前诸沟煤矿老窑水成为枯水季节主要补给水源，构成了岩溶水的重要污染源；③接受泉域内上游碎屑岩产流补给，本身不存在渗漏段，但汇入汾河渗漏段的原平川、大川河等；④发源于碳酸盐岩裸露区，仅在暴雨季节有径流的河流，如狮子河、柳林河；⑤有地表产流但无渗漏段，对晋祠泉域岩溶水无补给，主要分布在泉域东南侧，如磁窑河、白石河、黄楼沟等。晋祠泉域主要渗漏河流的特征如表 3-3 所示。

表 3-3　晋祠泉域主要渗漏河流特征表

河名	名称	上游汇水面积/km²	渗漏段长度/km
汾河	罗家曲—镇城底	5 345	17.32
	寨上—扫石	6 819	18.61
	二库	7 616（二库以上）	9.53（晋祠泉域）
天池河	崖头—顺道	139.44	4.01
屯兰川	康庄—营立	170.36	3.25
柳林河	砂滩—前岭底	29.04	8.2（晋祠泉域）

3. 水库渗漏补给

晋祠泉域内补给岩溶水的水库是汾河二库，水库控制汾河水库以下区间流域面积2 348 km²，总库容1.33亿 m³，坝址河床底高程855.7 m，设计正常蓄水水位905.7 m。水库2000年开始蓄水，2006年3月，蓄水水位879.11 m，9月至882 m，2008年10月蓄水至884.01 m，2010年9月后，蓄水水位提高到890 m以上。2016年初，汾河二库逐步抬高蓄水位，加大对晋祠泉域的渗漏补给量，至9月27日，水库蓄水达到900 m高程，并保持在此高水位运行，2018年3月平均蓄水位达到最高903.7 m，坝址处的最大蓄水埋深近48 m。其蓄水水位曲线如图3-20所示，在2018年前，其水位增长过程呈现线性增加的特征。

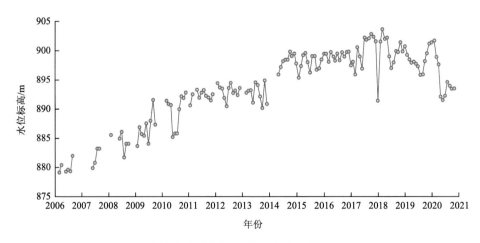

图 3-20　汾河二库逐月蓄水水位曲线图

汾河二库整个坝体均嵌于下奥陶统白云岩中，坝顶低于亮甲山组顶面20余米。从坝址沿汾河河谷向兰村泉以及向东（坝址—庄头村—呼延西侧边山断裂）到太原盆地方向，受近南北向褶皱系的影响，下奥陶统相对隔水层顶面均高于区域岩溶水水位，即由二库—兰村泉—呼延西—二库构成的三角区域内，从西向东存在着一道下奥陶统区域性相对隔水的斜向挡水墙，因此认为二库直接向下通过这一区域补给兰村泉域的水量是有限的，而水库蓄水后坝下游汾河河谷内岩溶水位没有大的提高这一事实也证实了这一认识。同时，由于二库渗漏水量向北受到地下高水位的制约，向南、向西方向渗漏成为主要途径，而库区周边的岩溶水流场图也充分体现了这一点（图3-7）。可见坝址附近建库前中奥陶统岩溶水位（以悬泉寺泉群排泄标高为标志）与中上寒武统下含水岩组的水位是基本一致的。但在建库以后，由于下奥陶统区域相对隔水层的存在，上、下2个含水岩组的水位出现巨大差别，上岩溶含水岩组中奥陶统的岩溶水位与二库蓄水水位一致，下岩溶含水岩组中上寒武统水位则基本维持了原有的水位（或有少量垂向渗漏补给略有提高）。由此认为，汾河二库渗漏量主要是在中奥陶统中通过侧向渗漏向西、向南进入了晋祠泉域汇流区，仅有部分水量在南部绕过下奥陶统相对隔水层进入山前断裂带，再向北补给兰村泉水。从汾河二库渗漏段所处位置、渗漏途径分析，二库渗漏量向东南越过王封地垒直接补给晋祠泉域岩溶水强径流带是主流，这也是导致近年来晋祠泉域径流排泄区区域地下水位持续回升的重要原因。

二库蓄水对悬泉寺泉水的影响大致可分为三个阶段：首先，水库蓄水早期，蓄水水位低于悬泉寺泉水出口标高（最高870.19 m），岩溶水排泄基准由二库蓄水水位替代了下奥陶统隔水层，成为非固定排泄基准，蓄水对岩溶水的影响以减少悬泉寺泉水排泄量为主，同时也迫使周边中奥陶统岩溶水水位抬升，改变周边流场形态；其次，蓄水水位超过悬泉寺泉水出口标高但蓄水区水位未超过880 m（这一高程是下奥陶统在汾河河谷内顶面标高），此时悬泉寺泉群可能已经断流，但由于蓄水区处于下奥陶统区域相对隔水层中，渗漏量较小；最后，蓄水水位超出下奥陶地层进入中奥陶统强岩溶发育层，时间大致是2006年下半年，水库开始大量渗漏，但这种渗漏以中奥陶统中侧向为主，渗漏量向下越过下奥陶统进入寒武系含水层的水量较少。

汾河二库蓄水对晋祠泉域地下水流场以及水化学场等影响巨大。如表3-4所示，与20世纪80年代晋祠泉水断流前水位比较，在距离水库较近的区域以官地矿为界的水位上升区，水的多数组分含量降低；官地矿下游水位下降区，则多数组分含量均有增加，水中TDS、SO_4^{2-}含量与水位升降成反比关系。结合水文地质条件，由于二库坝址坐落于上中奥陶统含水岩组的相对隔水底板下奥陶统中，水库的主渗漏区是下马家沟组强岩溶发育段（图3-10），因此水库渗漏水进入中奥陶统含水层中具有从下奥陶统区域相对隔水底板向下游呈"启底式活塞推进"的方式，对应岩溶水依从"先压力传导下的水动力、后物质传导下的水化学"的影响顺序，即水位响应快、水化学响应较慢。

判别水动力影响和水化学影响区的范围与界线，对分析研究含水层的渗透性能、水化学组分含量的发展趋势等是一件很有意义的事。从具有普遍性的规律看，具有统一水动力场的厚层岩溶含水层，地下水的循环由于受动力驱动条件的制约，总体水化学组分含量在垂向上具有下部含量高、上部含量低的分布规律，现布设一眼抽水井长期抽水，在没有其他外部水化学干扰因素条件下会出现三种情况：第一，含水层能够获得与排泄量相平衡的新鲜水（低化学组分含量）补给，抽水井水的补给径流路径、水岩作用时间、降落漏斗稳定，水化学组分含量将维持在一定的平稳状态；第二，当含水层获得补给量小于抽水量时，水化学组分含量会随着抽水时间的推移而升高，其原因是进入井内源于含水层深部的"内循环"高矿化水的比例增多所致，这一情况在很多水位出现下降的地区比较普遍，以晋祠泉为例，20世纪80年代初其矿化度为500～600 mg/L，目前在

800 mg/L 以上；第三，如果抽水期间含水层能够获得足够的新鲜水的补给，抽水降落漏斗被压缩，水化学组分含量将随之降低。

基于上述认知，岩溶水对二库渗漏量的响应可划分为 2 个区：一是水动力影响区，表现为水位已上升，但渗漏的水量尚未抵达，区内仍以深部水比重更大的"内循环"高矿化水为主，其总体化学含量将高于泉水断流前的水平；二是物质影响区，这类区域不但水位上升，而且因水中含有二库渗漏补给的低矿化水的混入，其水化学组分含量降低。图 3-21 和表 3-4 列出了二库周边以及下游地区现状水位、水化学主要组分含量与晋祠泉水断流前的比较结果，从中可以看出：在地震台及其下游地区，岩溶水位升高但尚未达到泉水断流前水平，且水的 TDS、SO_4^{2-} 含量均高于早期含量，表明对二库渗漏的主要表现为水动力响应，属于水动力影响区；而在地震台以上的地区，不但水位较泉水断流前有大幅提升，同时水化学组分含量也都低于早期含量，说明该区内的水动力和水化学均受到影响，应属于物质影响区。

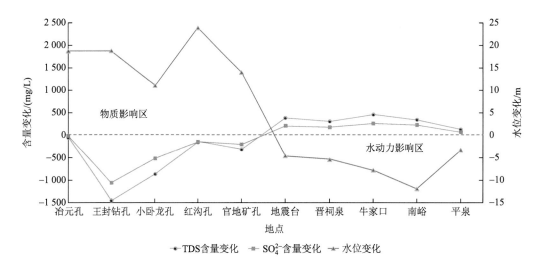

图 3-21　与 20 世纪 80 年代比较沿径流方向的水位及水化学组分含量变化图

表 3-4　汾河二库修建前后下游岩溶水化学组分含量变化对比表

地点	冶元孔			王封钻孔			小卧龙孔		红沟孔		官地矿孔	
年份	1983	2016	2017	1981	2017	2018	1980	2017	1981	2016	2005	2016
水位/m	894.976	913.01	913.67	871.91	887.15	890.7	842.16	853.18	802.055	826	786.019	800
TDS 含量/(mg/L)	296	267	244	2 129	596	671	1 503	642	1 170	1 014	970	655
K^+含量/(mg/L)	2	0.86	1.13	3.99	1.62	1.8	3.5	1.88	5.81	1.09	19.12	1.66
Na^+含量/(mg/L)	13.5	13.3	11.8	38.21	32.7	34.8	154	29.1	146.9	97.0		21.3
Ca^{2+}含量/(mg/L)	69.3	68.7	53	439.88	108	120	254.51	128	178.36	159	219.1	128
Mg^{2+}含量 /(mg/L)	18.8	11.6	13.8	114.3	27.6	32.8	72.35	35.1	47.42	36.1	41.92	29.6
Cl^-含量/(mg/L)	11.3	14.1	12.1	14.18	40.9	40.8	63.82	38.1	56.73	77.0	13.75	29.1
SO_4^{2-} 含量/(mg/L)	33.6	18.3	21.8	1 313.92	239	263	799.7	287	619.31	478	530.96	324

续表

地点	冶元孔			王封钻孔			小卧龙孔		红沟孔		官地矿孔	
年份	1983	2016	2017	1981	2017	2018	1980	2017	1981	2016	2005	2016
HCO_3^- 含量/(mg/L)	281.9	226	224	323.41	239	234	433.24	236	299	174	229.25	151
NO_3^- 含量/(mg/L)	6	5.15	4.38	—	—	—	—	—	0.1	43.7	5.89	9.18

地点	二库	地震台孔		晋祠泉及103号井			牛家口孔		平泉J7孔		南峪	
年份	2018	1981	2018	1986	2016	2017	1980	2016	1980	2018	1982	2017
水位/m	902	804.111	799.5	803	796.58	797.65	802.78	795	799.22	796	799.86	787.91
TDS含量/(mg/L)	440	530	909	598.19	887	906	1 099	1 555	1 271	1 405	1 239	1 576
K^+含量/(mg/L)	2.9	1.4	2.17	1.8	1.68	2.02	1.5	1.66	5.06	1.95	2.5	2.10
Na^+含量/(mg/L)	50.7	14	21.6	16.7	21.6	21.5	24	25.1	5.06	24.8	90	91.6
Ca^{2+}含量/(mg/L)	67.3	115.23	177	124.25	172	179	243.49	324	284.57	268	202.91	238
Mg^{2+}含量/(mg/L)	23.4	31.62	46.9	32.32	44.0	46.4	55.94	60.2	69.92	71.5	82.38	93.8
Cl^-含量/(mg/L)	69.5	14.18	22.4	14.18	23.5	20.4	14.18	22.5	21.27	18.4	18.62	26.9
SO_4^{2-}含量/(mg/L)	120	253.48	466	276.65	476	458	655.61	924	750	825	601.58	827
HCO_3^-含量/(mg/L)	198	204.42	226	236.76	161	223	241.03	191	241.03	234	457.62	368
NO_3^-含量/(mg/L)	—	2	4.44	4	5.46	4.38	0	0.62	—	0.36	12	30.4

需要进一步讨论的是水动力影响区的水位升幅和物质影响区水化学组分含量的降幅问题。①在水动力影响区，除平泉受后期泉水出流（2011年平泉开始复流）的调节影响水位升幅最小外，其余三点的水位上升幅度与二库的距离长度成反比关系，即距离二库越远，升幅越小，代表了随着与二库距离的增加其水动力影响存在逐渐递推的滞后性。②在物质影响区，水化学组分含量的降幅与二库的距离成反比特征，如距离二库较近的王封岩溶水，在单纯考虑水的混合作用时，由TDS和SO_4^{2-}含量计算的2018年源于二库渗漏补给的水量比例分别为86.5%和88.023%，距离二库较远的红沟岩溶水2016年源于二库渗漏补给的水量比例分别为11.4%和29.3%。而在泉域岩溶水流场中处于二库蓄水区上游的冶元点，虽然水位由于二库渗漏使其向下游渗流受阻而表现出上升的响应，但其水位标高高于二库蓄水水位，地下水仍然向下游渗流，其水质未受影响，由此其水化学组分含量几乎维持不变。③图3-21中，水位和TDS、SO_4^{2-}含量"零"变化点均交于官地矿和地震台间，认为这些交点是二库渗漏补给物质传递影响的前锋点。由此可以推断，随着二库渗漏量物质影响前锋的推进，晋祠泉域排泄区的水化学组分含量将出现降低、水质将得到极大的改善。相信这种推断的正确性将会在晋祠泉水复流后得到验证！

4. 其他补给

晋祠泉域岩溶水除了上述降水入渗、河水渗漏、水库渗漏等主要补给项外，与其他类型的地下水间也存在不同形式的水量交换，在一些地区获得补给。例如，一些河谷松散层孔隙水从碎屑岩区进入碳酸盐岩裸露区后（前述河流渗漏补给中的①、②、③类河谷），通过地下潜流入渗补给岩溶水；正常情况下，岩溶水在西山山前潜流补给盆地松散层孔隙水，但在局部地段由于岩溶水的开采，水位下降至松散层孔隙水以下，可接受松散层水的反补给。赵永贵和蔡祖煌（1990）通过晋祠泉水氚同位素分析计算，认为晋祠出流泉水属混合水，它是由69%的奥陶系灰岩地下水及31%的上层水（含松散层孔隙水和碎屑岩裂隙水）混合而成。此外，晋祠泉域碳酸盐岩含水层大部分都上覆煤系地层含水层，虽然其间分布有隔水性很强的本溪组铝土质泥页岩隔水层，但一些大型断裂构造可造成隔水性能的破坏，从而可在局部形成上覆地下水向下的越流补给。比较而言，这些其他补给的水量相对较少，因此在前人的所有资源评价中均未予考虑。

（二）岩溶水的径流

1. 岩溶水的径流路径

晋祠泉域岩溶水系统流场总形态为以晋祠泉、平泉及山前断裂带为排泄区，从北、西向南东径流，构成了呈半汇聚状水动力网（图3-22）。

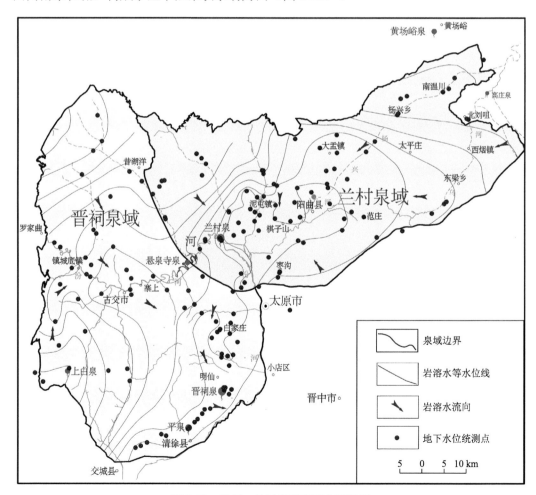

图3-22　晋祠、兰村泉域岩溶水流场图

在补给区岩溶水分为北部和西南部 2 支，北支是来自于静乐方向碳酸盐岩裸露区的降水补给，顺地层倾向向南偏东方向渗流；西南支源于泉域西侧神堂沟—西社—强家庄断裂陡立岩带碳酸盐岩裸露区入渗补给，地下水向东渗流受到东侧深陷的马兰向斜轴部弱岩溶化地层的阻挡，被迫沿地层走向向北渗流绕过向斜轴向翘起端的镇城底东侧与来自北支地下水一道进入泉域汇流区。

从泉域流场整体形态特征方面看，以标高 950 m 等水位线作为补给区与径流、汇流区的分界线较为恰当，其依据是其上游补给区水力坡度急剧变缓，向下游则出现槽状汇聚态势，这种汇聚态势在镇城底—古交市—寨上、南峪—明仙—晋祠的路径最为突出，形成岩溶水的优势流沿该路径向排泄区渗流。

由马兰镇—石千峰林场—岭底—上白泉—马兰镇构成的碳酸盐岩含水层深埋区，地下水流场清晰地表明源于北部及西部碳酸盐岩裸露区补给的水量，绕过其西侧和北东侧到达排泄区的"绕流"形态特征，它一方面说明进入该区域的岩溶水有限，属于贫水区；另一方面也揭示由于难以获得更多的地下水补给，水流通量小，岩溶发育程度弱的原因。赵永贵和蔡祖煌（1990）对该区东侧清徐碾底东圪台村 K181 孔开展地热测试，研究认为该孔地温变化属"传导型"，反映地下水处于滞流状态。多个方面证据体现出深埋区对排泄区的水量贡献是有限的。

岩溶水径流过程中受地质、岩溶、地下水补给、排泄基准等条件影响，虽然整个泉域具有统一的地下水流场，但流场形态波谷起伏，水力梯度在不同区段舒缓多变，形成了地下水流集中与分散并举的渗流态势。

2. 岩溶水转换带

区域上，晋祠泉域岩溶水主要储存于 2 个碳酸盐岩含水岩组中，分别是中奥陶统上含水岩组和中、上寒武统下含水岩组，其间为下奥陶统区域性相对隔水层。

1）岩溶水从中、上寒武—下奥陶统含水岩组向中奥陶统含水岩组的转换带

晋祠泉域岩溶水外围补给区主要储存于中、上寒武统碳酸盐岩（下）含水岩组中，这一点在北部柳林河、狮子河上游地区钻孔均能得到证实（如阁上钻孔、娄子条钻孔、赤泥窊钻孔、下马城供水井、横山村钻孔等），但到西山山前泉域排泄区，岩溶水均从中奥陶统（上）含水岩组中出流，而且根据钻孔资料，排泄区的（下）含水岩组埋深较大，富水性极差[如晋祠泉水西北约 800 m 的地震台 K179 孔，分层抽水试验结果表明中奥陶统含水岩组的单位涌水量为 112.5 m^3/(h·m)，而上寒武统的单位涌水量仅为 0.077 m^3/(h·m)]，因此认为在泉域内从补给区到排泄区存在一个由中、上寒武统（下）含水岩组向中奥陶统（上）含水岩组间的水量的转换形式，但未能确定是区域上的分散转换还是局部构造的集中转换。

通过调查与分析结果认为，在古交嘉乐泉乡北侧的盘道—马家山断褶带可能是泉域内 2 个岩溶含水岩组中地下水的集中转换带。其主要依据是该断褶带延伸长约 15 km，由多条断层及向斜构造构成，断褶带内地层最大倾角近60°，断距局部达 200 m 以上，平面上呈北北东向延伸，横截岩溶水流线，具有汇集北部大面积补给区地下水的条件。为此，在断褶带南侧（盘道村东）部署一个勘探孔（编号 KFK5），孔深 476.60 m，峰峰组

开孔，终孔于下马家沟组底部，岩溶水位埋深 311.82 m（标高 911.37 m），抽水试验结果，降深 0.05 m，涌水量达到 1 008 m³/d（受水位埋深、孔径等因素限制，无法做更大降深的抽水试验）。从区域水文地质剖面图（图 3-23）中可以看出，该断褶带实际是晋祠泉域内岩溶水从寒武系向奥陶系的转换带，即该断褶带以北，岩溶水赋存于下含水岩组中，以南则进入中奥陶统上含水岩组中，同时也是一个富水带，它横截了北部近 600 km² 碳酸盐岩裸露（覆盖）区补给的岩溶水，水量可观，而且上游补给区无城市及工业污染源，水质良好（TDS = 262 mg/L、SO_4^{2-} = 23.1 mg/L），可作为古交市未来后备或应急水源地勘探靶区进一步勘探开发。

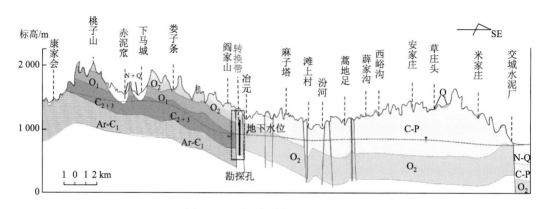

图 3-23　晋祠泉域南北向剖面略图

2）岩溶水从中奥陶含水岩组向松散层孔隙水含水岩组的转换带

泉域岩溶水到达太原西山山前汇集于断裂带内（包括清交断层和晋祠断层），该断裂使得碳酸盐岩含水层与盆地松散层孔隙水含水层直接对接，但由于二者渗透性的差异，使得多数岩溶水以泉水形式（晋祠泉）排泄，同时还有一部分水量越过断裂带以潜流形式进入盆地松散层孔隙水含水层及深部岩溶热水含水层，这样，太原盆地的西边山断裂带构成了晋祠泉域岩溶水从中奥陶含水岩组向松散层孔隙水含水岩组的转换带。前人对这一转换带诸如结构、转换量的论述比较多，这里不再复述。

3. 岩溶水强径流带

晋祠泉域岩溶水从北西向南东径流并在山前断裂带内富集，受太原盆地山前松散层相对阻水作用而出流。根据早期晋祠泉域岩溶水位等水位线图（图 3-24），晋祠泉水所对应的西山山区实际处在一个向南东微凸的地下水分水岭上，很难解释流量达到 1.3～1.9 m³/s 的晋祠泉水水动力场条件。对晋祠泉是否存在向山区补给区延伸的岩溶水强径流带问题，前人均未涉足。为此，我们开展了如下调查与综合分析工作。

第一，在南峪村三岔沟施工 1 个岩溶水勘探孔，孔深 478.1 m。抽水试验结果：水位降深 1.85 m，涌水量 818.4 m³/d，单位涌水量 442.4 m³/(d·m)，属于强富水区。

第二，绘制碳酸盐岩埋藏深度分区图，发现晋祠泉水北侧沿南峪—白家庄矿西—店头—明仙—晋祠一线存在一个碳酸盐岩浅埋藏区，其西侧为石千峰向斜，东侧为受三给地垒南侧断层深陷牵引而形成的白家庄煤矿和西峪煤矿碳酸盐岩深埋区（西峪煤矿区碳酸盐岩顶板最低标高 250 m，低于地表面近 600 m），呈现出北西走向的背斜构造特征，被称为官地矿西背斜（图 3-25）。本书认为，浅埋区更有利于岩溶的发育，因此沿隆起区会形成岩溶水的集中径流带，这一点与北京西山八大处背斜极为相似，石景山五里坨水源地开采井主要部署在背斜轴部富水带。

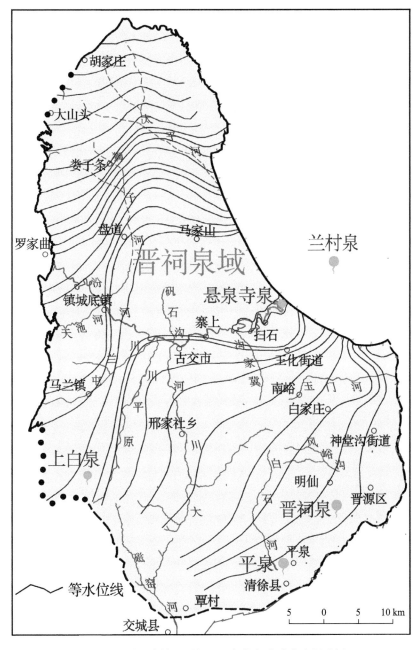

图 3-24　晋祠泉域 20 世纪 80 年代初岩溶水流场略图

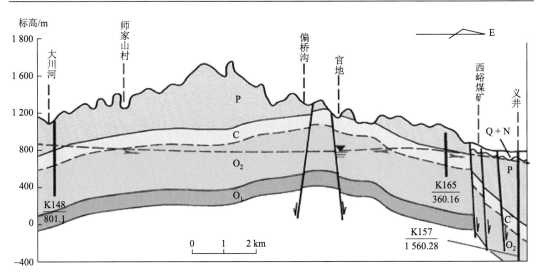

图 3-25　官地矿西背斜地质剖面图

第三，通过水位统测绘制岩溶水流场图，沿碳酸盐岩浅埋区形成一个汇水槽谷（图 3-26），具备有岩溶水强径流带的流场特征。槽谷内南峪勘探孔水位标高 802.99 m、大虎峪孔水位标高 796.92 m，均低于东侧北寒村水位 824.58 m、红沟井水位 826.92 m 和东偏南侧白家庄煤矿水位标高 805～806 m，也低于东南侧箱子村井水位（805.41 m）和寺底村水位（807.71 m），表明来自北部及西北部的地下水在这一带向东侧山前运移受阻，向南东晋祠泉水方向径流成为唯一途径。

第四，根据钻孔资料绘制岩溶水富水性分布图（图 3-26），沿该强径流带内分布有 8 个单位涌水量超过 400 m³/(d·m)的钻孔（含本项目勘探孔），从北向南，分别是本项目南峪勘探孔（编号 KF1）、大虎峪村北钻孔（编号 K139）、官地矿政前大巷（编号 K163）和南大巷井下钻孔（编号 K171），以及明仙沟内增补水库施工的 3 个勘探钻孔（编号 K177、K178，还有 1 眼未编号）、地震台长观孔（编号 K179），构成了区内极强和强富水带。

第五，绘制晋祠泉域水化学类型分布图（图 3-27），从图中可以看出，水化学类型为 SO₄·HCO₃—Ca·Mg 水沿岩溶水强径流带呈一楔形插入进水化学类型为 SO₄—Ca·Mg 水的分布区，且直抵晋祠泉口，为岩溶水强径流带的确定提供了另一条有力的证据。

此外，强径流带内周家庄 K172 孔，于 244.59～245.81 m 揭露到 1.22 m 高的充水溶洞；白家庄煤矿井下 3—2 放水孔，涌水量达到 175 m³/h（水压 1.35 MPa），同时有河卵石带出，体现出了地下河系的特征。

依据上述证据，最终确定了从南峪—官地矿西—龙山—明仙—晋祠泉的岩溶水强径流带，该强径流带汇集了来自北部汾河二库渗漏补给及西北部古交方向的补给水源，是晋祠泉水上游对流量影响最敏感的地区。在强径流带内采取关井（包括煤矿降压排水井）、压采、人工补给（沿途流经地表出露碳酸盐岩的 3 条沟谷，分别是玉门沟、风峪沟和明仙沟）措施，对晋祠泉水的复流可起到事半功倍的效果。

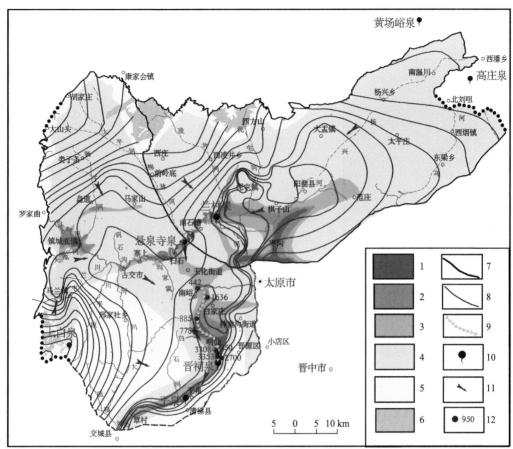

1. 极强富水区[$q \geq 5\,000$ m³/(d·m)]; 2. 强富水区[$q = 3\,000 \sim 5\,000$ m³/(d·m)]; 3. 中等富水区[$q = 1\,000 \sim 3\,000$ m³/(d·m)]; 4. 弱富水区[$q = 100 \sim 1\,000$ m³/(d·m)]; 5. 贫水区[$q < 100$ m³/(d·m)]; 6. 无碳酸盐岩含水层分布区; 7. 泉域边界; 8. 岩溶水等水位线; 9. 岩溶地下水强径流带; 10. 岩溶泉; 11. 岩溶地下水流向; 12. 强径流带岩溶水钻孔（数字为降深1 m的涌水量，m³/d）

图 3-26　晋祠泉域岩溶水强径流带确定依据略图

（三）岩溶水的排泄及晋祠泉水成因

　　晋祠泉域岩溶水主要在太原西山山前排泄，天然条件下，其排泄方式有两种：第一种是泉水排泄，包括晋祠泉及平泉；第二种是向盆地松散层及深部岩溶含水层的潜流排泄，这样形成的排泄区是一个排泄带。泉域主泉晋祠泉的成因是北西方向补给的岩溶水进入西山山前断裂带后受到两个方向的阻水而出流（图 3-28），一是向东为盆地松散层，其导水性能远低于中奥陶统碳酸盐岩含水层；二是向南，呈现为背斜构造，从晋祠泉向南石炭系隔水顶底板倾伏于岩溶水位之下，而且晋祠泉口的中奥陶统处于整个泉域出露区的最低点，向南也受到隔水顶板的阻隔，迫使岩溶水主体从该处出流，表现为上升泉的特征。向下游到平泉一带，钻孔揭露的中奥陶统碳酸盐岩埋藏深度在 150 m 左右，平泉的出流主要是沿山前断裂裂隙向上越流排泄，但其天然流量远低于晋祠泉。人为开采等构成了晋祠泉域岩溶水的重要排泄途径，包括打井开采、煤矿降压排水、松散层地下水间接开采（盆地中松散层地下水开采将袭夺山区岩溶水）、盆地内深部岩溶热水开采、从晋祠泉沿断裂带向南西自流井排泄等。

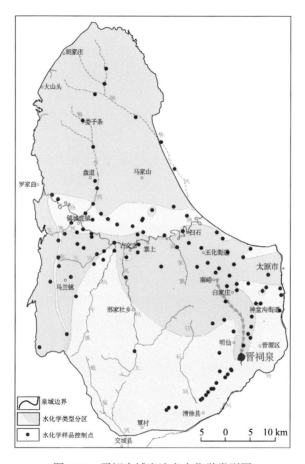

图 3-27　晋祠泉域岩溶水水化学类型图

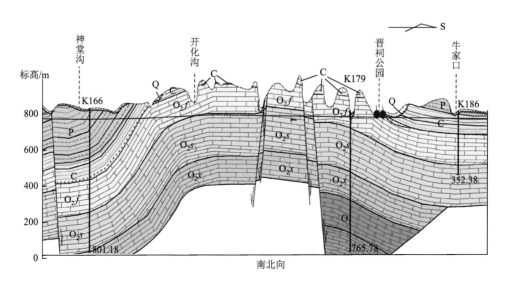

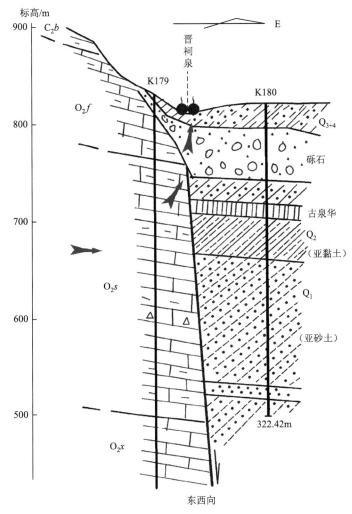

图 3-28　晋祠泉水成因地质剖面图

三、泉域岩溶水水动力分区

根据全流域内岩溶水储存和运移特征，可把泉域分为补给区，径流、汇流区，排泄区，以及滞流区四个水动力区（图 3-29）。

1. 岩溶水补给区

分布于泉域北部、西部，面积约为 880 km²。北部大致以盘道—马家山断褶带为界，西部则沿陡立岩带碳酸盐岩裸露区向马兰向斜轴倾伏的浅埋藏区一侧。北部含水层主要为 O_1、ϵ_3f 白云岩及 ϵ_2z 鲕状灰岩，中奥陶统有分布但基本处于区域岩溶水位以上的包气带中，岩溶发育不均一，受构造控制作用明显，该区多形成沿构造断裂带分布的岩溶水脉，岩溶水具潜水性质；在泉域西部地层倾伏一侧的中奥陶统也处于区域岩溶水位以下，水位甚至高于上覆煤系隔水顶板，形成岩溶承压水。大气降水为主要补给来源，地下水运动既有垂直运动又有水平运动，水力梯度较陡，一般为 12‰～4.4‰。水位埋深 200～400 m，单井涌水量一般小于 500 m³/d，介质结构为脉状溶隙。水化学类型多为 HCO_3—Ca·Mg 水，溶解性总固体含量小于 0.35 g/L。

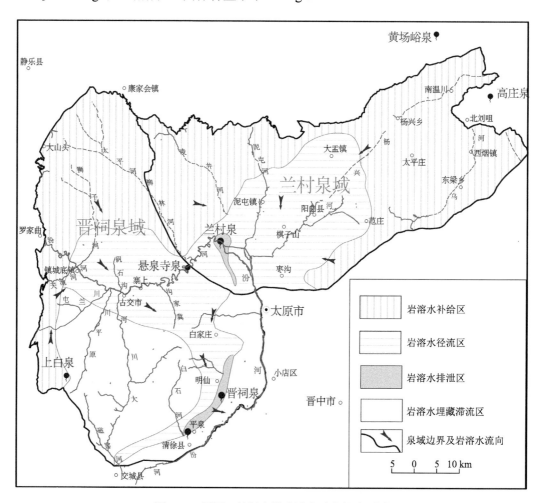

图 3-29　晋祠、兰村泉域岩溶水动力场分区图

2. 岩溶水径流、汇流区

岩溶水径流、汇流区处于晋祠泉域中部。北界大致在盘道—马家山断褶带沿线；西界在镇城底与龙尾头间过汾河至天池河河谷的台盘村；西南界从顺道村南大致沿 900 m 地下水位等高线经元家山、李家社北至石千峰林场西侧，再向南偏东到要子庄村后大致沿太原西山边山碳酸盐岩岩溶含水层浅埋区（埋藏深度＜300 m）界线在岭底与西边山断裂带相交；东南边界从岭底向北东为西边山断裂带（在晋祠—平泉间扣除排泄区）直到圪僚沟；东北边界南段是晋祠、兰村泉域边界并过汾河河谷径流区，北段则沿柳林河地表分水岭自然延伸到马家山。由此构成的径流、汇流区面积约 742 km²。该区含水层主要为中奥陶统，厚度 300～500 m，各类构造复合交汇，溶蚀

裂隙、溶孔、小溶洞发育，其下伏中上寒武统由于埋深较大，岩溶发育差，地下水渗流量极弱。该区岩溶水除接受大气降水补给外还接受河水入渗补给，单井涌水量可达 1 000～10 000 m³/d。该区水力梯度变化较大，从 0.5‰到 16‰不等，一般为 1.5‰～6‰。受膏溶作用影响，含水层结构具有似层状的特点，区域水位以下泥灰岩上部膏溶角砾岩往往是岩溶水有利的储积层。横切地下水流向的大型断裂构造带可成为岩溶水富集带，如盘道—马家山断褶带、西山山前的清交断裂带等，具备集中开采的有利条件。

3. 岩溶水排泄区

本次将包括晋祠泉、平泉及两泉间向太原盆地松散层排泄的潜流带划成排泄区，面积约 37 km²。由于排泄区与山前断裂带重叠，因此岩溶最发育，富水性也最强。排泄区介质结构为溶隙管道，不少钻孔揭露到溶洞，如难老泉南侧 103 号孔分别于 14.95～19.25 m、26.05～26.76 m、39.9～40.85 m，南峪村 K188 孔于 171.55～172.55 m、177.48～182.62 m，上固驿 K190 孔于 218～218.5 m，平泉 K193 孔于 188.42～189.57 m 均揭露到溶洞，而且这些溶洞除了个别被充填外，基本为充水溶洞。排泄区水化学类型在晋祠泉及附近（与向北连接的岩溶水强径流带一致）为 $SO_4 \cdot HCO_3$—$Ca \cdot Mg$ 水，沿断裂带向东西两侧以及向南均变为 SO_4—$Ca \cdot Mg$ 水，水的溶解性总固体也与此相对应，从 800～900 mg/L 增加至 1 000 mg/L 以上。

4. 岩溶水滞流区

泉域岩溶水滞流区有 2 个区域，合计面积为 1 054 km²，分别是泉域南部以马兰向轴核部和泉域东南部的太原盆地内碳酸盐岩深埋区，埋藏深度一般在 500 m 以上，在马兰向斜轴部的马兰村委南东—辛庄村、大川河与原平川的分水岭地带以及太原盆地内，碳酸盐岩含水层埋深在 1 000 m 以上。由于碳酸盐岩埋深大，补给区浅层地下水抵达这些地带需要消耗大量的动能，动力驱动不足，水流通量小，且径流距离长，水中侵蚀 CO_2 消耗殆尽，因此岩溶发育较弱，岩溶水处于一种流动缓慢的滞流状态，多数地区为贫水区。根据勘探资料，除个别孔外，马兰向斜深埋的岩溶水多数钻孔单位涌水量在 2.0 m³/(d·m)以下，如表3-5所示，特别是清徐县碾底乡东圪台村 K181 孔都分别揭露了峰峰组、上马家沟组、下马家沟组的全部地层，岩芯很完整，很少见到溶蚀现象。此外，该区与西山山前断裂过渡的 K184、K185 孔富水性也很差，表明该区来源于西部深埋区的补给水量有限。太原盆地深埋滞流区的富水性相对较好，主要得益于区内断裂构造较为发育以及热水岩溶等特殊的岩溶作用环境，根据晋阳湖以北的钻孔揭露情况，单井涌水量一般在 15～40 m³/(d·m)。从水力梯度来看，虽然低渗透性的含水介质具有形成大水力梯度的条件，但由于难以获得足够的侧向补给，水力梯度也比较平缓，因此泉域内滞流区的水力梯度一般在 1%左右，甚至较补给区的还要低。深埋滞流区岩溶水矿化度一般在 1 000 mg/L 以上，最大可达到 2 900 mg/L，水化学类型为 SO_4—$Ca \cdot Mg$ 水或 SO_4—Ca 水，部分地段为 SO_4—$Ca \cdot Na$ 水或 $SO_4 \cdot Cl$—Ca 水，体现了地下水处于一种循环缓慢的滞流环境的水化学性态。

表 3-5　太原西山深埋区钻孔单位涌水量汇总表

原编号	图中编号	孔深/m	含水层代号	碳酸盐岩埋深/m	单位涌水量/[m³/(d·m)]	备注
GS-4	K97	960.13	O_2s	665.00	12.50	
416	K112	638.10	O_2f	441.26	1.60	
GS-9	K113	780.19	O_2s	476.80	27.60	
413	K115	581.25	O_2f	414.09	0.32	
GS-8-1	K125	921.50	O_2f	612.80	1.00	
GS-7	K126	902.53	O_2f	599.50	2.00	
J11	K128	639.93	O_2s	427.30	1.70	
GS-6	K146	760.07	O_2s	452.80	172.80	北东向正断层
GS-8-2	K147	920.36	O_2s	739.80	1.30	
GS-25	K148	801.10	O_2s	503.80	0.00	
GS-2	K162	972.40	O_2s	653.15	0.00	
GS-22	K170	889.80	O_2s	640.80	0.30	
GS-23	K173	864.00	O_2s	725.60	0.40	
TS-25	K181	828.15	O_2x	364.38	<0.10	
J6	K184	451.99	O_2f	197.31	2.00	西山向斜东翼相
J4	K185	395.00	O_2f	174.00	0.53	对翘起区

　　泉域岩溶水从补给区到滞流区，水化学组分含量呈现总体增加的态势（图 3-30），其中局部的增减异常均与其所处位置的水文地质条件有关，如补给区强家庄以及径流、汇流区汾河二库一带，是受到地表水入渗补给的影响；而径流、汇流区白家庄煤矿水样化学含量偏高的异常，是由于该矿为降压排水进行开采，估计与一定煤系地层水的混入有

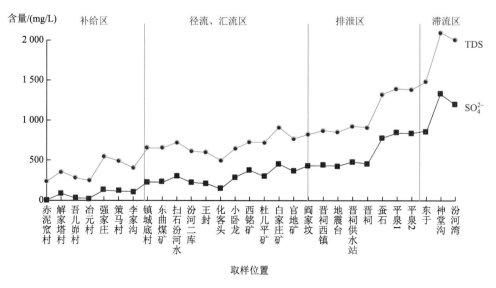

图 3-30　径流方向上不同水动力分区的岩溶水水化学组分含量变化图

关。沿山前断裂带方向的排泄区以晋祠泉为界，北侧的潜水区与南侧承压区水化学组分含量间存在一个台阶，除了水动力条件的差异外，承压区受到来源于西北复向斜深埋滞流区一定补给水量的影响。

第五节 岩溶水分布埋藏与富集

一、碳酸盐岩分布埋藏类型

碳酸盐岩分布埋藏类型分为碳酸盐岩裸露区、碳酸盐岩覆盖区、碳酸盐岩埋藏区以及无碳酸盐岩分布的非碳酸盐岩区 4 类（图 3-31）。本次仅考虑工作区岩溶水主要含水岩组的早古生代寒武系—奥陶系，石炭系碳酸盐岩夹层未作计算统计，同时为联合建模，将兰村泉域分区结果也列出。采用的计算底图是 1：5 万区域地质图，碳酸盐岩覆盖区、埋藏区及不同埋藏深度区面积是根据钻孔资料分区后获取。

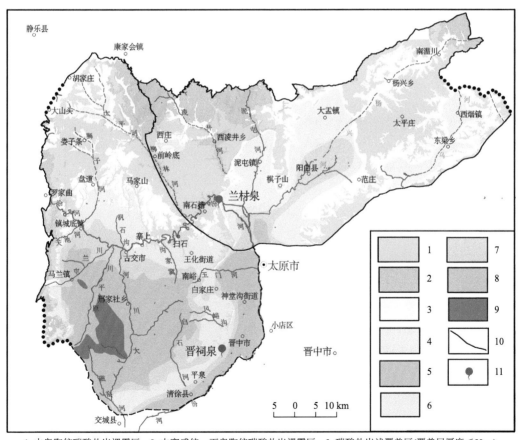

1. 中奥陶统碳酸盐岩裸露区；2. 中寒武统—下奥陶统碳酸盐岩裸露区；3. 碳酸盐岩浅覆盖区(覆盖层厚度≤50 m)；
4. 碳酸盐岩深覆盖区(覆盖层厚度＞50 m)；5. 非碳酸盐岩；6. 碳酸盐岩浅埋藏区(埋藏深度≤300 m)；7. 碳酸盐岩
中等深度埋藏区(埋藏深度300～500 m)；8. 碳酸盐岩深埋藏区(埋藏深度500～1 000 m)；9. 碳酸盐岩超深埋藏区
(埋藏深度＞1 000 m)；10. 泉域边界；11. 岩溶泉

图 3-31 晋祠、兰村泉域碳酸盐岩分布埋藏类型图

1. 碳酸盐岩裸露区

碳酸盐岩裸露区是指碳酸盐岩出露地表的分布区，按照地层及岩溶发育特征，裸露区分为 2 类，分别是中奥陶统裸露区和中、上寒武统及下奥陶统裸露区。晋祠泉域的碳酸盐岩裸露区主要分布于晋祠泉域北部及西南边界地带（图 3-31），面积为 570.65 km²，其中中奥陶统裸露区面积为 451.9 km²，中、上寒武统及下奥陶统裸露区面积为 118.75 km²；兰村泉域的碳酸盐岩裸露区面积为 1 094.9 km²，其中中奥陶统裸露区面积为 876.14 km²，中、上寒武统及下奥陶统裸露区面积为 218.76 km²（表 3-6）。

表 3-6　晋祠、兰村泉域碳酸盐岩分布埋藏类型分布面积统计绘制表　　（单位：km²）

类型	亚类	晋祠泉域		兰村泉域	
		小计	总计	小计	总计
碳酸盐岩裸露区	中奥陶统	451.90	570.65	876.14	1 094.9
	中、上寒武统及下奥陶统	118.75		218.76	
碳酸盐岩覆盖区	覆盖厚度≤50 m	339.99	361.06	649.38	1 070.01
	覆盖厚度>50 m	21.07		420.63	
碳酸盐岩埋藏区	埋深≤300 m	448.85	1 732.75	190.66	377.08
	300<埋深≤500 m	350.22		169.42	
	500<埋深≤1 000 m	842.72		17.00	
	埋深>1 000 m	90.96		0	
非碳酸盐岩区		48.13	48.13	71.85	71.85
合计		2 712.58	2 712.58	2 613.84	2 613.84

2. 碳酸盐岩覆盖区

碳酸盐岩覆盖区是指碳酸盐岩地层之上直接覆盖未固结成岩的松散层分布区，在覆盖层之下、碳酸盐岩地层之上分布碎屑岩时，划为埋藏区。区内松散层主要为新近系和第四系。按照覆盖层厚度，覆盖区以 50 m 厚度为界分为 2 类。2 个泉域的碳酸盐岩覆盖区主要分布于北部一些山间盆地（如兰村泉域内的泥屯盆地、大盂盆地、西烟盆地以及东梁盆地，太原盆地中虽然沉积巨厚松散层，但由于其下多有晚古生界碎屑岩，实际为埋藏区）、河谷地带（如汾河河谷、柳林河上游、凌井河上游、杨兴河河谷等）及部分山区（图 3-31）。埋深大于 50 m 的覆盖区主要分布在山间盆地中，而河谷及山区的覆盖层埋深一般小于 50 m。通过计算，晋祠泉域碳酸盐岩覆盖区面积为 361.06 km²，其中覆盖层厚度小于 50 m 的覆盖区面积为 339.99 km²；层厚度大于 50 m 的覆盖区主要分布在柳林河上游赤泥窊—下马城一带，面积为 21.07 km²。兰村泉域碳酸盐岩覆盖区的面积为 1 070.01 km²，其中覆盖层厚度小于 50 m 的覆盖区面积为 649.38 km²，覆盖层厚度大于 50 m 的覆盖区面积为 420.63 km²（表 3-6）。

3. 碳酸盐岩埋藏区

碳酸盐岩埋藏区是指碳酸盐岩地层之上直接覆盖固结成岩的区域。按照上覆地层厚度（含松散层厚度），分为≤300 m 的浅埋藏区、300～500 m 的中等深度埋藏区、500～1 000 m 的深埋藏区以及>1 000 m 超深埋藏区 4 类。晋祠泉域碳酸盐岩埋藏区主要分布在南部马兰—石千峰向斜及东南部的太原盆地区（图 3-31），埋藏区面积为 1 732.75 km²，其中浅埋藏区面积为 448.85 km²，呈向南西开口的环形围绕马兰—石千峰复向斜外围；中深埋藏区面积为 350.22 km²；深埋藏区面积为 842.72 km²；超深埋藏区面积为 90.96 km²，主要分布于马兰向斜轴部及大川河、原平川及磁窑河的地表分水岭一带。兰村泉域碳酸盐岩埋藏区的面积为 377.08 km²，其中浅埋藏区面积为 190.66 km²，中深埋藏区面积为 169.42 km²，深埋藏区面积为 17 km²，兰村泉域内无超深埋藏区分布（表 3-6）。

4. 非碳酸盐岩区

非碳酸盐岩区主要指太古—中元古变质岩系、下寒武霍山砂岩及馒头组碎屑岩出露（包括覆盖区）、火成岩出露分布区，如图 3-31 所示，主要分布在泉域北部和西部中段边缘地带，由于其产生的地表径流进入下游碳酸盐岩区形成对岩溶水的渗漏补给，因此也划入泉域内。晋祠泉域内非碳酸盐岩区包括了北东角与兰村泉域交界处的前寒武变质岩系分布区和西界中段狐爷山区的中生代二长花岗岩分布区，面积为 48.13 km²；兰村泉域的非碳酸盐岩区主要为北缘前寒武变质岩系，分布面积为 71.85 km²（表 3-6）。

二、岩溶水的分布埋藏

1. 泉域岩溶水储存类型

泉域内岩溶水存在承压水和潜水 2 种储存类型（图 3-32），承压水主要分布在泉域西南部及太原盆地内，面积为 1 043 km²；潜水主要分布于泉域北部和南部中间地带，面积为 1 169 km²。但由于下奥陶区域性相对隔水层以及中奥陶统各组底部泥灰岩局部性隔水层的存在，在部分地段岩溶水位处于相对隔水层之上，呈现半承压状态，一些区域钻孔揭露显示有双层水位现象。如本项目在柳林河青崖槐施工的主孔与取芯孔相距约 240 m，水位相差约 107.09 m；阳曲凌井店乡南小李勘探孔，下奥陶统之上水位埋深 490 m，揭穿下奥陶统区域相对隔水层后，稳定水位埋深降到 558.6 m；凌井店乡大方山孔中奥陶统岩溶水位埋深 285.94 m，上寒武统岩溶水位 370.46 m（ϵ_3）。此外，汾河二库一带（上）、（下）含水岩组水位在建库前基本一致，排泄中奥陶统岩溶水的悬泉寺泉群出露标高 860.15～870.19 m，1993 年小塔鱼儿村下奥陶统钻孔水位 864.14 m，二库坝址$\epsilon_3 f$ 水位 856.12 m；建库后，中奥陶统水位大幅抬升到水库蓄水标高，周边王封、扫石水位抬升 20 m 以上，但坝址下水库管理局钻孔水位抬升不大，下游约 2 km 处钻孔水位基本与汾河河水一致，为 832.79 m。

2. 岩溶水的水位埋深

按照岩溶水水位埋深＞500 m、300～500 m、100～300 m、50～100 m 和≤50 m 五个级别绘制的泉域钻孔水位埋深散点图如图 3-32 所示。晋祠泉域岩溶水水位埋深≤50 m 的钻孔主要分布在太原盆地和汾河沿岸部分地区；50～300 m 的钻孔分布在太原西山山前和汾河在寨上以上的南北两侧各支沟中，北部碳酸盐岩裸露的岩溶水补给区水位埋深也多属这一范围；水位埋深在 300 m 以上的钻孔分布在泉域南部碳酸盐岩埋藏区，泉域内揭露水位埋深最大的是古交市草庄头村北侧的 K174 孔，深度达到 480 m。水位埋深超过 500 m 的钻孔晋祠泉域内没有，仅有 1 孔属于兰村泉域，是项目勘探孔 ZK-4，水位埋深达到 558.6 m。

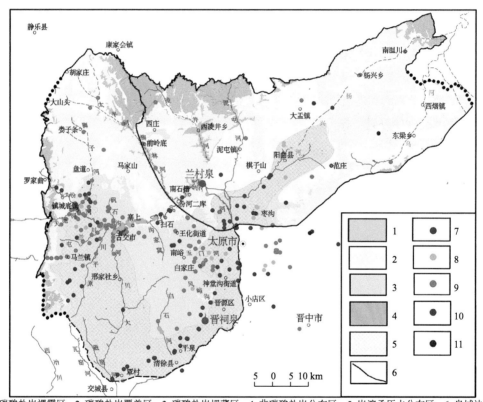

1. 碳酸盐岩裸露区；2. 碳酸盐岩覆盖区；3. 碳酸盐岩埋藏区；4. 非碳酸盐岩分布区；5. 岩溶承压水分布区；6. 泉域边界；
7. 水位埋深≤50 m 的孔；8. 水位埋深50～100 m 的孔；9. 水位埋深100～300 m 的孔；
10. 水位埋深300～500 m 的孔；11. 水位埋深＞500 m 的孔

图 3-32　晋祠、兰村泉域岩溶水钻孔现状水位埋深散点图

三、岩溶水的富集

（一）岩溶水富水性分区

地下水富水性分区是基于水资源开发利用的目的进行的，是我国多年来区域水文

地质调查工作的基本任务。本次富水性的划分根据现有钻孔涌水量的分布情况分为五级，统一按照水位降深 10 m、口径 8 吋（203.2 mm）进行标准涌水量换算。将单井涌水量大于或等于 5 000 m³/d 的区域，定为极强富水区；单井涌水量为 3 000~5 000 m³/d 的区域，定为强富水区；单井涌水量为 1 000~3 000 m³/d 的区域，定为中等富水区；单井涌水量为 100~1 000 m³/d 的区域，定为弱富水区；单井涌水量小于 100 m³/d 的区域，定为贫水区。其划分结果如图 3-26 所示。含水层钻孔单位涌水量通常是开展富水性分区评价的主要依据，但岩溶含水层富水性的高度不均一性，在距离很小的范围内出现出水量差别巨大的情况，给分区过程带来了一定难度。特别是目前已有的钻孔揭露的层位、深度、孔径以及平面分布上都存在巨大差异，而且多数钻孔为开采井，施工中没有进行过正规抽水试验，仅有单井涌水量资料，因此在本次岩溶水的富水性分区中，没有严格依据单井涌水量大小进行分区，而是综合考虑含水层岩性、地质构造、水动力条件、前人分区结果、岩溶水流场并结合钻孔单位涌水量大小进行，存在个别涌水量与其富水性分区不一致的钻孔。对于处在断裂带且单井涌水量较大的地区，其富水性在补给条件难以形成相应富水区时，分区更多考虑周边区域性钻孔的富水性。

1. 岩溶水极强富水区

晋祠泉域内极强富水区分布面积 38.69 km²，占泉域面积的 1.43%。主要分布在如下区域：第一是分布在太原盆地西边山断裂带石庄头村到晋祠段和晋源区南峪到清徐西梁泉段，该区处于泉域岩溶水排泄区，断裂构造发育，含水层为中奥陶统，补给径流区岩溶水受排泄基准的控制向山前断裂带汇集，开化沟太化井、风峪沟沟口井、晋祠难老泉泉口井均揭露到充水溶洞，地层岩性、构造、水动力条件决定了岩溶水在这里富集的条件，原太化集团供水井单井涌水量在 1 000 m³/d 以上，地震台观测孔的单位涌水量可达 2 699.5 m³/(d·m)；第二是分布在从南峪到晋祠泉口的岩溶水强径流带内，其成因条件前面有所论述，其中有 8 眼井（含地震台）单位涌水量在 400 m³/(d·m) 以上，整体上从强径流带上游向下游涌水量有增大趋势，最上游南峪井（编号 KF1）单位涌水量 416.4 m³/(d·m)，中游白家庄矿—官地矿 3 个井（编号分别为 K139、K163、K171）单位涌水量 777.6~1 555.2 m³/(d·m)，下游明仙沟内 4 个钻孔（K177、K178、K179 及 1 个未编号钻孔）单位涌水量 2 699.5~3 553.2 m³/(d·m)；第三是分布在径流、汇流区的汾河沿岸，有 3 个小区，分别是周家山南侧、汉道岩西侧和天池河与汾河交汇的镇城底到炉峪口段，汾河水的渗漏构成了岩溶发育及水量富集有利条件，同时后 2 个极强富水区是碳酸盐岩与上覆石炭系隔水顶板接触地带，有利于岩溶发育和地下水富集；第四是盘道—马家山转换带南侧咀底坡一带，构造是形成其富集的主要因素。

2. 岩溶水强富水区

岩溶水强富水区在泉域内分布面积为 85.77 km²，占泉域面积的 3.16%。其范围基本围绕极强富水区分布，两区的富集形成条件也基本一致，这里不再复述。

3. 岩溶水中等富水区

岩溶水中等富水区在泉域内分布面积为 197.38 km²，占泉域面积的 7.28%。其范围除了围绕强富水区分布外，从汾河二库向南到岩溶水强径流带起始点的尖草坪区南岭一带也划为中等富水区，其中实际做过抽水试验的钻孔不多，主要依据是一些开采孔出水量调查（北银角孔、化客头 K110 孔等）以及区域水文地质条件分析。太原盆地内存在 2条带状东西向中等富水区，与三给地垒和亲贤地垒隆起区相对应，显然得益于碳酸盐岩含水层的埋藏深度小、有利于岩溶发育的特定条件。此外盘道—马家山岩溶水转换带主体部分也划归中等富水区，除了本次 1 个极强富水性的勘探孔外，其依据是由区域岩溶水文地质条件分析所得。

4. 岩溶水弱富水区

岩溶水弱富水区的标准单井涌水量确定为 100~1 000 m³/d，是晋祠泉域岩溶水富水性分布区的主体，面积达到 1 673.12 km²，占泉域总面积的 61.68%。主要分布于除了极强、强、中等富水区外的泉域岩溶水补给区、补给径流区的岩溶含水层裸露区及浅埋藏区和太原盆地岩溶水深埋滞流区。

5. 岩溶水贫水区

岩溶水贫水区，泉域内分布面积 661.4 km²，占泉域总面积的 24.38%，主要分布在西山马兰—石千峰复向斜轴部碳酸盐岩深埋的岩溶水滞流区，由于含水层埋藏深、单井出水量小、水质差，因此这一区域没有开采井，划分的主要依据是煤田等岩溶水文地质勘探孔。本次共收集到 16 个岩溶水勘探孔（表 3-5），其中有 2 个为干孔，11 个单位涌水量<0.1~5.3 m³/(d·m)的孔。

此外，泉域内还存在无碳酸盐岩含水层分布区，可分为：一是无碳酸盐岩的前寒武系变质岩出露分布区，主要在泉域东北侧柳林河与凌井河分水岭一带；二是中生代火成岩出露分布区，分布在泉域东南部狐爷山一带；三是碳酸盐岩处于包气带的桃府村断裂两侧，该区分布面积约 1.8 km²，为本项目经勘探所确认（图 3-33）。

（二）岩溶水的富集规律

岩溶发育强度和岩溶水补给循环条件决定了岩溶水的富集程度，其宏观层面的富集有如下规律。

1. 中奥陶统上含水岩组富水性强于中、上寒武统（下）含水岩组

由前所述，泉域内有中奥陶统和中、上寒武统两套碳酸盐岩含水岩组，根据钻孔揭露，所有单位涌水量大于 6.0 L/(s·m)的均为中奥陶统，总体上中奥陶统上含水岩组富水性强于中、上寒武统（下）含水岩组，中奥陶统含水岩组富水性强主要取决于如下有利的岩溶地质条件。

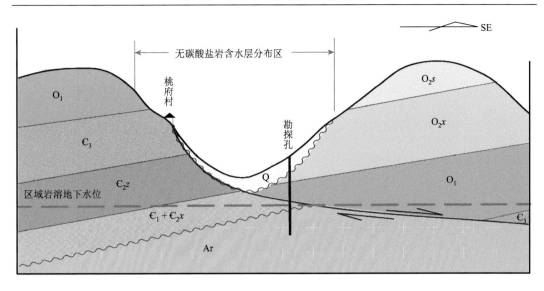

图 3-33　桃府村勘探孔揭露的无碳酸盐岩含水层分布区

（1）中奥陶统灰岩沉积以后，在长达 1 亿多年的加里东古岩溶期，碳酸盐岩受风化溶蚀作用形成凸凹不平的古剥蚀面，之上堆积了铝土页岩和山西式铁矿，之下裂隙发育，形成强岩溶发育带。

（2）中奥陶统地层为典型的硫酸盐岩—碳酸盐岩混合建造，岩溶作用具有分层性。峰峰组和上、下马家沟组岩性特征从上而下为石灰岩—角砾状石灰岩—角砾状泥灰岩或泥灰岩。每组下段含石膏泥灰岩或角砾状泥灰岩，岩石软塑，发育蜂窝状溶孔但不连通，为相对弱透水层。上覆灰岩由于石膏溶解时的膨胀挤压，岩石破碎，形成角砾状石灰岩，岩溶发育（多有小溶洞）为主要含水层位，在区域分布上具有似层状特征。

（3）中、上寒武统（下）含水岩组中岩溶水主要赋存在泉域补给区，进入径流排泄区则深埋于地下；中奥陶统在补给区主要处于包气带，饱水区则处于泉域径流汇流区、排泄区和深埋滞流区，除了深埋滞流区外，其富水性要远强于中、上寒武统（下）含水岩组。

2. 浅部大于深部

岩溶水随着循环深度加大不仅消耗更多的水动力能量，使得过水断面的水流通量减少，同时沿途与可溶性围岩的水岩作用也使得水中主要来自大气及地表土壤中的侵蚀性 CO_2 不断减少，因此，随着含水层深度加大而向岩溶发育的不利条件方向发展。泉域内上、下马家沟组的岩性结构、层组类型相似，但由于它们的埋藏是上下叠置关系，不少分层抽水的钻孔表明，上马家沟组的富水性要强于下马家沟组。例如：马兰矿 K134 勘探孔 O_2s 单位涌水量 0.031 3 L/(s·m)，O_2x 单位涌水量 0.009 9 L/(s·m)，二者相差 2 倍以上；西曲矿详勘 K100 孔，上马家沟组埋深 341.00～364.24 m 段单位涌水量 1.777 8 L/(s·m)，埋深 525.30～533.20 m 段的单位涌水量 0.404 7～0.59 L/(s·m)；太原东山如瓜地沟 TS-19 号孔（原编号）O_2s 单位涌水量大于 20 L/(s·m)，O_2x 单位涌水量为 1.51 L/(s·m)。

3. 富水性强度：排泄区＞径流、汇流区＞补给区＞深埋滞流区

晋祠泉域岩溶水总体上是围绕向南倾伏的马兰—石千峰复式向斜构造以及受在东南部出露的最低的碳酸盐岩排泄基准制约，顺层向南东径流排泄区方向汇集，其富水性沿径流方向必然呈现逐步富集的宏观特征，即富水性强度：排泄区＞径流、汇流区＞补给区＞深埋滞流区，但由于复式向斜核部碳酸盐岩深埋，岩溶发育微弱、地下水渗流不畅，因此地下水径流汇流路径沿向斜核部周边绕流而行，这一点在岩溶水流场图（图 3-22）中体现得比较明晰。

4. 特殊地段岩溶水的富集

晋祠泉域岩溶水除了上述宏观性富集规律外，一些特殊地段也成为岩溶水富集地带，主要包括：

（1）中奥陶统膏溶角砾岩层。前述中奥陶统是一套碳酸盐岩—硫酸盐岩混合建造，上、下马家沟组及峰峰组底部含石膏的泥质白云岩之上似层状膏溶角砾岩层往往是岩溶强烈发育层，在有足够地下水补给条件下可形成岩溶水富集层。

（2）汾河强烈渗漏地段。汾河水通过泉域碳酸盐岩渗漏段的渗漏成为岩溶水重要的补给源，上游产流区主要是晚古生代—中生代碎屑岩地层，对碳酸盐岩具有较强的溶蚀能力，这些水在渗漏区长期对碳酸盐岩溶蚀，加强了岩溶发育强度，从而在这些地段能够成为岩溶水富集带（图 3-26）。

（3）断裂构造带。断裂构造形成的构造裂隙空间是岩溶发育和地下水储存的重要基础，其控水规律不言而喻，晋祠泉域内需要特别提及（充）富水断裂有 2 条，分别是盘道—马家山断裂带和太原盆地西山山前晋祠断裂—清交断裂带，除了有利的岩溶发育与储水空间外，它们都横截了大面积上游补给区的地下水流线，具有较好的汇集条件。

（4）岩溶水强径流带。晋祠泉域内的南峪—官地矿西—龙山—明仙—晋祠泉的岩溶水强径流带，由于前述特定的岩溶水文地质条件，成为泉域岩溶水重要的富集带。

（5）太原盆地内的地垒区是岩溶水相对富集区。由前述可知，太原盆地的基岩基底是由一系列地垒所分割的次级盆地组成，这些地垒由于碳酸盐岩含水层埋藏浅，水动力条件有利于岩溶发育，同时叠加断裂构造要素，因此成为相对富集区。泉域内太原盆地主要为岩溶水弱富水区，但三给地垒和亲贤地垒则是中等富水区。

第六节　岩溶水水化学、同位素特征

本次共开展 3 次区域性水化学取样，分别是 2016 年 4 月枯水季、2017 年 9 月丰水季、2018 年 4 月枯水季，其中 2018 年主要是区域性补充水化学样。此外，还收集了前人的水化学分析样品资料。涉及晋祠泉域及其周边的样品数如表 3-7 所示。

表 3-7　晋祠泉域各类水水化学样品数　（单位：组）

类型	2016 年	2017 年	2018 年	合计
水化学组分	129	135	47	311
氢氧同位素	42	68	46	156
硫同位素	41	39	18	98
锶同位素	41	45	16	102
碳 14 同位素	0	0	15	15

一、水化学主要组分和分布变化特征

主要分析晋祠泉域内 2016 年枯水期及 2017 年丰水期岩溶水样品的溶解性总固体（TDS）、总硬度（HB）、SO_4^{2-}、NO_3^- 及 pH，2016 年、2017 年晋祠泉域内岩溶水样品分别为 75 组、51 组，其统计特征见表 3-8。

表 3-8　不同年度各水动力分区岩溶水中主要组分含量范围　（单位：mg/L）

组分	年度	补给区	径流、汇流区	排泄区	深埋滞流区
TDS	2016 年	227～453.8	212～2 545	831～1 970	364～1 014
	2017 年	238～542	244～2 730	823～1 707	878
HB	2016 年	183.2～337	136.95～1 668	610～1 126.54	122～609.64
	2017 年	204.4～420	189～1 467.9	614～1 078.9	638.35
SO_4^{2-}	2016 年	11.8～190	18.3～1 718	423～1 153	34.8～478
	2017 年	3.63～214	21.8～1 696	428～971	454
NO_3^-	2016 年	3.35～10.32	0.67～36.39	0.57～6.4	4.28～43.7
	2017 年	2.89～13.9	0.26～40.6	0.4～5.63	8.71
pH	2016 年	7.48～8.25	7.24～8.35	7.64～8.01	7.23～8.3
	2017 年	7.44～8.26	7.35～8.25	7.12～7.85	7.64

1. 溶解性总固体（TDS）

2016 年枯水期所取 75 个岩溶水样品的溶解性总固体（TDS）含量分布在 212～2 545 mg/L（表 3-8）；TDS 含量大于 1 000 mg/L 的样品共有 18 个，占到样品总数的 24%。2016 年、2017 年晋祠泉域岩溶水 TDS 样品点分布分别如图 3-34、图 3-35 所示，从泉域北部补给区到排泄区、埋藏滞流区，TDS 含量整体呈升高的趋势，岩溶水 TDS 含量分布特征如下。

TDS 含量小于或等于 300 mg/L 地区：主要分布在晋祠泉域内北部边界到罗家曲—冶元村—西张一带以及泉域西南部碳酸盐岩裸露区和浅覆盖区，除陈家峁村外，其余地区TDS含量大部分在300 mg/L以下，该区岩溶水补给来源相对单一，主要接受大气降水入渗补给，同时径流的路径短、水岩作用时间也短。

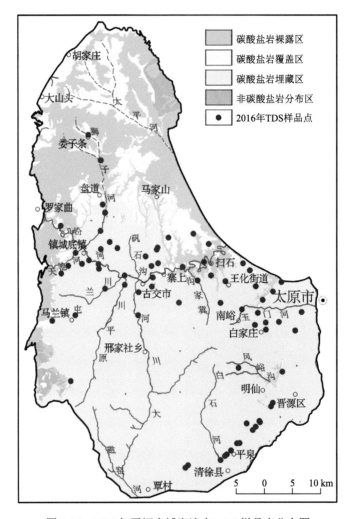

图 3-34　2016 年晋祠泉域岩溶水 TDS 样品点分布图

TDS 含量在 300～500 mg/L 地区：主要分布在汾河左岸策马村—汉道岩以北一带、万柏林区宋家山村及大岩村，以及泉域西部马兰镇一带，此部分地区主要为碳酸盐岩覆盖区及裸露区，位于泉域径流区，区内岩溶水从补给区到达这些地区在含水层中具有一定的渗流距离，造成了此区 TDS 含量偏高。

TDS 含量在 500～1 000 mg/L 地区：主要分布在汾河沿岸、寨上、王封、南峪、神堂沟、明仙沟以及太原万柏林区一带，这部分地区 TDS 含量普遍较高，此部分地区主要为碳酸盐岩浅覆盖区及埋藏区，且为岩溶水的强径流区，区内岩溶水从补给区到达这些地区在含水层中具有一定的渗流距离，同时，该区白家庄煤矿、神堂沟煤矿等采煤活动储蓄矿坑水及生活污水通过各种途径进入岩溶水也是造成岩溶水中 TDS 含量增加的主要原因。

　　TDS 含量在 1 000～2 000 mg/L 地区：主要分布在泉域西部碳酸盐岩含水层深埋滞流区及南部山前岩溶水排泄区周边。由于碳酸盐岩含水层深埋，造成草庄头村等地岩溶水中 TDS 含量较高。

　　TDS 含量在 2 000 mg/L 以上地区：主要分布在泉域磨石村、屯兰煤矿、西峪煤矿以及窑头村一带，该区 TDS 含量均在 2 000 mg/L 以上，分析认为其原因有所差异，屯兰煤矿主要由于钻孔止水失效，导致煤矿矿坑水通过钻孔进入岩溶含水层，而导致岩溶水中 TDS 含量高；西峪煤矿采样井本身为岩溶地热井，深循环过程中与围岩接触时间较长；窑头村主要是由于矿坑水渗漏造成的。

　　2017 年 TDS 含量分布在 238～2 730 mg/L（表 3-8）。总体来说，2017 年丰水期 TDS 含量与 2016 年枯水期 TDS 含量变化不明显，只有部分地区其丰水期 TDS 含量较高，如银角村、屯兰煤矿、白家庄煤矿等地区。

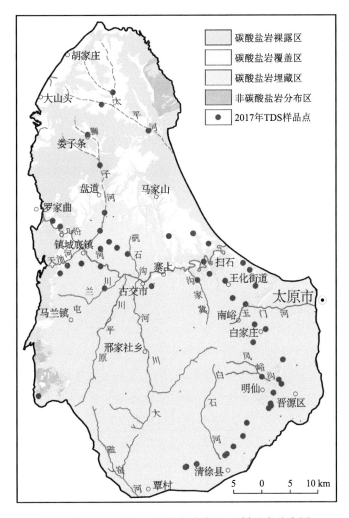

图 3-35　2017 年晋祠泉域岩溶水 TDS 样品点分布图

2. 总硬度（HB）

2016～2017 年岩溶水的 HB 变化范围在 122～1 668 mg/L，平均值为 509.80 mg/L（表 3-8）。各岩溶水的 HB 分布特征与 TDS 含量分布基本一致。

3. SO_4^{2-} 含量

2016～2017 年岩溶水的 SO_4^{2-} 含量的变化范围在 3.63～1 718 mg/L，平均值为 345.44 mg/L（表 3-8），有 57 组样品的 SO_4^{2-} 含量超出国家饮用水标准 250 mg/L，占到岩溶水样品总数的 45%。其中窑头村及麻家口村 SO_4^{2-} 含量最高，调查认为主要是由于闭坑煤矿老窑水渗漏进入岩溶水造成的，其次是碳酸盐岩含水层深埋区其 SO_4^{2-} 含量也较高，这与泉域内中奥陶统含水岩组为碳酸盐岩-硫酸盐岩混合建造有关。岩溶水的 SO_4^{2-} 含量分布从补给区到排泄区，其 SO_4^{2-} 含量呈升高的趋势，与 TDS、HB 含量的分布相一致，这显示了它们之间存在着一定的生成联系。图 3-36 是岩溶水样品的 SO_4^{2-} 含量与 HB 关系图，其相关系数达 0.97，而且斜率接近于 1，SO_4^{2-} 的分子量为 96.07，HB 按照 Ca、Mg 比例换算的数值也接近于该值，形成这种关系主要是由于岩溶水对石膏的溶解，而 HB 的截距值为 189.15 mg/L 则说明这是碳酸盐岩溶解造成的。

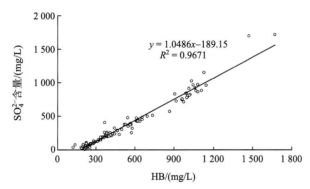

$$y = 1.0486x - 189.15$$
$$R^2 = 0.9671$$

图 3-36　岩溶水样品的 SO_4^{2-} 含量与 HB 关系图

4. NO_3^- 含量

2016～2017 年岩溶水的 NO_3^- 含量在 0.26～43.7 mg/L，平均值为 8.15 mg/L（表 3-8）。其中含量大于 20 mg/L 的点有 6 个，最高为红沟村 43.7 mg/L，区域分布上主要位于万柏林区红沟村及下元村一带，分析认为主要是受到城市生活污水及煤矿开采矿坑排水的影响；其次是位于古交原平川河沿岸的石家河村、大川河沿岸的麻坪岭村及李家社村一带，认为主要是由于河流污水渗漏补给岩溶水所造成的。其余地区 NO_3^- 含量均在 20 mg/L 以下，汾河沿岸、狮子河沿岸及其他河沟处，NO_3^- 含量较高，显然与近源的生活污水有关。

5. pH

泉域岩溶水的 pH 总体偏碱性，2016 年岩溶水的 pH 一般在 7.23～8.35，2017 年岩溶水的 pH 在 7.12～8.26。

6. 同一水样点其水化学主要组分含量特征

对比分析同一岩溶水样点其 TDS、HB 及 SO_4^{2-} 含量年度变化虽不明显（图 3-37），但是部分水样点 2017 年丰水期比 2016 年及 2018 年枯水期含量较高，而 NO_3^- 含量则年度动态变化幅度较大，从补给区到径流、汇流区到排泄区岩溶水样点 TDS、HB 及 SO_4^{2-} 含量则逐渐增加，表明地下水沿径流方向水岩作用路径、参与反应时间长，同时沿途受到各种入河水、采矿排水的污染物的补给，含量逐步增多，水质变差；而 NO_3^- 含量则逐渐减少，且补给区的 NO_3^- 含量比排泄区高，说明在补给山区，岩溶水受到农业施肥的影响较大，在下游以城市及工业用地较多，受到人类活动、工农业生产等影响，其 NO_3^- 含量变化幅度较大，而屯兰煤矿主要受到矿坑水渗漏的污染，其 NO_3^- 含量较低。神堂沟为地热井，为深部循环的水，其 TDS、HB 及 SO_4^{2-} 含量较高，受到农业污染影响小，其 NO_3^- 含量较低。

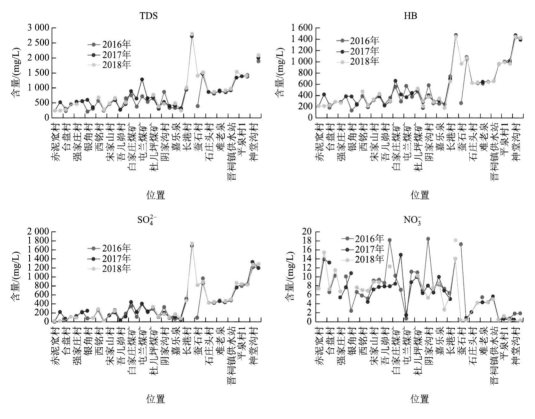

图 3-37　同一岩溶水样点不同年度主要组分变化特征

7. 沿主要径流路径水化学主要组分特征

（1）补给区—径流区—排泄区

沿地下水流向方向，选取补给区—径流区—排泄区剖面上岩溶水样品点，分析其水化学特征（图 3-38），总体上，从补给区到径流区到排泄区岩溶水样品 TDS、HB 及 SO_4^{2-} 含量逐渐增加。NO_3^- 含量在补给区受农业施肥影响较大，而在径流区由于受到地表水渗漏及人类活动的共同影响，其含量逐渐增加。风峪沟店头村岩溶水由于受到煤矿老窑水渗漏的污染，其 TDS、HB、SO_4^{2-} 及 NO_3^- 含量均较高。

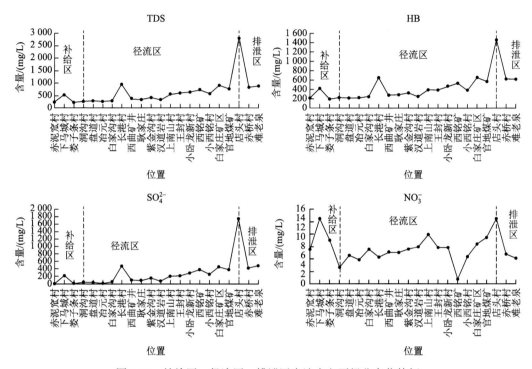

图 3-38　补给区—径流区—排泄区岩溶水主要组分变化特征

（2）强径流带到排泄区岩溶水主要组分变化特征

沿岩溶水强径流带，从西铭矿到晋祠泉，排泄区从晋祠泉到平泉，岩溶水的 TDS、HB 及 SO_4^{2-} 含量呈增加的趋势，其中店头受煤矿老窑水入渗影响出现例外，而 NO_3^- 含量则出现先上升后下降趋势（图 3-39），其原因与采煤活动关系密切。

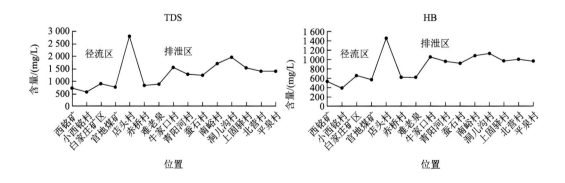

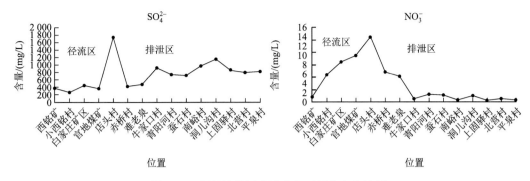

图 3-39　强径流带区岩溶水主要组分变化特征

二、泉域岩溶水同位素特征

1. 氢氧同位素

（1）根据前人资料，晋祠泉域雨水线（LMWL）为：$\delta D = 6.2884\delta^{18}O - 4.9767$（图 3-40），该雨水线与全球大气降水线（GMWL）相比，虽然雨水线的截距小，斜率小，这是所处地理位置和半干旱气候条件决定的，但是其截距和斜率总体上接近于全球大气降水线，符合普遍规律。当地雨水线与 GMWL 相交于 $\delta^{18}O = -8.75‰$，且偏离 GMWL，这主要是由于降水后的蒸发作用所致。

（2）枯水期岩溶水的 δD-$\delta^{18}O$ 关系为 $\delta D = 5.0556\delta^{18}O - 21.555$，丰水期岩溶水的 δD-$\delta^{18}O$ 关系公式为 $\delta D = 5.4274\delta^{18}O - 17.313$（图 3-40）。枯水期和丰水期岩溶水样品的 δD-$\delta^{18}O$ 构成的线性方程的斜率值分别是 5.055 6 和 5.427 4，其斜率值均小于全球大气降水线的数值 8，代表了一种远离海洋的大陆干旱气候条件。δD 和 $\delta^{18}O$ 同位素基本上都在全球大气降水线和当地雨水线之下，表明大气降水是岩溶水的主要补给源，而且大气降水经历了一定程度的蒸发作用后，才对地下水进行补给。雨水和岩溶水的斜率数值非常接近，岩溶水的斜率数值更小，从水文地质条件分析是由于岩溶水接受了大量经过蒸发浓缩后大气降水及地表水的渗漏补给所致。

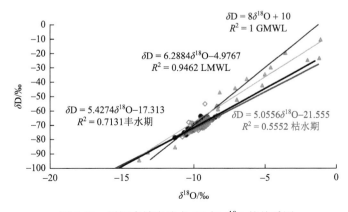

图 3-40　晋祠泉域岩溶水 δD 与 $\delta^{18}O$ 的关系图

（3）岩溶水枯水期 δD 变化范围为–77.9‰～–55‰，$\delta^{18}O$ 变化范围为–10.76‰～–8.24‰，其 $\delta^{18}O$ 均值为–9.43‰；丰水期 δD 变化范围为–78.5‰～–63.5‰，$\delta^{18}O$ 变化范围为–11.32‰～–8.5‰，其 $\delta^{18}O$ 均值为–9.57‰。总体上，枯水期和丰水期岩溶水的 δD-$\delta^{18}O$ 关系线比较接近（图 3-40），枯水期及丰水期岩溶水的 δD 及 $\delta^{18}O$ 变化不明显。$\delta^{18}O$ 高值区主要分布在汾河沿岸强家庄（–8.37‰）—策马村（–8.24‰）一带，以及天池河沿岸义里村（–8.84‰）及嘉乐泉乡（–8.98‰）一带，可能是由于河水（汾河水 $\delta^{18}O$ 值为–8.34‰）渗漏补给岩溶水，而导致岩溶水中 $\delta^{18}O$ 值偏高。$\delta^{18}O$ 低值区主要分布泉域西南部郭家梁村（–11.32‰）一带，郭家梁村地处高海拔碳酸盐岩裸露区，岩溶水主要接受大气降水补给，由于高程效应导致此处岩溶水其 $\delta^{18}O$ 值低。泉域其余地区氢氧同位素值差别不明显。

（4）对比分析同一采样点三年岩溶水中 δD（图 3-41）、$\delta^{18}O$ 变化（图 3-42），补给区岩溶水的 δD、$\delta^{18}O$ 值比径流区及排泄区值小，补给区主要接受大气降水的补给，由于大气降水的雨量效应及高程效应，导致其 δD、$\delta^{18}O$ 值小。汾河沿岸强家庄、策马村其 δD、$\delta^{18}O$ 值接近汾河水罗家曲断面水点（δD 为–65‰、$\delta^{18}O$ 为–8.91‰）的值，说明其受到汾河水及天池河渗漏水的补给。滞流区的岩溶热水样品 $\delta^{18}O$ 值较低，认为是其中含有较高比例的第四纪寒冷气候时期补给的古封存水混合所致。比较同一水文年 2017 年丰水期和 2018 年枯水期样品的 $\delta^{18}O$ 值，在补给区枯水期的量值总体大于丰水期，分析认为，补给区枯水期样品可能接收更多受蒸发分馏后补给的水量有关；而在径流区、排泄区和滞流区，互有大小，是不同点受其水文地质条件制约，同时存在不同补给来源、原有储存水混合比例大小所决定的。

需要进一步说明的是现状与 20 世纪 80 年代岩溶水氢氧同位素值比较，均有一定的增大，如泉域排泄区从开化沟到平泉早期水样的 $\delta^{18}O$ 值为–10.17‰～–9.2‰，而现状水样的 $\delta^{18}O$ 值为–9.43‰～–8.51‰，估计现状岩溶水源于地表水的补给比例有所增加，汾河水样无论早期的 3 个样品还是现状 6 样品，其 $\delta^{18}O$ 值均大于–9.0‰。

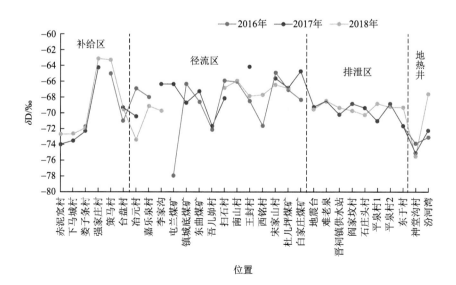

图 3-41　同一点岩溶水样品的 δD 变化图

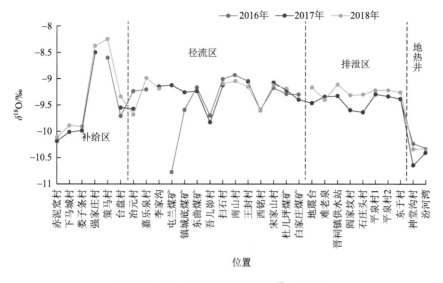

图 3-42　同一点岩溶水样品的 $\delta^{18}O$ 变化图

2. 硫同位素

1）本区硫同位素背景资料

硫酸根是地下水化学的重要成分。晋祠泉域内不少地区岩溶水中硫酸根含量超出了国家饮用水标准，因此开展硫酸根来源的研究对防治岩溶水污染具有重要意义。根据泉域岩溶水地球化学背景及循环条件，其中硫酸根主要有 2 个来源：一是岩溶水在渗流过程中对中奥陶碳酸盐岩含水层中蒸发相石膏的溶解；二是与煤层一起沉积在煤系地层中黄铁矿氧化溶解后，通过各种途径进入岩溶水循环体系。由于前述 2 种硫形成于截然不同的氧化还原环境，存在硫的同位素的分馏，通过硫同位素可分析判断岩溶水中硫的来源。

硫在自然界中有 ^{32}S、^{33}S、^{34}S、^{36}S 4 种稳定同位素，天然样品中硫同位素组成的差异程度，采用样品与标准物质中同位素比值的相对差异千分率表示：

$$\delta^{34}S_{样品} = \left[\frac{(\delta^{34}S/\delta^{32}S)_{样品}}{(\delta^{34}S/\delta^{32}S)_{样品}} - 1 \right] \times 10^3 ‰ \qquad （3-1）$$

这一同位素比值的差别以相当高的准确度和精密度测定在海洋地质、煤炭、石油天然气，其他矿产地质、环境科学等领域得到了广泛应用。

（1）煤中硫铁矿中硫同位素的分馏与背景值

煤中硫铁矿是在泥炭化及成煤期，在还原环境中由硫酸盐还原细菌（简称 SRB）大量繁殖并将海水中硫酸盐还原成 H_2S 与陆相黏土中铁（奥陶系顶面大面积分布铁质风化壳）反应形成。由于 SRB 在新陈代谢中分离出原子半径小的 ^{32}S 所消耗能量更低，因此更青睐 ^{32}S 并优先参与反应，使得硫铁矿中相对富集 ^{32}S，导致其中很低的 $\delta^{34}S$ 值，同时残余水的硫酸盐 $\delta^{34}S$ 值增大，其变化范围为 19.6‰～77.1‰。据对墨西哥湾海水的研究，在有甲烷渗漏区的 SO_4^{2-} 还原速率是无甲烷渗漏区的 600 倍，甲烷在成煤期普遍存在，因此进一步加大了煤系中硫同位素的分馏。此外，Aharon 和 Fu（2003）通过对墨西哥湾水合物背景下沉积物中硫酸盐的 $\delta^{34}S/\delta^{18}O$ 比值的相关性分析，认为 SO_4-H_2O 体系中微生物分裂 S-O 过程中，细菌对 S-O 的歧化作用也存在着另一种硫同位素分馏，3 种分馏的结果形成黄铁矿和硫酸盐之间的硫同位素的巨大差别，即煤系地层硫铁矿中 $\delta^{34}S$ 值减小，剩余被最终挤出煤系地层并回流大海的硫同位素值增大。

根据邻区娘子关泉域（表 3-9）近年来测定的煤系地层矿坑水（部分石炭系灰岩夹层层间岩溶水和硫铁矿）以及中奥陶统中石膏的 $\delta^{34}S$ 值，煤系地层中硫同位素值普遍为负值，与理论的解释相一致。

（2）中奥陶统石膏 $\delta^{34}S$ 值

华北地台在中奥陶世，受加里东构造运动的影响，经历了三次海侵—海退过程，体现在上马家沟组、下马家沟组和峰峰组三个沉积旋回，各旋回早期均为潮坪蒸发环境，因此，大致在北纬 38°以南、新乡—德州以北的地区，以陕西米脂古盐湖为中心普遍沉积有石膏，石膏在岩溶水渗流过程中被溶解，成为该含水层水中 SO_4^{2-} 的来源。

表 3-9　北方不同层位（或水）的 $\delta^{34}S$ 同位素背景值对比表

层位	取样位置	$\delta^{34}S$/‰	资料来源
娘子关泉域煤系地层水	阳泉中煤矿矿坑水（3 样平均）	−2.8	张之淦（1986）
	阳泉煤系地层层间岩溶水（2 样平均）	−0.8	张之淦（1986）
	阳泉李家庄矿坑水	2.29	李义连等（1998）
	固庄煤矿矿坑水	−1.5	张江华（2009）
	山西阳泉上社矿坑水	−2.5	张江华（2009）
	新村煤矿矿坑水	1.1	霍建光等（2015）
	冠裕煤矿矿坑水	0.8	霍建光等（2015）
	阳煤三矿分井矿坑排水	2.8	霍建光等（2015）
	荫营煤矿矿坑水	−0.3	霍建光等（2015）
	东锁簧村露天煤矿矿坑水	−3.3	霍建光等（2015）
	固庄煤矿矿井水	7.2	霍建光等（2015）
	牛村镇牛村矿坑水	−6.6	霍建光等（2015）
	东坪煤矿矿坑水	−3.2	霍建光等（2015）
	南娄镇上社煤矿矿坑水	−7.1	霍建光等（2015）
	山底河老窑水溢出点	−4.9	霍建光等（2015）
	阳煤三矿采空区集水（老窑水）	−5.2	霍建光等（2015）

层位	取样位置	$\delta^{34}S$/‰	资料来源
娘子关泉域煤系地层水	硫铁矿提取的硫黄	−9.4	霍建光等（2015）
	山底河老窑水溢出点	−4.58	梁永平和张发旺（2016）
北方中奥陶统中石膏样	平定县红庙岭村西北马家沟组石膏矿	26.2	霍建光等（2015）
	娘子关泉域马家沟组石膏（4样平均）	23.8	张之淦（1986）
	山西阳泉张山峁奥陶系石膏	27.3	张江华（2009）
	山西离石马头山中奥陶统石膏	31.4	张江华（2009）
	河北邢台市奥陶系石膏	39.027	梁永平等（2013）
	山西交城县西社村马家沟组石膏矿	24.184	梁永平等（2013）
	山西交城靛头煤田勘探孔奥陶系中石膏	23.437	梁永平等（2013）
海水样	辽宁大连市金石滩海水	34.067	梁永平等（2013）

娘子关泉域内以及在北方获得的一些中奥陶统中石膏的 $\delta^{34}S$ 测定值（表 3-9），它们都在 23‰以上。煤系地层硫铁矿和中奥陶系石膏的 $\delta^{34}S$ 值差别为我们对 SO_4^{2-} 的来源判定提供了有利条件。水中 $\delta^{34}S$ 值的大小可以用来判别来源于两种地层中硫的比例大小，即如果水中 $\delta^{34}S$ 值偏大，则说明水中硫酸根离子主要来源于中奥陶统地层中石膏的溶解；反之，则说明水中硫酸根离子由石炭系、二叠煤系地层中含硫矿物氧化后进入到水中的比例较大。从地质环境条件分析，娘子关泉域岩溶水中 SO_4^{2-} 主要由这两种来源混合而成，当其中一种硫进入岩溶水含水层的量增加时，在水中的硫同位素值将会随之增大或减小，通过对比也可判别硫的来源。

根据前人的研究，娘子关泉域奥陶系石膏夹层的 $\delta^{34}S$ 值为 17.5‰～27.3‰。石膏在沉积过程中硫同位素分馏很小，仅 1.65‰±0.12‰，因此判断娘子关泉域石膏溶解端元的 $\delta^{34}S$ 取值为 15.85‰～25.65‰。由于煤系矿坑水中还有其他硫的来源，因此将煤系地层中的黄铁矿的 $\delta^{34}S$ 值作为煤系矿坑水的 $\delta^{34}S$ 值的端元。到目前为止，所测的硫铁矿还原的单硫的同位素最小值为−9.4‰，因此将该值确定煤系矿坑水的 $\delta^{34}S$ 端元值。

对于中、上寒武统 $\delta^{34}S$ 背景值，目前尚没有更多的资料支撑。

2）岩溶水硫同位素分布特征

晋祠泉域内岩溶水的 $\delta^{34}S$ 值最低的为下元街道小井峪井，其 $\delta^{34}S$ 值为−0.15‰，这一带岩溶含水层埋深在 400 m 以上，分析其原因可能是钻孔止水失效，受到了上覆煤系地层水的串层污染。补给区岩溶水主要储存于中、上寒武统含水岩组中，由于其中硫酸盐矿物含量少且水岩作用不充分，SO_4^{2-} 含量偏低（三组样品均小于 30 mg/L），估计更大程度受到大气降水中 SO_4^{2-} 含量的影响（主要源于燃煤，太原市区 2010～2018 年 6 月雨水的平均 SO_4^{2-} 含量 35.63 mg/L），其数值也偏低，为 2.09‰～5.06‰。

径流区的 $\delta^{34}S$ 值受到诸如河流渗漏、煤矿老窑水入渗等补给水量以及中奥陶统中石膏溶解的共同影响，变化范围较大，甚至同一样点在不同时段的量值都相差较大。总体上汾河以北除狮子河个别样品受煤矿老窑水下渗污染偏低外，一般都高于汾河以南的样品；比较而言汾河以南的岩溶水中，接收了更多的源于受煤矿开采污染的地表水；汾河右岸扫石村一带岩溶水的 $\delta^{34}S$ 值偏低，其中镇城底煤矿岩溶井（0.65‰）、王封井（2.26‰）、风峪沟店头井 2018 年水样（−2.02‰）以及晋祠镇三家村松散层孔隙水（−5.03‰）均与煤矿老窑水的渗漏有关；排泄区岩溶水的 $\delta^{34}S$ 值均大于 17‰，同时 SO_4^{2-} 含量也大幅增加，显然是受到山前断裂带循环深度大且溶解了更多的地层中石膏所致；滞流区及太原盆地内岩溶热水的 3 件样品的 $\delta^{34}S$ 值均在 23‰以上，几乎与石膏的量值一致。

分析晋祠泉域内各类水 $\delta^{34}S$-SO_4^{2-} 关系图（图 3-43），样点的分布区域与泉域岩溶水动力分区、采煤活动以及地表水-地下水补排关系存在千丝万缕的联系。

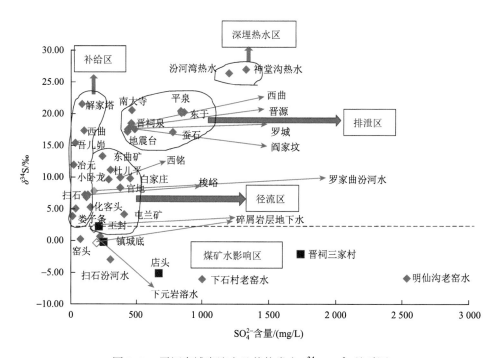

图 3-43　晋祠泉域岩溶水及其他类水 $\delta^{34}S$-SO_4^{2-} 关系图

对比分析同一采样点 $\delta^{34}S$ 值发现（图 3-44），在补给区及径流区，2017 年丰水期 $\delta^{34}S$ 值比枯水期值低，分析其原因主要是丰水期降雨量增多，导致了较多的地表河水及煤系矿坑水入渗补给岩溶水，而导致丰水期 $\delta^{34}S$ 值偏低，如屯兰煤矿及镇城底煤矿丰水期 $\delta^{34}S$ 值较枯水期低。而排泄区丰水期 $\delta^{34}S$ 值偏高，可能是由于丰水期大气降水进入岩溶含水层后，不断溶解围岩中的石膏，水中 SO_4^{2-} 含量不断增加，从而导致 $\delta^{34}S$ 值较枯水期高。

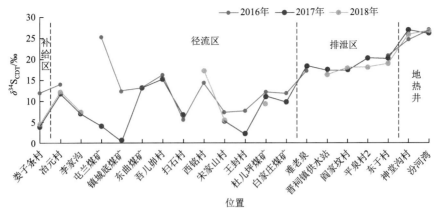

图 3-44　晋祠泉域同一采样点岩溶水硫同位素对比图

3. 锶同位素

Sr 常以分散状态出现在含钙、钾的矿物中，如菱锶矿（SrCO₃）、天青石（SrSO₄）、斜长石和磷灰石中。理论上认为 Sr 稳定同位素在自然作用过程中不发生分馏，对水岩作用反应灵敏，因此，它是评价地下水混合、追踪地下水起源及水-岩相互作用的可靠工具。锶有 ^{84}Sr、^{86}Sr、^{87}Sr、^{88}Sr 4 种稳定同位素，其中 ^{87}Sr 由 ^{87}Rb 衰变而来，随着时间的演化 ^{87}Sr 单方向增长，而且不同物质来源的 ^{87}Sr/^{86}Sr 值不同，对不同岩石来源的 ^{87}Sr/^{86}Sr 值，有硅铝酸盐（＞0.718）＞结晶盐（0.712 2～0.718）＞白云岩（0.709 5～0.712 2）＞灰岩（0.708 5～0.709 5）的顺序，因此，可以把锶同位素作为不同物源判别的指标。

（1）2016 年枯水期所有样品的 ^{87}Sr/^{86}Sr 比值分布在 0.709 2～0.713 14 间，平均值为 0.710 57。总体分布在石灰岩（0.708 5～0.709 5）和白云岩（0.709 5～0.712 2）的 ^{87}Sr/^{86}Sr 值区间范围内，代表了泉域岩溶水的基本地质环境条件。

（2）与煤矿酸性水相关的样品（前述 δ^{34}S 值都小），其 ^{87}Sr/^{86}Sr 值均大于 0.711 48（图 3-45），是酸性水溶解煤系地层中硅酸盐矿物的结果。

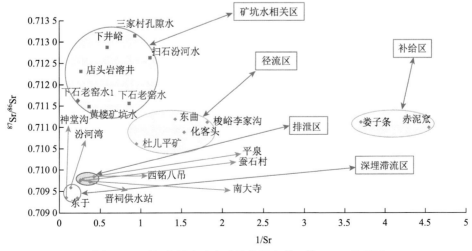

图 3-45　晋祠泉域岩溶水及其他类水 ^{87}Sr/^{86}Sr-1/Sr 关系图

（3）从泉域补给区—径流区—排泄区—深埋滞流区，随着岩溶水径流路径上水岩作用的加强，水中锶的含量呈现增加趋势，而 $^{87}Sr/^{86}Sr$ 值则整体上表现出减小的趋势，显然与中奥陶统碳酸盐岩中含锶矿物溶解的增加有关，而在径流区，由于接受了与采煤活动相关的地表水（本次 2 个汾河水样的 $^{87}Sr/^{86}Sr$ 值分别为 0.712 63 和 0.712 32）的入渗补给，部分样品有向矿坑水相关区增大的趋势。

第七节　岩溶水动态特征

一、水量动态

晋祠泉域开展泉域岩溶水质、量动态长期观测的主要有水利、地矿、地震等政府部门，另外矿产开发等活动在资源勘查的同时，所打的勘测孔和水文孔，都会留下宝贵的水位动态资料。本次工作搜集到的资料出自多处，有地矿部门（山西省水文地质一队）的地质勘探孔、水文孔、水井等勘探资料；地震局的长观孔资料，水利部门的长观井和统测井资料；水资源管理处的水井资料、机井普查登记表；水资办的地下水动态监测报告；南峪、屯兰、火山、嘉乐泉、梭峪、官地、原相、草庄头等矿区的勘探孔和水文孔资料。

2016～2018 年，作者先后在平泉自流井、地震台、明仙沟、上白泉、营立、盘道、东关口、南峪、平泉不老池、阁上娄子条、洞儿沟、下马城、杨兴、前岭底等设立多个长观孔，同时由于搜集到的水位动态资料来源、年代及类型繁多，对其进行了系统的整理和分析。

（一）泉域泉水流量动态

1. 晋祠泉流量与泉口水位变化

晋祠泉流量从 20 世纪 60 年代起总体呈下降趋势，至 1994 年 4 月 30 日断流。1954～1958 年，平均流量达 1.94 m³/s 且较为稳定，基本上可以满足使用需求，晋祠泉处于天然径流状态。1960 年建成汾河水库，于是在 60 年代后，晋祠泉流量明显呈梯状下降趋势，特别是在 20 世纪 80 年代后期泉水流量逐年减少得越发明显。由 20 世纪 60 年代年均流量1.73 m³/s 下降至 20 世纪 70 年代年均流量 1.21 m³/s；由 20 世纪 80 年代年均流量 0.464 m³/s 下降至 20 世纪 90 年代初的 0.18 m³/s，并于 1994 年 4 月 30 日断流。

晋祠泉的流量变化经历了两个特征不同的时期。第一个时期为1954～1960 年，该时期的泉流量变化比较平稳；第二个时期为1961～1994 年，该时期的泉流量迅速衰减，直到断流（图 3-46）。

晋祠泉泉口地下水水位动态变化取决于补给和排泄条件。泉口地下水水位动态变化如图 3-47 所示，总体趋势为：在 1980 年前，地下水水位的变化随降水量的大小而变化，呈稳定状态；受泉域岩溶水开采和采煤排水影响，1980～1994 年，地下水水位的变化呈

稳定下降趋势，至 1994 年 4 月断流；1993～2008 年，泉口水位持续急剧下降，泉口水位
埋深在 2008 年达到最低的 27.76 m；2008 年至今，泉口地下水水位呈上升趋势，主要原
因是万家寨引黄工程实施，实现部分地段"关井压采"、部分工矿企业置换利用引黄
水、中小煤矿整治与关停等措施，特别是汾河二库蓄水水位提高，大幅增加对泉域岩溶
水的渗漏补给，使泉域内岩溶水整体有明显回升。

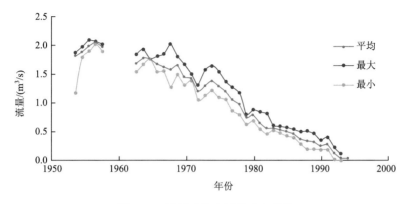

图 3-46　晋祠泉泉水流量动态曲线

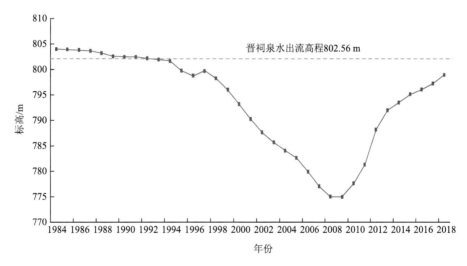

图 3-47　晋祠泉泉口水位变化

2. 平泉泉流量与泉口水位变化

平泉位于太原市清徐县平泉村，是晋祠泉域岩溶水的人工排泄点之一，泉水出露高
程为 784.31～786.87 m。1976～1978 年，清徐县政府在平泉村打成了 14 眼自流井，使得
平泉自流井出水量达到历史最大值（1.56 m³/s），此后，平泉水源的开发，使有限的地下
水资源大量释放，到 1989 年底，平泉自流井群流量下降到 0.3 m³/s，最终于 2003 年干涸
断流。此外，由于这些自流井的开采，使晋祠泉的平均流量急剧下降，短短两三年的时
间从平泉成井前的 1.30 m³/s 骤减到 0.794 m³/s，1994 年晋祠泉彻底断流。2011 年 8 月，

清徐县平泉村"不老池"和"水巷"两处泉水呈现复流迹象，2012 年 3 月，"不老池"和"水巷"两处泉水出流量分别达到 20 m³/h 和 40 m³/h。2016～2018 年测量泉水流量分别为 0.067 m³/s、0.084 m³/s、0.114 m³/s（图 3-48）。

清徐县平泉村不老池泉口附近布设的水位长观孔动态曲线（该井为松散层，但实质水位为岩溶水）如图 3-49 所示，其出现周期性波动，说明其补给来源主要为降水与上游径流补给，但存在明显的滞后，水位波谷对应降水波峰，滞后时间约半年。

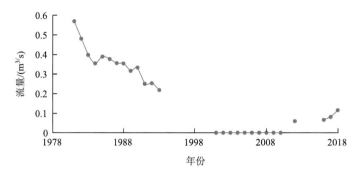

图 3-48　平泉自流井群流量动态曲线

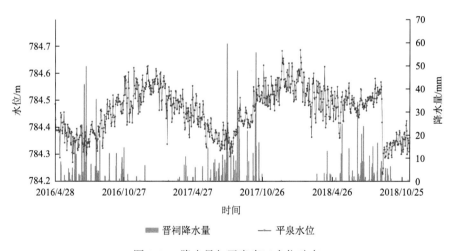

图 3-49　降水量与平泉泉口水位动态

（二）泉域岩溶水位动态

1. 长系列动态特征

地下水水位动态变化取决于补给和排泄条件。根据晋祠泉域地下水水位动态监测资料分析，不管是补给区、径流区，还是排泄区，地下水水位动态变化总的趋势如下。

（1）在 1980 年前，地下水位的变化随降水量的大小而变化，呈稳定状态；1980～1992 年，补给区、径流区地下水位的变化呈稳定下降趋势，而排泄区地下水位下降趋势更为明显，下降速率较大。主要原因是岩溶水开采量加大，在这期间主要开采单位有太原化学工业公司、开化沟、清徐县平泉村和梁泉村自流井等。

（2）1993～2005 年，整个泉域地下水水位急剧下降，主要原因是岩溶水开采量急剧加大和这段时期为相对枯水期降水量减少。

（3）2005～2012 年，泉域地下水水位呈上升趋势，主要原因是万家寨引黄工程南干线供水工程于 2003 年供水到太原，太原市实施"关井压采"、部分工矿企业置换利用黄河水、中小煤矿整治与关停、汾河实施清水复流工程（二库修建），使泉域内岩溶水水位有明显回升（图 3-50）。

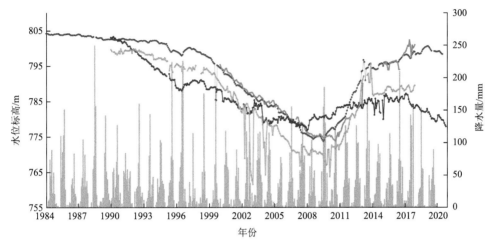

图 3-50　太原盆地边山区岩溶水位动态曲线

下面根据补给区、径流区、排泄区的地下水水位监测代表站点的监测资料，分析不同区的地下水水位动态变化规律。

（1）补给区。补给区岩溶水水位动态监测代表观测站是古交市梭峪乡的梭峪站，该站位于汾河河谷，属河道渗漏补给区。其年最高水位为 910.13 m，所在年份为 2016 年；最低水位 876.36 m，出现年份为 2000 年。从 2003 年起，水位总体上呈上升趋势，这主要是因为 2003 年引黄水到太原，逐渐置换了泉域内部分岩溶水井，其中 2008 年后水位呈陡然上升状态的原因主要是当年 3 月泉域实施汾河清水复流工程，而梭峪站位于河道渗漏补给段，属直接补给段，水位增加明显（图 3-51）。

静乐县赤泥窊乡下马城钻孔的水位监测表明，补给区近 1 年多地下水位一直处于上升的态势（图 3-52），分析原因与下游水位抬升使补给区水量排泄"不畅"有关，代表了处于一种水动力向上游补给区传递的状态。

（2）径流区。径流区岩溶水水位动态代表为王封钻孔水位（图 3-53），其年最高水位为 891.297 m，所在年份为 2016 年；最低水位 859.3 m，出现年份为 2000 年。与补给区的梭峪站一样，从 2000 年起，水位总体呈上升趋势。盘道勘探孔近 1 年多的水位动态监测也呈现出线性上升的趋势（图 3-54）。

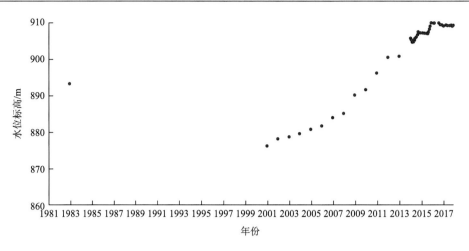

图 3-51   补给区梭峪站岩溶水位动态曲线

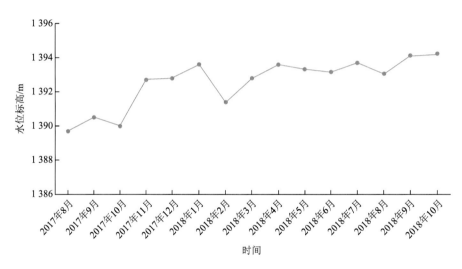

图 3-52   补给区静乐下马城钻孔岩溶水位动态曲线

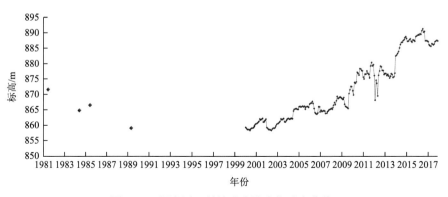

图 3-53   径流区王封钻孔岩溶水位动态曲线

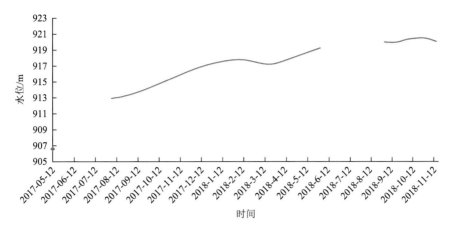

图 3-54　盘道勘探孔岩溶水位动态曲线

（3）排泄区。排泄区（或太原西山山前）岩溶水水位动态选择了三个有长系列水位监测资料的代表观测孔分析（图 3-55），它们有几乎同步的发展演化趋势，经历了缓慢下降—快速下降—快速上升—缓慢上升的阶段，快速升降阶段出现在晋祠泉水和平泉断流的时期，缓慢升降与泉水出流对水位的调节有关。

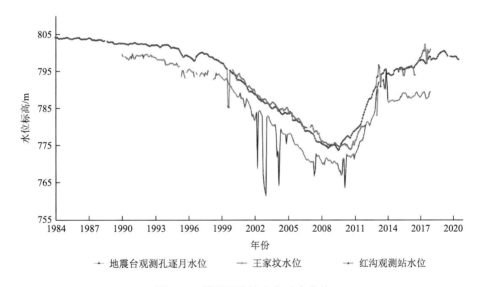

图 3-55　排泄区岩溶水位动态曲线

　　红沟观测站属长观孔，具体位置在万柏林区小井峪乡红沟村，该站位于西山径流带的中北部。其年最高水位为 788.69 m，所在年份为 2000 年；最低水位为 769.4 m，出现年份为 2009 年。从 2009 年起，水位开始持续上升，到 2012 年水位达到 776.31 m。
　　根据晋祠泉源区地震台长观孔资料，1984～1993 年年内水位变化基本平稳；1994～2008 年年内水位呈下降趋势，2009～2017 年水位开始持续上升，2011 年、2012 年变幅最大（图 3-56），到 2017 年水位为 798.938 m。王家坟钻孔水位动态也表现出相同的特征。

岩溶水强径流带内赤桥沟内钻孔和泉口下游自流区清徐东于镇新民村6617机械厂钻孔近年水位监测结果依然体现了总体上升的趋势（图3-57、图3-58），但在2017年3~7月出现了较大幅度的下降。但在同期，补给区、径流区的区域水位动态下降过程不是很明显，明显的水位下降仅限于排泄区周边及下游地区，该时间段属于春旱灌溉期，因此认为是这一带春灌大量开采岩溶水的结果。

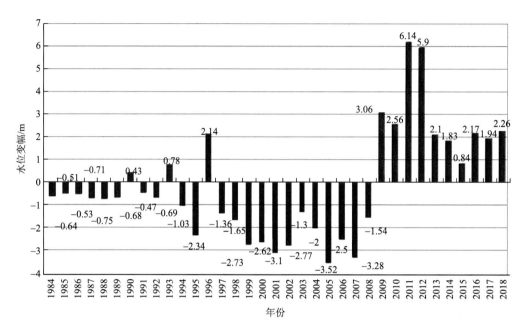

图 3-56　地震台岩溶水位变幅

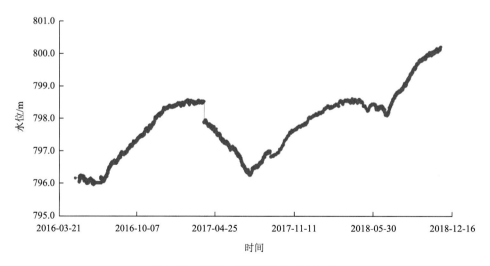

图 3-57　赤桥沟内岩溶水位动态曲线

图 3-58　清徐 6617 机械厂岩溶水位动态曲线

2. 年内水位动态变化

图 3-59 列出了晋祠泉附近地震台长观孔 1984～2018 年排泄区地震台年动态及月平均动态曲线，其中可以看出，该孔地下水位年内动态具有 2 个峰值，分别是 3 月和 10～11 月，这种特征与北方多数地区岩溶水相类似，分析其原因，认为 3 月份峰值与之前冬季用水量少且有累积的融雪集中补给有关，10～11 月的峰值则是对年雨季降水补给后的水位滞后上升的响应。但对于峰值的主次由于受水位变化趋势性的影响可能出现偏差，如图 3-60 所示，泉水断流前的 1984～1993 年内动态不明显，1994～2008 年泉水断流后下降期年内也呈现下降状态，10 月峰值表现突出，2009 年水位上升期年内也呈显著上升但波峰出现在 3 月。为消除趋势性变化带来的影响，我们选择 1997～2018 年水位基本接近且包含了从下降到恢复再到最初期水位标高的时间段内的年内动态，其形态基本与 1984～2018 年相一致，但 2 个峰值更加突出，3 月为主峰，表明人工开采（冬季用水量小）也是排泄区岩溶水位动态变化的重要影响因素。

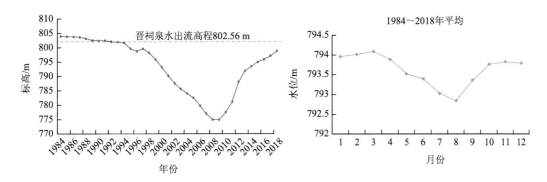

图 3-59　地震台长观孔 1984～2018 年年动态与月平均动态曲线

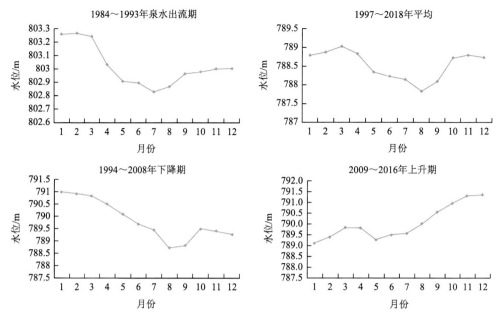

图 3-60　泉域排泄区地震台长观孔不同时期年内水位动态曲线

　　图 3-61 是泉域径流区王封钻孔 2000~2017 年年内水位动态曲线,呈现出整体上升的态势,由于该段是汾河二库蓄水接收渗漏补给(或悬泉寺泉群被水库淹没无法排泄),为水位大幅上升阶段,显然受到了趋势性动态的影响。为克服这种影响,绘制月最低水位和最高水位曲线,可以看出,最低水位的低值出现在 6 月,最高水位的峰值出现在 7 月,气候影响下的汾河渗漏补给变化是王封观测孔水位年内波动的主要影响因素。

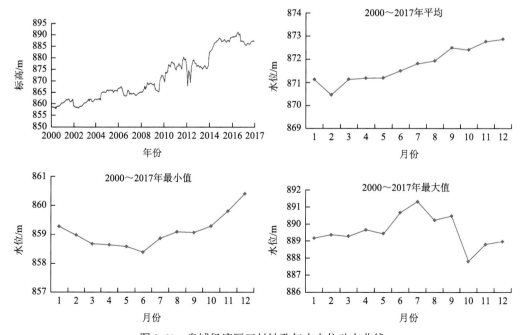

图 3-61　泉域径流区王封钻孔年内水位动态曲线

总之，岩溶水位动态特征受多种复合因素影响，晋祠泉域岩溶水位总体趋势经历了由下降到上升的过程，早期岩溶水的超采是导致下降的主因，后期大幅回升的主要原因是万家寨引黄工程实施后，实现部分地段"关井压采"、一些工矿企业置换利用黄河水、中小煤矿整治与关停措施，特别是汾河二库对泉域岩溶水的渗漏补给。年内地下水位动态受降水补给与循环滞后、人工开采等因素影响。

二、水化学组分含量动态

1. 晋祠泉水长系列动态趋势

图 3-62 是收集前人部分水化学分析资料的动态曲线，总体上 TDS、HB、SO_4^{2-} 含量都呈现出增长的趋势，其成因如前所述，是泉水断流后地下水处于"内循环"状态，深部水量比例增多。

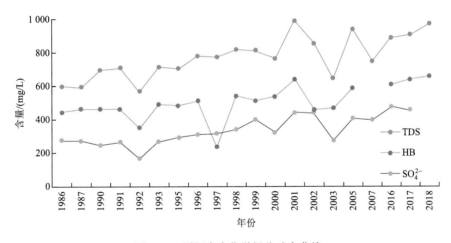

图 3-62　晋祠泉水化学组分动态曲线

2. 晋祠泉及平泉水质年内动态特征

2016 年 5 月至 2018 年 12 月对晋祠泉与平泉按照每月一次的频率进行样品采集，测试数据包括 Ca^{2+}、Mg^{2+}、K^+、Na^+、Cl^-、SO_4^{2-}、CO_3^{2-}、HCO_3^-、NO_3^-、TDS、HB、pH。动态曲线如图 3-63 所示。

晋祠泉岩溶水 pH 平均值为 7.62 呈中性，TDS 平均值为 900.8 mg/L，统计多月中位数为 895 mg/L，众数为 894 mg/L，范围为 848～1 007 mg/L；HB（以 $CaCO_3$ 计）平均值为 643.4 mg/L，统计多月数据中位数为 644 mg/L，众数为 644 mg/L，范围为 607.6～657 mg/L，说明晋祠 TDS 以及 HB 在 32 个月的时间里较为稳定。平泉岩溶水 pH 平均值为 7.44，呈中性；TDS 平均值为 1 374.1 mg/L，中位数为 1 379 mg/L，众数为 1 380 mg/L，范围为 1 288～1 520 mg/L；HB 平均值为 982 mg/L，统计多月中位数为 984 mg/L，众数为 980 mg/L，范围为 952～1 002 mg/L，平泉岩溶水 TDS 与 HB 较为稳

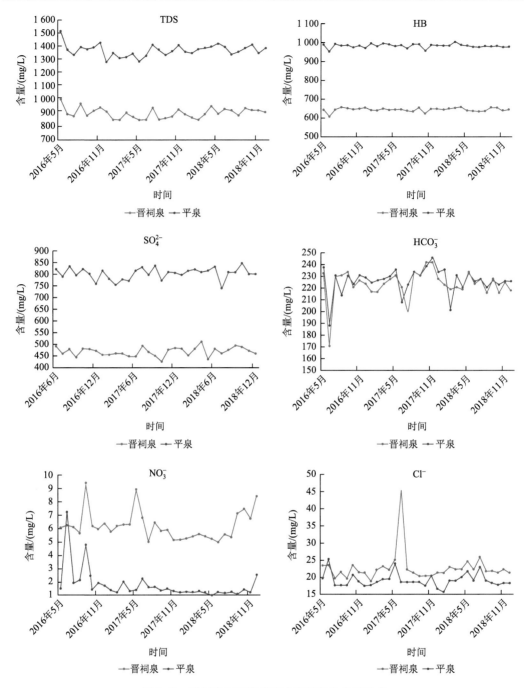

图 3-63　晋祠泉与平泉岩溶水常量组分含量动态

定。未发生较大波动。总体来看，与水岩作用相关的组分，平泉高于晋祠泉，如 SO_4^{2-}、HB，HCO_3^- 含量两泉接近，表明沿途没有获得更多的 CO_2，这与两泉间为碳酸盐岩埋藏区的水文地质条件相一致，而受人类活动影响的 NO_3^-、Cl^- 则上游碳酸盐岩裸露开放的晋祠泉高于下游埋藏区的平泉。表 3-10 列出了部分组分含量的统计特征值，两泉中阳离子以 Ca^{2+} 为主，晋祠泉 Ca^{2+} 浓度平均值为 178.2 mg/L，平泉 Ca^{2+} 浓度平均值为 273.2 mg/L，平泉高于位于上游的晋祠泉 53.3%，晋祠泉与平泉 Ca^{2+} 浓度均比较稳定，受季节与降雨影响较小，但变异系数则晋祠泉 1.9%，大于平泉的 1.1%，晋祠泉受其他因素的干扰要较平泉大，这与其所处的水文地质条件密切相关。

晋祠泉 Cl^- 浓度为 18.8～45.5 mg/L，平均值为 22.8 mg/L；平泉 Cl^- 浓度为 15.8～25.4 mg/L，平均值为 19.2 mg/L，上游晋祠泉 Cl^- 浓度较下游平泉大 18.7%（图 3-63），其成因显然与人类活动有关。

表 3-10　部分水化学指标统计特征值

泉名称	指标	最小值/(mg/L)	最大值/(mg/L)	平均值/(mg/L)	标准差/(mg/L)	变异系数/%
晋祠泉	Ca^{2+}	166	185	178.2	3.49	1.9
	Mg^{2+}	45.8	51.2	48.2	1.78	3.7
	$K^+ + Na^+$	22.4	28.2	24.4	1.43	5.8
	HCO_3^-	171	242	223.6	12.7	5.7
	Cl^-	18.8	45.5	22.8	4.4	19.6
	NO_3^-	4.27	9.06	5.6	1.2	19.9
平泉	Ca^{2+}	266	278	273.2	3.04	1.1
	Mg^{2+}	68.7	78.3	72.8	2.15	2.9
	$K^+ + Na^+$	23.4	32.2	26.9	1.67	6.2
	HCO_3^-	188	246	226.4	11.1	4.9
	Cl^-	15.8	25.4	19.2	2.0	10.6
	NO_3^-	0.08	6.7	0.8	1.3	161

晋祠泉的 NO_3^- 浓度为 4.27～9.06 mg/L，平均值为 5.6 mg/L，高于Ⅱ类水的 5.0 mg/L 标准；平泉的 NO_3^- 浓度 0.08～6.7 mg/L，平均值为 0.8 mg/L，达到Ⅰ类水标准。上游晋祠泉 NO_3^- 浓度为下游平泉浓度的 6 倍，其成因与 Cl^- 相一致。

三、邻区山底河流域煤矿老窑水循环系统的环境质量监测

晋祠泉域内太原西山煤田面积 1 615.2 km²，探明储量 186 亿 t，晋祠泉域是"水煤共生"系统。煤矿整合前，泉域内有煤矿 392 座（2001 年），整合后区内现有煤矿 57 座，井田面积共计 814.09 km²，按 2017 年原煤实际产量 3 000 万 t 左右统计，晋祠泉域煤矿设计年生产能力共达到 6 985 万 t/a。由于资源枯竭以及政策性煤矿整合，大量矿井关闭，不少闭坑矿井蓄积的老窑水溢出地表流经碳酸盐岩河段下渗成为泉域岩溶水的污染源。为了解其水化学动态特征，分析研判闭坑煤矿老窑水对晋祠泉域岩溶水的环境影响，以尽早采取预防措施，项目开展过程中借助于从 2014 年在邻区（娘子关泉域内山底河流域）

的煤矿老窑水监测站的监测设施，开展了质量监测，借此分析煤矿老窑水对岩溶水的环境效应。

1. 山底河流域水文地质概况

山底河流域位于山西省阳泉市，在娘子关泉域内，面积 58 km^2（图 3-64）。流域以石炭—二叠系煤系地层为主，东北部小面积出露中奥陶碳酸盐岩，地层总体由北东向南西倾斜，局部背斜褶皱轴构成地下水隔水边界。

流域内主要分布上、下 2 套含水岩组，上部石炭—二叠系煤系地层（含闭坑煤矿积水）和下部属于娘子关泉域的奥陶系碳酸盐岩含水岩组，受两含水岩组间石炭系底部本溪组铝土质泥岩区域隔水层的控制，2 层地下水的流向、水位均存在着很大差别。2005～2008 年煤矿实行整合，流域内煤矿从 20 余座（含 3 座露天矿）减少到 7 座，大部分小型煤矿被关闭。2009～2010 年，闭坑煤矿老窑水受石炭系底部本溪组隔水层影响，在山底村开始溢出，总出口多年平均流量 10 085.66 m^3/d（含部分流域地表水），pH = 3.38，TDS = 4 203.7 mg/L，SO$_4^{2-}$ = 2 931.41 mg/L，分类的相关水化学特征组分含量如表 3-11 所示。向下游约 700 m 进入碳酸盐岩河段发生大量渗漏，经实测计算，在到达娘子关泉水的

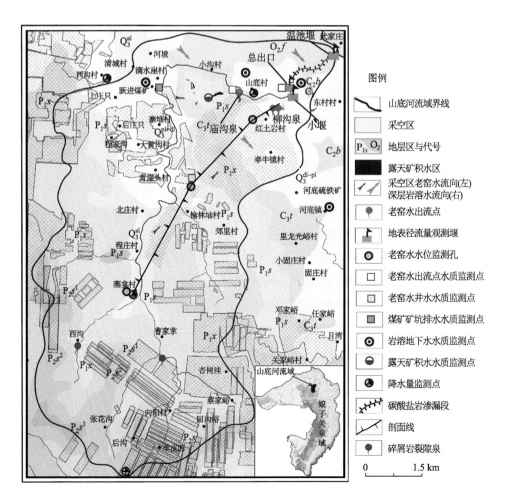

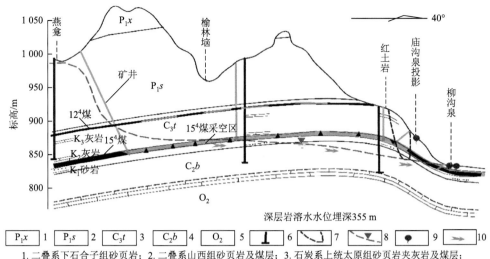

1. 二叠系下石合子组砂页岩；2. 二叠系山西组砂页岩及煤层；3. 石炭系上统太原组砂页岩夹灰岩及煤层；
4. 石炭系中统本溪组铝土质泥岩、砂岩及铁矿；5. 中奥陶统碳酸盐岩；6. 钻孔；7. 小沟露天矿投影线；
8. 地下水位线；9. 老窑水出流点；10. 地下水流向

图 3-64　山底河流域地质略图与监测点分布图

37.69 km 渗漏段内，平均渗漏率达到 73.65%，成为娘子关泉岩溶水的主要污染源。山底河流域地下水主要接受大气降水及露天矿坑积水补给，通过石炭—二叠系煤系地层中砂岩、灰岩夹层、构造和采煤裂隙以及煤矿采空区通道进行渗流，最终在下伏本溪组隔水底板出露位置最低的山底河村一带以泉水形式排泄，构成了一个以闭坑煤矿采空区蓄积的老窑水为主体，具独立完整循环过程的水循环系统。

2. 老窑水的地下水质类型评价

对 2019 年枯水期 4 月和丰水期 10 月 2 次进行了水质全分析，依据地下水质量分类标准进行评价，结果显示，均为地下水分类的 V 类水（表 3-11）。

表 3-11　水质监测点地下水分类评价结果表

点样	质量类型	超标倍数（超III类标准）项目（括号内未超标倍数）
总出口	V（枯）	pH、HB（2.26）、TDS（1.59）、SO_4^{2-}（6.08）、TFe（199.73）、Mn（47.43）、Al（5.29）、NH_4^+（21.3）、Ni（6.8）
	V（丰）	pH、HB（4.03）、TDS（3.8）、SO_4^{2-}（13.47）、TFe（409）、Mn（96.5）、Al（186.8）、NH_4^+（8.16）、Ni（9.3）
庙沟	V（枯）	pH、HB、TDS、SO_4^{2-}（63.87）、Fe（2 112.6）、Mn（663.9）、Zn、Al、耗氧量、F、Cd、Ni、Co
	V（丰）	pH、HB、TDS、SO_4^{2-}（72.68）、TFe（1 746.1）、Mn（728.1）、Zn、Al、耗氧量、NH_4^+、F、Hg、Cd、Ni、Co
小沟	V（枯）	pH、HB、TDS、SO_4^{2-}（63.84）、TFe（4 342.3）、Mn（542）、Zn、Al、耗氧量、F、Cd、Ni、Co
	V（丰）	pH、HB、TDS、SO_4^{2-}（75.66）、TFe（3 328.2）、Mn（580）、Zn、Al、耗氧量、NH_4^+、F、Hg、As、Cd、Ni、Co

续表

点样	质量类型	超标倍数（超Ⅲ类标准）项目（括号内未超标倍数）
跃进矿排水	Ⅴ（枯）	HB（1.78）、TDS（1.74）、SO_4^{2-}（5.34）
	Ⅴ（丰）	HB（2.18）、TDS（2.14）、SO_4^{2-}（6.78）、Na（1.31）
榆林垴矿坑积水	Ⅴ（枯）	SO_4^{2-}（1.37）、TFe（36.9）、Na（1.13）
	Ⅴ（丰）	SO_4^{2-}（3.57）、TFe（37.23）

3. 山底河流域总出口及老窑水水质动态

针对山底河流域内矿坑水水质部署了 5 个监测点，分别是山底河总出口、小沟露天矿积水、东村露天矿积水、跃进煤矿矿坑排水和小沟露天矿的渗出点。山底河被酸化的煤矿老窑水与其他地区水化学特征表现基本一致，如低 pH、高 SO_4^{2-}、高 TFe、高 Mn 以及高 TDS 等。

1）总出口水的水化学组分含量动态

总出口汇集了流域煤系地层区的老窑水、煤矿排水与丰水期的地表水。其水化学组分含量动态曲线如图 3-65 所示，主要组分含量如下（注：2017 年 1～7 月为主排泄点柳沟泉样品）：平均 TDS = 5 215.09 mg/L，最大 13 990 mg/L，取自 2017 年 5 月；平均 SO_4^{2-} = 3 673.49 mg/L，最大 11 153 mg/L，取自 2017 年 5 月；平均 HB = 2 459.86 mg/L，最大 4 437 mg/L，取自 2017 年 5 月；平均 pH = 3.18，最低 2.34，出现在 2017 年 7 月。水化学组分 SO_4^{2-}、TDS、HB 年内一般在 5～7 月（各年有一定变化）达到最大，8～10 月到最小，与降水入渗稀释有一定关系。

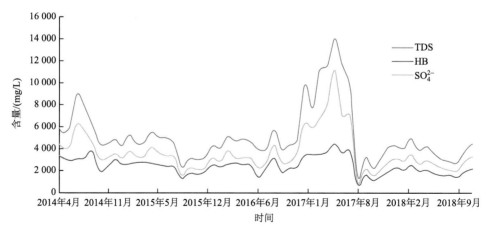

图 3-65　山底河流域煤矿老窑水总出口水化学组分含量动态曲线

2）小沟露天矿积水的水化学组分含量动态

小沟露天矿的水化学组分含量动态曲线如图 3-66 所示，其 TDS、HB、SO_4^{2-} 及 pH 的均值依次为 15 409.96 mg/L、3 751.69 mg/L、10 690.3 mg/L 和 2.39。处于完全开放的演

化环境，长期受雨水淋溶、蒸发浓缩作用，水质最差，测到最大的溶解性总固体含量达到 25 423 mg/L。水化学组分含量最低往往出现在每年 2～3 月，估计与露天矿结冰后融化有关，峰值则一般出现在雨前旱季，显然受到降水影响。

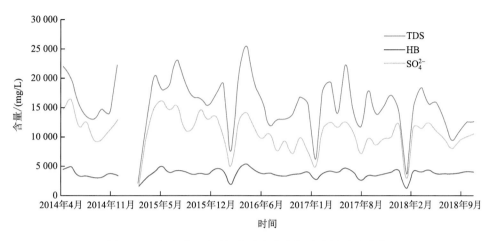

图 3-66　小沟露天矿矿坑积水水化学组分含量动态曲线

3）矿区煤系上层滞水庙沟泉水化学组分含量动态

庙沟泉是出露在石炭系中石炭统山西组的上层滞水泉，由其中页岩隔水所致。其平均 TDS = 20 482.3 mg/L，最大值为 516 403 mg/L，最小值为 35 573 mg/L（有上游地表水混入）；平均 SO_4^{2-} = 13 807.93 mg/L，最大 332 483 mg/L；平均总 HB = 1 566.63 mg/L，最大 24 763 mg/L。它是监测到不同类型酸性老窑水的主要特征含量最高的样点。年内含量最大值一般出现在雨季 7～9 月，特别是 2016 年 6·19 特大暴雨后的 7 月各种含量急剧增加（图 3-67），之后总体性进入衰减期，分析认为，暴雨淋溶、清洗地表矿渣、煤矸石中黄铁矿经氧化水解的硫酸根等物质成分是导致水化学组分含量增大的主要原因。

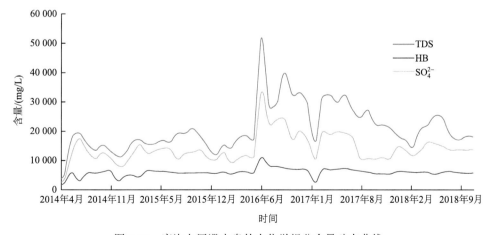

图 3-67　庙沟上层滞水泉的水化学组分含量动态曲线

4）跃进煤矿排水的水化学组分含量动态

跃进煤矿排水点是煤矿开采期间矿坑排水样，它位于山底河流域内采矿渗漏段上游，根据调查，这部分水量在流经小沟村到山底村几乎全部渗漏进坑道系统，是流域煤矿老窑水重要补给源。TDS、HB、SO_4^{2-} 及 pH 的均值依次为 2 576.5 mg/L、1 187.69 mg/L、1 568.05 mg/L 和 7.33，比较而言，其水质质量优于煤矿老窑水，其动态曲线（图 3-68）峰值一般出现在 5～7 月，低谷区出现在丰水季节 7～8 月，降水是影响矿坑水水化学组分含量变化的直接原因。

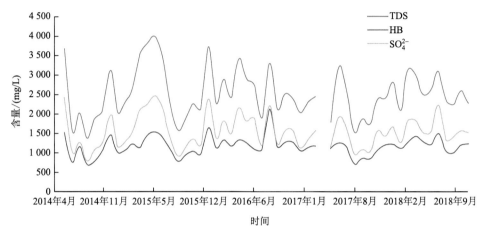

图 3-68　跃进（现采）煤矿排水矿坑水水化学组分含量动态曲线

5）榆林垴闭坑矿矿坑积水的水化学组分含量动态

榆林垴样点取自闭坑煤矿采空区积水，钻孔从二叠系山西组开孔，揭穿太原组 15 号煤层终孔于本溪组底。监测包括水位和水质，资料整理从 2017 年 1 月到 2020 年 11 月。其平均 TDS = 2 116.5 mg/L，最大 3 859 mg/L，最小 926 mg/L；平均 SO_4^{2-} = 1 123.59 mg/L，最大值为 2 457 mg/L，最小值为 59.9 mg/L（2020 年 6 月）；平均总 HB = 1 641.67 mg/L，最大 1 300 mg/L，最小值为 166.6 mg/L；平均 pH 为 7.34；是监测到不同类型酸性老窑水的主要特征含量最低的样点。图 3-69 是主要组分和水位逐月动态曲线，其含量动态一般

图 3-69　榆林垴闭坑矿观测孔水化学组分含量动态曲线

在每年雨季达到最大，与水位起伏呈现明显的同步特征，结合终孔揭露的采空区地层结果分析，认为是雨季水位上升进入 15 号煤层采空区，使得地下水与采空区接触面积增大且能带出更多蓄积于采空区的储存水量，从而导致其水化学组分含量升高。而在低水位期，系统内地下水则通过山西组底部 K_1 砂岩传输，其更多的补给水量源于深部还原环境（本孔平均氧化还原电位为 $E_h = -46.6$ mV，而其他监测样点均在 140 mV 以上）下的"好水"。

4. 对煤矿老窑水的认识启示

（1）煤矿老窑水具有污染组分含量高、成分复杂、持续时间长的特点，晋祠泉域岩溶水未来面临着煤矿老窑水突出的环境威胁，需尽早采取应对措施。

（2）煤系地层中黄铁矿的氧化主要发生在地表（暴露的矿渣、煤矸石堆积地）、地下水的包气带及季节变动带，这些地带应作为治理重点区。

（3）可采用微生物还原菌的方法在还原环境的煤矿采空积水区开展煤矿老窑水的处理。

第四章　晋祠泉域岩溶水资源评价

第一节　晋祠泉域岩溶水水量评价

根据前述岩溶水文地质条件及水资源要素构成分析，晋祠泉域岩溶水资源的主要补给来源可归纳为 3 种类型：大气降水面状的入渗补给（包括碳酸盐岩裸露区的直接入渗补给和松散层覆盖区的间接入渗补给）、主要河流在碳酸盐岩裸露河段的线状渗漏补给和汾河二库的点状渗漏补给。

区内碳酸盐岩主要为中奥陶统灰岩、白云质灰岩及含石膏的泥质白云岩，下奥陶统燧石条带白云岩，上寒武统白云岩、竹叶状灰岩和中寒武统鲕状灰岩。由于不同层位的岩性、地理环境等不同，地表岩溶发育特征及强度具有较大差异。中奥陶统灰岩成分比例高，特别是峰峰组及上、下马家沟组底部泥质白云岩中石膏的膏溶作用，使得该层中地表和地下岩溶发育，据统计溶隙率可达 1.5%～3.8%，为降水入渗和河流渗漏提供了良好的通道。下奥陶统和上寒武统主要为白云岩、泥质条带灰岩、竹叶状灰岩，岩石可溶性相对于灰岩较弱，因此岩溶发育程度较低。中寒武统鲕状灰岩主要出露于泉域外围的边缘山区，地形普遍较陡使得其入渗条件也相对较差。碳酸盐岩覆盖区由于上覆松散层的存在，特别一些地区还分布有新近系黏土层，降水对岩溶水的补给是间接进行的，其入渗条件最差。

一、晋祠泉域岩溶水均衡计算基础资料

本次工作除在野外实地调查获得一手资料外，还从水利、自然资源、地震等政府部门搜集获得大量基础资料，这些资料包括各类基础图件、降水量、河川径流量、蒸发量、地下水开采量、地下水动态等。这些资料为本次工作中地下水资源评价提供了可靠的数据基础。

1. 碳酸盐岩分布埋藏类型分区

基于本次工作编制的 1 : 5 万晋祠泉域岩溶水文地质图，经统计分析计算，全区碳酸盐岩裸露区分布面积为 570.65 km²，其中岩溶发育最强的中奥陶统裸露区面积为451.9 km²，岩溶发育程度中等的中、上寒武统及下奥陶统裸露区面积为 118.75 km²；碳酸盐岩覆盖区分布面积为 361.06 km²。碳酸盐岩分布埋藏类型分布面积如表 3-6 所示。

2. 水文下垫面分区

河流渗漏量是晋祠泉域岩溶水的重要补给来源，其渗漏量大小与河水流量有密切关系，而决定地表产流的因素除流域降水因素外，下垫面也起到重要作用，为此在开展资

源评价中需要对下垫面进行分区。在一定气候条件下，河川径流的数量、质量及其过程，地表水和地下水的转化关系，地表侵蚀和泥沙输移等各种水文特征在时间、空间上的差异，均受控于水文下垫面类型，或者说反映了下垫面的水文效应，水文下垫面是多因素的综合体。影响水文特征的下垫面因素主要有地质条件（包括岩土性质、地层结构、地质构造、地表岩石风化程度等）、地貌形态（包括地貌类型、海拔高度、相对高程、地面坡度、河网密度等）、植被因子（如覆盖率、植被种类、树龄等）。晋祠—兰村泉域水文垫面分布图如图 4-1 所示。

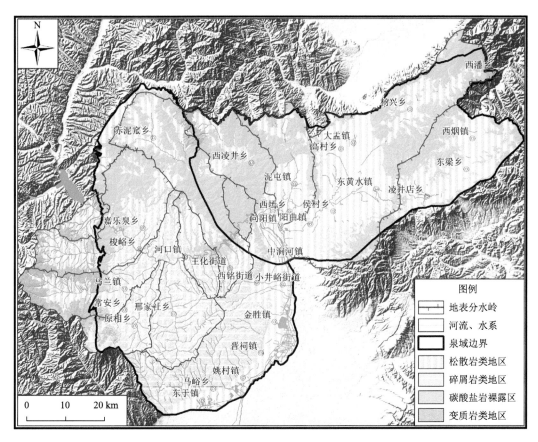

图 4-1　晋祠—兰村泉域水文下垫面分布图

本书主要基于地质条件与流域特征，以各河流流域为尺度，根据地表出露岩性的不同与水文效应的差异，将水文下垫面分为：松散岩类、碎屑岩类、碳酸盐岩类、变质岩类四种类型。根据 1:5 万地形地质图、遥感影像图，并结合野外实际调查情况，对泉域内各河流的河道长度、控制流域面积及流域内下垫面岩性等进行了分区，各主要河流水文下垫面分布面积如表 4-1 所示。

因受自然因素及人类活动的影响，泉域内水文下垫面与 20 世纪相比发生了多种变化，主要表现在以下几个方面：①一些本为常年性河流，因煤矿疏干排水导致局部地下水位下降，枯季河流在流经矿区时迅速下渗补给地下水导致断流，而在矿区下游，河流基流量又主要依靠矿坑排水维持，如屯兰川；②开垦土地导致水土流失，使得一些本为拦蓄洪水、调节地表水源的小型水库淤积，库区底部目前多种植农作物，失去了其原有的价值，此类水库主要以兰村泉域内为代表，有杨兴河流域的阴山水库、杏沟水库、深沟河水库、石岔沟水库，泥屯河流域的王满坪水库，乌河流域的寨河水库、东汉湖水库；③因煤矿整合关闭，原本的采空区排水条件发生改变，地下水位回升后充填矿坑，与围岩接触形成酸性矿坑水并溢流出地表，对地表水造成污染，如太原市西山山前南峪沟、风峪沟、牛家口沟等，目前这些沟内地表水均不同程度地受到酸性矿坑水污染。

表 4-1 河流流域水文下垫面分区表　　　　　　（单位：km^2）

项目 水资源分区	流域面积	水文下垫面分类面积				所属泉域
		松散岩类地区	碎屑岩类地区	碳酸盐岩类地区	变质岩类地区	
汾河水库—罗家曲段	90.28	43.04	32.21	12.27	2.77	晋祠泉域
罗家曲—镇城底—狮子河流域段	315.70	117.79	26.97	170.93	0.00	晋祠泉域
天池河流域	235.88	124.06	8.96	42.30	60.56	晋祠泉域
屯兰川流域	329.41	138.57	41.40	29.95	119.48	晋祠泉域
原平川流域	225.27	94.74	95.45	17.53	17.55	晋祠泉域
大川河流域	331.78	123.81	207.85	0.12	0.00	晋祠泉域
镇城底—寨上段	92.87	54.49	28.09	10.29	0.00	晋祠泉域
寨上—扫石段	157.62	61.42	56.97	39.22	0.00	晋祠泉域
西山山前	920.26	433.27	456.29	30.70	0.00	晋祠泉域
扫石—汾河二库大坝段	95.35	39.49	36.10	19.75	0.00	晋祠—兰村泉域

3. 河流渗漏段长度

河流渗漏段长度也是决定河流渗漏量大小的重要因素，根据1∶5万地质底图中地层出露情况，量取并绘制汾河及其支流的渗漏段长度，结果如图 4-2 所示。

1）汾河渗漏段

汾河自下石家庄至三给村，在晋祠—兰村泉域内径流长度共计 91.30 km，其中晋祠泉域与兰村泉域边界在二库库区内，根据河道地层出露情况与地下水动态关系，可将汾河在泉域范围划分为如下河段（图 4-2）。

（1）罗家曲—镇城底段，位于太原西山大向斜的西翼，产状总体向东缓倾，为碳酸盐岩裸露区，长 21.61 km，该段接受汾河水库放水后径流过程中可直接对岩溶水进行渗漏补给。

（2）镇城底—寨上段，该段进入碳酸盐岩埋藏区，因受石炭系泥岩、页岩的相对隔水作用，汾河水渗漏补给岩溶水的能力较差，长 15.36 km。

（3）寨上—扫石段，晋祠泉域内渗漏段长 18.61 km，地表出露岩性以中奥陶统灰岩地层为主，渗漏性较强，汾河南岸还有冀家沟、王封沟等支流分布渗漏段。

（4）扫石—汾河二库大坝段，该段为汾河二库库区所在处，跨越了晋祠、兰村 2 个泉域，全长 16.96 km，其中属晋祠泉域的长度为 12.76 km，兰村泉域的长度 4.2 km。二库蓄水水位在 902.5 m 时，水面面积 2.992 km²。

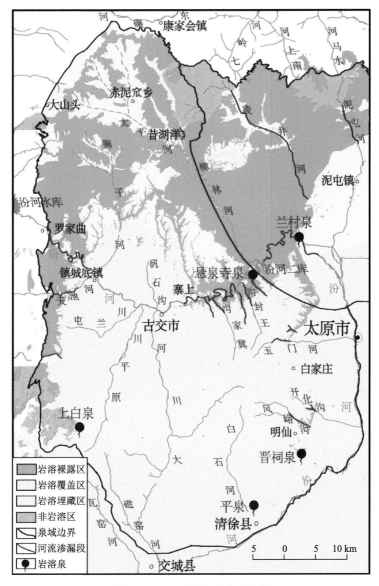

图 4-2　汾河渗漏段分布示意图

（5）兰村至三给段：该段位于太原盆地北部尖草坪区内，全长 14.90 km，为碳酸盐岩埋藏区，地表出露地层为第四系松散层，汾河河床底部砂砾卵石、中粗砂松散分布，渗漏性较好。该段虽不能直接渗漏补给岩溶水，但其渗漏量是下游西张水源地重要的补给来源，且从水资源评价的角度分析，应对其进行计算。

2）各支流渗漏段

河水渗漏补给是泉域内岩溶水的主要补给来源之一，纵观已有的工作成果报告，在计算河水渗漏量时均只计算汾河渗漏量，其原因主要是认为支流渗漏量已经在降水入渗补给量中等效计算，这样做也是合理的，但本次工作根据 1∶5 万晋祠—兰村泉域内地形、地质图、遥感影像图及野外实地调查情况，并结合前人工作成果，对各主要河流流域控制范围、过水情况、渗漏段长度进行了重新核实与确定。我们发现天池河、屯兰川、原平川、凌井河、泥屯河、柳林河在泉域内或泉域外围均有火成岩（或变质岩）区，该区域接受降水后不直接入渗补给岩溶水，但在地表径流随地表河流向下径流过程中对岩溶水造成间接补给，这部分水量应当计算在岩溶水的补给项中，因此对各支流的额外渗漏段进行分析是很有必要的。

泉域内沿汾河两岸分布有大小支流三十余条，流域面积大至数千平方公里，小的仅几十平方公里，自汾河上游至下游对岩溶水有直接或间接渗漏补给的主要支流有狮子河、天池河、屯兰川、原平川、大川河、柳林河、磺厂沟、王封沟、冀家沟、凌井河、泥屯河、杨兴河等，以及属于海河流域的乌河上游地区。

狮子河：起源于张咀坝山南麓，流经洞沟、冶元、嘉乐泉，从汾河左岸炉峪口南侧汇入汾河，流域位于古交市西北部，是汾河的一级支流，河道全长 29.6 km，河道平均纵坡 21.7‰，流域面积 177 km^2。调查发现，狮子河在冶元村上游灰岩裸露段已经干涸，仅在暴雨季节有短暂洪水，而在冶元村下游进入碳酸盐岩埋藏区，石炭系泥岩、页岩构成了河流的区域隔水底板，再加上嘉乐泉附近煤矿排水，使得狮子河内常年有水，目前河水实际长度为 7.44 km。分析认为，狮子河对晋祠泉域岩溶水的直接补给作用不大，仅在雨季通过地表径流汇水到汾河内，通过汾河径流渗漏补给岩溶水。

天池河：位于娄烦县南部，起源于小娄则山周家掌沟，流经天池店、王家崖、崖头，从古交镇城底北侧汇入汾河，为汾河一级支流，河流全长 30.67 km，河道平均纵坡降 26.6‰，流域面积 235.88 km^2。天池河在泉域外围火成岩地区接受降水后，在向下游径流至崖头村至顺道村碳酸盐岩裸露河段时，会对岩溶水形成渗漏补给，该渗漏段长度为 6.04 km。

屯兰川：位于古交市西南部，起源于铁史沟山南麓的叨岭沟，流经岔口、武家庄、姬家庄等地，在屯兰村汾河右岸汇入汾河，是汾河的一级支流，干流长度为 35.89 km，河道平均纵坡 14‰，流域面积 329.41 km^2。根据项目 2018 年 1～8 月在营立村布设的长观孔水位动态资料及邻近地区强家庄雨量站的月平均降水量动态资料（图 4-3）分析可知，2～3 月地下水位明显抬升，但此时降水量并未明显增大，且 3～6 月地下水位保持稳定，至 7 月降水量增大，地下水位出现二次抬升，分析原因可能有以下几点：①3 月地下水位抬升，可能是接受了冰雪融水形成的地表水渗漏补给；②4～6 月降水量不大但水位能够保持稳定，甚至在 4 月出现一个小的峰值，这是因为营立村附近基本无农业分布，该阶段无地下水开采，地下水主要接受河流渗漏补给；③到 7 月进入雨季，降水量增大，河流渗漏量增大，地下水位明显上升。因此可以认为，屯兰川在晋祠泉域东部外围变质岩区接受大气降水向下游汇流过程中，经康家庄至营立村碳酸盐岩裸露河段时会对岩溶水进行渗漏补给，该渗漏段长度为 3.75 km。

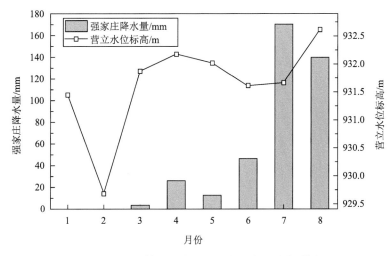

图 4-3　营立村钻孔地下水动态与降水量关系图

柳林河：位于阳曲县西端，发源于静乐县境内四棱山南麓的土地堂沟，流经静乐县安家庄、龙家庄等地后，于阳曲县前柳林村北部入太原境内，入境后河流经岭底、青崖槐、石槽、于悬泉寺西侧汇入汾河，是汾河的一级支流。河道全长 45 km，平均纵坡 23‰，其中太原段河道长度约为 28 km，平均纵坡 17.8‰。本次调查发现，目前柳林河仅在流经静乐县赤泥窊乡下双井、下马城、安子上村段的支流太平河及下村村至昔湖洋段的干流常年有水外，其他河段均只在洪水季节有短暂洪流。昔湖洋村北约 2 km 处，火成岩直接出露地表，在计算柳林河渗漏量时，主要计算该段对岩溶水的渗漏补给量，该渗漏段长度为 3.24 km。

风峪沟：位于西山山前，流域汇水总面积 39.06 km²，主要由石炭—二叠系煤系地层构成，面积达到 36.82 km²，奥陶系碳酸盐岩仅在黄冶、王家庄村下游的沟底，总的渗漏长度为 4.41 km。

开化沟：位于西山山前，流域面积 7.17 km²，其中石炭—二叠系煤系碎屑岩 6.45 km²，总的渗漏长度为 1.78 km。

风声河：位于西山山前，流域面积 3.015 km²，其中石炭—二叠系煤系碎屑岩 2.39 km²，总的渗漏长度为 1.63 km。

玉门河：位于西山山前，流域面积 15.92 km²，其中石炭—二叠系煤系碎屑岩 15.01 km²，总的渗漏长度为 3.44 km。

4. 降水量资料

1）降水量基础资料情况

为满足本次评价工作要求，掌握降水入渗补给地下水的分区规律，从气象、水利等各部门收集并结合已有成果报告(《古交市水资源评价报告》《晋祠泉水复流工程实施方案》)选用各类雨量站点28处，其中泉域内雨量站16处，泉域周边12处。泉域内平均雨量站网密度 169.5 km²/站，加上泉域周边各类站点，平均站网密度达到 96.89 km²/站，雨量站泰森多边形分区情况如图4-4所示。

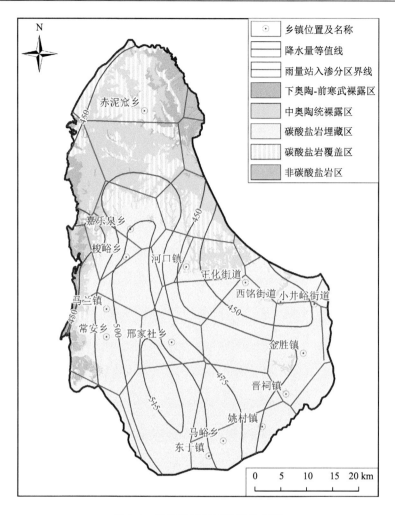

图 4-4　晋祠泉域雨量站网分布图

　　本次评价所选用雨量站除位于泉域北部静乐县赤泥窊乡桃府村雨量站资料参考前人的统计结果外，其余 27 站实测资料均在 10 年以上，其中 22 站实测时间长度在 45～60 年，占分析站总数的 78.57%。对同步期内缺、漏测的月、年降水量，分别采用相关、比拟法等进行内插及邻近站替代等方法，全部插补延展成分析时段（1956～2016 年），共计延展、插补 384 站年，占分析统计站年数的 23.31%。此后根据作为系列代表性分析的长系列站实测结果，对其他延展站数据进行合理性检查，最终全部雨量站选用分析时段（1956～2016 年）内均具有完整的 61 年降雨量系列。通过统计计算分析，各站降雨量离散系数（C_v）平均值为 0.254，最小站为草庄头站，为 0.227，最大站为炉峪口站，为 0.297；偏差系数（C_s）变化范围为–0.251～0.711；偏差系数 C_s 与离散系数 C_v 之比，即 C_s/C_v 值变化范围为–0.946～2.927。

　　2）降水量的地区分布及变化规律

　　根据本次工作中收集到的各雨量站资料分析，晋祠泉域内多年（1956～2016 年）平均降雨量为 460.5 mm。受地理位置及半干旱大陆性季风气候的综合影响,泉域内降雨量的年内、年际及地域分布极不均匀,具体表征如下。

(1) 泉域内冬季干燥少雨,夏季雨量集中,分布极为不均。据统计,太原站多年(1956～2016 年)逐月平均降水量中 6～9 月降水量占年内降水总量的 73.2%,而 12 月到次年 3 月,是泉域内降水量最小的时期,仅占全年降水总量的 5.68%(图 4-5)。

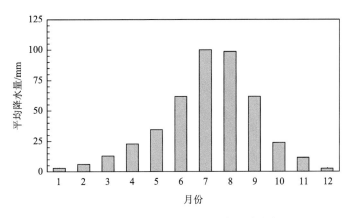

图 4-5　太原站多年逐月平均降雨量分布

(2) 降水量年际变化差别较大。28 站多年最大平均降水量(1964 年,695.52 mm)是最小降水量的(1972 年,224.57 mm)3.1 倍;将计算时段划分为 3 段,如图 4-6 所示,1956～1980 年及 2001～2016 年为相对丰水期,多年平均降水量分别为 487.178 mm 及 461.554 mm,两个时段均高于泉域 1956～2016 年多年平均降水量 460.5 mm,而 1981～2000 年为相对枯水期,多年平均降水量仅为 426.309 mm。

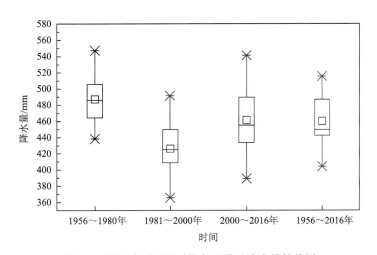

图 4-6　晋祠泉域不同时期各雨量站降水量箱线图

(3) 泉域内不同地区多年平均降水量随海拔高度的变化趋势有所不同(图 4-7),盆地区及碳酸盐岩埋藏区均表现为随海拔高度升高降水量逐渐增高,而碳酸盐岩裸露区随海拔升高降水量呈现出下降的趋势，这可能是地表植被覆盖率、岩性特征、产流情况综合影响的结果。

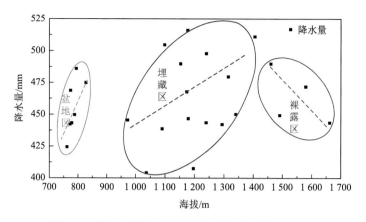

图 4-7　晋祠泉域各雨量站多年降水量与海拔的关系

（4）在资料整理的基础上，将分析计算所得的单站 1956～2016 年降水量均值点绘在工作底图上，在绘制降水量等值线时，根据所采用的资料精度、地理位置、地形和气候等因素，综合分析等值线的合理分布，既要考虑各站点的统计数据，又不拘泥于个别点数据，避免造成等值线过于曲折或产生许多中心。由图 4-4 可以看出，晋祠泉域多年平均降水量中心位于嘉乐泉—古交—邢家社—草庄头一带，多年平均降水量 467～515 mm，泉域北部及东部地区多年平均降水量 407～467 mm，盆地内多年平均降水量 448～510 mm。总体而言，碳酸盐岩裸露区的降水量小于碳酸盐岩覆盖区。

5. 河川径流量资料

汾河水库位于汾河上游，地处娄烦县杜交曲镇下石家庄村北，上距汾河发源地管涔山 122 km，下距太原市 83 km，控制流域面积 5 268 km²，最大回水长度 18 km，最大回水面积 32 km²，于 1958 年开始建设，1961 年运行，设计库容 7.21 亿 m³，是一座以防洪、灌溉为主，兼顾发电、养鱼的大（Ⅱ）型水利枢纽。水库下游下石家庄村设有汾河水库水文站，多年平均径流量 9.44 m³/s。寨上水文站位于古交市寨上村汾河干流上，1953 年 7 月设立，控制流域面积 6 819 km²，流域平均宽度 40.6 km，河道纵坡 3.73‰，自汾河水库到寨上，区间较大的支流有狮子河、屯兰川、原平川、天池河和大川河，多年平均径流量 10.80 m³/s。兰村水文站于 1943 年 5 月、1945 年 9 月停测，1959 年 4 月重设，是山西省设立最早的水文站之一，控制流域面积 7 705 km²，兰村—寨上水文站区间控制流域面积 886 km²，柳林河是区间内主要支流，多年平均径流量 11.04 m³/s。

为准确评价泉域内地表河流对地下水的渗漏补给量，本次工作收集了汾河干流上汾河水库、寨上、兰村三个水文站 1956～2016 年逐月的径流量资料（汾河水库 1958 年 7 月开始拦洪蓄水，故资料始于 1958 年），各水文站径流量、降水量及动态曲线分别如表 4-2、图 4-8 所示。

表4-2　汾河水库、寨上、兰村水文站多年平均径流量、降水量

月份	水文站					
	汾河水库		寨上		兰村	
	径流量/万 m³	降水量/mm	径流量/万 m³	降水量/mm	径流量/万 m³	降水量/mm
1	167.35	1.55	270.72	1.63	519.07	3.06
2	474.47	4.63	534.88	4.44	688.32	7.01
3	8 223.58	10.68	7 774.90	10.22	7 321.32	14.24
4	3 604.06	22.50	3 598.75	22.02	3 682.95	25.43
5	2 415.68	34.32	2 364.21	35.97	2 533.30	37.86
6	3 114.07	64.07	3 253.76	64.44	3 278.23	67.67
7	3 125.31	107.43	4 223.14	106.99	4 238.74	111.40
8	3 320.14	100.38	5 022.34	97.27	5 242.93	108.60
9	2 235.17	63.15	3 147.06	63.29	3 166.17	68.18
10	802.98	25.31	1 301.92	25.06	1 421.40	26.50
11	1 547.97	8.68	1 657.56	11.27	1 716.36	13.06
12	753.06	2.44	902.73	2.12	1 011.64	2.92
合计	29 783.88	445.14	34 052.00	444.72	34 820.43	485.94

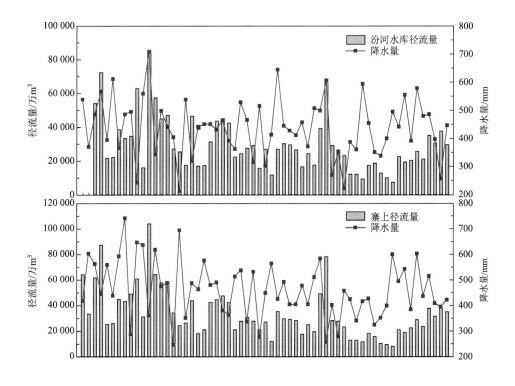

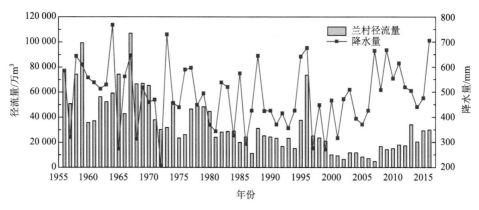

图 4-8　汾河水库、寨上、兰村水文站径流量与降水量动态曲线

从图 4-8 中可以看出，汾河水库水文站径流量与降水量变化趋势基本一致，寨上、兰村水文站径流量相对于降水量出现明显的滞后性，且三个水文站径流量逐渐增大，说明汾河干流在径流过程中接受了区间来水。按月均流量整理后，三个水文站均在 3 月平均放水量最大，这主要是为满足下游农业用水的需求，同时排泄库区水量，迎接汛期雨洪；寨上水文站过水量与兰村水文站相当，且兰村水文站径流量略大于寨上水文站，这说明寨上到兰村段，汾河干流接受的区间来水量除下渗补给岩溶水外，还有部分水量顺河道向下游径流排泄。

6. 汾河二库蓄水过程

汾河二库位于太原市西北 30 km 的汾河干流上，是一座以防洪、供水为主，兼具有发电、旅游、养殖等综合效益的大（Ⅱ）型水利枢纽工程。水库控制流域面积 2 348 km²，设计蓄水水位 905.7 m，总库容 1.33 亿 m³，为 100 年一遇洪水设计，1000 年一遇洪水校核。汾河二库大坝为碾压混凝土坝，坝顶高程 912 m，坝底汾河河道高程 855 m，坝高 88 m，顶宽 7.5 m，长 228 m（段君才，2008），于 1997 年 8 月 15 日开始浇筑，至 1999 年 8 月浇筑至坝顶，两年时间内浇筑混凝土 44 万 m³，为太原市的防洪安全筑起了坚固的屏障（陈连瑜，2004）。2007 年大坝主体工程验收后转入运行阶段，但因坝基存在渗漏问题，汾河二库一直处于低水位运行阶段，据汾河二库管理局工作人员介绍，2006 年以前，二库蓄水位一直处于 886 m 以下，直到 2013 年底，才对遗留的工程进行帷幕灌浆。图 4-9 为汾河二库 2014 年 5 月至 2016 年 10 月逐日蓄水水位曲线，可以看出，2014 年 5 月以来，二库蓄水水位逐渐增加到 900 m 左右，此后蓄水水位波动幅度逐渐减小，截止到 2016 年 10 月，本次工作实地调查访问，二库水位稳定在 898.0～900 m 左右，并于 2016 年 7 月 22 日蓄水位最高，达到 902.52 m。

二、水文地质参数

用于地下水数值模拟及水量评价的水文地质参数主要包括两大类，一类是用于计算各补排量的经验系数和参数，对于本工作区来说主要包括降水入渗补给系数、河流渗漏率、地表产流系数、蒸散发强度等；另一类是含水层的水文地质参数，包括潜水含水层的渗透系数、给水度、承压含水层的储水系数等。

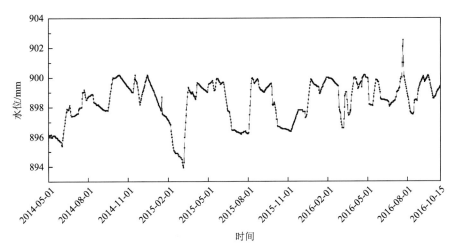

图4-9　2014年5月～2016年10月汾河二库逐日蓄水水位

（一）降水入渗补给系数

降水入渗补给系数为降水入渗补给地下水量与降水量之比值，可分为次降水入渗补给系数 $\alpha_{次}$ 与年降水入渗补给系数 $\alpha_{年}$。年降水入渗补给系数为年内所有场次降水入渗补给量总和与年降水总量的比值，其表达式为

$$\alpha_{年} = \frac{\sum_{i=1}^{n} Q_{ri}}{P_{总}} \tag{4-1}$$

式中，Q_{ri} 为场次降水入渗补给量（mm）；i 为年内降水次数；$P_{总}$ 为年降水总量。

本次工作中主要对年降水入渗补给系数进行论证研究。它不仅与地形地貌及降雨强度有关，而且与包气带岩性、厚度、结构及前期含水量有关。根据本区域降水特征与地下水位动态监测情况得知，孔隙水区，地下水位埋深浅，降水入渗到地面所需时间短，一般在降雨几天后就可使地下水位上升；岩溶水区，地下水位埋深大，包气带厚度也大，降水入渗到地下水面的时间长，一般地区水位上升时间滞后 2～3 个月。针对晋祠—兰村泉域降水对地下水特别是岩溶水降水入渗补给系数的研究，前人已经做过很多工作。

山西省第一水文地质工程地质队自 20 世纪 70 年代以来，在此方面做了大量工作，1978 年完成的《太原市兰村水源地储量计算与资源评价》中给出碳酸盐岩裸露区降水入渗补给系数为 0.33；1984 年完成的《山西岩溶大泉》一书中，兰村泉域岩溶区降水入渗补给系数取值为 0.322；同年，完成的《太原西山地区岩溶水资源评价研究报告》，综合使用回归分析、地下水均衡分析、水文过程分析等方法，得出降水入渗补给系数在强岩溶发育区为 0.31，在灰岩黄土浅覆盖区为 0.1，在岩溶发育中等至一般区为 0.2～0.3；1989 年完成的《山西省太原市地下水资源管理模型研究报告》中，根据实测资料认为太原地区能够对岩溶水产生入渗补给的有效降水在 5～10 月，碳酸盐岩裸露区有效降水入渗补给水系数在 0.3 左右，在低凹的沟谷地带、构造裂隙发育及岩溶发育地带地下水入渗补给系数在 0.31 以上，岩溶覆盖区及埋藏区降雨入渗量极小，可以忽略不计。1993 年韩行瑞等完成的《岩溶水系统——山西岩溶大泉研究》一书中，兰村泉域碳酸盐岩裸露区降水入渗补给系数取值为 0.25；2005 年由太原市水务局组织完成的《太原市水资源评价报告》根据 1956～2000 年降雨量资料，在假设汾河多年渗漏量基本相同的情况下，采用均衡法反推出碳酸盐岩裸露区降水入渗补给系数，即晋祠泉域降水入渗补给系数为 0.21，兰村泉域降水入渗补给系数在 1956～1979 年为 0.21，在 1980～2000 年为 0.18；同年古交市水务局完成的《古交市水资源评价报告》中碳酸盐岩地层分布区降水入渗补给系数采用 0.22～0.24，碎屑岩夹碳酸盐区采用 0.07～0.08，碎屑岩分布区采用 0.03～0.05，变质岩、火成岩分布区采用 0.034，第四系冲洪积层采用 0.20，黄土覆盖区采用 0.10；同年，太原市水利科学研究所完成的《山西省太原市兰村泉域岩溶水资源保护规划报告》中提出，1956～1979 年碳酸盐岩区降水入渗补给系数为 0.20，非碳酸盐岩区为 0.003，1980～2003 年碳酸盐岩区降水入渗补给系数为 0.20，非碳酸盐岩区降水入渗补给系数为 0.002。

本次工作中涉及地下水资源评价的不仅是岩溶水，也包括了盆地孔隙水，故而在确定降水入渗补给系数时，分别对岩溶水降水入渗补给系数及孔隙水降水入渗补给系数进行论述。

1. 岩溶水降水入渗补给系数

1）强岩溶区降水入渗补给系数

强岩溶区指中奥陶统碳酸盐岩裸露区。本次工作中在对强岩溶区大气降水入渗补给系数进行计算时，根据位于山西省古交市嘉乐泉乡洞沟村泉水观测站的实测数据，采用氯量平衡法进行计算，具体计算原理如下。

自然状态下，降水入渗携带进入包气带的氯离子由两部分组成：一部分是雨水中溶有的氯离子成分，这部分称为湿沉降；另一部分是在非雨季，大气中含有氯离子的尘埃沉落在地表，被降水在地表溶解后携带进入包气带，称之为干沉降。这两部分共同成为自然状态下降水输入氯离子的来源。干、湿沉降的氯离子主要来源于海洋的水汽云团，因此，降水输入中氯离子含量随着远离海岸而降低表现出大陆效应，其中主要体现在干沉降部分所占的比例。湿沉降的含量一般通过采集系列雨水样测试来确定平均输入浓度，而干沉降的含量因空间不同位置、地形、植被条件而变化较大。距海岸愈近干沉降所占比例愈大；地形变化强烈，对风向、风速、风力大小影响愈显著，捕获、截取大气尘埃的机会愈多，干沉降比例愈大。

通过地表氯沉降的总量与观测井中测定的地下水中氯离子浓度，可以确定地表对地下水的入渗补给量。该方法存在两个假设条件，一是地下水中氯离子主要来源于大气降水；二是降水全部被蒸发或者下渗补给地下水。在没有产生径流的前提条件下，已知降雨量、降雨中氯离子浓度和地下水中氯离子浓度，根据氯量平衡，入渗量与降水入渗补给系数可以通过下列公式进行计算：

$$R = \frac{P \cdot \mathrm{Cl}_p}{\mathrm{Cl}_{gw}} \qquad (4\text{-}2)$$

$$\alpha = \frac{R}{P} = \frac{\mathrm{Cl}_p}{\mathrm{Cl}_{gw}} \qquad (4\text{-}3)$$

式中，R 为入渗量（mm）；P 为多年平均降水量（mm）；Cl_p 为降水中氯离子浓度（mg/L）；Cl_{gw} 为地下水中氯离子浓度（mg/L）；α 为降水入渗补给系数。

若考虑径流和干沉降的影响，可以将公式修正为

$$\alpha = \frac{R}{P} = \frac{F_w + F_d}{F_{gw}} \qquad (4\text{-}4)$$

其中，地下水中氯离子量：

$$F_{gw} = P \cdot A \cdot \mathrm{Cl}_{gw} \qquad (4\text{-}5)$$

大气氯离子干沉降量：

$$F_d = V \cdot \mathrm{Cl}_d \cdot A / \left(\pi \cdot r_d^2\right) \qquad (4\text{-}6)$$

大气氯离子湿沉降量：

$$F_w = P \cdot A \cdot \mathrm{Cl}_w \cdot (1 - C_r) = V_w \cdot \mathrm{Cl}_w \cdot A \cdot (1 - C_r) / \left(\pi \cdot R_w^2\right) \qquad (4\text{-}7)$$

式中，F_d、F_w 为大气氯离子干、湿沉降量，mg；A 为补给区面积；Cl_d 为干沉降的氯离子浓度，mg/L；V 为干沉降定容体积；V_w 为湿沉降集雨体积；R_w 为集雨器半径；R_d 为干沉降桶半径，0.075 m；C_r 为径流系数。

根据上述方法，项目在晋祠泉域内选择的典型上层滞水小泉域进行了长期的观测试验，并计算出中奥陶统碳酸盐岩裸露区降水入渗补给系数，现做详细介绍。

（1）试验场地的选取。上述原理中湿沉降氯的主要来源是雨水，干沉降氯的主要来源是尘土，如试验区水的循环过程中有其他氯源，必然影响计算结果，需进行修正处理，这必然对试验场地的选取提出比较高的要求，例如，从包气带到含水层-排泄区，地层中不能有岩盐等矿物存在，入渗区不能有人畜生活活动，不能有耕地（农家肥使用）。同时，水位埋深具有一定深度，避免蒸腾作用改变水的浓度，此外，为降低含水层在一时期内对氯离子的调蓄作用，循环系统要较小（尽量不要有大的储存量）。根据这些原则，在晋祠泉域内经过大量的野外调查，我们选择测区内古交市嘉乐泉乡洞沟村的表层岩溶泉作为试验场地，现场如图 4-10 所示。

该场地位于狮子河河谷内，沟谷内出露为下奥陶统的白云岩，沟谷东侧为中奥陶统下马家沟组地层，受下马家沟底部泥灰岩的阻水，在局部形成了上层滞水泉，泉水一般不断流，泉水流量受降水影响较大，遇特枯年份泉水断流，泉水旁边有一小型蓄水池，供周围村民及牲畜生活用水。特殊的地貌使得山上几乎没有人类活动，基本处于天然状态，小泉水距山顶约 50 m，山上也不存在外来地表径流，因此，水中氯的来源即来自上述干、湿沉降，是开展氯量平衡试验的理想场地。

（2）试验工作。试验场附近布设雨量观测站，并部署取样 2 处，分别是降水和泉水。取样工作从 2016 年 5 月开始到 2017 年 4 月结束，取样将降水和泉水成对开展，一般在

降雨后 1～5 天内取泉水样，试验期内共获得降水和泉水样品 26 组，分别测定其氯离子浓度，降水和泉水样品的氯离子浓度月均值如图 4-11 所示。

图 4-10　洞沟村氯量平衡试验场

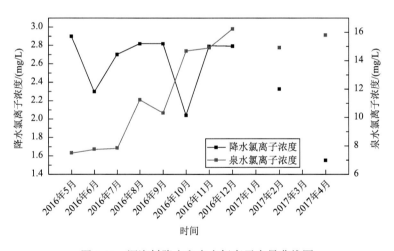

图 4-11　洞沟村降水和泉水氯离子含量曲线图

（3）试验结果计算分析。对分析测定数据采用式（4-4）获得的试验场的降水入渗补给系数为 0.21，本次试验中由于未考虑氯的干沉降，造成的结果可能会偏小。但是，由于试验场地处太行山西侧，远离海洋，氯的干沉降量比较少，对计算的结果影响可以忽略，同时，现估算的结果与前人在该地区地下水资源评价采用 0.22～0.24 的数据比较接近，故该成果可以在泉域的地下水资源评价中使用。

2）弱岩溶区降水入渗补给系数

弱岩溶区主要指分布于泉域西部、北部及河谷地带的下奥陶统、中—上寒武统碳酸盐岩裸露区。前人工作成果资料中，多是采用排泄量法对晋祠、兰村泉域内碳酸盐岩裸露区降水入渗补给系数进行估算，而不细分中奥陶统地层与下奥陶统、中—上寒武统，且目前本次工作区内无对岩溶发育一般区的单独降水入渗观测站，故根据前人资料，采用邻近地区即盂县北部兴道泉域观测资料进行分析。兴道泉域面积 75 km²，地表出露地层为上寒武统、下奥陶统碳酸盐岩，泉水多年平均流量为 0.16 m³/s，合地下径流深值 67.3 mm，据泉域附近气象资料，多年平均降水量为 546.0 mm，据此算出兴道泉域降水入渗补给系数为 0.123，以此作为本次工作区内岩溶发育一般区降水入渗补给系数计算结果。

3）碳酸盐岩覆盖区降水入渗补给系数

由于土层的覆盖，降水对岩溶水的入渗补给途径发生了根本的改变，因此其入渗量与碳酸盐岩裸露区不能一概而论。晋祠—兰村泉域内碳酸盐岩覆盖区主要位于泉域西北部及东北部山间沟谷、泥屯盆地、西烟盆地及大盂盆地等地区，岩性多为亚黏土含薄层亚砂土，覆盖层厚度不等，水位埋深多大于 5 m，大气降水降落到地表后，经覆盖层入渗补给岩溶水的过程要滞后于降水的过程，其滞后时间的长短、特征与覆盖层的岩性、厚度、粒径、含水量等直接相关。根据本次搜集的 18 个雨量站 1956~2016 年降水量资料，得知评价区内多年平均降水量为 455.19 mm，因太原地区碳酸盐岩覆盖区降水入渗补给系数的研究较少，本次工作参考 2005 年《太原市水资源评价报告》中盆地区降水入渗补给系数计算成果（表 4-3），即参考降水量 400~500 mm 时水位埋深大于 5 m 的情况，并假设所有入渗到 5 m 以下的降水都能够补给到岩溶水（实际此种假设使得降水入渗补给系数偏大）。因第四系松散层岩性主要为亚砂土与亚黏土互层，故本次计算取二者降水入渗补给系数较小值，即 0.043。

表 4-3 盆地孔隙水区降水入渗补给系数

岩性/埋深	0<埋深≤2 m	2<埋深≤3 m	3<埋深≤4 m	4<埋深≤5 m	埋深>5 m
亚砂土	0.055	0.068	0.062	0.052	0.043
亚黏土	0.158	0.174	0.153	0.126	0.073
平均值	0.106 5	0.121	0.107 5	0.089	0.058
面积/km²	43.88	22.49	20.49	21.25	505.71

4）碳酸盐岩埋藏区、前寒武系变质岩及中生代火成岩区降水入渗补给系数

石炭系或新近系泥岩、页岩构成了工作区内碳酸盐岩埋藏区的隔水顶板，大气降水降落到地表后，很难透过泥页岩相对隔水层补给岩溶水；前寒武系变质岩及中生代火成岩区透水性差，且构成了岩溶水的隔水边界，故在本次工作中认为碳酸盐岩埋藏区及前寒武系火成岩、变质岩区降水入渗补给系数为 0。

2. 太原盆地孔隙水降水入渗补给系数

盆地孔隙水降水入渗补给系数与降水量、含水层岩性、地下水位埋深及土壤含水量等关系密切，因工作区内土壤岩性主要为亚砂土与亚黏土互层，故本次工作在确定孔隙

水降水入渗补给系数时，主要参考2005年《太原市水资源评价报告》中的盆地孔隙水入渗补给系数成果，采用亚砂土、亚黏土在年降水量为400～500 mm时的平均值，不同地下水位埋深值所对应的降水入渗补给系数如表4-3所示。

另需要说明的是，因在计算岩溶水降水入渗补给系数时已经对泥屯盆地、大盂盆地所在处的碳酸盐岩覆盖区进行了降水入渗补给系数计算，为避免重复计算补给量，在计算盆地孔隙水降水入渗补给系数时将此重复区域降水入渗补给系数设为0，如图4-12所示。

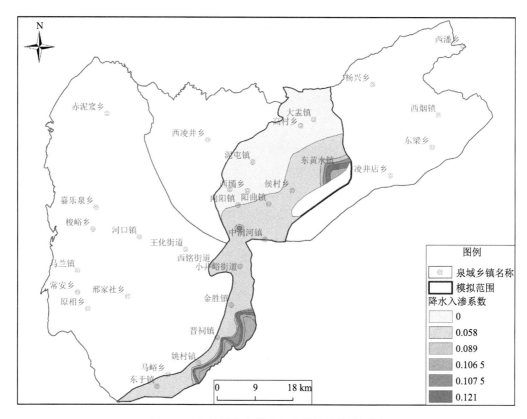

图4-12　盆地孔隙水降水入渗补给系数分区图

（二）蒸散发系数

影响蒸散发系数的主要是气象因素、非饱和带的岩性和地下水位埋深等，水面蒸发主要反映气象因素，因此一般情况下，把同一时段内潜水蒸发量与相应的水面蒸发量的比值定义为潜水蒸散发系数，符号用 C 表示，计算公式为

$$C = \frac{E_g}{E_0} \tag{4-8}$$

式中，C 为潜水蒸散发系数；E_g 为潜水蒸发量（mm）；E_0 为 E_{601} 型蒸发器蒸发量（mm）。

前人在本区开展地下水资源评价及模型建立工作过程中，认为本区地下水蒸发极限深度为 5 m。因岩溶水潜水区地下水位埋深均在 5 m 以上，承压水区又有隔水顶板阻隔，故本次工作不计算岩溶水蒸散发量，而只对盆地孔隙水区进行计算。参照前人工作成果，结合第四系松散层岩性特征，确定本次工作中潜水蒸散发系数如表 4-4、图 4-13 所示。

表 4-4　盆地孔隙水区潜水蒸散发系数

岩性/埋深	埋深≤1 m	1＜埋深≤2 m	2＜埋深≤3 m	3＜埋深≤4 m	4＜埋深≤5 m	埋深＞5 m
蒸散发系数	0.589	0.155	0.058	0.028	0.019	0
分布面积/km²	31.14	28.68	27.44	27.04	32.22	943.91

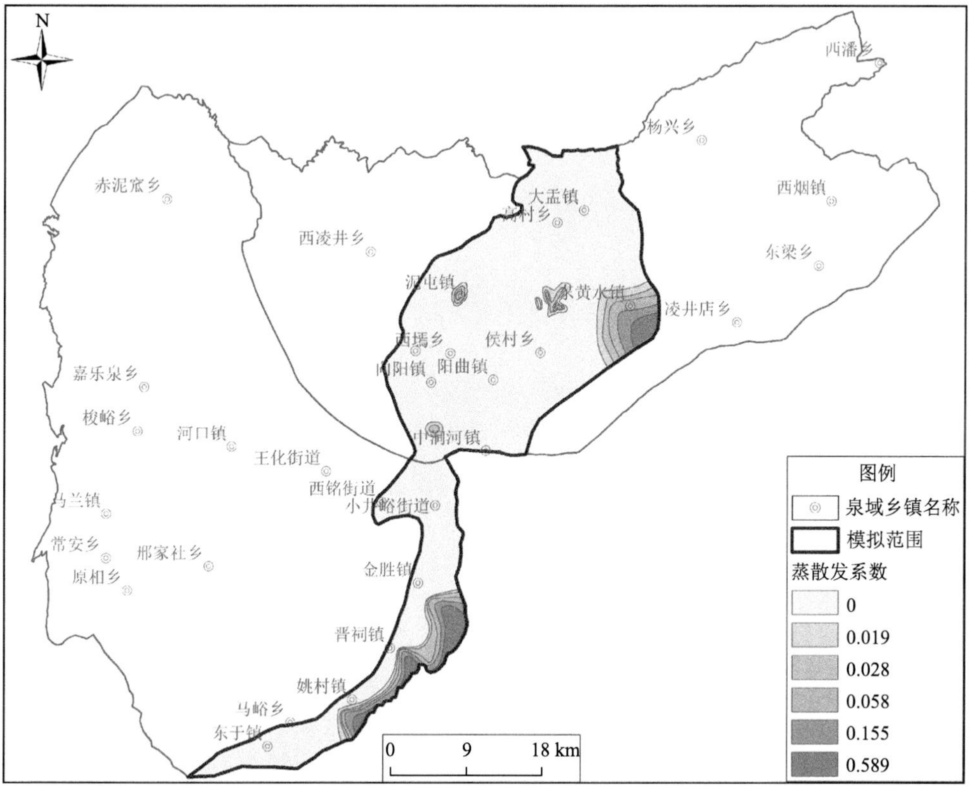

图 4-13　盆地孔隙水区潜水蒸散发系数分区图

（三）地表径流系数

地表径流系数是指一定时间段内的径流深与同一时间段内的降水量的比值，其表达式为

$$\beta = \frac{R}{P} \tag{4-9}$$

式中，β 为地表径流系数；R 为时段内的径流深，mm；P 为时段内的降水量，mm。

地表径流系数说明了流域内的降水量转化为地表径流量的比率，综合反映了流域内地质、地理环境要素对降水和径流的影响。目前针对工作区内各主要岩性地表径流系数的研究相对较少，本次工作主要采用邻近相似地区的相关试验、观测、分析计算结果，根据地质条件，分别对松散岩类、碎屑岩类、碳酸盐岩类、变质岩类地区地表径流系数进行叙述。

松散岩类地区地表主要覆盖第四系松散沉积物，包括各类黄土、砂土、砂砾卵石。因结构疏松，透水、吸水性能均好，特别是在平原区和黄土裂隙溶洞发育的地区，地表径流系数很小。本次工作松散层岩类地区地表径流系数参考昕水河大宁水文站 1956～2013 年观测资料，该水文站控制流域面积 3 392 km²，除上游局部（龙子祠泉域内 71.2 km²）为碳酸盐岩外，基本为碎屑岩地层，约 80% 被黄土覆盖。多年平均径流量 1.260 8 亿 m³/a（实测流量），流域内除了上游克城一带有少量煤矿影响外，基本没有大的人为因素影响。按照流域降水量 521.48 mm，计算得多年平均径流深为 37.15 mm，地表径流系数为 0.071 3。

碎屑岩类地区地表出露岩性主要包括砂岩、页岩、泥岩、砾岩等，因其岩性较变质岩松软，层理、节理发育，裂隙多，透水性相对较好。一般情况下，地表径流形成条件较好，但地表径流系数不及变质岩类。本次工作参考桃河阳泉水文站1956～2000 年实测资料，该水文站控制流域面积 503 km²，流域内主要分布石炭—二叠系煤系地层，计算得多年天然年均径流量 4 770 万 m³/a，同期流域平均降水量为 514.72 mm，换算径流深 94.83 mm，其地表径流系数为 0.184 2。

碳酸盐岩类主要包括沉积岩中的各类灰岩，此类岩石可溶性较好，裂隙、溶洞高度发育，透水性强。碳酸盐岩类分布区地表径流形成条件极差，通常情况下，地表径流系数小于 5%。本次工作参考设立在岔口河罗面咀和岭南河前石窑灰岩裸露区的水文观测站的实测资料。在阳泉市第一次水资源评价中，对1978 年以来降水量和地表产流量进行相关分析后，通过延长系列，求得罗面咀站多年平均径流深为 8.8 mm，前石窑站多年平均径流深为 11.5 mm。阳泉市水文水资源勘测局对 1980～2000 年两站平均地表径流深计算结果为 4 mm。本次评价工作中取上述两个时期计算结果的平均值，即岩溶强烈发育区的地表径流深采用 7.1 mm 作为评价值。同期阳泉水文站多年平均降水量为 548.16 mm，进而计算得碳酸盐岩区地表径流系数为 0.012 9。

变质岩类包括各类岩浆岩（玄武岩除外）和侵入岩。此类岩石岩性坚硬，裂隙发育弱，透水性差。其水文效应表现为地表径流形成条件好，地表径流系数大。本次工作变质岩区地表径流系数参考文峪河岔口水文站 1958～2009 年径流量资料。该水文站控制流域面积 492 km²，流域内全部为变质岩和火成岩，多年平均来水量为 6 415 万 m³，即 2.03 m³/s，换算流域年径流深为 130.39 mm。采用后戴家庄、惠家庄、水峪贯、窑儿上等6 个雨量站计算得同期流域内年平均降水量为 544.14 mm，变质岩区地表径流系数为 0.239 6。

（四）河流渗漏率

河流渗漏包括两种情况，一是汾河干流对岩溶水及盆地孔隙水的渗漏补给；二是汾河各支流在流域面积内或流域外围接受变质岩、火成岩等地区产流后流入泉域范围内，而在碳酸盐岩裸露区段径流过程中对岩溶水的额外渗漏补给。河流渗漏量的大小受河床下地层渗透性的大小、河水流量、过水时间等影响。河床下地层的渗透性又与岩性、构造裂隙、岩溶发育情况有关。在计算各段渗漏率时主要参考山西省水文水资源勘测总站实测流量与渗漏量的关系曲线，但综合考虑河床径流过程中接受区间来水的情况。

按照水均衡原理，河流各区段平均渗漏量可用下式表示：

$$Q_{渗} = Q_{上} + Q_{区} - Q_{下} \tag{4-10}$$

式中，$Q_{渗}$ 为计算时段内河流渗漏量，m^3/s；$Q_{上}$ 为计算时段内上游断面来水量，m^3/s；$Q_{区}$ 为计算时段内区间来水量或变化量，包括区间支流流入量、泉水流出量、污水排入量、区间引水量、水面蒸发量等，m^3/s；$Q_{下}$ 为计算时段内下游断面过水量，m^3/s。

可根据上述水均衡方程式确定河段渗漏量，进而计算河段渗漏量占上游来水量的百分数（渗漏率），作为分析渗漏率与入流量之间对应关系的依据。上述方程可简化为以渗漏率 θ 表示的渗漏曲线，渗漏率按下式计算：

$$\theta = \frac{Q_{渗}}{Q_{上} + Q_{区}} \times 100\% \tag{4-11}$$

式中，θ 为计算时段内的渗漏率，无量纲；其他符号意义同式（4-10）。

（1）汾河干流渗漏段渗漏系数

汾河干流渗漏系数分段中，汾河水库—寨上段与寨上—扫石段主要参考山西省水文水资源勘测总站实测渗漏系数成果（表 4-5），根据表 4-5 分别绘制出两个渗漏段的渗漏关系曲线如图 4-14、图 4-15 所示，但注意到该实测过程及计算过程是在枯水期假设区间来水量即 $Q_{区}$ 接近于 0 的情况下进行的，而就三个水文站多年实测平均过水量看（表 4-2），下游过水断面水量总是大于上游断面，这说明区间来水量不容忽视。

表 4-5　河道渗漏关系成果表

上游来水量/(m³/s)	汾河水库—寨上段		寨上—扫石段	
	渗漏量/(m³/s)	渗漏率/%	渗漏量/(m³/s)	渗漏率/%
1	0.35	35.00	0.19	19.00
2	0.47	23.50	0.26	13.00
5	0.58	11.60	0.32	6.40
10	0.71	7.10	0.39	3.90
15	0.85	5.67	0.47	3.13
20	0.98	4.90	0.54	2.70
30	1.20	4.00	0.66	2.20
40	1.39	3.48	0.76	1.90
50	1.56	3.12	0.85	1.70
60	1.70	2.83	0.93	1.55
80	1.97	2.46	1.07	1.34

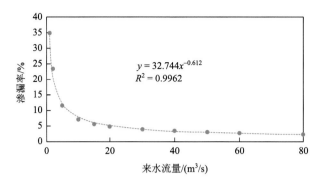

图 4-14　汾河水库—寨上段渗漏关系曲线（资料来源于山西省水文水资源勘测总站）

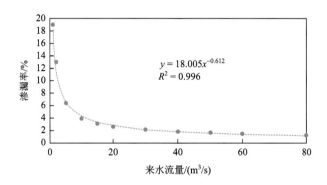

图 4-15　寨上—扫石段渗漏关系曲线（资料来源于山西省水文水资源勘测总站）

本次计算过程中仍然采用图 4-14、图 4-15 中的渗漏关系曲线，但在计算过程中增加了区间产流量对河道渗漏量的影响，具体做法如下。

汾河水库—寨上段主要渗漏段在罗家曲到镇城底，罗家曲上游泉域外围地区松散层分布面积 43.04 km^2，碎屑岩地区分布面积 2.76 km^2，变质岩地区分布面积 32.20 km^2，受火成岩、变质岩区域隔水底板的影响，这些地区在接受降水后很难下渗，而是形成地表径流，在流域出口罗家曲汇入汾河。因此，在计算汾河水库—寨上段渗漏率时，采用如下关系式：

$$\theta_1 = 32.744 \times \left(Q_{水库} + Q_{区间} \right)^{-0.612} \tag{4-12}$$

式中，θ_1 为汾河水库—寨上段渗漏率；$Q_{水库}$ 为汾河水库放水量，m^3/s；$Q_{区间}$ 为区间来水量，m^3/s。

根据 1985 年 3 月 13 日至 4 月 1 日汾河水库放水量与下游断面测流量试验数据，当汾河水库平均放水量为 15.9 m^3/s 时，罗家曲—镇城底段的渗漏量约占汾河水库—寨上段的 68%；根据《古交市地下水资源评价报告》，当汾河水库放水量在 10～20 m^3/s 时，罗家曲—镇城底段的渗漏量占汾河水库—寨上段渗漏量的 64%～67%，汾河水库多年平均放水量为 9.44 m^3/s，故本次计算过程中，采用罗家曲—镇城底段渗漏率为 67%。

寨上—扫石段汾河在径流过程中主要接受两岸紫金沟、山洋沟、大沙沟、半沟、随老母沟、冀家沟等沟谷的汇流补给。因寨上—扫石段渗漏关系曲线上游来水量系指寨上水文站过水量，而汾河在整个径流段接受区间来水，为简化计算过程，我们将各沟谷汇水量总和的一半作为区间来水量，采用式（4-13）计算该段渗漏率。

$$\theta_2 = 18.005 \times (Q_{寨上} + Q_{区间} / 2)^{-0.612} \qquad (4-13)$$

式中，θ_2 为寨上—扫石段渗漏率；$Q_{寨上}$ 为寨上来水量，m^3/s；$Q_{区间}$ 为区间汇水量，m^3/s。

（2）支流渗漏率

对晋祠泉域岩溶水有额外渗漏的支流主要有天池河、屯兰川、柳林河及西山山前开化沟、风峪沟、玉门河等。

天池河在泉域外围上游汇水面积 139.44 km^2，其中包括变质岩区 60.56 km^2，松散层区 78.88 km^2，降水形成地表径流后，因受区域隔水底板的阻挡，很快在崖头村汇入天池河，其渗漏主要发生在崖头—顺道村，在计算其渗漏率时参考汾河水库—寨上段渗漏关系曲线，但因两段渗漏长度相差较大，故在计算过程中需乘以天池河渗漏段长度与罗家曲—镇城底段渗漏长度的比值 6.04÷21.61≈0.28。

屯兰川在泉域外围上游汇水面积 170.36 km^2，其中包括变质岩区 119.47 km^2，松散层区 50.89 km^2，其渗漏段主要为康庄—营立段，长度为 3.75 km，在计算其渗漏率时参考汾河水库—寨上段渗漏关系曲线，并乘以屯兰川渗漏段长度与罗家曲—镇城底段渗漏长度的比值 3.75÷21.61≈0.17。

柳林河上游土堂村、杀虎沟、沙滩村一带变质岩区接受降水入渗补给，产流面积 29.04 km^2，其中包括变质岩区 14.54 km^2，松散层区 14.5 km^2，降水形成地表水后，在沙滩村汇集流入碳酸盐岩裸露区，至前岭底附近（长度约为 5.92 km）全部渗漏，河道干枯断流，因此认为柳林河在此段渗漏率为 100%。

2017 年 11 月 12 日，项目实测风峪沟碳酸盐岩渗漏段上游黄冶断面流量为 9 336.82 m^3/d，碳酸盐岩渗漏段下游出山口流量 6 526.38 m^3/d，未计程家峪支沟等区间来水的渗漏量为 2 810.44 m^3/d（同年 8 月的水化学分析结果：TDS = 2 730 mg/L，SO_4^{2-} = 1 696 mg/L）。渗漏段长 4.413 km，单位公里长漏失系数 0.080 6。西山山前各支流的渗漏参数均采用该数值。

（五）渗透系数

根据泉域内地质、水文地质条件，结合本次调查工作中收集到的钻孔资料及抽水试验资料分析，泉域内抽水试验成果主要集中在南寒、晋源区、南郊等人类活动密集区以及古交矿区精查时期的单、群井抽水试验，采用稳定、非稳定流等多种方法计算求得，北部泉域补给区虽有钻孔资料，但限于水位埋深大，当时抽水试验条件不具备而没有抽水试验资料。由于绝大多数抽水试验是在 20 世纪 70～80 年代中后期进行的，且岩溶区构造、裂隙发育存在极不均一性，故其只能反映含水层局部的、历史的特征，而无法反映现实的、系统的特征。如长期大量抽水可不同程度地疏通含水层，使局部地区渗透系数有所增大，而降落漏斗区因地下水位下降，过水断面减小，又会使导水系数有所减小。

根据前人抽水试验及本项目实施的勘探孔资料，确定泉域北部补给区的渗透系数

0.05～10 m/d，但在局部地下水转换带、断层导水带，渗透系数可大于 100 m/d，如本项目于 2016 年实施的盘道勘探孔，渗透系数可达 240.53 m/d；泉域径流区主要为碳酸盐岩埋藏区，因受马兰向斜、石千峰向斜的共同影响，岩溶发育较差，据古交矿区抽水试验资料，径流区渗透系数为 0.001～0.5 m/d，但在汾河沿岸渗透系数有所增大，为 0.1～30 m/d；排泄区渗透系数明显增大，为 10～100 m/d，由晋祠到平泉一线，渗透系数逐渐减小。地下水强径流带附近，可达 100 m/d 以上，如南峪村钻孔成井时期抽水试验的渗透系数为 113.98 m/d。

盆地孔隙水区渗透系数根据已有勘探试验成果，结合主要含水层岩性，粉细砂地区为 3～8 m/d，中粗砂为 10～25 m/d，粗砂为 15～30 m/d，砂砾石为 32.5～80 m/d。

（六）给水度及弹性释水系数

给水度是指在重力和毛管力的相互作用下，单位体积的饱和岩土中因重力释放出水的体积，本次工作中该参数参考前人在太谷试验场已有的试验成果和部分野外试验成果确定，盆地孔隙水区给水度取值范围如表 4-6 所示。

表 4-6　盆地孔隙水区给水度取值表

含水层岩性	卵砾石	砾石砂	粗砂	中砂	细砂	粉砂	亚砂土
给水度	0.35	0.32	0.24	0.21	0.16	0.14	0.05

晋祠泉域除镇城底—古交—草庄头—平泉—晋祠—新民—偏交—下白泉—营立圈闭范围内及太原盆地内为承压水区外，其他地区因无区域隔水顶板限制或岩溶水位低于隔水顶板，均为潜水区。根据岩溶发育规律，岩溶水补给区给水度取 0.01～0.05；径流区取 0.02～0.08；排泄区取 0.05～0.15。岩溶水承压水区主要位于马兰向斜周边及太原盆地内，为滞流区，弹性释水系数取值为 $1\times10^{-6}\sim5\times10^{-5}$。

三、地下水主要补、排量计算

水文地质条件调查结果表明，晋祠泉域岩溶水资源的主要补给有大气降水面状的入渗补给（包括碳酸盐岩裸露区的直接入渗补给和松散层覆盖区的间接入渗补给）、主要河流在碳酸盐岩区的线状渗漏补给和汾河二库的点状渗漏补给。主要排泄途径包括人工开采、井泉自流、侧向排泄（包括潜流补给盆地孔隙水与侧向径流补给深层岩溶水）、矿坑排水等。

本次评价工作采用均衡法进行多年地下水资源评价，均衡区即为晋祠泉域岩溶水区，均衡期选择为 1956～2016 年，岩溶水均衡方程为

$$Q_{降水}+Q_{汾河}+Q_{支流}=Q_{泉}+Q_{开采}+Q_{煤矿}+Q_{侧排}+Q_{储} \tag{4-14}$$

式中，$Q_{降水}$ 为降水入渗补给量，m³/s；$Q_{汾河}$ 为汾河渗漏补给量（包括二库渗漏补给量），

m^3/s；$Q_{支流}$ 为支流渗漏补给量，m^3/s；$Q_泉$ 为井泉自流量，m^3/s；$Q_{开采}$ 为人工开采量，m^3/s；$Q_{煤矿}$ 为煤矿排泄岩溶水量，m^3/s；$Q_{侧排}$ 为侧向排泄第四系孔隙水量及深层岩溶水量，m^3/s；$Q_储$ 为地下水储存量的变化量，m^3/s。

式（4-14）中，井泉自流量、人工开采量、煤矿排泄岩溶水量均可按水利、地矿部门提供的实测资料计算，而降水入渗补给量、河流渗漏补给量及侧向排泄量则随着降水量、河流径流量及地下水位的变化而变化，因此需要分别对其进行单独计算。

1. 降水入渗补给量

本次地下水资源评价中共收集整理了 28 个雨量站多年降水量数据，降水入渗补给量计算按照雨量站控制的泰森多边形分区进行，如图 4-4 所示，各分区降水入渗补给量计算公式如下：

$$Q_{降水} = \alpha \cdot F \cdot P_{降水} \tag{4-15}$$

式中，$Q_{降水}$ 为降水入渗补给量，m^3/s；α 为降水入渗补给系数，根据分布埋藏类型选择具体数值；F 为与 α 相对应的分布埋藏类型分区面积，m^2；$P_{降水}$ 为年降水量，mm。

在各雨量站中，娄烦县所占分区面积为 0，草庄头、敦化坊、古交、清徐、太原、小店、邢家社泰森多边形控制分布埋藏类型均为埋藏区，降水入渗补给岩溶水量为 0，其余 20 个雨量站降水入渗补给量计算结果见表 4-7。表中可见，降水多年平均入渗补给量为 1.86 m^3/s，1956～1980 年多年平均降水入渗补给量为 1.98 m^3/s，1981～2000 年为 1.72 m^3/s，2001～2016 年为 1.84 m^3/s。

2. 河流渗漏补给量

如前所述，汾河干流渗漏段在泉域范围内可划分为罗家曲—镇城底段、寨上—兰村段，寨上—兰村段又可细分为寨上—扫石、扫石—二库大坝、二库—兰村三段，本次评价计算根据实测渗漏曲线求取罗家曲—镇城底段渗漏量，根据水均衡原理求取寨上—兰村段合计渗漏量后，采用实测曲线及试算法分别求出寨上—扫石段、二库—兰村段的渗漏量，进而求出汾河二库渗漏量。

1）罗家曲—镇城底段渗漏量计算

根据前述过程，罗家曲—镇城底段渗漏量计算公式为

$$Q_{渗1} = 0.67 \cdot \theta_1 \cdot (Q_{水库} + Q_{区间}) \tag{4-16}$$

式中，$Q_{渗1}$ 为罗家曲—镇城底段的渗漏量，m^3/s；0.67 为罗家曲—镇城底段渗漏量占汾河水库—寨上段渗漏量的比值；θ_1 为汾河水库—寨上段渗漏率；$Q_{水库}$ 为汾河水库放水量，m^3/s；$Q_{区间}$ 为区间来水量，m^3/s。

2）寨上—兰村段渗漏量计算

因寨上—兰村段区间内无水文站实测长系列资料，加之 2000 年后汾河二库建成开始蓄水，对区间渗漏量产生了较大的影响。本次评价工作采用均衡法进行该段渗漏量的计算，水均衡方程为

表 4-7 各雨量站分区降水入渗补给量计算成果表

（单位：m³/s）

雨量站名称	白家滩	北小店	岔口	常安	东坨台头	董茹	汾河水库	阁上	河口镇	嘉乐泉	尖草坪区	兰村	炉峪口	梅洞沟	石驹上	水头	水峪贯	桃府村	西庄	寨上	合计
分区编号	1	2	3	4	5	6	7	8	9	10	11	12	13	14	15	16	17	18	19	20	
1956	0.15	0.01	0.01	0.09	0.00	0.02	0.24	0.69	0.01	0.11	0.03	0.04	0.06	0.01	0.00	0.35	0.01	0.63	0.12	0.17	2.75
1957	0.08	0.00	0.01	0.05	0.00	0.01	0.17	0.35	0.00	0.07	0.01	0.02	0.04	0.00	0.00	0.19	0.00	0.35	0.06	0.12	1.53
1958	0.11	0.00	0.01	0.08	0.00	0.02	0.22	0.53	0.01	0.10	0.02	0.04	0.06	0.01	0.00	0.27	0.01	0.50	0.09	0.15	2.23
1959	0.12	0.00	0.01	0.07	0.00	0.02	0.26	0.60	0.01	0.09	0.02	0.04	0.06	0.00	0.00	0.28	0.01	0.50	0.10	0.13	2.32
1960	0.10	0.00	0.01	0.06	0.00	0.01	0.18	0.42	0.01	0.08	0.02	0.04	0.05	0.00	0.00	0.21	0.00	0.42	0.07	0.12	1.80
1961	0.13	0.00	0.01	0.08	0.00	0.02	0.28	0.59	0.01	0.09	0.02	0.03	0.05	0.00	0.00	0.24	0.01	0.56	0.10	0.14	2.36
1962	0.09	0.00	0.01	0.06	0.00	0.02	0.17	0.41	0.01	0.08	0.02	0.03	0.05	0.00	0.00	0.25	0.00	0.40	0.07	0.11	1.78
1963	0.12	0.01	0.01	0.08	0.00	0.03	0.22	0.46	0.01	0.07	0.02	0.03	0.03	0.01	0.00	0.26	0.01	0.41	0.08	0.16	2.00
1964	0.13	0.00	0.02	0.09	0.00	0.03	0.22	0.60	0.01	0.13	0.03	0.05	0.08	0.01	0.00	0.37	0.01	0.66	0.10	0.17	2.72
1965	0.05	0.00	0.01	0.04	0.00	0.01	0.11	0.27	0.00	0.04	0.01	0.02	0.03	0.00	0.00	0.12	0.00	0.26	0.04	0.07	1.08
1966	0.13	0.00	0.01	0.09	0.00	0.02	0.25	0.59	0.01	0.11	0.03	0.04	0.06	0.01	0.00	0.26	0.01	0.44	0.10	0.16	2.32
1967	0.14	0.01	0.01	0.09	0.00	0.02	0.32	0.71	0.01	0.12	0.02	0.04	0.07	0.01	0.00	0.34	0.01	0.63	0.12	0.17	2.84
1968	0.09	0.00	0.01	0.05	0.00	0.01	0.16	0.38	0.01	0.07	0.02	0.02	0.04	0.00	0.00	0.20	0.00	0.33	0.06	0.08	1.53
1969	0.12	0.00	0.01	0.08	0.00	0.02	0.23	0.57	0.01	0.10	0.03	0.03	0.06	0.01	0.00	0.24	0.01	0.47	0.09	0.15	2.23
1970	0.10	0.00	0.01	0.06	0.00	0.01	0.20	0.49	0.01	0.09	0.01	0.03	0.05	0.00	0.00	0.24	0.00	0.42	0.08	0.12	1.92
1971	0.08	0.01	0.01	0.06	0.00	0.02	0.18	0.46	0.01	0.09	0.02	0.03	0.05	0.00	0.00	0.22	0.00	0.37	0.08	0.13	1.81
1972	0.05	0.00	0.00	0.03	0.00	0.01	0.10	0.24	0.00	0.04	0.01	0.01	0.02	0.00	0.00	0.10	0.00	0.15	0.04	0.05	0.85
1973	0.16	0.00	0.02	0.09	0.00	0.02	0.24	0.63	0.01	0.12	0.03	0.05	0.07	0.01	0.00	0.31	0.01	0.52	0.10	0.15	2.54
1974	0.07	0.00	0.01	0.04	0.00	0.01	0.14	0.37	0.01	0.06	0.02	0.03	0.03	0.00	0.00	0.19	0.00	0.23	0.06	0.10	1.36
1975	0.12	0.00	0.01	0.06	0.00	0.01	0.20	0.48	0.01	0.08	0.02	0.03	0.05	0.00	0.00	0.23	0.00	0.47	0.08	0.11	1.96
1976	0.11	0.00	0.01	0.06	0.00	0.02	0.20	0.54	0.01	0.09	0.02	0.04	0.06	0.00	0.00	0.28	0.00	0.48	0.09	0.12	2.13
1977	0.13	0.00	0.01	0.07	0.00	0.02	0.20	0.56	0.01	0.11	0.02	0.04	0.06	0.00	0.00	0.33	0.00	0.47	0.09	0.14	2.26

续表

雨量站名称	白家滩	北小店	岔口	常安	东垴台头	董茹	汾河水库	阁上	河口镇	嘉乐泉	尖草坪区	兰村	炉峪口	梅洞沟	石蚴上	水头	水峪贯	桃府村	西庄	寨上	合计
分区编号	1	2	3	4	5	6	7	8	9	10	11	12	13	14	15	16	17	18	19	20	
1978	0.10	0.00	0.01	0.06	0.00	0.01	0.20	0.44	0.01	0.07	0.02	0.03	0.04	0.00	0.00	0.21	0.00	0.39	0.07	0.11	1.77
1979	0.10	0.00	0.01	0.07	0.00	0.02	0.21	0.47	0.01	0.08	0.02	0.03	0.04	0.00	0.00	0.22	0.00	0.36	0.08	0.13	1.85
1980	0.07	0.00	0.01	0.05	0.00	0.01	0.18	0.44	0.01	0.06	0.02	0.02	0.03	0.00	0.00	0.19	0.00	0.37	0.07	0.09	1.62
1981	0.08	0.00	0.01	0.04	0.00	0.01	0.16	0.39	0.01	0.06	0.01	0.02	0.04	0.00	0.00	0.16	0.00	0.29	0.06	0.09	1.43
1982	0.11	0.00	0.01	0.07	0.00	0.01	0.24	0.55	0.01	0.09	0.02	0.03	0.05	0.00	0.00	0.27	0.00	0.51	0.09	0.13	2.19
1983	0.09	0.01	0.01	0.07	0.00	0.02	0.21	0.46	0.01	0.08	0.02	0.03	0.05	0.01	0.00	0.24	0.00	0.60	0.08	0.15	2.14
1984	0.07	0.00	0.01	0.04	0.00	0.01	0.14	0.32	0.00	0.05	0.01	0.02	0.03	0.00	0.00	0.14	0.00	0.29	0.05	0.07	1.25
1985	0.12	0.00	0.01	0.07	0.00	0.01	0.23	0.52	0.01	0.08	0.02	0.04	0.05	0.01	0.00	0.21	0.01	0.46	0.09	0.15	2.10
1986	0.05	0.00	0.01	0.03	0.00	0.01	0.14	0.29	0.00	0.04	0.01	0.02	0.03	0.00	0.00	0.16	0.00	0.26	0.05	0.07	1.17
1987	0.09	0.00	0.01	0.06	0.00	0.01	0.19	0.45	0.01	0.09	0.01	0.03	0.05	0.00	0.00	0.19	0.00	0.37	0.07	0.11	1.74
1988	0.14	0.01	0.01	0.07	0.00	0.02	0.29	0.64	0.01	0.10	0.03	0.04	0.06	0.01	0.00	0.29	0.01	0.58	0.11	0.18	2.60
1989	0.09	0.00	0.01	0.05	0.00	0.02	0.20	0.43	0.01	0.07	0.02	0.03	0.04	0.00	0.00	0.19	0.00	0.28	0.07	0.11	1.62
1990	0.10	0.00	0.01	0.06	0.00	0.02	0.19	0.46	0.01	0.08	0.02	0.03	0.05	0.00	0.00	0.18	0.00	0.24	0.08	0.12	1.65
1991	0.08	0.00	0.01	0.06	0.00	0.02	0.19	0.38	0.00	0.05	0.02	0.02	0.02	0.00	0.00	0.12	0.00	0.24	0.06	0.12	1.39
1992	0.11	0.01	0.01	0.05	0.00	0.01	0.21	0.44	0.01	0.07	0.02	0.03	0.04	0.00	0.00	0.14	0.00	0.35	0.07	0.13	1.69
1993	0.07	0.00	0.01	0.06	0.00	0.02	0.17	0.38	0.01	0.06	0.01	0.02	0.02	0.00	0.00	0.18	0.00	0.30	0.06	0.10	1.47
1994	0.09	0.00	0.01	0.05	0.00	0.02	0.23	0.50	0.01	0.07	0.02	0.03	0.04	0.00	0.00	0.12	0.00	0.26	0.09	0.10	1.64
1995	0.10	0.00	0.01	0.06	0.00	0.02	0.23	0.55	0.01	0.09	0.02	0.04	0.05	0.00	0.00	0.21	0.00	0.38	0.09	0.13	1.99
1996	0.12	0.00	0.01	0.07	0.00	0.02	0.27	0.64	0.01	0.11	0.03	0.04	0.07	0.01	0.00	0.27	0.01	0.56	0.11	0.16	2.51
1997	0.04	0.00	0.01	0.03	0.00	0.01	0.12	0.29	0.00	0.04	0.01	0.02	0.02	0.00	0.00	0.14	0.00	0.24	0.05	0.07	1.09
1998	0.09	0.00	0.01	0.05	0.00	0.01	0.16	0.40	0.01	0.07	0.02	0.03	0.04	0.00	0.00	0.20	0.00	0.34	0.07	0.11	1.61
1999	0.06	0.00	0.01	0.03	0.00	0.01	0.10	0.33	0.00	0.06	0.01	0.02	0.04	0.00	0.00	0.17	0.00	0.22	0.05	0.06	1.17
2000	0.10	0.00	0.01	0.06	0.00	0.02	0.17	0.45	0.01	0.08	0.02	0.03	0.05	0.00	0.00	0.27	0.00	0.40	0.07	0.11	1.85

续表

| 雨量站名称 | 白家滩 | 北小店 | 岔口 | 常安 | 东坨台头 | 董茹 | 汾河水库 | 阁上 | 河口镇 | 嘉乐泉 | 尖草坪区 | 兰村 | 炉峪口 | 梅洞沟 | 石矴上 | 水头 | 水峪贯 | 桃府村 | 西庄 | 寨上 | 合计 |
分区编号	1	2	3	4	5	6	7	8	9	10	11	12	13	14	15	16	17	18	19	20	
2001	0.09	0.00	0.01	0.05	0.00	0.01	0.16	0.37	0.00	0.06	0.01	0.02	0.03	0.00	0.00	0.21	0.00	0.30	0.06	0.08	1.46
2002	0.10	0.00	0.01	0.06	0.00	0.02	0.27	0.44	0.01	0.07	0.02	0.03	0.05	0.00	0.00	0.27	0.00	0.30	0.07	0.12	1.84
2003	0.09	0.00	0.02	0.05	0.00	0.02	0.16	0.41	0.01	0.05	0.02	0.02	0.04	0.00	0.00	0.22	0.00	0.39	0.07	0.13	1.7
2004	0.06	0.00	0.01	0.04	0.00	0.01	0.13	0.31	0.00	0.05	0.02	0.02	0.02	0.00	0.00	0.18	0.00	0.28	0.04	0.08	1.25
2005	0.07	0.00	0.01	0.04	0.00	0.01	0.14	0.29	0.01	0.06	0.01	0.03	0.04	0.00	0.00	0.17	0.00	0.27	0.05	0.08	1.28
2006	0.04	0.00	0.01	0.05	0.00	0.01	0.15	0.32	0.01	0.07	0.01	0.03	0.04	0.00	0.00	0.23	0.00	0.28	0.06	0.09	1.4
2007	0.11	0.00	0.01	0.09	0.00	0.02	0.18	0.43	0.01	0.10	0.03	0.04	0.06	0.01	0.00	0.30	0.01	0.41	0.10	0.15	2.06
2008	0.10	0.00	0.01	0.06	0.00	0.01	0.15	0.39	0.01	0.08	0.02	0.03	0.05	0.00	0.00	0.24	0.00	0.42	0.10	0.11	1.78
2009	0.13	0.00	0.01	0.07	0.00	0.02	0.25	0.37	0.01	0.09	0.03	0.04	0.05	0.00	0.00	0.26	0.01	0.40	0.12	0.13	1.99
2010	0.10	0.00	0.01	0.06	0.00	0.01	0.18	0.41	0.01	0.06	0.02	0.04	0.04	0.00	0.00	0.20	0.00	0.44	0.08	0.11	1.77
2011	0.15	0.00	0.01	0.08	0.00	0.02	0.26	0.61	0.01	0.10	0.02	0.04	0.06	0.01	0.00	0.23	0.01	0.56	0.09	0.16	2.42
2012	0.10	0.00	0.01	0.05	0.00	0.01	0.22	0.56	0.01	0.07	0.02	0.03	0.04	0.00	0.00	0.23	0.00	0.43	0.08	0.15	2.01
2013	0.12	0.00	0.01	0.07	0.00	0.02	0.22	0.56	0.01	0.09	0.02	0.03	0.05	0.00	0.00	0.20	0.00	0.46	0.09	0.17	2.12
2014	0.08	0.00	0.01	0.06	0.00	0.01	0.18	0.55	0.01	0.07	0.02	0.03	0.04	0.00	0.00	0.24	0.00	0.44	0.09	0.12	1.95
2015	0.06	0.00	0.01	0.05	0.00	0.01	0.12	0.54	0.01	0.07	0.02	0.03	0.04	0.00	0.00	0.22	0.00	0.52	0.07	0.13	1.90
2016	0.11	0.00	0.01	0.07	0.00	0.02	0.21	0.56	0.01	0.09	0.05	0.06	0.07	0.00	0.00	0.31	0.00	0.59	0.13	0.18	2.47
1956~1980	0.11	0.00	0.01	0.07	0.00	0.02	0.20	0.49	0.01	0.09	0.02	0.03	0.05	0.00	0.00	0.24	0.00	0.43	0.08	0.13	1.98
1981~2000	0.09	0.00	0.01	0.05	0.00	0.02	0.19	0.44	0.01	0.07	0.02	0.03	0.04	0.00	0.00	0.19	0.00	0.36	0.07	0.11	1.72
2001~2016	0.09	0.00	0.01	0.06	0.00	0.01	0.19	0.45	0.01	0.07	0.02	0.03	0.05	0.00	0.00	0.23	0.00	0.41	0.08	0.12	1.84
1956~2016	0.10	0.00	0.01	0.06	0.00	0.02	0.20	0.46	0.01	0.08	0.02	0.03	0.05	0.00	0.00	0.22	0.00	0.40	0.08	0.12	1.86

$$Q_{寨上} + Q_{区来} + Q_{降水} + Q_{兰泉} = Q_{兰村} + Q_{蒸发} + Q_{区提} + \Delta W_{二库} + Q_{渗2} \qquad (4\text{-}17)$$

式中，$Q_{寨上}$ 为寨上来水量，m^3/s；$Q_{区来}$ 为区间来水量，主要为区间内降水产生的地表洪流，m^3/s；$Q_{降水}$ 为降水水面补给量，主要为汾河二库水面接受的降水补给量，m^3/s；$Q_{兰泉}$ 为兰村泉水流量，包括了柏崖头、悬泉寺泉群流量，m^3/s；$Q_{兰村}$ 为兰村断面流量，m^3/s；$Q_{蒸发}$ 为水面蒸发量，m^3/s；$Q_{区提}$ 为区间提水量，主要为汾河二库灌溉林区直接提水量，m^3/s；$\Delta W_{二库}$ 为汾河二库蓄水变量，m^3/s；$Q_{渗2}$ 为寨上—兰村段渗漏量，m^3/s。

式（4-17）中，寨上来水量、兰村过水量及兰村泉水流量均有实测资料；汾河二库 2006 年以前蓄水量缺少实测资料，计算过程中根据 2006 年蓄水量进行线性插值外推；根据汾河二库年蓄水水位平均值，采用 GIS 技术从遥感影像图上绘制出不同时期的水面并计算水面面积，进而根据二库附近寨上、兰村、水头、梅洞沟四站平均降水量与古交站蒸发量分别求取水面降水直接补给量及水面蒸发量；区间来水量根据上述四站年平均降水量与寨上—兰村段控制流域面积内下垫面情况计算；区间提水量根据实际调查访问，约为 0.07～0.09 m^3/s。

3）寨上—扫石段渗漏量

根据前述分析过程，寨上—扫石段渗漏量计算公式为

$$Q_{渗3} = \left(Q_{寨上} + Q_{区间} / 2 \right)\theta_2 \qquad (4\text{-}18)$$

式中，$Q_{渗3}$ 为寨上—扫石段渗漏量，m^3/s；$Q_{寨上}$ 为寨上来水量，m^3/s；$Q_{区间}$ 为区间汇水量，根据寨上—扫石段控制流域下垫面情况与区间平均降水量求得，m^3/s；θ_2 为寨上—扫石段渗漏率。

4）二库大坝—兰村段渗漏量

二库大坝—兰村段仅兰村水文站有实测径流量资料，在计算本段渗漏量时使用均衡法列出该段地表水均衡方程［式（4-19）］，而该段渗漏量 $Q_{渗4}$ 可由［式（4-20）］求得，其中渗漏率参考寨上—兰村段渗漏关系［式（4-17）］，但考虑到寨上—扫石段汾河河道岩性以中奥陶统灰岩为主，而本段岩性主要为下奥陶统—上寒武统白云质灰岩及白云岩，故在计算渗漏率 θ_3 时乘以两种岩性降水入渗系数的比值，即 0.586［式（4-21）］。

$$Q_{二库} + Q_{兰泉} + Q_{区间} = Q_{兰村} + Q_{渗4} \qquad (4\text{-}19)$$

$$Q_{渗4} = Q_{二库} \cdot \theta_3 \qquad (4\text{-}20)$$

$$\theta_3 = 0.586 \times 18.011 \left(Q_{二库} + Q_{区间} / 2 \right)^{-0.613} \qquad (4\text{-}21)$$

式中，θ_3 为二库大坝—兰村段渗漏率，$Q_{渗4}$ 为二库大坝—兰村段渗漏量，m^3/s。其他各项意义同前述各式。

式（4-19）及式（4-20）中，$Q_{二库}$、$Q_{渗4}$、θ_3 均为未知数，本次评价过程中采用试算法求解，即假设二库放水量已知，为减少迭代计算过程，假设初始二库放水量与兰村断面过水量一致，求解出渗漏系数与渗漏量，将此量代入式（4-21）求出下次计算时二库放水量，如此反复计算，当两次计算出渗漏量误差小于 10^{-6} 时停止计算。

根据上述过程，本次评价共计迭代 16 次后，计算出历年二库放水量（2000 年以前，二库未修建，计算结果为二库所在处汾河断面流量）与其相对应的二库大坝—兰村段渗漏量。

5）二库渗漏补给晋祠泉量

前述过程计算出了寨上—兰村段、寨上—扫石段及二库大坝—兰村段渗漏量，由式（4-22）可计算得汾河二库渗漏量。

$$Q_{渗5} = Q_{渗2} - Q_{渗3} - Q_{渗4} \qquad (4-22)$$

式中，$Q_{渗5}$ 为汾河二库渗漏量，m^3/s；其他各项意义同前述各式。

根据本次评价工作建立的晋祠—兰村泉域地下水数值模型（后述），在完成对模型参数的识别与验证后，通过模型计算并对汾河二库所在处各节点的均衡进行统计分析，得知汾河二库渗漏补给晋祠泉域的量占整个二库渗漏量的 84.93%。

6）支流渗漏量

（1）泉域补给区支流。根据前述支流渗漏率的计算方法，并采用支流上游汇水区附近雨量站的多年降水量结果，求出地表产流量，进而可求出屯兰川、天池河、柳林河的渗漏量。

（2）西山山前支流。包括风峪沟、开化沟、风声河、玉门河，这些河流虽然对泉域岩溶水的补给量不大，但目前这些流域均极大比例为煤系地层分布区，现采煤排水和闭坑煤矿酸性老窑水成为渗漏的主体，目前是泉域岩溶水的重要污染源，需给予高度关注。

综上所述，汾河干流各渗漏段及各支流的渗漏量计算结果如表 4-8 所示。

表 4-8　河流渗漏量计算表　　　　　　（单位：m^3/s）

年份	罗家曲—镇城底	寨上—扫石	二库（段）渗漏	天池河	屯兰川	柳林河	其他支流	合计
1956	0.643	0.638	0.265	0.040	0.050	0.090	0.030	1.756
1957	0.593	0.485	0.168	0.039	0.046	0.088	0.019	1.438
1958	0.660	0.621	0.182	0.031	0.037	0.048	0.026	1.605
1959	0.737	0.699	0.174	0.035	0.044	0.070	0.025	1.784
1960	0.464	0.45	0.191	0.036	0.044	0.069	0.022	1.276
1961	0.471	0.455	0.219	0.034	0.042	0.058	0.027	1.306
1962	0.580	0.543	0.214	0.037	0.044	0.078	0.025	1.521
1963	0.549	0.547	0.250	0.033	0.041	0.056	0.031	1.507
1964	0.557	0.588	0.254	0.036	0.043	0.057	0.030	1.565
1965	0.697	0.588	0.290	0.037	0.048	0.091	0.020	1.771
1966	0.538	0.488	0.260	0.026	0.032	0.036	0.029	1.409
1967	0.727	0.754	0.348	0.038	0.045	0.061	0.023	1.996
1968	0.674	0.613	0.379	0.038	0.047	0.087	0.022	1.860
1969	0.615	0.605	0.404	0.032	0.037	0.047	0.032	1.772
1970	0.625	0.602	0.396	0.036	0.044	0.064	0.021	1.788
1971	0.506	0.499	0.411	0.034	0.041	0.058	0.019	1.568
1972	0.492	0.415	0.357	0.031	0.040	0.051	0.017	1.403
1973	0.432	0.467	0.308	0.026	0.030	0.021	0.029	1.313
1974	0.622	0.536	0.361	0.040	0.048	0.074	0.018	1.699
1975	0.424	0.399	0.421	0.029	0.037	0.032	0.023	1.365
1976	0.427	0.428	0.374	0.036	0.041	0.065	0.026	1.397

续表

年份	罗家曲一镇城底	寨上一扫石	二库（段）渗漏	天池河	屯兰川	柳林河	其他支流	合计
1977	0.536	0.548	0.391	0.035	0.043	0.066	0.027	1.646
1978	0.608	0.540	0.421	0.037	0.045	0.064	0.021	1.736
1979	0.604	0.556	0.375	0.034	0.040	0.054	0.027	1.690
1980	0.601	0.523	0.414	0.033	0.041	0.049	0.019	1.680
1981	0.468	0.408	0.395	0.029	0.036	0.051	0.021	1.408
1982	0.488	0.461	0.374	0.031	0.037	0.040	0.023	1.454
1983	0.509	0.487	0.413	0.035	0.043	0.071	0.023	1.581
1984	0.519	0.445	0.426	0.032	0.042	0.083	0.020	1.567
1985	0.412	0.424	0.367	0.029	0.035	0.040	0.023	1.330
1986	0.503	0.444	0.448	0.036	0.043	0.063	0.017	1.554
1987	0.373	0.342	0.467	0.027	0.033	0.034	0.021	1.297
1988	0.508	0.516	0.491	0.033	0.040	0.050	0.026	1.664
1989	0.527	0.472	0.486	0.038	0.045	0.082	0.023	1.673
1990	0.523	0.469	0.460	0.033	0.039	0.038	0.023	1.585
1991	0.503	0.458	0.491	0.034	0.040	0.033	0.022	1.581
1992	0.421	0.394	0.560	0.031	0.038	0.033	0.021	1.498
1993	0.486	0.442	0.546	0.035	0.040	0.048	0.022	1.619
1994	0.431	0.402	0.462	0.029	0.037	0.042	0.023	1.426
1995	0.584	0.569	0.517	0.032	0.039	0.036	0.030	1.807
1996	0.595	0.679	0.657	0.034	0.043	0.053	0.028	2.089
1997	0.519	0.445	0.722	0.036	0.046	0.078	0.016	1.862
1998	0.499	0.456	0.759	0.025	0.032	0.034	0.019	1.824
1999	0.475	0.414	0.684	0.032	0.039	0.047	0.018	1.709
2000	0.376	0.351	0.612	0.027	0.034	0.031	0.022	1.453
2001	0.373	0.343	0.627	0.034	0.041	0.056	0.019	1.493
2002	0.348	0.345	0.776	0.032	0.037	0.042	0.023	1.603
2003	0.384	0.385	0.655	0.033	0.042	0.042	0.033	1.574
2004	0.388	0.353	0.665	0.034	0.038	0.059	0.020	1.557
2005	0.330	0.303	0.527	0.030	0.037	0.048	0.017	1.292
2006	0.297	0.293	0.531	0.031	0.035	0.045	0.020	1.252
2007	0.316	0.299	0.555	0.036	0.037	0.047	0.029	1.319
2008	0.426	0.405	0.559	0.037	0.043	0.073	0.021	1.564
2009	0.448	0.418	0.786	0.036	0.041	0.072	0.030	1.831
2010	0.456	0.428	1.110	0.038	0.043	0.059	0.021	2.155
2011	0.497	0.480	1.633	0.034	0.039	0.061	0.027	2.771
2012	0.461	0.442	1.829	0.039	0.043	0.077	0.022	2.913
2013	0.559	0.519	1.623	0.033	0.041	0.059	0.024	2.858
2014	0.531	0.485	1.636	0.036	0.042	0.063	0.020	2.813

年份	罗家曲一镇城底	寨上一扫石	二库（段）渗漏	天池河	屯兰川	柳林河	其他支流	合计
2015	0.573	0.522	1.837	0.031	0.040	0.061	0.021	3.085
2016	0.527	0.514	1.779	0.025	0.036	0.073	0.031	2.985
1956~1980	0.575	0.543	0.314	0.035	0.042	0.061	0.024	1.594
1981~2000	0.486	0.454	0.517	0.032	0.039	0.049	0.022	1.599
2001~2016	0.399	0.377	1.141	0.033	0.038	0.055	0.024	2.067
1956~2016	0.500	0.470	0.596	0.033	0.040	0.057	0.023	1.719

3. 岩溶水补给资源量汇总

根据上述计算岩溶水降水入渗补给量及河流渗漏量的结果，可对晋祠泉域岩溶水补给资源量进行评价，但需要说明的是：汾河二库蓄水以前，在二库大坝附近柏崖头、悬泉寺、下槐村、寺头、角子崖一带出露有常年性泉水，前人称之为悬泉寺泉群，其出露成因及泉域范围由前所述。根据《太原幅 1∶20 万区域水文地质普查报告》，总流量为 0.4~1.0 m³/s。根据悬泉寺泉群成因，汾河二库蓄水埋没悬泉寺泉群之前，悬泉寺泉群有其独立的补给来源（汾河汊道岩—柏崖头段渗漏、控制范围内降水入渗补给）、径流通道（大致自北西向南东方向）、排泄途径，为晋祠—兰村泉域之间的一个独立的小泉域，其补给量不属于晋祠泉域；汾河二库蓄水后二库水位明显高于悬泉寺泉群出露标高，且二库南侧王封、银角等地水位均明显增高且高于成井时水位（详见第三章论述），原本构成悬泉寺泉群南部边界的王封地垒的阻水作用已经不复存在，说明二库蓄水后悬泉寺泉域范围的补给量已属于晋祠泉域。

因此在进行晋祠泉域多年补给资源量评价时，2006 年以前应从降水入渗及汾河渗漏补给量中扣除悬泉寺泉群的流量，目前悬泉寺泉群除悬泉寺泉水外（悬泉寺泉水也在二库蓄水后断流），其他 4 个泉点均埋没于汾河二库，无法测定流量，故选择用其多年平均流量 0.7 m³/s，考虑汾河二库在蓄水初期一直以低水位运行，因此 2001~2005 年悬泉寺泉群流量采用线性内插法，逐渐将其降低为 0。综上，晋祠泉域岩溶水历年补给资源量计算结果如表 4-9 所示。

表 4-9　晋祠泉域岩溶水补给资源量计算成果表　　（单位：m³/s）

年份	降水入渗补给量	河流渗漏补给量	扣除悬泉寺泉群流量	晋祠泉域岩溶水补给资源量
1956	2.747	1.756	0.7	3.803
1957	1.529	1.438	0.7	2.267
1958	2.227	1.605	0.7	3.132
1959	2.315	1.784	0.7	3.399
1960	1.798	1.276	0.7	2.374
1961	2.365	1.306	0.7	2.971
1962	1.781	1.521	0.7	2.602

续表

年份	降水入渗补给量	河流渗漏补给量	扣除悬泉寺泉群流量	晋祠泉域岩溶水补给资源量
1963	2.000	1.507	0.7	2.807
1964	2.718	1.565	0.7	3.583
1965	1.081	1.771	0.7	2.152
1966	2.323	1.409	0.7	3.032
1967	2.845	1.996	0.7	4.141
1968	1.535	1.860	0.7	2.695
1969	2.232	1.772	0.7	3.304
1970	1.925	1.788	0.7	3.013
1971	1.807	1.568	0.7	2.675
1972	0.849	1.403	0.7	1.552
1973	2.535	1.313	0.7	3.148
1974	1.362	1.699	0.7	2.361
1975	1.96	1.365	0.7	2.625
1976	2.134	1.397	0.7	2.831
1977	2.264	1.646	0.7	3.210
1978	1.772	1.736	0.7	2.808
1979	1.848	1.690	0.7	2.838
1980	1.623	1.680	0.7	2.603
1981	1.432	1.408	0.7	2.140
1982	2.192	1.454	0.7	2.946
1983	2.143	1.581	0.7	3.024
1984	1.255	1.567	0.7	2.122
1985	2.102	1.330	0.7	2.732
1986	1.167	1.554	0.7	2.021
1987	1.74	1.297	0.7	2.337
1988	2.602	1.664	0.7	3.566
1989	1.621	1.673	0.7	2.594
1990	1.654	1.585	0.7	2.539
1991	1.393	1.581	0.7	2.274
1992	1.69	1.498	0.7	2.488
1993	1.467	1.619	0.7	2.386
1994	1.643	1.426	0.7	2.369
1995	1.985	1.807	0.7	3.092
1996	2.509	2.089	0.7	3.898
1997	1.091	1.862	0.7	2.253
1998	1.608	1.824	0.7	2.732

年份	降水入渗补给量	河流渗漏补给量	扣除悬泉寺泉群流量	晋祠泉域岩溶水补给资源量
1999	1.166	1.709	0.7	2.175
2000	1.852	1.453	0.7	2.605
2001	1.461	1.493	0.7	2.254
2002	1.835	1.603	0.6	2.838
2003	1.704	1.574	0.4	2.878
2004	1.253	1.557	0.2	2.610
2005	1.275	1.292	0.1	2.467
2006	1.405	1.252	0	2.657
2007	2.06	1.319	0	3.379
2008	1.784	1.564	0	3.348
2009	1.997	1.831	0	3.828
2010	1.773	2.155	0	3.928
2011	2.42	2.771	0	5.191
2012	2.011	2.913	0	4.924
2013	2.124	2.858	0	4.982
2014	1.945	2.813	0	4.758
2015	1.902	3.085	0	4.987
2016	2.474	2.985	0	5.459
1956~1980	1.983	1.594	0.700	2.877
1981~2000	1.716	1.599	0.700	2.615
2001~2016	1.839	2.067	0.125	3.781
1956~2016	1.858	1.720	0.549	3.028

计算结果表明，晋祠泉域岩溶水多年平均补给量为 3.028 m³/s（9 549.10 万 m³/a），1956~1980 年为 2.877 m³/s，1981~2000 年为 2.615 m³/s，2001~2016 年，由于二库渗漏量主要发生在该时段，平均补给量最大，为 3.781 m³/s。

对本次计算的晋祠泉域岩溶水补给量计算结果与前人同期计算结果比较，早期计算结果总体比较接近，如 2005 年完成的《古交市地下水资源评价报告》中，通过排泄量法反求出 1956~1979 年岩溶水总补给量为 2.633 m³/s，1980~2000 年为 2.264 m³/s，其在计算河流渗漏量时没有计算支流渗漏量，若按本次计算同期支流渗漏量平均值给予还原计算，则与本次计算结果相当；后期相差较大，如 2014 年完成的《晋祠泉水复流工程实施方案》中（表 4-10），计算得 2001~2013 年平均降水入渗补给量为 1.403 m³/s，汾河渗漏量为 0.758 m³/s，其补给资源量远小于本次计算结果。究其原因有三：一是当时泉域范围较本次计算范围小，降水入渗补给系数虽为 0.25，但只计算碳酸盐岩裸露区降水入渗量，而覆盖区降水入渗补给系数为 0；二是汾河渗漏量只计算到扫石渗漏段，而汾河二库渗漏量区划入兰村泉域，认为对晋祠泉域无补给；三是没有计算泉域内各支流对岩溶水的渗漏补给量。

表 4-10　2001～2013 年不同计算结果对比表

项目	分布面积/km²		降水入渗补给系数		降水入渗补给量/(m³/s)	河流渗漏量/(m³/s)	合计/(m³/s)
	裸露区	覆盖区	裸露区	覆盖区			
本次计算	570.65	361.06	0.123～0.21	0.043	1.777	1.782	3.559
晋祠泉水复流工程实施方案	391.00	—	0.250	0.000	1.403	0.758	2.161

4. 侧向排泄量分析

天然条件下晋祠泉域岩溶水对太原盆地松散层孔隙水存在侧向排泄，主要发生在太原化肥厂以南到晋祠附近的灰岩裸露区及浅埋区。该地区山前洪积扇较发育，第四系中更新统以上孔隙含水层透水性相对较强，晋祠泉域山区岩溶水位高于松散层孔隙水水位，可形成岩溶水向松散层孔隙水的侧向排泄。其他地区因中奥陶统埋藏较深，与之对接的松散堆积物多属于新近系上新统或第四系下更新统湖相沉积层，以黏土类、成岩或半成岩的泥岩、页岩为主，透水性弱，岩溶水的侧向排泄量可以忽略。

在松散层孔隙水大量开采条件下，由于盆地孔隙水地下水位普遍下降，岩溶水与孔隙水的水力梯度增大，晋祠泉岩溶水系统侧向排泄除发生在天然排泄段外，还会在清徐一带有所排泄。

前人在对开采条件下晋祠泉域岩溶水侧向排泄量的计算过程中，多根据盆地区的导水系数与断面长度，由西山山前岩溶水与附近孔隙水的水位差求出水力梯度，采用解析法计算岩溶水向盆地孔隙水的侧向排泄量。因水力梯度及导水系数的差别，前人计算开采条件下的侧向排泄量也不尽相同。例如：①1987 年《太原市地下水资源评价及规划利用研究报告》认为晋祠岩溶水主要在东社—瓦流—小井峪—晋祠—清徐一线，排泄量为 $0.26\ m^3/s$；②1989 年 9 月完成的《山西省太原市地下水资源管理模型研究》采用数值法计算得 1985 年 6 月到 1986 年 12 月晋祠泉域岩溶水侧向排泄至盆地孔隙水的量为 $0.619\ m^3/s$；③《山西省太原市区域水文地质调查报告》1996 年 12 月计算了石头庄—洞儿沟的侧向排泄量为 $0.54\ m^3/s$；④2005 年 7 月完成的《古交市地下水资源评价报告》计算了水泥厂—高白段的侧向排泄量为 $0.706\ m^3/s$；⑤《太原市水资源评价报告》则计算出水泥厂—高白段的侧向排泄量为 $0.828\ m^3/s$；⑥《太原市地下水资源评价及规划利用研究报告》计算的侧向排泄量为 $1.27\ m^3/s$。

本次计算过程仍然采用《太原市水资源评价报告》中的分段方式，但根据钻孔资料对导水系数做适当调整，具体参数如表 4-11 所示。

表 4-11　晋祠泉域岩溶水侧向排泄量分段位置表

行政区	剖面位置	剖面长度/m	导水系数/(m²/d)
太原市	水泥厂—大虎峪	6 000	69.33
	大井峪—冶峪沟	9 000	8.64
	冶峪沟—西镇（浅）	7 500	194

行政区	剖面位置	剖面长度/m	导水系数/(m²/d)
太原市	冶峪沟—西镇（深）	7 500	204
	西镇—东院（浅）	4 500	89.2
	西镇—东院（深）	4 500	180
	东院—洞儿沟	8 000	76
清徐县	洞儿沟—高白（深）	14 000	50
	洞儿沟—高白（浅）	14 000	50

根据西山山前岩溶水与盆地孔隙水长系列观测孔水位动态监测结果计算历年水力梯度。水位监测结果如图4-16～图4-18所示，可以看出，1994～2016年西山山前岩溶水与盆地孔隙水水头差（水力梯度）由北向南变化趋势一致，均先减小后增大。

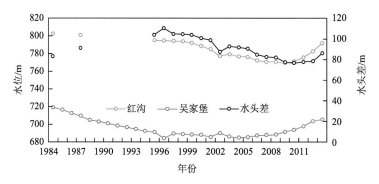

图4-16 红沟—吴家堡多年水位动态曲线

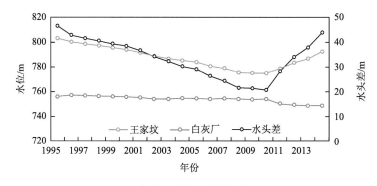

图4-17 王家坟—白灰厂多年水位动态曲线

为研究晋祠泉域岩溶水侧向补给盆地孔隙水的动态变化过程，选取地震台与吴家堡长观孔为代表，分析二者水头差（水力梯度）的多年变化趋势，如图4-19所示。可将岩溶水补给孔隙水的变化过程分为三个阶段。

第一阶段为20世纪60年代初至90年代末，受人类开采活动影响，盆地孔隙水水位逐渐下降，而西山山前岩溶水水位下降幅度远小于孔隙水，水力梯度逐渐增大，岩溶水侧向排泄量逐渐增大，且到 90 年代末期达到最大值。

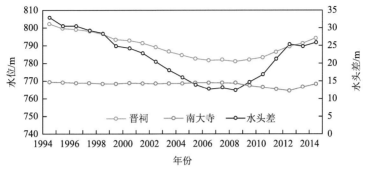

图 4-18　晋祠—南大寺多年水位动态曲线

图 4-19　地震台—吴家堡多年水位动态变化曲线

第二阶段为 20 世纪 90 年代末至 2010 年前，受 20 世纪 80～90 年代自然及人类开采活动的影响，该阶段西山山前岩溶水水位明显下降，随着万家寨引黄工程通水到太原，关井压采、水源置换工程相继开展，盆地孔隙水下降的趋势有所减缓，部分地区甚至出现水位回升，故在此阶段水力梯度有所降低，岩溶水侧向排泄量有所减小。

第三阶段为 2010 年之后，因太原市实行煤矿合并、关井压采、水源置换、汾河二库蓄水水位提升等一系列工程措施，该阶段岩溶水水位明显回升，而孔隙水水位上升幅度低于同期岩溶水，使得水力梯度有所增大，岩溶水侧向排泄至孔隙水量有所增大。

在计算岩溶水侧向排泄量时，根据《太原市水资源评价报告》中不同时期盆地孔隙水等水位线图及同期岩溶水水位，分别计算出 1976 年、1984 年、1990 年、2000 年侧向排泄量，以此为基础，根据前述岩溶水侧向排泄量的动态变化规律采用线性内插法计算出 1994 年以前侧向排泄量，1994～2016 年则根据实测山前岩溶水与盆地孔隙水的水位动态变化情况计算得到。

四、泉域岩溶水均衡分析

按照补给量法计算得到晋祠泉域岩溶水多年平均补给资源量为 3.028 m³/s，计算过程是在采用 28 个雨量站、3 个水文站及汾河二库蓄水水位等长系列实测资料并通过实际测量计算得出碳酸盐岩裸露区降水入渗系数、河流渗漏关系曲线等的基础上，运用水均衡法、水文比拟法、等比例内插、平均求解等一系列方法计算。计算过程与推测逻辑性较为严密，但计算结果是否合理还需要从排泄量方面进行均衡分析。

如前所述，晋祠泉域是一个相对完整的地下水循环系统，岩溶水的排泄途径有 4 种：第一种是井泉自流量，包括晋祠泉及太原市西山山前自流井群自流排泄量；第二种是人工开采量，据有关部门统计及前人工作成果报告，多年平均开采量为 1.24 m³/s；第三种是矿坑排水量，主要为煤矿带压区疏干排泄岩溶水量，多年平均值为 0.271 m³/s；第四种是侧向排泄量，包括岩溶水侧向补给第四系与盆地内深层岩溶水两种情况，本次计算岩溶水侧向排泄补给第四系松散层孔隙水的多年平均值为 0.703 m³/s。根据晋祠泉域水文地质条件分析，天然条件下，岩溶水补给盆地深层岩溶水的量很少，但在 20 世纪 90 年代，在太原盆地内相继施工了一些深井，出现了岩溶热水的开采，深部热水的开采必将袭夺泉域浅循环岩溶水，这部分量按照本次调查收集到的各岩溶热水井取水许可量计算，大致为 0.1 m³/s。

具体分年补、排均衡数据如表 4-12 所示。根据评价结果得出如下结论：

（1）本次计算的多年平均补给量较排泄量小 0.079 m³/s，计算平均误差 2.543%，较太原市第二次水资源评价的结果 2.44 m³/s（1956～2000 年）大 0.32 m³/s（本次计算 1956～2000 年平均补给资源量为 2.76 m³/s），其原因主要是第二次水资源评价时选用了下马城、嘉乐泉、常安、水头、圪台头 1953～1967 年 5 个雨量站的平均值，建立泉水流量与开采量、降水量的回归模型。本次未能收集到下马城降水量资料，但其余 4 个雨量站同期降水量平均值较本次计算使用的 28 个雨量站小 10.2 mm（452.99 mm），按等比例换算成泉水流量，第二次水资源评价结果则为 2.495 m³/s，本次计算结果偏大 0.265 m³/s，表明本次补给量计算结果以及所获取的各种参数具有一定的可靠性。

（2）分年度的补给量与排泄量差值比较大，2006 年以前补给排泄量差最大可占总排泄量的 50.06%，且与降水量丰枯程度密切相关，降水偏离均值越大，其补给排泄量的误差也越大（图 4-20）。出现这种状况的主因是补给量计算无法考虑岩溶水系统巨大的调蓄能力，前人的研究成果认为，天然条件下晋祠泉水流量与前 7 年的降水补给量关系密切，因此这是一种必然结果；2006 年以后补给排泄量差最大可占总排泄量的 169.45%，这主要是汾河二库蓄水后，渗漏补给晋祠泉域岩溶水的水量显著增大（图 4-21），补给排泄量的差值主要受二库渗漏量的影响。

（3）晋祠泉水流量及泉口水位动态与补给排泄量差密切相关（图 4-22），1956～1966 年平均补给排泄量差–0.001 m³/s，泉水流量基本保持稳定；1967～1986 年补给排泄量差一直为负值，且在波动中逐年增大，1987～1996 年补给排泄量差仍一直为负值，但在波动中逐渐减小，在此期间晋祠泉水流量逐年减小，直至 1994 年断流；1997～2006 年，平均补给排泄量差–0.319 m³/s，此间晋祠泉口水位逐年下降，动用大量储存资源量，与实际情况相吻合；2007～2016 年，平均补给排泄量差 2.375 m³/s，此间晋祠泉口在 2008 年达到最低值后便逐年回升，这一阶段又开始补充早期动用的储存资源量。2006 年后补给排泄量差便均为正值，但直到 2008 年后晋祠泉水位才开始回升，这与岩溶水系统的调蓄且泉口水位的响应存在一定的滞后期有关。

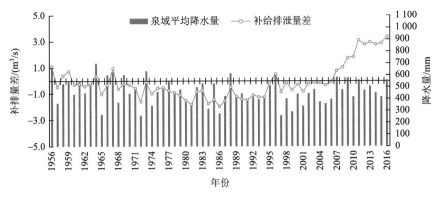

图 4-20　晋祠泉域岩溶水补给排泄量差与平均降水量关系图

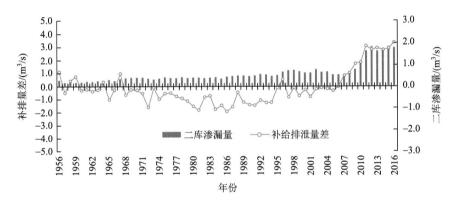

图 4-21　晋祠泉域岩溶水补给排泄量差与汾河二库渗漏量关系图

综上分析过程可以看出，本次岩溶水补给量的计算结果与晋祠泉域地下水开采量、泉水流量、晋祠泉口水位动态变化过程的趋势等相匹配，说明本次评价计算结果具较高可信度。

表 4-12　晋祠泉域岩溶水多年均衡分析表

年份	计算补给量 /(m³/s)	晋祠泉流量 /(m³/s)	开采量 /(m³/s)	矿坑排水量 /(m³/s)	井/泉自流量 /(m³/s)	侧向补给深层岩溶水量/(m³/s)	侧向补给盆地孔隙水 /(m³/s)	排泄量合计 /(m³/s)	补给排泄量差 /(m³/s)	差值占总排泄量比例 /%	泉域平均降水量/mm
1956	3.803	1.98	0.030	0.019	0.02	0	0.602	2.651	1.152	43.451	658.732
1957	2.267	2.05	0.030	0.023	0.02	0	0.602	2.725	−0.458	−16.800	360.599
1958	3.132	1.98	0.060	0.023	0.02	0	0.602	2.685	0.447	16.637	527.813
1959	3.399	1.91	0.070	0.027	0.02	0	0.602	2.629	0.770	29.289	551.533
1960	2.374	1.90	0.100	0.027	0.02	0	0.602	2.649	−0.275	−10.391	435.042
1961	2.971	1.91	0.622	0.038	0.02	0	0.602	3.192	−0.221	−6.911	547.605
1962	2.602	1.67	0.622	0.057	0.02	0	0.602	2.971	−0.369	−12.429	451.992
1963	2.807	1.69	0.672	0.057	0.02	0	0.602	3.041	−0.234	−7.696	521.956
1964	3.583	1.79	0.722	0.057	0.02	0	0.602	3.191	0.392	12.269	698.311

续表

年份	计算补给量 /(m³/s)	晋祠泉流量 /(m³/s)	开采量 /(m³/s)	矿坑排水量 /(m³/s)	井/泉自流量 /(m³/s)	侧向补给深层岩溶水量/(m³/s)	侧向补给盆地孔隙水量/(m³/s)	排泄量合计 /(m³/s)	补给排泄量差 /(m³/s)	差值占总排泄量比例/%	泉域平均降水量/mm
1965	2.152	1.68	0.746	0.075	0.02	0	0.602	3.123	−0.971	−31.099	267.989
1966	3.032	1.81	0.746	0.102	0.02	0	0.602	3.280	−0.248	−7.548	601.097
1967	4.141	1.66	0.746	0.102	0.02	0	0.602	3.130	1.011	32.311	627.669
1968	2.695	1.65	0.912	0.109	0.02	0	0.602	3.293	−0.598	−18.146	368.368
1969	3.304	1.69	1.062	0.128	0.02	0	0.602	3.502	−0.198	−5.666	603.751
1970	3.013	1.41	1.094	0.147	0.02	0	0.602	3.273	−0.260	−7.947	444.083
1971	2.675	1.30	1.11	0.147	0.02	0	0.602	3.179	−0.504	−15.856	472.534
1972	1.552	1.21	1.125	0.151	0.02	0	0.602	3.108	−1.556	−50.057	218.555
1973	3.148	1.31	1.125	0.151	0.02	0	0.602	3.208	−0.060	−1.873	635.956
1974	2.361	1.39	1.137	0.151	0.02	0	0.602	3.300	−0.939	−28.443	341.736
1975	2.625	1.10	1.213	0.207	0.02	0	0.602	3.142	−0.517	−16.456	460.207
1976	2.831	1.21	1.255	0.21	0.02	0	0.602	3.297	−0.466	−14.139	504.531
1977	3.210	1.06	1.607	0.225	0.44	0	0.602	3.935	−0.725	−18.432	557.831
1978	2.808	0.98	1.452	0.225	0.404	0	0.605	3.666	−0.858	−23.418	437.114
1979	2.838	0.75	1.87	0.244	0.425	0	0.609	3.898	−1.060	−27.200	477.478
1980	2.603	0.81	1.85	0.244	0.569	0	0.612	4.085	−1.482	−36.286	379.49
1981	2.140	0.66	1.87	0.282	0.481	0	0.616	3.909	−1.769	−45.249	357.426
1982	2.946	0.57	1.86	0.309	0.397	0	0.619	3.755	−0.809	−21.553	497.034
1983	3.024	0.57	1.81	0.358	0.353	0	0.623	3.714	−0.690	−18.580	529.205
1984	2.122	0.54	1.87	0.395	0.39	0	0.626	3.821	−1.699	−44.463	316.177
1985	2.732	0.51	2.18	0.433	0.377	0	0.631	4.131	−1.399	−33.876	529.954
1986	2.021	0.47	1.89	0.527	0.357	0	0.678	3.922	−1.901	−48.469	277.896
1987	2.337	0.38	1.8	0.659	0.354	0	0.649	3.842	−1.505	−39.165	420.689
1988	3.566	0.36	1.983	0.659	0.318	0	0.687	4.007	−0.441	−11.000	614.422
1989	2.594	0.32	1.84	0.546	0.334	0	0.697	3.737	−1.143	−30.577	409.103
1990	2.539	0.26	2.121	0.546	0.25	0	0.725	3.902	−1.363	−34.937	443.961
1991	2.274	0.25	1.713	0.773	0.253	0	0.733	3.722	−1.448	−38.908	385.732
1992	2.488	0.14	1.615	0.792	0.219	0	0.767	3.533	−1.045	−29.573	411.932
1993	2.386	0.05	1.598	0.848	0.25	0	0.843	3.589	−1.203	−33.523	393.816
1994	2.369	0.01	1.671	0.659	0.31	0.1	0.826	3.576	−1.207	−33.740	408.318
1995	3.092	0	1.735	0.196	0.3	0.1	0.836	3.167	−0.075	−2.379	510.18
1996	3.898	0	1.88	0.196	0.31	0.1	0.85	3.336	0.562	16.852	602.653
1997	2.253	0	1.683	0.196	0.27	0.1	0.811	3.06	−0.807	−26.371	259.748
1998	2.732	0	1.411	0.206	0.2	0.1	0.892	2.809	−0.077	−2.724	399.601

续表

年份	计算补给量/(m³/s)	晋祠泉流量/(m³/s)	开采量/(m³/s)	矿坑排水量/(m³/s)	井/泉自流量/(m³/s)	侧向补给深层岩溶水量/(m³/s)	侧向补给盆地孔隙水/(m³/s)	排泄量合计/(m³/s)	补给排泄量差/(m³/s)	差值占总排泄量比例/%	泉域平均降水量/mm
1999	2.175	0	1.463	0.226	0.18	0.1	0.882	2.851	−0.676	−23.704	290.177
2000	2.605	0	1.479	0.276	0.11	0.1	0.867	2.832	−0.227	−8.017	440.736
2001	2.254	0	1.820	0.286	0	0.1	0.825	3.031	−0.777	−25.627	339.371
2002	2.838	0	1.770	0.316	0	0.1	0.825	3.011	−0.173	−5.738	445.153
2003	2.878	0	1.640	0.316	0	0.1	0.886	2.941	−0.063	−2.129	478.174
2004	2.610	0	1.500	0.306	0	0.1	0.836	2.742	−0.132	−4.800	375.308
2005	2.467	0	1.470	0.316	0	0.1	0.854	2.74	−0.273	−9.948	357.879
2006	2.657	0	1.370	0.326	0	0.1	0.844	2.64	0.017	0.641	396.669
2007	3.379	0	1.350	0.326	0	0.1	0.77	2.546	0.833	32.712	582.545
2008	3.348	0	1.160	0.276	0	0.1	0.736	2.271	1.077	47.428	476.099
2009	3.828	0	0.940	0.276	0	0.1	0.727	2.043	1.785	87.373	578.634
2010	3.928	0	0.880	0.256	0.03	0.1	0.76	2.025	1.903	93.952	415.711
2011	5.191	0	0.860	0.256	0.06	0.1	0.77	2.046	3.145	153.705	555.736
2012	4.924	0	0.840	0.256	0.09	0.1	0.813	2.098	2.826	134.694	472.98
2013	4.982	0	0.700	0.256	0.12	0.1	0.823	1.998	2.984	149.345	506.974
2014	4.758	0	0.590	0.256	0.15	0.1	0.836	1.932	2.826	146.254	448.391
2015	4.987	0	0.678	0.256	0.17	0.1	0.844	2.048	2.939	143.493	418.436
2016	5.459	0	0.634	0.256	0.19	0.1	0.846	2.026	3.433	169.450	558.684
1956~1980	2.877	1.516	0.879	0.118	0.090	0	0.603	3.206	−0.329	−10.263	486.079
1981~2000	2.615	0.255	1.774	0.454	0.301	0.035	0.743	3.561	−0.946	−26.574	424.938
2001~2016	3.781	0	1.138	0.283	0.051	0.1	0.812	2.384	1.397	58.578	462.922
1956~2016	3.028	0.705	1.240	0.271	0.149	0.038	0.704	3.107	−0.079	−2.543	459.959

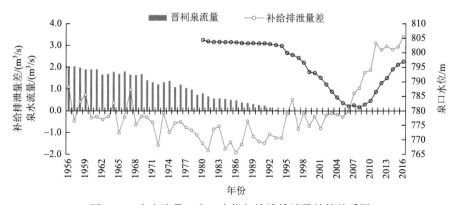

图 4-22　泉水流量、泉口水位与补给排泄量差的关系图

五、泉域岩溶水可开采资源量评价

如前所述，2006 年汾河二库蓄水水位升高到 880 m 以上后，二库回水范围段（扫石—寺头段）开始淹没中奥陶统下马家沟组二段强岩溶发育层，其对晋祠泉水的渗漏补给量明显增大，对这种受外部严重干扰形成的岩溶水补给资源量不平稳序列，分析时不宜直接使用频率法，为此对二库增加的渗漏补给量采用单独列出的处理方法。即将晋祠泉域 1956～2016 年 61 年的补给量系列分为两个部分分别评价：第一部分是天然补给资源量，包括降水入渗补给量、支流渗漏量、汾河干流天然渗漏量（1956～2006 年扫石—柏崖头村段天然渗漏量可直接求得，2007～2016 年天然渗漏量根据前后两阶段降水量的差别采用比拟法求得），1956～2016 年天然补给资源量计算结果如表 4-13 所示；第二部分是二库蓄水增加补给量部分（人工补给资源量），主要是指 2006 年以后因汾河二库蓄水位升高，对晋祠泉域岩溶水额外增加的补给量部分（表 4-14）。

表 4-13　晋祠泉域天然补给资源量计算成果表

年份	降水入渗补给量/(m³/s)	罗家曲—镇城底段渗漏量/(m³/s)	寨上—扫石段渗漏量/(m³/s)	未蓄水时二库段渗漏量/(m³/s)	支流渗漏量/(m³/s)	扣除悬泉寺泉群流量/(m³/s)	泉域平均降水量/mm	天然补给资源量/(m³/s)
1956	2.747	0.643	0.638	0.265	0.210	0.7	658.732	3.803
1957	1.529	0.593	0.485	0.168	0.192	0.7	360.599	2.267
1958	2.227	0.660	0.621	0.182	0.142	0.7	527.813	3.132
1959	2.315	0.737	0.699	0.174	0.174	0.7	551.533	3.399
1960	1.798	0.464	0.450	0.191	0.171	0.7	435.042	2.374
1961	2.365	0.471	0.455	0.219	0.161	0.7	547.605	2.971
1962	1.781	0.580	0.543	0.214	0.184	0.7	451.992	2.602
1963	2.000	0.549	0.547	0.250	0.161	0.7	521.956	2.807
1964	2.718	0.557	0.588	0.254	0.166	0.7	698.311	3.583
1965	1.081	0.697	0.588	0.290	0.196	0.7	267.989	2.152
1966	2.323	0.538	0.488	0.260	0.123	0.7	601.097	3.032
1967	2.845	0.727	0.754	0.348	0.167	0.7	627.669	4.141
1968	1.535	0.674	0.613	0.379	0.194	0.7	368.368	2.695
1969	2.232	0.615	0.605	0.404	0.148	0.7	603.751	3.304
1970	1.925	0.625	0.605	0.396	0.165	0.7	444.083	3.013
1971	1.807	0.506	0.499	0.411	0.152	0.7	472.534	2.675
1972	0.849	0.492	0.415	0.357	0.139	0.7	218.555	1.552
1973	2.535	0.432	0.467	0.308	0.106	0.7	635.956	3.148
1974	1.362	0.622	0.536	0.361	0.180	0.7	341.736	2.361

续表

年份	降水入渗补给量/(m³/s)	罗家曲一镇城底段渗漏量/(m³/s)	寨上一扫石段渗漏量/(m³/s)	未蓄水时二库段渗漏量/(m³/s)	支流渗漏量/(m³/s)	扣除悬泉寺泉群流量/(m³/s)	泉域平均降水量/mm	天然补给资源量/(m³/s)
1975	1.960	0.424	0.399	0.421	0.121	0.7	460.207	2.625
1976	2.134	0.427	0.428	0.374	0.168	0.7	504.531	2.831
1977	2.264	0.536	0.548	0.391	0.171	0.7	557.831	3.210
1978	1.772	0.608	0.540	0.421	0.167	0.7	437.114	2.808
1979	1.848	0.604	0.556	0.375	0.155	0.7	477.478	2.838
1980	1.623	0.601	0.523	0.414	0.142	0.7	379.49	2.603
1981	1.432	0.468	0.408	0.395	0.137	0.7	357.426	2.140
1982	2.192	0.488	0.461	0.374	0.131	0.7	497.034	2.946
1983	2.143	0.509	0.487	0.413	0.172	0.7	529.205	3.024
1984	1.255	0.519	0.445	0.426	0.177	0.7	316.177	2.122
1985	2.102	0.412	0.424	0.367	0.127	0.7	529.954	2.732
1986	1.167	0.503	0.444	0.448	0.159	0.7	277.896	2.021
1987	1.740	0.373	0.342	0.467	0.115	0.7	420.689	2.337
1988	2.602	0.508	0.516	0.491	0.149	0.7	614.422	3.566
1989	1.621	0.527	0.472	0.486	0.188	0.7	409.103	2.594
1990	1.654	0.523	0.469	0.460	0.133	0.7	443.961	2.539
1991	1.393	0.503	0.458	0.491	0.129	0.7	385.732	2.274
1992	1.690	0.421	0.394	0.560	0.123	0.7	411.932	2.488
1993	1.467	0.486	0.442	0.546	0.145	0.7	393.816	2.386
1994	1.643	0.431	0.402	0.462	0.131	0.7	408.318	2.369
1995	1.985	0.584	0.569	0.517	0.137	0.7	510.18	3.092
1996	2.509	0.595	0.679	0.657	0.158	0.7	602.653	3.898
1997	1.091	0.519	0.445	0.722	0.176	0.7	259.748	2.253
1998	1.608	0.499	0.456	0.759	0.110	0.7	399.601	2.732
1999	1.166	0.475	0.414	0.684	0.136	0.7	290.177	2.175
2000	1.852	0.376	0.351	0.612	0.114	0.7	440.736	2.605
2001	1.461	0.373	0.343	0.627	0.150	0.7	339.371	2.254
2002	1.835	0.348	0.345	0.776	0.134	0.6	445.153	2.838
2003	1.704	0.384	0.385	0.655	0.150	0.4	478.174	2.878
2004	1.253	0.388	0.353	0.665	0.151	0.2	375.308	2.61
2005	1.275	0.330	0.303	0.527	0.132	0.1	357.879	2.467
2006	1.405	0.297	0.293	0.531	0.131	0	396.669	2.657

续表

年份	降水入渗补给量/(m³/s)	罗家曲—镇城底段渗漏量/(m³/s)	寨上—扫石段渗漏量/(m³/s)	未蓄水时二库段渗漏量/(m³/s)	支流渗漏量/(m³/s)	扣除悬泉寺泉群流量/(m³/s)	泉域平均降水量/mm	天然补给资源量/(m³/s)
2007	2.060	0.316	0.299	0.555	0.149	0	582.545	3.379
2008	1.784	0.426	0.405	0.454	0.174	0	476.099	3.243
2009	1.997	0.448	0.418	0.551	0.179	0	578.634	3.593
2010	1.773	0.456	0.428	0.396	0.161	0	415.711	3.214
2011	2.420	0.497	0.48	0.529	0.161	0	555.736	4.087
2012	2.011	0.461	0.442	0.451	0.181	0	472.98	3.546
2013	2.124	0.559	0.519	0.483	0.157	0	506.974	3.842
2014	1.945	0.531	0.485	0.427	0.161	0	448.391	3.549
2015	1.902	0.573	0.522	0.399	0.153	0	418.436	3.549
2016	2.474	0.527	0.514	0.532	0.165	0	558.684	4.212

表 4-14　晋祠泉域补给资源量二库蓄水增加补给量部分（人工补给资源量）计算成果表

年份	二库蓄水增加补给量/(m³/s)	年份	二库蓄水增加补给量/(m³/s)
2007	0.000	2012	1.378
2008	0.105	2013	1.140
2009	0.235	2014	1.209
2010	0.714	2015	1.438
2011	1.104	2016	1.247

1. 天然补给资源量频率分析

针对上述天然补给资源量，采用经验频率法评价，经验频率公式为

$$P = \frac{m}{n+1} \times 100\% \tag{4-23}$$

式中，P 为大于、等于某个变量 X_m 的经验频率；m 为变量 X_i 按照从大到小顺列的序号；n 为观测系列的总项数。

计算得到的经验频率见表 4-15、图 4-23。

表 4-15　晋祠泉水年平均天然补给资源量经验频率计算表

年份	天然补给资源量/(m³/s)	P/%	年份	天然补给资源量/(m³/s)	P/%
2016	4.212	1.61	1963	2.807	51.61
1967	4.141	3.23	1998	2.732	53.23
2011	4.087	4.84	1985	2.732	54.84
1996	3.898	6.45	1968	2.695	56.45
2013	3.842	8.06	1971	2.675	58.06

年份	天然补给资源量/(m³/s)	P/%	年份	天然补给资源量/(m³/s)	P/%
1956	3.803	9.68	2006	2.657	59.68
2009	3.593	11.29	1975	2.625	61.29
1964	3.583	12.9	2004	2.610	62.9
1988	3.566	14.52	2000	2.605	64.52
2014	3.549	16.13	1980	2.603	66.13
2015	3.549	17.74	1962	2.602	67.74
2012	3.546	19.35	1989	2.594	69.35
1959	3.399	20.97	1990	2.539	70.97
2007	3.379	22.58	1992	2.488	72.58
1969	3.304	24.19	2005	2.467	74.19
2008	3.243	25.81	1993	2.386	75.81
2010	3.214	27.42	1960	2.374	77.42
1977	3.210	29.03	1994	2.369	79.03
1973	3.148	30.65	1974	2.361	80.65
1958	3.132	32.26	1987	2.337	82.26
1995	3.092	33.87	1991	2.274	83.87
1966	3.032	35.48	1957	2.267	85.48
1983	3.024	37.10	2001	2.254	87.1
1970	3.013	38.71	1997	2.253	88.71
1961	2.971	40.32	1999	2.175	90.32
1982	2.946	41.94	1965	2.152	91.94
2003	2.878	43.55	1981	2.140	93.55
1979	2.838	45.16	1984	2.122	95.16
2002	2.838	46.77	1986	2.021	96.77
1976	2.831	48.39	1972	1.552	98.39
1978	2.808	50.00	平均	2.887	

经计算，晋祠泉水年平均天然补给资源量平均值为 2.861 m³/s，系列离散系数 C_v 为 0.2。采用理论频率法中 P-III型分布曲线计算晋祠泉域岩溶水不同 C_s/C_v 值下的可开采资源量 x_p，由标准化变量得 $x_p = \overline{x}K_p$，计算结果见表 4-16。

表 4-16 不同 C_s、C_v 值时晋祠泉水平均天然补给资源量理论频率计算表

C_s、C_v 值	P/%	3	5	10	25	50	75	90	95	97
$C_s = C_v = 0.2$	K_p	1.39	1.34	1.26	1.13	0.99	0.86	0.75	0.69	0.65
	x_p	4.012	3.861	3.629	3.256	2.853	2.480	2.167	1.986	1.875
$C_s = 2C_v = 0.4$	K_p	1.41	1.35	1.26	1.13	0.99	0.86	0.75	0.7	0.66
	x_p	4.062	3.891	3.649	3.256	2.843	2.470	2.177	2.006	1.905

续表

C_s、C_v值	P/%	3	5	10	25	50	75	90	95	97
$C_s=3C_v=0.6$	K_p	1.42	1.36	1.27	1.12	0.98	0.86	0.76	0.71	0.68
	x_p	4.103	3.921	3.649	3.236	2.823	2.470	2.187	2.046	1.956
$C_s=4C_v=0.8$	K_p	1.44	1.37	1.27	1.12	0.97	0.85	0.77	0.72	0.7
	x_p	4.143	3.941	3.659	3.216	2.812	2.460	2.208	2.087	2.006

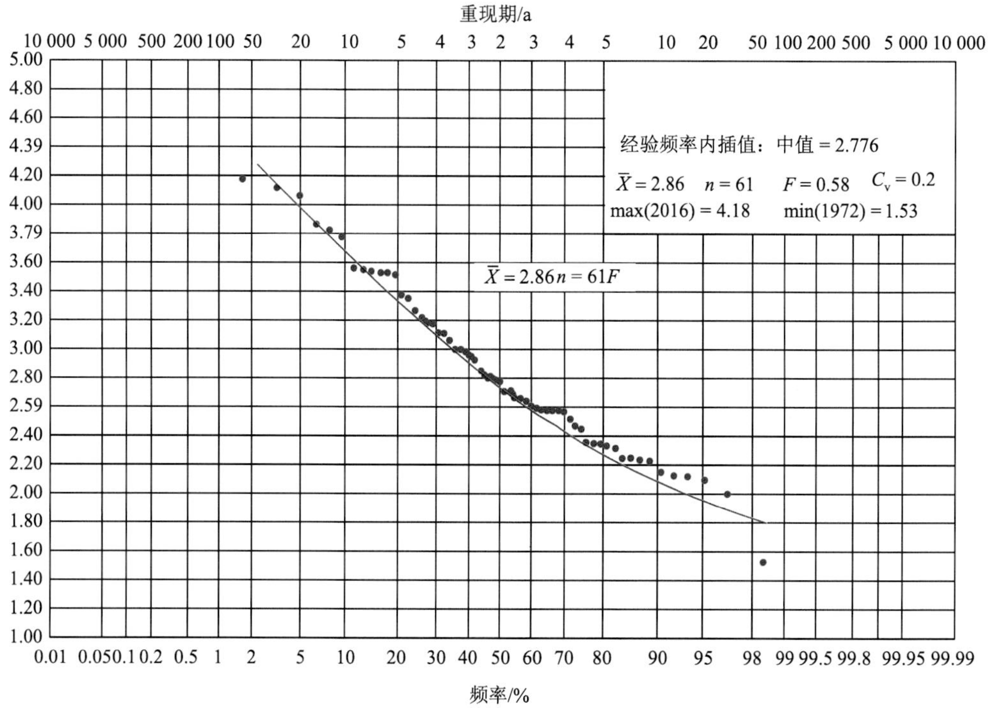

重现期/a
10 000 5 000 500 200 100 50 20 10 5 4 3 2 3 4 5 10 20 50 100 200 500 5 000 10 000
5.00 4.80 4.60 4.39 4.20 4.00 3.79 3.60 3.40 3.20 3.00 2.80 2.59 2.40 2.20 2.00 1.80 1.60 1.40 1.20 1.00
经验频率内插值：中值 = 2.776
X̄ = 2.86 n = 61 F = 0.58 Cv = 0.2
max(2016) = 4.18 min(1972) = 1.53
X̄ = 2.86n = 61F
0.01 0.05 0.1 0.2 0.5 1 2 5 10 20 30 40 50 60 70 80 90 95 98 99 99.5 99.8 99.95 99.99
频率/%

图 4-23　晋祠泉水年平均天然补给资源量频率分布曲线图

经比较分析，当 $C_s=4C_v$ 时的理论频率曲线与实际计算的天然平均补给资源量数据更接近。最后计算的泉域岩溶水典型频率年的天然补给资源量如表 4-17 所示。

表 4-17　晋祠泉域岩溶水天然补给资源量理论频率计算结果表

典型频率年	平均值	$P=20\%$	$P=50\%$	$P=75\%$	$P=90\%$	$P=95\%$	$P=97\%$
K_p	1.0	1.12	0.97	0.85	0.77	0.72	0.70
补给量/(m^3/s)	2.86	3.216	2.812	2.460	2.208	2.087	2.006

前述已经分析，晋祠泉域岩溶水的主要补给来源是大气降水入渗补给、河流渗漏补给，从保守的角度考虑，取保证率为97%的补给量作为1956～2016年系列不考虑二库渗漏增加水量，天然条件下总的可开采资源量，即 2.006 m^3/s。

2. 二库增加渗漏补给资源量

如表 4-14 及图 4-24 所示，二库蓄水增加补给量在 2007 年以前为 0（蓄水基本在下奥陶区域相对隔水层中，以减少悬泉寺泉水排泄为主），此后逐年增大，2011 年以后稳定在 1.2～1.4 m³/s。

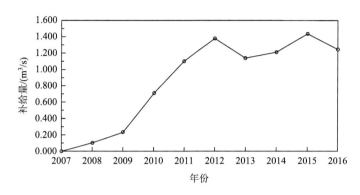

图 4-24　二库蓄水增加补给量变化曲线

从保守的角度考虑，取 2007 年以后人工增加补给量平均值，即 0.86 m³/s，作为补给人工增加补给资源量。

根据上述分析过程，岩溶水的补给资源量评价可分为两个阶段：第一阶段为 1956～2006 年，汾河二库低水位运行，补给资源量仅包括天然补给资源量，即 2.006 m³/s；第二阶段为 2007～2016 年，汾河二库蓄水位升高，岩溶水的补给资源量应额外计算二库渗漏增加的补给量，则晋祠泉域在二库蓄水后，在人工补给条件下，增加的可开采资源量为 2.006 + 0.86 = 2.866 m³/s。

3. 岩溶水可开采量评价

地下水系统的可开采资源量是指在一定技术经济条件下，并且在不产生水位大幅度下降、含水层疏干、水质污染、地面沉降的水文地质环境地质问题的前提下，某一时期内从含水层中获得的最大可利用量。利用水均衡法可计算可开采资源量，水均衡方程为

$$Q_{总补} = Q_{可采} + Q_{侧排} + Q_{蒸发} + \frac{\mu\Delta h}{\Delta t} \tag{4-24}$$

式中，$Q_{总补}$ 为地下水补给资源量，m³/s；$Q_{可采}$ 为地下水可开采资源量，m³/s；$Q_{侧排}$ 为侧向排泄量，m³/s；$Q_{蒸发}$ 为地下水蒸发量，m³/s；$\mu\Delta h / \Delta t$ 为地下水储存量的变化量，m³/s。

由可开采资源量的定义可知，$\mu\Delta h / \Delta t$ 应约等于 0，即在开采条件下，地下水水位应能够稳定在一定水平。此外，晋祠泉域内岩溶水水位埋深较大，地下水蒸发量可视为 0，故上式可简化为

$$Q_{总补} = Q_{可采} + Q_{侧排} \tag{4-25}$$

根据上式及前述章节完成的补给资源量评价结果、地下水侧向排泄量计算结果，可对泉域内可开采资源量进行评价。同时考虑向山前松散层的侧向排泄量直接袭夺岩溶水可开采资源量且不可控，因此计算过程中需扣除这个部分。

则晋祠泉域岩溶水的可开采资源量为 2.866–0.704 = 2.162 m³/s（6 818.08 万 m³/a），扣除二库增加的渗漏补给量 0.86 m³/s 后为 1.302 m³/s（4 105.99 万 m³/a）。

第二节　晋祠泉域岩溶水水质评价

2016～2018 年枯水期、丰水期共采集晋祠泉与兰村泉域样品 316 组（图 4-25），包括岩溶水样、地表水样、松散层水、煤系地层水和矿坑水样等。此外，对个别特殊且本次未取得样品的地段，还收集了前人的分析样品。

一、岩溶水质量评价

本次地下水质量评价工作主要是针对晋祠泉域 2016～2018 年岩溶水进行评价，样品主要是本次工作所采集的，其中 2016 年及 2018 年为枯水期样品，2017 年为丰水期样品。

根据《地下水质量标准》（GB/T 14848—2017），并结合研究区水环境问题的实际情况，选取 pH、总硬度（HB，以 $CaCO_3$ 计）、溶解性总固体（TDS）、SO_4^{2-}、Cl^-、Fe、Mn、Cu、Zn、Al、Na、NO_3^-（以 N 计）、NO_2^-（以 N 计）、NH_4^+（以 N 计）、F^-、I^-、Hg、As、Se、Cd、Cr^{6+}、Pb、Mo、Co、Ni、Ba、Ag、CN^-、挥发性酚类（以苯酚计）、耗氧量共 30 项作为评价指标。参加岩溶水水质评价的样品有 79 组。

根据《地下水质量标准》（GB/T 14848—2017），地下水质量单指标评价，按指标值所在的限值范围确定地下水质最差类别，指标限值相同时，从优不从劣；地下水质量综合评价，按单指标评价结果最差的类别确定，并指出最差类别的指标。其评价结果见表 4-18 及图 4-26。

表 4-18　岩溶水质量综合评价结果表

序号	位置	取样年度	地下水质量综合评价（类）	最差类别的指标	水化学类型
1	晋祠难老泉	2016 年	V	SO_4^{2-}	S—Ca·Mg
2	晋祠难老泉	2017 年	V	SO_4^{2-}	S·H—Ca·Mg
3	清徐县东于村	2016 年	V	HB、SO_4^{2-}	S—Ca·Mg
4	清徐县东于村	2017 年	V	HB、SO_4^{2-}	S—Ca·Mg
5	清徐县东于村	2018 年	V	HB、SO_4^{2-}	S—Ca·Mg
6	万柏林区西铭村	2016 年	IV	SO_4^{2-}	S·H—Ca·Mg
7	万柏林区西铭村	2018 年	IV	HB、SO_4^{2-}、Zn、Al	S·H—Ca·Mg

续表

序号	位置	取样年度	地下水质量综合评价（类）	最差类别的指标	水化学类型
8	古交市娄子条村	2016 年	II	—	H—Ca·Mg
9	古交市娄子条村	2017 年	II	—	H—Ca·Mg
10	古交市娄子条村	2018 年	III	—	H—Ca·Mg
11	太原市神堂沟村 01	2016 年	V	HB、SO_4^{2-}、F	S—Ca·Mg
12	太原市神堂沟村 01	2017 年	V	HB、TDS、SO_4^{2-}	S—Ca·Mg
13	太原市神堂沟村 01	2018 年	V	HB、TDS、SO_4^{2-}、Fe、F	S—Ca·Mg
14	古交市冶元村	2016 年	II	—	H—Ca
15	古交市冶元村	2017 年	III	—	H—Ca·Mg
16	古交市冶元村	2018 年	IV	Al	H—Ca·Mg
17	万柏林区宋家山村	2016 年	III	—	H·S—Ca
18	万柏林区宋家山村	2017 年	IV	Fe	H·S—Ca·Mg
19	万柏林区宋家山村	2018 年	IV	Zn	H·S—Ca·Mg
20	万柏林区王封村	2016 年	IV	SO_4^{2-}	S·H—Ca
21	万柏林区王封村	2017 年	III	—	S·H—Ca·Mg
22	古交市吾儿峁村	2016 年	II	—	H—Ca·Mg
23	古交市吾儿峁村	2017 年	III	—	H—Ca·Mg
24	古交市扫石村	2016 年	III	HB、TDS、SO_4^{2-}、I	S·H·Cl—Ca·Na
25	古交市扫石村	2017 年	III	—	H·S—Ca·Mg·Na
26	万柏林区白家庄煤矿	2016 年	V	SO_4^{2-}	S·H—Ca·Mg
27	万柏林区白家庄煤矿	2017 年	V	HB、SO_4^{2-}	S·H—Ca·Mg
28	古交市镇城底煤矿	2016 年	III	—	H·S—Ca·Mg
29	古交市镇城底煤矿	2017 年	III	—	S·H—Ca·Mg
30	古交市屯兰煤矿	2016 年	V	SO_4^{2-}	S·H—Ca·Mg
31	古交市屯兰煤矿	2017 年	V	SO_4^{2-}	S·H·Cl—Na·Ca
32	古交市东曲煤矿	2016 年	III	—	S·H—Ca·Mg
33	古交市东曲煤矿	2017 年	III	—	S·H—Ca·Mg
34	古交市东曲煤矿	2018 年	V	Al	H·S—Ca·Mg
35	万柏林区杜儿坪煤矿	2016 年	IV	HB、SO_4^{2-}	S·H—Ca·Mg
36	万柏林区杜儿坪煤矿	2017 年	IV	HB、SO_4^{2-}	S·H—Ca·Mg
37	万柏林区杜儿坪煤矿	2018 年	V	Al	S·H—Ca·Mg
38	汾河湾地热井	2016 年	V	HB、SO_4^{2-}、F	S—Ca
39	汾河湾地热井	2017 年	V	HB、TDS、SO_4^{2-}、Fe、F	S—Ca·Mg
40	汾河湾地热井	2018 年	V	HB、TDS、SO_4^{2-}、Fe、Zn、F	S—Ca·Mg
41	清徐县平泉村 02	2017 年	V	HB、SO_4^{2-}	S—Ca·Mg
42	清徐县平泉村 02	2018 年	V	HB、SO_4^{2-}	S—Ca·Mg

续表

序号	位置	取样年度	地下水质量综合评价（类）	最差类别的指标	水化学类型
43	晋源区晋祠供水站	2017 年	V	HB、SO_4^{2-}	S·H—Ca·Mg
44	晋源区晋祠供水站	2018 年	V	HB、SO_4^{2-}	S·H—Ca·Mg
45	忻州市赤泥洼村	2017 年	IV	Cd	H—Ca·Mg
46	忻州市赤泥洼村	2018 年	IV	Zn	H—Ca·Mg
47	古交市李家沟村	2017 年	III	—	H·S—Ca·Mg
48	古交市李家沟村	2018 年	V	Fe	H·S—Ca·Mg
49	晋源区蚕石村 02	2017 年	V	HB、SO_4^{2-}	S—Ca·Mg
50	晋源区蚕石村 02	2018 年	V	HB、SO_4^{2-}、Fe	S—Ca·Mg
51	晋源区牛家口村 01	2016 年	V	HB、SO_4^{2-}	S—Ca
52	晋源区牛家口村 02	2016 年	V	HB、SO_4^{2-}	S—Ca·Mg
53	晋源区蚕石村 01	2016 年	V	HB、SO_4^{2-}	S—Ca·Mg
54	清徐县平泉村 01	2016 年	V	HB、SO_4^{2-}	S—Ca·Mg
55	晋源区赤桥村	2016 年	V	SO_4^{2-}	S·H—Ca·Mg
56	万柏林区九院村	2016 年	V	SO_4^{2-}	S—Ca·Mg
57	万柏林区红沟村	2016 年	V	SO_4^{2-}	S—Ca·Na
58	万柏林区下元村	2016 年	III	—	S·H—Ca
59	万柏林区大井峪村	2016 年	II	—	H—Na·Ca
60	古交市武家庄村	2016 年	IV	SO_4^{2-}	S·H—Ca·Mg
61	万柏林区官地煤矿 01	2016 年	IV	SO_4^{2-}	S·H—Ca·Mg
62	万柏林区神堂沟村 02	2016 年	V	HB、SO_4^{2-}、F	S—Ca
63	尖草坪区石马村	2016 年	III	—	S·H—Ca·Mg
64	万柏林区上南山村	2016 年	III	—	S·H—Ca·Mg
65	万柏林区西铭煤矿 01	2016 年	V	SO_4^{2-}	S·H—Ca·Mg
66	清徐县平泉村	2017 年	V	HB、SO_4^{2-}	S—Ca·Mg
67	忻州市下马城村	2017 年	IV	Cd	S·H—Mg·Ca
68	娄烦县强家庄村	2017 年	IV	Fe	H·S—Ca·Na·Mg
69	晋源区地震台	2017 年	V	SO_4^{2-}	S·H—Ca·Mg
70	晋源区西镇村	2017 年	V	SO_4^{2-}	S·H—Ca·Mg
71	晋源区间家坟村	2017 年	V	SO_4^{2-}	S·H—Ca·Mg
72	晋源区石庄头村	2017 年	V	SO_4^{2-}	S·H—Ca·Mg
73	忻州市桔山村	2017 年	III	—	H—Ca·Mg
74	万柏林区官地煤矿 02	2017 年	V	SO_4^{2-}	S·H—Ca·Mg
75	万柏林区西铭煤矿 02	2017 年	V	SO_4^{2-}	S·H—Ca·Mg

续表

序号	位置	取样年度	地下水质量综合评价（类）	最差类别的指标	水化学类型
76	万柏林区小卧龙新村	2017 年	IV	HB、SO_4^{2-}、Fe	S·H—Ca·Mg
77	古交市解家塔村	2017 年	III	—	H·S—Ca·Mg
78	古交市西曲矿井下	2017 年	IV	Al	H·S—Ca·Mg
79	晋源区店头村西北头	2018 年	V	HB、TDS、SO_4^{2-}	S—Ca·Na

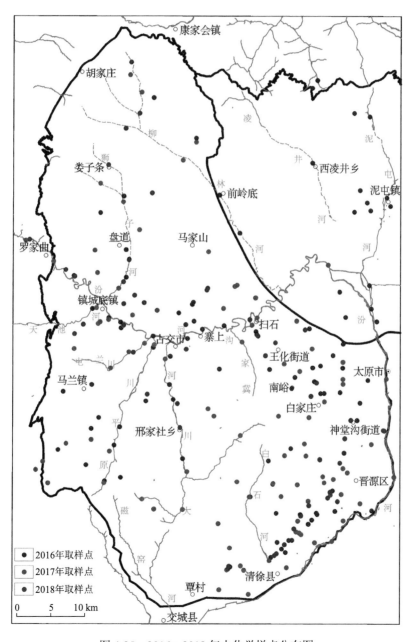

图 4-25　2016～2018 年水化学样点分布图

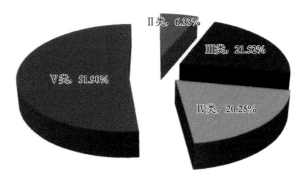

图 4-26　晋祠泉域岩溶水质量评价结果图

从表 4-18 及图 4-26 可知，所分析晋祠泉域内 2016～2018 年 79 个岩溶水样品中，Ⅱ类和Ⅲ类水共 22 个，占 27.85%，主要分布在泉域北部岩溶水补给及径流区；Ⅳ类和Ⅴ类水共 57 个，占 72.15%，分布泉域大部分地区，说明泉域内岩溶水水质不容乐观。最差类别的指标主要是 SO_4^{2-}、HB，其次是 Fe、F^-、TDS、Zn、Al、Cd。

就同一水样点，不同年份大部分取样点地下水质量评价结果一致，但补给区的娄子条村、冶元村、宋家山村、吾儿茆村样点和径流区的东曲煤矿、杜儿坪煤矿以及李家沟村样点后期水质出现变差现象（图 4-27）。

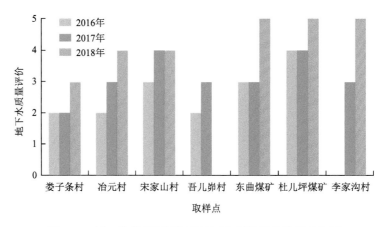

图 4-27　同一取样点不同年份地下水质量评价结果对比图

二、岩溶水水化学类型评价

参加岩溶水水化学类型评价的样品以 2016 年枯水期岩溶水样品为主，部分地区补充 2017 年丰水期样品及前人资料，共计 108 组样品。采用舒卡列夫分类法确定泉域内岩溶水水化学类型。划分结果如图 3-27、图 4-28 所示，部分水化学类型如表 4-18 所示。

岩溶水的水化学组分特征总体上表现为阳离子高钙镁、低钾钠，阴离子低氯且硫酸根和重碳酸根含量为此消彼长的负相关关系，水化学三线图（图 4-28）上集中落在菱形的左上角，充分体现了本区碳酸盐岩—硫酸盐岩地层建造的地球化学背景条件。

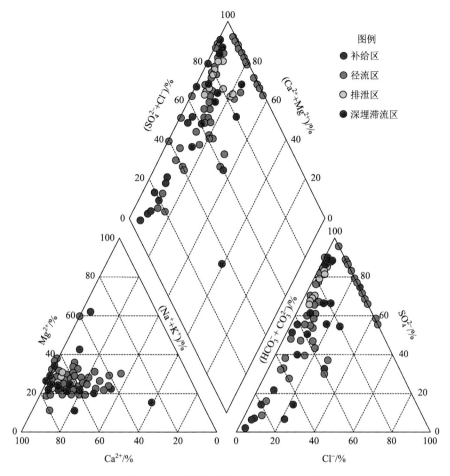

图4-28　晋祠泉域岩溶水水化学三线图

　　泉域岩溶水以阳离子定名的化学类型有四类（图3-27、图4-28），分别是重碳酸型、重碳酸硫酸型、硫酸重碳酸型及硫酸型。重碳酸型水主要分布在泉域强家庄—嘉乐泉乡—吾儿峁村以北及西部上白泉—营立一带碳酸盐岩裸露区，为泉域补给区，主要接受大气降水补给；重碳酸硫酸型水主要分布在泉域中部汾河左岸地区及太原万柏林区大岩村一带；硫酸重碳酸型水主要分布在泉域西部马兰镇、镇城底及屯兰街道以及泉域东部王封乡、东曲煤矿及西铭煤矿一带；硫酸型水主要分布在泉域南部古交高升村—草庄头村碳酸盐岩埋藏区，以及泉域边山断裂带平泉村、晋祠镇及神堂沟村一带，主要为泉域排泄区。

　　在泉域汾河沿岸策马村、河口镇沟底村及扫石村一带岩溶水化学类型中阳离子含有Na^+，是汾河水在碳酸盐岩渗漏段渗漏进入岩溶含水层所致。

三、工业用水水质评价

　　参加工业用水水质评价的岩溶水样品有171个。

1. 起泡系数（F）

起泡系数计算公式为

$$F = 62 \times [Na^+] + 78 \times [K^+]$$ （4-26）

其中，$[Na^+]$、$[K^+]$为离子浓度（mmol/L）。

当 $F<60$ 时属不起泡水（机车锅炉一周换一次水）；当 F 值介于 60～200 时为半起泡水（机车锅炉 2～3 d 换一次水）；当 $F>200$ 时为起泡水（机车锅炉 1～2 d 换一次水）。起泡水作锅炉用水时有一定危害。评价结果见表 4-19。

2. 腐蚀系数（K_k）

腐蚀系数计算公式为

$$K_k = 1.008 \times \left(\frac{1}{2}[Mg^{2+}] - \left[HCO_3^- \right] \right)$$ （4-27）

其中，$[Mg^{2+}]$、$\left[HCO_3^- \right]$ 为离子浓度（mmol/L）。

当 $K_k>0$ 时，为腐蚀性水；

当 $K_k<0$，且 $K_k + 0.0503 \times Ca^{2+}>0$ 时，为半腐蚀性水；

当 $K_k<0$，且 $K_k + 0.0503 \times Ca^{2+}<0$ 时，为非腐蚀性水。

Ca^{2+} 浓度的单位为 mg/L。

参加评价的岩溶水样品数共 171 个，计算结果如表 4-19 所示。

表 4-19　岩溶水工业起泡系数和腐蚀系数评价结果表 　　（单位：个）

年度	评价样品数	起泡系数分类样品数			腐蚀系数分类样品数		
		不起泡水	半起泡水	起泡水	非腐蚀性水	半腐蚀性水	腐蚀性水
2016 年	83	36	39	8	21	62	0
2017 年	53	23	26	4	8	45	0
2018 年	35	16	17	2	35	0	0
总数	171	75	82	14	64	107	0
占比/%	100	44	48	8	37	63	0

根据本次工业用水评价结果可知，总体上晋祠泉域内岩溶水为不起泡或半起泡水，共 157 组，占到总评价样品数的 90%以上；起泡水样共 14 个（表 4-20，图 4-29），主要分布在汾河及其支流沿岸，这与地表水的渗漏补给有关。而同一样点，如屯兰煤矿岩溶井水 2016 年为不起泡水，2017 年为起泡水；上固驿村岩溶自流井水 2017 年为半起泡水，2018 年枯水期为起泡水；店头村在 2017 年及 2018 年均为起泡水，说明随着河流对地下水的补给的增加，岩溶水作为工业用水的质量将会降低。

表 4-20　工业用水起泡水汇总表

序号	位置	取样时间	类型
1	山西省太原市晋源区姚村镇洞儿沟村	2016 年 4 月 13 日	起泡水
2	山西省太原市晋源区姚村镇洞儿沟村	2016 年 4 月 13 日	起泡水

序号	位置	取样时间	类型
3	山西省古交市河口镇院家塂村	2016 年 4 月 18 日	起泡水
4	山西省古交市河口镇扫石村	2016 年 4 月 18 日	起泡水
5	山西省太原市万柏林区南寒街办红沟村	2016 年 5 月 10 日	起泡水
6	山西省古交市镇城底镇城家曲村	2016 年 5 月 27 日	起泡水
7	山西省古交市桃园街道办事处桃园街道	2016 年 5 月 28 日	起泡水
8	山西省古交市河口镇磨石村	2016 年 5 月 30 日	起泡水
9	山西省太原市晋源区姚村镇南峪村	2017 年 8 月 10 日	起泡水
10	山西省太原市晋源区晋源街道店头村	2017 年 8 月 20 日	起泡水
11	山西省太原市古交市河口镇院房塂村	2017 年 8 月 28 日	起泡水
12	山西省太原市古交市屯兰街道屯兰煤矿	2017 年 9 月 5 日	起泡水
13	山西省太原市晋源区上固驿村	2018 年 4 月 15 日	起泡水
14	山西省太原市晋源区晋源街道店头村	2018 年 4 月 16 日	起泡水

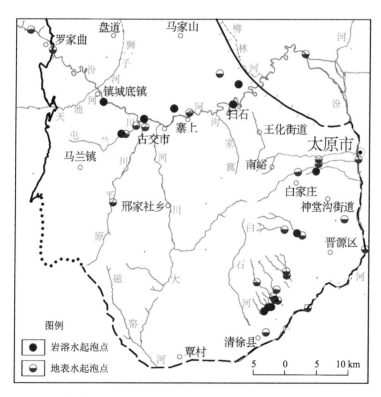

图 4-29 晋祠泉域岩溶水及地表水起泡点分布图

所有评价样品中无腐蚀性水（表 4-19），半腐蚀性水共 106 组，占样品数的 62%。在岩溶水作为工业用水的使用过程中，需要注意岩溶水对锅炉等的腐蚀性。

四、农业用水评价

农业用水水质评价的目的是确定盐害、碱害对农作物的综合危害,本次评价的主要项目有盐度、碱度、综合危害。

参加农业用水水质评价的岩溶水样品有 171 个,评价标准及结果如表 4-21 所示。

表 4-21　农业用水水质评价标准及结果

危害类型水质类型	盐害	碱害	综合危害	2016 年样品数/个	2017 年样品数/个	2018 年样品数/个
	碱度为 0 时的盐度/(mmol/L)	盐度<10 时的碱度/(mmol/L)	矿化度/(g/L)			
好水	<15	<4	<2	81	51	34
中等水	15~25	4~8	2~3	2	0	0
盐碱水	25~40	8~12	3~4	0	1	0
重盐碱水	>40	>12	>4	0	1	1

1. 盐度计算

计算方法如下:

$$当\left[Na^+\right]>\left[Cl^-\right]+2\left[SO_4^{2-}\right]时,盐度=\left[Cl^-\right]+2\left[SO_4^{2-}\right] \tag{4-28}$$

$$当\left[Na^+\right]<\left[Cl^-\right]+2\left[SO_4^{2-}\right]时,盐度=\left[Na^+\right] \tag{4-29}$$

式中,离子浓度单位为 mmol/L。

2. 碱度计算

计算方法如下

$$碱度=\left(\left[HCO_3^-\right]+2\left[SO_4^{2-}\right]\right)-2\left(\left[Ca^{2+}\right]+\left[Mg^{2+}\right]\right) \tag{4-30}$$

式中,离子浓度单位为 mmol/L。

当碱度为负值时,盐害起主导作用;当盐度大于 10 mmol/L 并有碱度存在时,则称为盐碱害。

结果表明,除个别样品外,多数样品的农业盐度、碱度均为好水或中等水。其中屯兰煤矿岩溶水样品 2016 年为好水、2017 年为重盐碱水,店头村岩溶水样品 2017 年为盐碱水、2018 年为重盐碱水。结合它们的硫同位素分析结果,屯兰煤矿岩溶水样品 2016 年 $\delta^{34}S$ 为 25.36‰、2017 年 $\delta^{34}S$ 为 4.13‰,店头村岩溶水样品 2018 年 $\delta^{34}S$ 为 –2.02‰,表明受到煤系地层水的污染。

第五章　晋祠泉域岩溶水环境地质问题及其成因分析

第一节　岩溶水的环境问题

一、泉水流量衰减与干涸

晋祠泉域岩溶水主要有 4 个天然排泄点，分别是太原市晋源区晋祠泉、清徐县平泉、古交上白泉，以及汾河二库修建前的悬泉寺泉群，目前被水库淹没泉水不再排泄，其泉域范围主体归入晋祠泉域。晋祠泉出流于太原西边山断裂碳酸盐岩与上覆石炭系碎屑岩隔水顶板接触带，该处是泉域内碳酸盐岩出露的最低处，是泉域岩溶水的主要排泄点，20 世纪 50 年代基本无人为干扰时的天然流量为 1.99 m³/s，1994 年断流至今。平泉也称不老池，出流于清徐平泉村，该处碳酸盐岩含水层埋藏深度在 150 m 左右，泉水通过沿山前断裂带裂隙导通而出流，泉水具体流量无记录，1978 年平泉村建大型自流井群，初始流量 1.06 m³/s，此后流量一直衰减，到 2001 年不再自流，2011 年平泉又随区域岩溶水位回升而复流。上白泉位于泉域西南侧的古交市原相乡上白泉村，泉水位于中奥陶统峰峰组顶面，是由接受西部碳酸盐岩裸露区降水入渗补给的水向东石炭系本溪组隔水层阻挡出流，在 20 世纪 70 年代末流量为 11.21 L/s，据访问该泉到 21 世纪初成为间歇性出流泉，2017 年项目 FK4 勘探孔揭露水位埋深为 24.94 m。

1. 晋祠泉水流量衰减与断流

晋祠泉由难老泉、善利泉和圣母泉组成。20 世纪 50 年代泉域岩溶水未开采状态时，平均流量 1.99 m³/s，60 年代开始下降，1972 年 5 月善利泉和圣母泉相继断流，到 1994 年全部断流。图 5-1 是晋祠泉水年流量动态曲线，从有系统观测记录（1954 年）以来，整体呈现下降趋势，20 世纪 60 年代平均流量 1.73 m³/s，70 年代平均流量 1.21 m³/s，80 年代平均流量 0.464 m³/s，进入 90 年代平均流量降为 0.045 m³/s。从 1954 到 1994 年的 40 年间，晋祠呈现出显著的线性衰减趋势，年衰减速率 0.056 m³/s，相关系数 $r = 0.987$。

2. 平泉及自流井群的流量衰减与断流

平泉因天然流量较小，早期的原始流量记录很少，1958 年开始打井取水。1975～1978 年，在平泉村、东梁泉村、西梁泉村打井14 眼，形成自流井群总流量达到 1.56 m³/s。从1980 年开始有流量观测记录，直至 1993 年断流，其年流量动态如图 5-2 所示，主体呈现显著的线性衰减特征，其相关系数达到 0.918，年衰减量 0.020 8 m³/s。1993 年后流量记录不全，根据调查，平泉（包括自流井）于 2001 年 1 月断流，2011 年 8 月平泉（不老池）复流。复流后的流量观测呈断续状态，测流结果如表 5-1 所示。

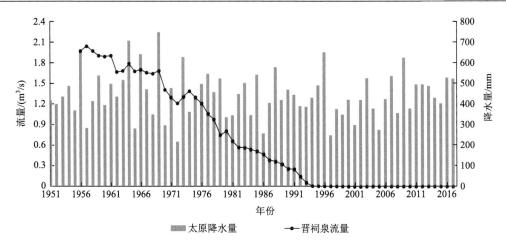

图 5-1 晋祠泉流量年动态变化曲线

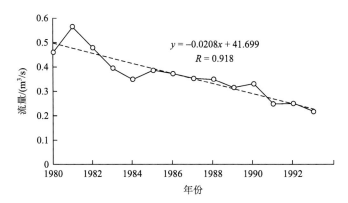

图 5-2 平泉及自流井群流量年动态变化曲线

表 5-1 平泉自流井群实测流量表

测流时间	流量/(m³/s)	测流单位	测点数/个	泉域下游自流井总流量/(m³/s)
2013 年 5 月 6 日	0.067	中国地质科学院岩溶地质研究所	3	
2014 年 1 月	0.083	中国地质科学院岩溶地质研究所	3	
2014 年	0.057	清徐县水资办		
2016 年 5 月 8 日	0.050 6	中国地质科学院岩溶地质研究所	4	
2016 年 5 月 17 日	0.099 9	中国地质科学院岩溶地质研究所	5	
2016 年 9 月 5 日	0.072	清徐县水资办	7	
2017 年 12 月 17 日	0.103	中国地质科学院岩溶地质研究所	10	0.188 97
2018 年 9 月 3 日	0.075	中国地质科学院岩溶地质研究所	14	0.218 6

二、区域地下水位大幅变动与降落漏斗

1. 区域岩溶水位的大幅升降

根据岩溶水位的长期观测资料，从 20 世纪 80 年代后期到 21 世纪初，岩溶水经历了长期的下降过程。新世纪后，各地岩溶水位出现回升，其回升次序以汾河二库周边及汾河沿岸较早，排泄区水位直到 2008 年后才开始回升。

（1）补给径流区岩溶水位变化。冶元孔，1983 年 9 月成井水位标高为 894.98 m，1985 年 6 月为 892 m，2000 年后呈现快速上升，2017 年 12 月达到 916.72 m，较成井时水位上升约近 22 m（图 5-3）；梭峪 K31 孔，1982 年 12 月 26 日成井水位标高为 893.31 m，2000 年降为 876.36 m，此后稳步回升（图 3-51），到 2010 年上升到 896.38 m，2017 年 12 月标高为 909.33 m，较成井时水位上升 16.02 m。

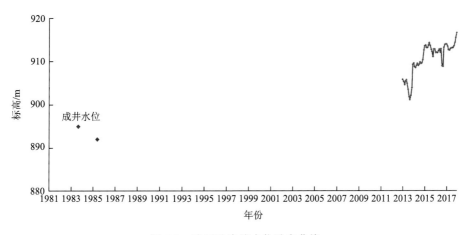

图 5-3　冶元孔岩溶水位动态曲线

（2）径流区岩溶水位变化。王封村 K109 孔，1981 年 6 月水位 871.61 m，1989 年 5 月 859.13 m，2017 年 12 月为 887.35 m，高出成井时水位 15.74 m（图 3-53）；银角村 K62 孔，1974 年成井水位 871.71 m，1993 年降到 861.77 m，2017 年 8 月水位标高为 868.33 m，有所上升，但升幅较王封小得多，且未达到成井时水位标高，这种升幅估计与距离兰村水源地降落漏斗较近有关。扫石村 K60 孔，1978 年 5 月成井水位标高为 879.93 m，目前与二库水位接近，上升幅度达 20 多米。

（3）排泄区岩溶水位升降变化。排泄区岩溶水位升降变化过程与补给径流区基本一致（图 3-55），也经历了从下降到回升的阶段，例如：红沟 K142 孔，1981 年成井水位标高为 802.92 m，1985 年为 802 m，2009 年 10 月降至最低 767 m，2017 年 12 月恢复到 789.56 m；距离晋祠泉口约 500 m 的地震台 K179 孔，1981 年成井水位标高 804.11 m，到 2008 年 8 月，水位下降至最低 774.28 m，2018 年 12 月恢复到 800.24 m，变幅均在 20 m 以上。与径流区的水位变化过程比较，排泄区表现出 2 个显著的特征：一

是回升时间大致出现在 2009 年以后，远远晚于补给径流区；二是受泉水流量的调节，升降速率变化较大。以距离晋祠泉口约 500 m 的地震台 K179 孔为例，1981 年成井水位标高 804.11 m，到 1994 年晋祠泉水断流时水位 801.96 m，水位下降约 2.15 m，耗时 13 年，其间由于以泉水流量大幅减少而维持定水头的调节，地下水位年均降幅仅 0.165 m；1994 年 4 月泉水断流后降速逐步加速，到 2008 年 8 月用时 14 年 4 个月，水位下降至774.28 m，总计下降 28.68 m，年均降幅接近 2 m，接近于泉水断流前的 10 倍。2008 年后水位的恢复过程也出现类似的状况，水位从 2008 年 8 月的 774.28 m 恢复到 2013 年 6 月794.17 m，升幅近 20 m，用时约 5 年，年均升幅达到 4 m 以上；之后升幅明显减小，到2018 年 12 月达到了 800.24 m，年均升幅 1.4 m 左右。水位越接近地面，所需补充的漏斗面积越大，升速将越缓。

（4）图 5-4 是排泄区下游埋藏承压区刘家园岩溶水位动态图，其整体趋势与排泄区也基本一致，2001～2010 年水位下降幅度近 50 m，水位恢复时间为 2010 年（晚于晋祠泉口），较上游排泄区还要晚且快速恢复时间仅有 2 年，2012 年之后水位回升幅度急剧变缓，与平泉及东于一带自流井在 2011 年的出流有关。

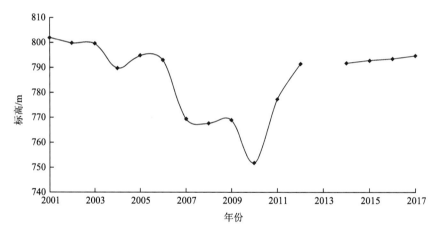

图 5-4　泉域埋藏自流区刘家园钻孔岩溶水位动态曲线

2. 岩溶水降落漏斗

晋祠泉域岩溶水的过量开采是造成区域岩溶水位持续下降的主要原因，特别在径流排泄区处于水位最低的时段，围绕一些集中开采区，形成了岩溶水降落漏斗。根据前人资料，2007 年形成的岩溶水降落漏斗主要有以下几个。

（1）太原盆地内与兰村泉域接壤的三给—枣沟降落漏斗。漏斗围绕三给地垒从西边山到枣沟水源地，呈椭圆形，长近 10 km，枣沟水源地中心水位 778 m，营村中心水位759.4 m，在 2001～2007 年 6 年间，两中心水位年均下降 0.87～1.11 m，由 780 m 闭合的漏斗面积可达 59 km²。2016 年沿三给地垒仍然呈漏斗状态，营村一带水位为 767.34 m，实际属于区域岩溶水位整体变化基础上的开采型漏斗。

（2）白家庄降落漏斗。西起白家庄，东到大井峪，东西长约 9.8 km，呈椭圆形，漏斗中心地带水位标高 770.8 m，2001～2007 年 6 年间水位下降达 14.61 m，年均降 2.44 m，780 m 等水位线构成的面积约 4 km²。

（3）王家坟降落漏斗。主要由太化水源地开采形成，沿山前断裂带呈南北椭圆形，长约 3 km，漏斗中心水位 778.82 m。2001～2007 年的 6 年间，水位下降 12.97 m，年均下降 2.16 m，780 m 等高线闭合面积约 4 km²。

根据 2016 年泉域岩溶水等水位线图，三给—枣沟降落漏斗还存在，白家庄降落漏斗、王家坟降落漏斗基本消失，但在神堂沟存在一个小型开采型漏斗（图 3-22）。

3. 水位升降带来的环境问题

区域岩溶水位升降是泉域岩溶水补排盈亏关系的信息表征，由此会带来开采成本变化以及一些间接的环境问题。

1）地面沉降

由前述水文地质条件，太原西山岩溶水天然条件下除了以泉水形式排出地表外，剩余部分则越过山前断裂带以潜流形式侧向补给盆地松散层孔隙含水层。侧向排泄量大小取决于二者水位变化关系，总体上它们具有相同的动态特征（图 5-5），地下水位大幅度持续性下降导致了太原盆地的地面沉降。据 2004 年《太原市地面沉降勘查报告》，太原市地面沉降Ⅱ等水准测量点实测资料，1956～2000 年地面沉降范围，北起上兰镇，南至刘家堡乡郝村，西起西镇，东到榆次西河堡村；南北长约 39 km，东西长约 15 km，地面沉降涉及范围约 548 km²，最大沉降中心为晋祠泉域相关的吴家堡—高新技术开发区，累计地面沉降量 2 960 mm，年均沉降速率 63.0 mm/a（图 5-6）；自 20 世纪 90 年代以来，沉降范围逐年向盆地边缘扩展，沉降漏斗面积逐年扩大，南部有向晋中盆地延伸趋势，根据地面形成规模可划分出 2 处沉降区、4 个沉降漏斗中心，分别为西张沉降区、城区沉降区、万柏林沉降中心、下元沉降中心、吴家堡沉降中心、北固碾沉降中心。松散层水位下降也使得冲积扇前与汾河冲积层交接处的一系列积水洼地的干涸，从而改变了原有的自然与生态环境。

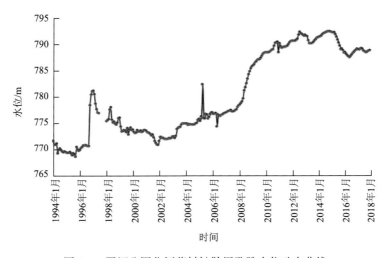

图 5-5　晋祠公园北侧营村松散层孔隙水位动态曲线

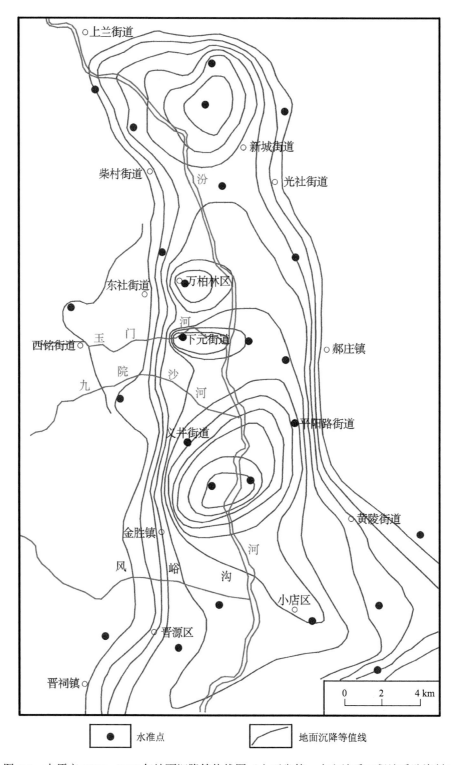

图 5-6　太原市 1956～2000 年地面沉降等值线图（山西省第一水文地质工程地质队资料）

2）自流区一带的房屋开裂

泉域排泄区岩溶水经历了下降—上升过程，升降幅度在 20 m 以上。在平泉—西梁泉—东于岩溶水自流区，松散层厚度在 30 m 以上，从 20 世纪 70 年代相继形成一些自流井，岩溶水通过断裂、止水失效孔等各种途径进入松散层，后期随岩溶水位下降，孔隙水位也随之下降，松散层一些黏性土层压缩沉降，此后水位又上升，松散层二次充水变形，使得原有建筑开裂（图 5-7）。据访问，平泉村西南侧房屋大量开裂多发生在自流井二次出流的 2011 年之后。也有学者认为房屋开裂是新山前断裂活动所致，但从时间节点上，还不能排除地下水位变动的影响。

图 5-7　西梁泉村自流井旁房屋开裂情况

三、岩溶水的污染

根据 1987～1990 年的水质分析资料，由于晋祠泉域补给区煤矿开采和古交工业区"三废"排放，污水渗入岩溶含水层，造成严重污染。下游承压径流区和泉排泄区岩溶水矿化度、总硬度、SO_4^{2-}、铁、铅、F^- 超标率达 50% 以上。水样超标项目数除晋祠泉水为一项外，其余点均达 5 项以上。最大超标倍数：矿化度为 0.17 倍，总硬度为 1.04 倍，SO_4^{2-} 为 1.74 倍，铁为 0.78 倍，Pb、F^- 为 1.0 倍。特别是煤矿酸性水渗入补给，不仅使 SO_4^{2-}、Pb 含量增高，而且使水的 pH 降低，引起碳酸盐溶解量增加，水的矿化度、总硬度增大。污水带入的有机质，在承压含水层中分解、降解，造成局部缺氧环境，水中溶解氧含量超标，水体发出较浓的 H_2S 气味。

太原市除地表水、浅层地下水污染严重外，大气污染也比较严重，据太原观测站取大气水样分析，大气降水中 10 种有毒组分均有检出，其中酚含量高达 0.032 mg/L，超标 15 倍。受大气污染影响，岩溶水中除 As 外，10 种有毒组分普遍检出。检出含量值超过标准值一半到超标 1 倍的组分有 Pb、Cd、Hg、F^-，检出最大值的组分分别为 Pb

（0.073 5 mg/L）、Cd（0.005 4 mg/L）、Hg（0.000 7 mg/L）、F⁻（2.0 mg/L），表明本区岩溶水有毒污染已较普遍，局部污染已十分明显。晋祠泉域受古交工业区和采煤"三废"污染，Pb、Hg、F⁻含量较高。

根据 2005 年 4 月在晋祠泉域内深井取水进行的水质分析与 1987 年泉水水质资料对比可见（表 5-2），18 年来钙离子增加了 34.2%，镁离子增加了 13.1%，硫酸根离子增加了 48.7%，硝酸根离子增加了 25%，总硬度增加了 26.8%，矿化度增加了 57.6%。上述情况说明，晋祠泉域岩溶水水质呈总体下降趋势。

表 5-2 晋祠泉 1986、1987 年及 2001~2018 年水质分析成果表

取样时间	取样点	水温	pH	K⁺	Na⁺	Ca²⁺	Mg²⁺	Cl⁻	SO₄²⁻	HCO₃⁻
1986 年	晋祠泉	17	7.56	1.8	16.7	124.25	32.32	14.18	276.65	236.76
1987 年	晋祠泉	16	7.55	1.95	11	120.84	39.24	14.18	274.25	236.76
2001 年	晋祠 103 井	17	7.3		51.8	148	65.4	15.2	443	265
2002 年	晋祠 103 井	17	7.6		21.7	143	24.5	14.5	443	237
2003 年	晋祠 103 井	19.5	8	1.41	39.7	117	42.5	26.6	277	314
2005 年	晋祠 103 井	21.5	7.35	1.79	24.2	162.2	44.4	16.7	407.9	226.2
2016 年	晋祠 103 井		7.54	1.68	21.6	172	44.0	23.5	476	161
2017 年	晋祠 103 井	17.36	7.47	2.02	21.5	179	46.4	20.4	458	223
2018 年	晋祠供水站	15.7	7.54	2.11	22.2	185	47.4	22.4	506	226

取样时间	取样点	NO₃⁻	NO₂⁻	NH₄⁺	F⁻	HB	TDS	TFe	Mn	Cu
1986 年	晋祠泉	4	0	0	0.8	443.63	598.19	0.117 6	0.004 8	0.001 4
1987 年	晋祠泉	4	0	<0.04	0.8	463.58	594.69	0	0	0.014
2001 年	晋祠 103 井	0.73	0	0	0.44	640.00	988	0	0	0
2002 年	晋祠 103 井	1.28	0	0.06	0.75	459.00	850	0	0	0
2003 年	晋祠 103 井	0.6	0.003	0.4	0.81	468.00	646	0	0.06	0
2005 年	晋祠 103 井	5	<0.002	<0.04	0.6	588.22	937.6	0.138 0	0.003 9	0.001 6
2016 年	晋祠 103 井	5.46	0.004		0.46	610	887	<0.020	<0.020	0.004 4
2017 年	晋祠 103 井	4.38	0.0		0.88	638	906	<0.020	<0.020	0.003 3
2018 年	晋祠供水站	5.00	0.006		0.75	657	971	<0.020	<0.020	0.003 0

取样时间	取样点	Zn	挥发酚	氰化物	COD	Hg	As	Cd	Cr⁶⁺	Pb
1986 年	晋祠泉	0.024 7	<0.002	0.002	0.63	0.000 05	0.005	0	<0.002	0.026 1
1987 年	晋祠泉	0.09	0	0.005	0.23	0	0	0	0	0
2001 年	晋祠 103 井	0.05	0	0	0.4	0	0	0	0	0
2002 年	晋祠 103 井	0.031	0	0	0.4	0	0	0	0	0
2003 年	晋祠 103 井	0.106	0	0	1.9	0	0.007	0	0	0
2005 年	晋祠 103 井	0.017 0	<0.002	<0.001 2	0.33	0	0.002	0	<0.002	0.001 7

续表

取样时间	取样点	Zn	挥发酚	氰化物	COD	Hg	As	Cd	Cr⁶⁺	Pb
2016 年	晋祠 103 井	0.012 1	<0.002	<0.001	0.36	<0.000 1	<0.000 1	0	<0.004	0.003 3
2017 年	晋祠 103 井	0.001 6	<0.002	<0.001	0.35	<0.000 1	<0.000 1	0	<0.004	0.016 8
2018 年	晋祠供水站	0.21	<0.002	<0.001	0.57	<0.000 1	<0.000 1	0	<0.004	0.004 1

注：水温单位为℃，pH 值无量纲，其余单位为 mg/L。

在 2001 年、2002 年的水质分析中，排泄区岩溶水出现了放射性超标，2003 年分析中氨氮超标，2002 年还出现大肠菌群超标。表明由于地下水位降到地面以下，各种污水都在渗入补给岩溶含水层中，地下水受到污染。

晋祠泉作为整个泉域岩溶水集中排泄点，其水质状况在整个泉域岩溶水中有较强的代表性。表 5-2 和图 5-8 列出了晋祠泉水历史年份的水化学组分含量分析结果，常量组分如 TDS、HB、Cl^-、SO_4^{2-}、NO_3^-、$K^+ + Na^+$ 及微量组分 Cu、Pb 等均有增加，其发展状态具有劣质化的趋势，其中 TDS、SO_4^{2-} 含量变化在总体增加的同时，特别在泉水断流之后，增长速度有所加快，现状较 20 世纪 80 年代的含量增加近 70%。

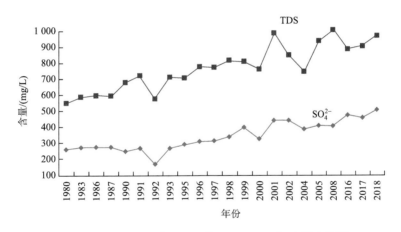

图 5-8　晋祠泉（或泉口 103 井）TDS、SO_4^{2-} 含量变化图

第二节　岩溶水的环境问题成因分析

一、晋祠泉水流量及水位变化的成因分析

晋祠泉断流的根本原因在于晋祠泉域在天然状态下的水均衡状态遭到破坏。可以将导致泉流量衰减的因素分为以下几项：①大气降水量呈减少趋势；②汾河渗漏量逐年减少；③岩溶水开采（含采煤排水）强度迅猛增加；④太原盆地孔隙水开采量的增加使盆地内孔隙水位降低，进而增大了岩溶水向盆地的潜排量。

1. 气候变化对泉域岩溶水水量的影响

1）泉域降水量的影响

大气降水作为晋祠泉域的补给来源，其多年变化规律与晋祠泉流量具有密切关系。

经统计，晋祠泉在 20 世纪 50 年代到 2017 年 10 年段（2011～2017 为 7 年段，下同）降水量曲线（图 5-9），总体趋势是 20 世纪 60 年代到 2000 年减少，2000 年后上升，这一趋势与泉水流量（或水位）的发展趋势是一致的，泉域 1916～2017 年大气降水差积曲线也表现出类似的特征（图 5-10），表明泉域大气降水的变化是影响晋祠泉水流量（或水位）变化的因素，但在下降幅度方面，泉水流量下降幅度远远大于降水量的下降幅度。晋祠泉水断流前 10 年的泉域平均降水量为 421.88 mm，与 20 世纪 50 年代相比，只减少了 9.4%，而同期的平均泉流量却由 1.953 m³/s 下降到 0.281 m³/s，减少了 85.6%，说明降水量减少只是泉流量衰减的次要原因。

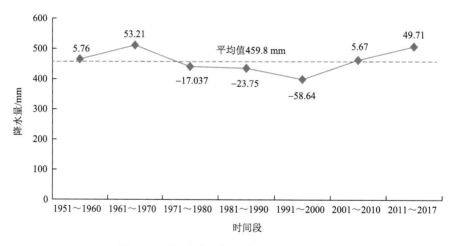

图 5-9　晋祠泉域各年代降水量增减值曲线

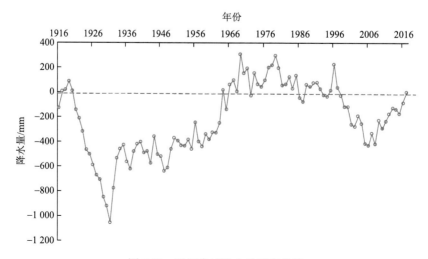

图 5-10　晋祠泉域降水量差积曲线

2）气温上升对岩溶水入渗量的影响

自 20 世纪 50 年代以来，太原气温总体处于线性增高的趋势（图 5-11），其相关系数为 0.83，年增长幅度为 0.038 6℃。据太原观象台 1951～2017 年的气温观测资料，1951～1983 年和 1984～2017 年前后两期平均气温从 9.395℃升高到 10.603℃，气温上升将会使陆面蒸发量相对降水量的比例增加。

陆面蒸发量涉及复杂的影响因素，一般难以监测，目前多利用遥感资料或经验公式进行估算。本次采用如下陶凯陆面蒸发量经验公式进行陆面蒸发量的计算分析。

$$Q_z = \frac{P}{\sqrt{\left[0.9 + P^2 \div (300 + 25T + 0.05T^3)^2\right]}} \quad (5\text{-}1)$$

式中，Q_z 为陆面蒸发量（mm）；P 为降水量（mm）；T 为气温（℃）。

前人研究结果认为，岩溶区的陆面蒸发量要较式（5-1）计算值小 10%左右。

计算结果如图 5-11 所示。对经验估值计算结果，单纯分析具体某一年的数据可能无法从机理和物理原理进行解释，采取一定长度系列比较合理。对比 1956～1980 年、1981～2000 年和 2001～2018 年三个时间段的平均结果（表 5-3），表明三个时间段的平均陆面蒸发量依次为 361.34 mm、352.56 mm、369.96 mm，以 20 世纪 80 年代后最小、50～70 年代居中、21 世纪以来最大，难以看出气温升高对陆面蒸发量的影响，其原因是公式中有降水量值的变量因素存在。从另一角度分析，分别计算各时段陆面蒸发量与降水量的比、降水量和陆面蒸发量差值（蒸发差）发现，蒸发量所占对应时段降水量的比例随着气温的升高而增加，而蒸发差则随着气温的升高而减小。

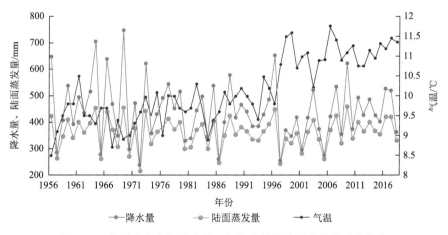

图 5-11　太原观象台年降水量、气温和计算陆面蒸发量动态曲线

表 5-3　太原观象台降水量的、气温、陆面蒸发量的关系计算成果表

项目时间段	降水量/mm	气温/℃	陆面蒸发量/mm	陆面蒸发量所占对应时段降水量的比例/%	蒸发差/mm
1956～1980 年	459.24	9.55	325.21	70.81	134.03
1981～2000 年	424.15	10.10	317.31	74.81	106.84
2001～2018 年	437.31	11.09	332.97	76.14	104.34

大气降水降落地面后转化为三种形式，分别是陆面蒸散发、地表产流和入渗地下，三者间互为此消彼长。天然条件下晋祠泉域岩溶水主要接受降水入渗和河流渗漏的补给，由此可认为气温升高将导致降水转化为泉域岩溶水的比例降低。图 5-12 所表达出的蒸发差随气温升高而减小，表明降水入渗比例随气温升高而减小。

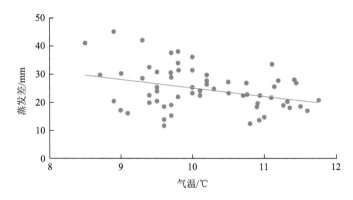

图 5-12　太原观象台气温与蒸发差的关系

山西阳泉市前石窑、罗面咀水文站地表产流观测结果显示，岩溶区所形成的地表产流非常有限，地表产流系数一般在 4%左右，而且产流时间非常短，由此认为陆面蒸发量的增加更多减少的是对地下水的入渗补给。现假定陆面蒸发量的增加都来自降水入渗补给地下水量的减少，按照泉域平均降水量 460.5 mm、中奥陶统岩溶裸露区降水入渗补给系数 21%和太原观象台 3 个时段（1956～1980 年、1981～2000 年和 2001～2018 年）平均气温估算，由于后两个时段气温升高而较第一时段减少的降水入渗补给量分别为 5.52 mm 和 15.05 mm，分别占泉域降水量的 1.2%和 3.27%，换算成泉域平均降水入渗补给量，则分别是 0.022 3 m³/s 和 0.060 7 m³/s，即 70.2 万 m³/a 和 191.5 万 m³/a。显然，气候变化对岩溶水的环境影响是不可忽视的。

2. 汾河渗漏对泉流量的影响

"三水转化强烈"是岩溶水系统水资源相互转化的特点之一，晋祠泉域岩溶水除大气降水入渗补给外，汾河地表径流渗漏是晋祠泉域的另一重要补给源。对泉域岩溶水的渗漏补给分别有娄烦县罗家曲东—古交市镇城底镇李八沟村南汾河渗漏段，汾河由西向东分别穿越早古生界寒武、奥陶系碳酸盐岩，长度为 17.32 km；寨上—古交市河口镇扫石村南东磺厂沟入口渗漏段，流经地层为中奥陶统峰峰组—上马家沟组二段，总长度为 18.61 km；再向下游到泉域东边界太原市万柏林区下槐村是汾河二库渗漏段，地层主要为上马家沟组底部泥灰岩和下马家沟组灰岩，蓄水长度为 9.53 km。

1）罗家曲东—古交市镇城底镇李八沟村南汾河渗漏段

其来水量主要来自上游汾河水库的放水量，根据汾河水库水文站的实测资料（图1-6），2008 年前整体呈现下降趋势，以 2008 年以前的水量衰减期的 1958～1982 年和 1983～2007 年两个阶段比较，前阶段的一库水文站平均径流量为12.02 m³/s，后阶段平均径流量为 7.199 m³/s，前、后两期相差 40%以上，2008～2016 年，平均径流量增加到 8.65 m³/s。无疑，该段渗漏量的大小随着汾河水量的增减而增减。

2）寨上—古交市河口镇扫石村南东磺厂沟入口渗漏段

其来水量除了上游汾河一库放水量外，还有包括大川河、原平川、屯兰川等区间的来水量，总流量资料由寨上水文站监测。根据寨上水文站的实测资料（图1-6），2008 年前同样整体呈现下降趋势，以 2008 年前水量衰减期的 1959～1982 年和 1983～2007 年两个阶段比较，前阶段的寨上水文站平均径流量为 13.68 m³/s，后阶段平均径流量为 7.619 m³/s，前、后两期相差 40%以上，2008～2016 年，平均径流量增加到 9.786 m³/s。单纯从汾河水的流量看，其渗漏量变化特征与上段基本一致，但该段渗漏补给晋祠泉域岩溶水的实际情况要复杂得多。

由前述泉域水文地质条件可知，在汾河二库建库前（2000 年放闸蓄水），河谷内还存在一个小的泉域，即悬泉寺泉域，悬泉寺泉水的成因是由于汾河河谷在这一带切出了下奥陶统区域相对隔水层，形成了接触型下降泉。悬泉寺泉排泄后向下游进入兰村泉域，其流量最终与兰村泉合并后由兰村水文站监测控制，即早期兰村泉水流量（由兰村水文站资料通过基流分割等方法计算）中包括了悬泉寺泉水的流量。该泉由 5 个泉组成，除了 1 个属上层滞水泉外，其他 4 个泉水标高均低于周边区域岩溶水位，表明该域有其特定的补给范围。但前人对其补给范围没有做过专门研究。根据 1985 年前人绘制的岩溶水等水位线图，沿汾河在悬泉寺与古交市间的汉道岩一带存在一个地下水分水岭，测到的分水岭地下水位标高为897.7 m，分别高于东侧周家山一带的水位标高 873.48 m、悬泉寺泉群的泉口标高 860.17～870.19 m 和西侧古交钢厂一带的 874.7 m，该分水岭是二库蓄水前分流悬泉寺小泉域与晋祠泉域岩溶水的边界，因此，此前该渗漏段的汾河渗漏大致以该分水岭为界，上游段（4.5 km）补给晋祠泉域，下游段（14.11 km）则补给悬泉寺泉域并由悬泉寺泉群排泄。汾河二库修建后，目前水库蓄水水位达到 900 m 以上，周边岩溶水位大幅抬升且远高于悬泉寺泉群出口标高，泉水无法出流，悬泉寺泉域消失，该渗漏段形成了以二库蓄水区水位最高由东向西降低的流场形态，此时汾河渗漏的水量全部补给晋祠泉域。

3）汾河二库渗漏段

目前汾河二库库区河谷出露地层从坝址到库尾依次为上寒武统凤山组顶部（松散层覆盖）、下奥陶统、中奥陶统下马家沟组，库尾为上马家沟组底部泥灰岩（图 5-13），其中区域相对隔水层下奥陶统顶面与在汾河河川的出流标高为 880 m。

汾河二库始建于 1996 年 11 月，2000 年元月下闸蓄水，2007 年竣工验收。根据水库蓄水水位观测资料，2006 年前水位基本维持在 880 m 以下，此前，受 2 个因素制约，认为库区渗漏量非常有限，第一是在蓄水水位低于悬泉寺泉群出流标高之前，岩溶水位高于蓄水水位，泉水继续溢流，基本不存在渗漏；第二是蓄水区处于下奥陶统区域相对隔水层中，整体渗透性差，也不利于水库的渗漏。2007 年水位抬高到 882 m 左右（最高883.28 m），蓄水区进入渗透性强的中奥陶统碳酸盐岩中，水库才开始形成可观的渗漏，而前期由悬泉寺泉群排泄的水量也全部被反压进入晋祠泉域。

图 5-13　汾河二库库尾地层

3. 岩溶水开采对泉流量的影响

泉域岩溶水的开采作为人工排泄形式，对泉流量以及水位的影响是最直接的。1960 年之前，晋祠泉域的岩溶水开采量不超过 0.1 m³/s。1954～1960 年，该泉域的平均岩溶水开采量为 0.05 m³/s，仅占该期平均泉流量的 2.6%。可以认为，这一时期岩溶水开采对泉流量几乎没有影响。

1960～1994 年，晋祠泉流量由 1.98 m³/s 降为 0.01 m³/s，净减少量为 1.97 m³/s；同期岩溶水开采量则增加了 1.571 m³/s。两相比较，岩溶水开采量的增量占到了晋祠泉流量减少量的 79.9%。特别是 20 世纪 80 年代到 90 年代中的开采高峰期（图 5-14），开采量达到 2.0 m³/s 以上，远超过泉域可开采资源量以及原始的晋祠泉流量，最终导致晋祠泉于 1994 年 4 月断流。

图 5-14　晋祠泉流量与岩溶水开采量变化趋势对比曲线

晋祠泉流量尤其对排泄区的开采量响应最为敏感，不仅由于距离较近，还由于排泄区处于山前断裂带，含水层岩溶发育、导水性强。图 5-15 是 20 世纪 70 年代排泄区（化工区）岩溶水开采量与晋祠泉流量月动态曲线，二者此消彼长的关系一目了然。

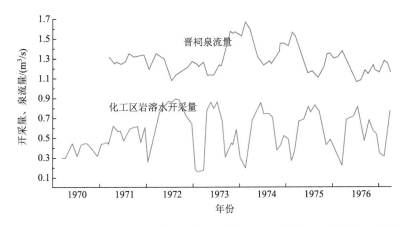

图 5-15　晋祠泉流量与化工区岩溶水开采量关系对比曲线（山西省第一水文地质工程地质队资料）

对晋祠泉流量影响最重要的原因是平泉一带的自流井开采。自 1976～1978 年打井 6 眼，总自流量初始为 0.97 m³/s，到 1983 年降为 0.42 m³/s，图 5-16 为 1980～1983 年晋祠泉与平泉流量曲线，分析认为，它们可分为 2 个阶段，第一阶段为 1982 年之前，由于平泉自流井开采初期，晋祠泉流量与平泉自流量处于调整期，但由于平泉处于下游且两地相距近 11 km，其动态相对于晋祠泉具有一定滞后，流量除了相互制约外，其间尚释放弹性储存量，总体存在不尽完全一致的负相关关系；1982 年之后，相互间达到了新的动态平衡，总体趋势趋于一致，表明它们存在密切的补排关系。2001～2010 年清徐县自流井全部断流，自 2011 年之后平泉、东梁泉、西梁泉、东于、上固驿自流井相继复流，水量日益增加（表 5-1），受自流量调节影响，相应附近岩溶水位上升幅度急剧减缓（图 5-4），晋祠泉口一带水位的升速也呈滞后减缓状态（图 3-57）。

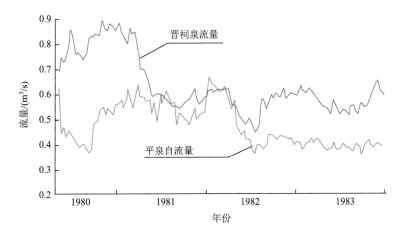

图 5-16　晋祠泉流量-平泉自流量关系线（资料源于山西省第一水文地质工程地质队）

本次将岭底向斜以东新划入晋祠泉域交城县部分，在西山山前岩溶水位埋藏浅、水量丰富，岩溶水的开采也导致晋祠泉域流量减少与水位下降。在 20 世纪 70 年代后期，覃村、奈林两村凿井 5 眼，1988 年调查正在使用的 3 眼井开采量达 5 000 m³/d。最新绘制的晋祠泉域地下水等水位线图显示，交城边山岩溶水的开采具有向东袭夺的趋势。

值得注意的是太原岩溶热水的开发，在边山断裂带以东至汾河谷地承压区打了多眼热水井，实际是开采深埋区的岩溶水。应指出，在开采条件下，泉域内的岩溶水可通过边山断裂带从深部补给承压区，在该区打热水井，实际上是袭夺泉域岩溶水，但考虑经济价值的差异，热水的开发需要与泉域水资源的整体部署统一规划。

4. 其他开采对岩溶水水量的影响

晋祠泉域除以晋祠泉为天然排泄点外，还以潜流的形式向太原盆地排泄部分水量。20 世纪 50 年代以来，为满足经济发展及居民生活的需要，太原盆地的孔隙水开采量逐年增加。孔隙水开采量的增加必然导致盆地孔隙水位的下降，增大晋祠泉域东部边山地带的水力梯度，最终引起岩溶水向盆地潜排量的增加。据太原市水务局资料，岩溶水向太原盆地的侧向排泄量在 20 世纪 80 年代以前为 0.7 m³/s，80 年代后逐渐增大，到 90 年代后期达到 1.2 m³/s。潜排量的增加必然使泉域内流向晋祠泉的水量相对减少，成为晋祠泉流量减少的又一原因。晋祠泉域与东北侧兰村泉域间为地下水分水岭边界，在兰村泉域大强度超量开采（近 20 多年的开采量均在 1.0 亿 m³ 以上）、区域岩溶水位持续下降条件下，必然会引起地下分水岭向晋祠泉域一侧移动，而地下分水岭一带又是两泉域碳酸盐岩裸露区和汾河渗漏区，同样会造成晋祠泉域补给区面积的减少。从岩溶水文地质条件分析，兰村泉域岩溶水的长期开采对晋祠泉流量衰减影响的可能性是不容忽视的。

二、晋祠泉域岩溶水污染成因分析

晋祠泉域岩溶水污染可分为原生污染和次生污染两种。

（一）原生污染

晋祠泉域规模巨大，岩溶水水循环周期较长，水岩具有充分反应，特别由于地球化学背景影响，岩溶水的原生污染问题比较严重。造成原生污染的因素可分为泉域水资源系统固有的地质结构和资源要素构成、地球化学背景因素、水动力条件等多个方面。

1. 泉域地质结构与资源要素构成

由前述可知，晋祠泉域岩溶水系统是由降水、地表水、孔隙水、裂隙水、层间裂隙岩溶水、岩溶水等多种要素组成，相互间存在诸如直接、间接及动力、非动力等不同形式的复杂的转化关系，特别由于特定的地质结构和地形特征，泉域内分布有大量上游煤系地层、下游碳酸盐岩渗漏区的河流与沟谷，使得采煤及与煤矿活动相关产业形成的各种污水参与进岩溶水的循环，在固有的防污性能方面存在"先天不足"的劣势。

2. 地球化学背景因素

地层是构成泉域水资源循环的骨架，由于太阳能、水、气和生物对岩石进行物理、化学及生物风化作用、溶滤作用，使岩石中部分有害或无害的化学元素或多或少地进入地下水中，地层的物质成分与含量对地下水的化学成分的构成极为重要。针对晋祠泉域特点，除了碳酸盐岩岩溶含水层本身易溶外，以下三方面因素对岩溶水的水化学特点的影响更突出。

（1）中奥陶统中石膏。华北地台在中奥陶世经历过三次大的海侵与海退沉积旋回过程，分别在下马家沟组、上马家沟组和峰峰组底部沉积了含石膏的泥质白云岩，易溶的石膏使岩溶水中钙、硫酸根离子含量大大增加。在泉域径流区、汇流区、排泄区以及深埋滞流区岩溶水水化学成分中都会出现硫酸根离子。

（2）煤系地层。煤系地层沉积环境多样，物质成分复杂，其中黄铁矿氧化水解对岩溶水水化学成分影响比较大，特别是被氧化后形成酸性水，使水中 pH 降低，极大地增强水的溶解能力，前述山底河流域煤矿老窑水循环系统中各种类型水的水质监测结果能够充分体现这一点。目前泉域内的太原西山山前诸沟、汾河从镇城底到二库的南北两岸诸沟普遍出现大量闭坑煤矿酸性水出流后对岩溶水的渗流补给，一些地区岩溶水的水样分析结果已显示受到煤矿酸性水的严重污染。

（3）黄土。晋祠泉域地处黄土高原东缘，泉域内碳酸盐岩覆盖区面积达到 361 km²，覆盖层多为黄土层。在淋溶程度较低的中、上更新统的原生风成离石、马兰黄土中，钾盐、钠盐、次生碳酸钙易溶矿物以及含氟的萤石含量较多，它们被入渗、渗流的雨水溶解后再渗入岩溶含水层，引起地下水化学组分含量的增高。如 2016 年 21 组松散层孔隙水样品的 K + Na 和 Cl 含量分别为 40.13 mg/L 和 33.54 mg/L，虽然它们的循环距离与时间要较岩溶水短得多，但其含量仍然高于同期 67 组岩溶水的 K + Na 和 Cl 含量 31.16 mg/L 和 28.74 mg/L。对比晋陕高原吕梁山东西侧岩溶大泉中的 K + Na 含量（表 5-4）可以看出，处于黄土高原核心区的西部诸泉 K + Na 的平均含量是东部泉水的 12 倍以上，黄土对岩溶水水质的作用影响是不能低估的。

表 5-4　晋陕高原吕梁山东西侧岩溶大泉 K + Na 含量对照表　　（单位：mg/L）

吕梁山东侧岩溶大泉				吕梁山西侧岩溶大泉			
泉名	K + Na	泉名	K + Na	泉名	K + Na	泉名	K + Na
娘子关泉	30.05	霍泉	5.6	柳林泉	108.2	水沟泉	11.1
辛安村泉	10.75	郭庄泉	16.1	天桥泉	90.8	神泉	13
三姑泉	12.56	龙子祠泉	12.5	韩城	98.03	野狐峡泉	8.8
延河泉	8.2	神头泉	28.7	瀵泉	153.1	彭阳排泄区	140.45

续表

吕梁山东侧岩溶大泉				吕梁山西侧岩溶大泉			
泉名	K+Na	泉名	K+Na	泉名	K+Na	泉名	K+Na
兰村泉	13.3	广灵泉	22	袁家坡泉	150.26	拉僧庙泉	103.2
晋祠泉	18.5	红石塄泉	9.15	温汤泉	153.23	千里沟大泉	100.6
洪山泉	27.8	雷鸣寺泉	5	筛珠洞泉	63.53	郑家大泉	571.2
				烟霞洞泉	122.8	太阳泉	904
				龙岩寺泉	132.09	萌城	839.5
				周公庙泉	25.06		
平均值		15.73		平均值		199.42	

3. 水动力条件

岩溶水循环交替速度越慢,在含水层中径流的距离越远、滞留的时间越长,则地下水水岩作用越充分,水化学组分含量就越高。图 3-30 所表达的晋祠泉域岩溶水沿径流路径在不同水动力分区中的岩溶水水化学组分含量增长趋势,其规律一目了然。在补给区地下水交替更新快,水化学组分含量一般较低,而排泄区或深埋滞流区 TDS、SO_4^{2-} 含量将成倍或数十倍地增加。图 5-17 是晋祠泉域 2017 年岩溶水从汾河二库径流区向下游汇流区、排泄区直到深埋滞流区的 SO_4^{2-} 含量和 $\delta^{34}S$ 值变化曲线,其中大致可分为 6 段。第一段嘉乐泉以上的补给区、径流区,SO_4^{2-} 含量较低,$\delta^{34}S$ 向汾河方向受采煤影响的地表水渗漏补给区降低;第二段嘉乐泉到化客头段,为径流区,SO_4^{2-} 含量和 $\delta^{34}S$ 值受汾河二库影响的同时,沿途还溶解中奥陶统中石膏,总体偏低但有增长;第三段为小卧龙到风峪沟店头段,该区属于泉域岩溶水强径流带的部分,该径流带在接受北侧汾河二库补给的同时,还接受了来源于北西古交方向的汇入,同时也存在采煤活动的影响,因此 SO_4^{2-} 含量和 $\delta^{34}S$ 值不稳定,其中店头岩溶井水受闭坑煤矿老窑水的入渗污染,SO_4^{2-} 含量急剧升高,而 $\delta^{34}S$ 值则降至-2.02‰;第四段为阎家坟到晋祠段,均为山前断裂带样品,较第三段 SO_4^{2-} 含量有所增加,但 $\delta^{34}S$ 值上了一个台阶,从 8.34‰～11.14‰(未包括店头特殊点)增加到 17.11‰～18.47‰,这显然是进一步溶解石膏的结果;第五段从蚕石到东于,属于泉口下游埋藏区,$\delta^{34}S$ 值有所增加,增幅在 15% 左右,但 SO_4^{2-} 含量则大幅度增长,含量从 428～483 mg/L 增加到 778～864 mg/L,增幅达 70% 以上;第六段则是深埋滞流区,SO_4^{2-} 含量和 $\delta^{34}S$ 值均有明显增加,SO_4^{2-} 含量在 1 000 mg/L 以上,$\delta^{34}S$ 值增加到 26‰以上,接近于中奥陶统石膏值。这种变化过程充分受到岩溶水动力条件的制约影响。

同样在地下水 $\delta^{14}C$ 年龄与 $\delta^{34}S$ 值间显著的线性关系中(图 5-18),也能够充分展示地下水循环条件对水化学组分含量的控制作用。

(二)次生污染

次生污染是人类活动产生的各种污染物通过特定的渠道进入岩溶含水层的结果。从近20年泉域水质指标含量出现趋势性增加的情况来看，人类活动对岩溶水产生的次生污染是比较严重的。以下将从泉域岩溶水的补、径、蓄、排循环过程来分析造成岩溶水次生污染的主要原因与污染途径。

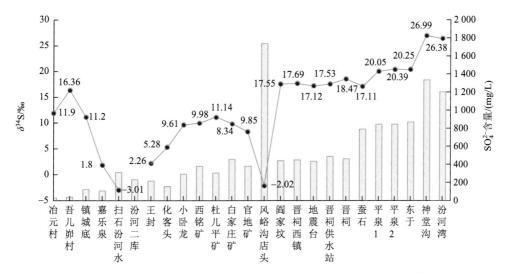

图 5-17　晋祠泉域补给区—径流区、汇流区—深埋滞流区的 SO_4^{2-} 含量和 $\delta^{34}S$ 值变化

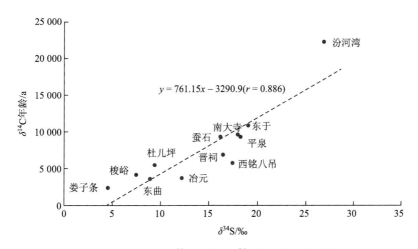

图 5-18　岩溶水 $\delta^{14}C$ 年龄与 $\delta^{34}S$ 值间散点关系图

1. 面状污染源

根据统计晋祠泉域内碳酸盐岩裸露区面积为 570.56 km²，覆盖区面积为 361.06 km²，这些区域一方面是岩溶水获得降水入渗的重要场所，同时也为溶解于雨水中的各种污染物质进入含水层提供了途径。太原市属于能源重化工城市，从全区来看，造成面状污染的污染源主要有两种，第一种是来自大气的污染，空气中的各种粉尘以及 SO_2 气体溶解于雨水，随雨水进入岩溶含水层而造成岩溶水的污染。虽然空气中各种物质的含量是有限的，

但由于分布范围广，在泉域岩溶水补给量中的比重大，因此进入含水层的总量并不低，特别是空气中 SO_2 气体溶解于雨水中，使雨水 pH 降低，水的溶解能力大大增强，从而岩溶水中总硬度、溶解性总固体等含量增加。第二种面状污染的污染源是来自碳酸盐岩覆盖区农业生产的农药、化肥、各种杀虫剂的使用，残留于植物表面以及土壤中的各种有害物质可随雨水渗入岩溶含水层。这些有害物质包括"三氮"、六六六、部分重金属等。

降水作为晋祠泉域岩溶水系统重要输入项，多年平均入渗补给量为 1.858 m^3/s（扣除悬泉寺 0.549 m^3/s 后为 1.309 m^3/s）。根据太原水文水资源勘测站对太原市（西关）2010～2018 年 66 个月降水量的化学分析资料统计，以 HB、SO_4^{2-} 含量平均值分布达到 73.66 mg/L 和 35.63 mg/L，相应最大含量分别为 210.00 mg/L 和 97.00 mg/L，均值含量达到以地下水Ⅲ类为标准值的 16.4% 和 14.3%，最大含量则达到标准值的 46.7% 和 38.8%。雨水污染较为严重的还有 NO_2^- 和 NH_4^+，它们的平均含量依次为 0.25 mg/L 和 4.93 mg/L，最大含量为 1.66 mg/L 和 24.00 mg/L，均超过了地下水Ⅲ类水质标准。但由于在开放的自然状态下它们很快被硝化，NO_3^-（以 N 计）的Ⅲ类标准值为 20 mg/L，因此，根据泉域岩溶水的水质评价结果，所取样品尚未出现"三氮"的超标问题。此外，雨水化学组分含量的大小与降水量的多少也有一定关系，一般它们成反比关系（图 5-19），由于雨水监测以场次进行，其中主要入渗补给地下水的"低含量"的大雨不能在其中以量值的角色得以充分体现。

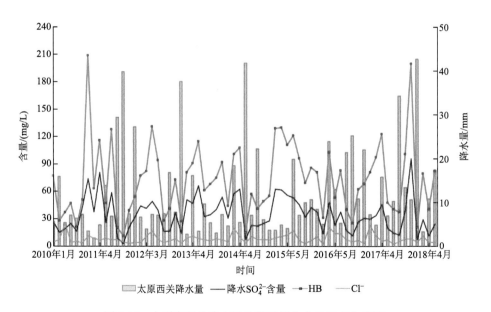

图 5-19　太原市西关降水量及常量组分含量动态曲线图

泉域碳酸盐岩覆盖区均处在中低山区，农业相对不发达、耕地少，农药化肥的使用量有限，总体区域上的污染还不明显，但与松散层孔隙水有一定关系的岩溶水样多有"三氮"等偏高的现象。如太原盆地西边山部分岩溶井，由于开采性降落漏斗使得岩溶水位低于松散层孔隙水水位，导致污染的浅层水反补给岩溶水，因此出现了岩溶水的污染，如 2018 年岩溶水中 NO_2^- 含量最高的为晋祠供水站样品，达到了 0.006 mg/L，2016 年所有岩溶水样品中 NO_2^- 含量最高值样品是小井峪下元村，也同为西边山的岩溶井。

2. 线状污染源

由前述可知，泉域岩溶水除降水入渗补给外，碳酸盐岩河段的河水以及水库的渗漏也构成了晋祠泉域岩溶水的重要补给源，根据均衡计算，地表水的多年平均渗漏补给量为 1.719 m³/s。人类活动的各种工业废水、矿坑排水、生活污水多数要汇入地表河流，一旦这些污水通过渗漏段进入岩溶含水层就必然造成岩溶水的污染。

（1）排污口及入汾河支流。表 5-5 是太原市水文水资源勘测站对与晋祠泉域岩溶水相关（进入碳酸盐岩渗漏段或来自于碳酸盐岩渗漏段）的 21 处入河支流及排污口的水化学分析结果（位置见图 5-20）。以《地表水环境质量标准》（GB 3838—2002）的Ⅲ类水标准为评判依据，COD、总磷超标的有 11 处，占总点数的 52.4%，其中 COD 最大值 249 mg/L，为西山煤电古交污水厂，超标 11.45 倍；最大总磷含量 2.862 49 mg/L，为玉门河入汾口，超标 13.3 倍；氨氮含量超标 7 处，占总点数的 33.3%，最大氨氮含量 56.5 mg/L；总氮全部超标，最大总氮含量 21.4 mg/L，超标 20.4 倍。

表 5-5　晋祠泉域汾河支流、入河排污口流量及水质测量结果

序号	名称	废污水来源	pH	主要污染物浓度/(mg/L)				2018 年流量/(m³/s)	
				COD	氨氮	总磷	总氮	5 月	9 月
	地表水Ⅲ类环境质量标准值		6.5～8.5	20	1.0	0.2	1.0		
1	岚河入汾口	岚县工业、生活污水	7.52	19	0.13	0.107	3.42	1.990	3.050
2	涧河入汾口	娄烦县工业、生活污水	7.52	7	0.099	0.024	3.31	1.060	0.789
3	龙泉能源	煤气公司龙泉能源	7.39	13	0.223	0.023	2.35	0.019	0.024
4	娄烦污水厂	城镇污水处理厂	7.47	30	0.233	0.270	2.62	0.073	0.065
5	狮子河入汾口	嘉乐泉煤矿、炉峪口煤矿	7.25	12	0.673	0.054	3.95	0.020	0.049
6	炉峪口污水处理厂	炉峪口煤矿污水处理厂	7.42	44	0.167	0.558	3.33	0.026	0.020
7	天池河入汾口	娄烦县、古交市生活污水	7.79	20	0.282	0.041	3.25	0.076	1.370
8	镇城底矿	西山煤电镇城底矿	7.29	10	0.289	0.119	3.61	0.036	0.010
9	嘉乐泉煤矿	嘉乐泉煤矿	7.25	13	1.65	0.072	3.45	0.010	0.015
10	屯兰煤矿	屯兰煤矿	7.21	97	0.238	1.500	3.62	0.012	0.023
11	兴能电厂	兴能发电厂	7.21	67	0.28	0.414	4.67	0.004	0.003
12	屯兰川入汾口	屯兰矿、兴能电厂生活污水	7.44	28	1.94	0.044	4.72	0.461	2.030
13	原平川入汾口	生活污水	7.33	19	3.16	0.028	6.91	0.124	1.130
14	大川河入汾口	生活污水	7.59	17	0.575	0.237	3.48	0.18	1.460
15	西山煤电古交污水厂	城镇污水处理厂	7.22	249	11.800	0.176	18.00	0.167	0.018

序号	名称	废污水来源	pH	主要污染物浓度/(mg/L)				2018 年流量/(m³/s)	
				COD	氨氮	总磷	总氮	5 月	9 月
16	古交污水处理一厂	城镇污水处理厂	7.24	19	0.311	1.62	3.66	0.302	0.496
17	古交污水处理二厂	城镇污水处理厂	7.23	9	0.05	0.212	3.83	0.091	0.100
31	冶峪河入汾口	晋源区工业、生活污水	7.43	99	4.11	1.42	7.7	死水	无法测
34	玉门河	万柏林区工业、生活污水	7.46	165	56.5	2.86	77	0.040	(0.064 9)
39	风峪沟入汾口	城市生活污水	7.61	39	13.8	0.851	21.4	(0.141)	
40	虎峪河入汾口	城市生活污水	7.93	121	5.29	0.109	9.76	无法测	0.065
超标点数			0	11	7	11	21		

注：括号中流量数据为 2016 年 7～8 月项目实测数据。

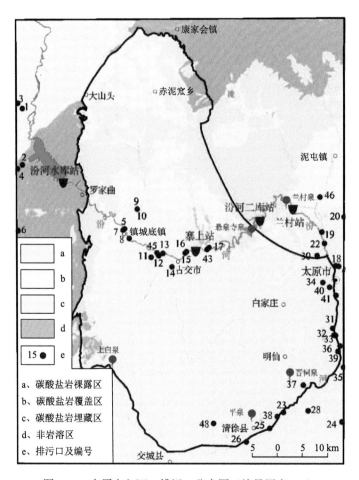

图 5-20　太原市入河、排污口分布图（编号同表 5-5）

表 5-6 是项目开展期间晋祠泉域汾河支流及地表水样水化学分析结果，以煤矿老窑水含量最高，其次是煤矿排水及生活污水，河流上游无工业污染水化学组分含量最

低。总体上，汾河支流及地表水 TDS、HB、SO$_4^{2-}$ 平均值均超过了地下水Ⅲ类环境质量标准值。

表 5-6　晋祠泉域汾河支流及地表水样水化学分析结果　（单位：mg/L）

取样位置	点类型	TDS	HB	K + Na	Cl$^-$	SO$_4^{2-}$	NO$_3^-$
赤桥村明仙沟	煤矿老窑水	9 841	2 023.28	19.03	19.5	2 856	0.62
晋祠镇下石村	煤矿老窑水	4 475	1 885.12	303.98	21.6	3 256	4.68
姚村镇牛家口村	煤矿老窑水	3 595	1 810.90	213.10	23.6	2 463	4.19
店头村西北头	煤矿老窑水	3 492	1 570.90	394.11	19.0	2 387	5.97
晋源街道黄冶村	煤矿老窑水	3 490	1 210.90	578.62	33.8	2 242	10.90
姚村镇圪垯村	煤矿排水	3 108	790.33	469.77	30.1	2 059	1.08
姚村镇黄楼村	煤矿排水	2 606	1 219.51	276.31	55.4	1 684	3.81
清徐清源乡北营村	生活污水	2 456	1 696.27	55.44	43.2	1 482	20.80
姚村镇黄楼村	煤矿排水	2 037	1 140.49	192.01	32.9	1 247	0.78
梭峪乡会立村	矿坑排水	1 630	1 034.67	75.50	65.9	974	21.50
嘉乐泉乡九老塔村	煤矿排水	1 602	1 190.00	57.42	45.5	1 125	0.46
晋祠镇下石村	雨后老窑水	1 520	981.72	79.41	22.3	1 002	11.20
姚村镇南峪村北	矿坑排水	1 411	541.19	201.57	17.8	865	11.90
金胜乡金胜村	晋阳湖水	1 292	583.73	210.70	276.0	484	18.40
晋源街道黄冶村	煤矿老窑水	1 238	435.12	193.17	17.6	688	6.39
河口镇红梁上村	原平川河水	1 216	734.14	81.66	109.0	540	38.00
姚村镇南岭村	生活污水	1 212	782.30	131.00	7.51	183	0.82
桃园街道滩上村南	屯兰川河水	1 100	587.50	112.25	95.7	500	18.50
屯兰煤矿医院对面	屯兰川河水	1 081	583.48	98.43	60.3	482	30.00
姚村镇高家堡村	白石河水	1 059	634.71	130.70	91.1	343	2.50
原相乡白岸村	原平河水	1 040	344.47	203.83	68.6	439	11.60
杜儿坪街道大虎峪	虎峪河水	1 026	599.14	78.52	62.0	457	36.20
晋源区姚村镇	地表水	988	427.83	138.97	12.1	578	11.90
晋祠镇武家寨村	地表水	973	688.65	56.53	58.5	395	1.17
西铭河生活污水	生活污水	930	602.05	80.11	2.79	244	0.77
姚村镇黄楼村	地表水	886	481.48	95.72	54.8	449	22.40
晋祠镇野庄村	地表水	849	526.23	72.41	17.6	335	3.83
河口镇红梁上村	原平川河水	778	504.88	34.02	32.5	350	18.60
金胜村晋阳湖水	晋阳湖水	763	462.79	77.20	120.0	323	0.42
姚村镇高家堡村	白石河水	758	438.24	76.79	78.0	385	0.71
南寒康乐桥虎峪河	虎峪河水	740	379.71	91.82	39.9	246	15.80
桃园街道郝家庄村	原平河水	709	457.75	44.46	39.4	265	10.70

续表

取样位置	点类型	TDS	HB	K + Na	Cl⁻	SO₄²⁻	NO₃⁻
西铭街道偏桥沟村	地表水	635	429.51	26.83	29.1	293	9.64
嘉乐泉乡嘉乐村	狮子河水	597	444.43	25.77	25.4	236	9.84
邢家社乡中社村	大川河水	594	391.39	40.46	45.1	201	5.67
姚村镇北邵村水渠	水渠	566	316.81	72.83	78.9	190	10.50
晋源街道周家庄	地表水	557	286.20	72.87	25.4	229	5.46
清徐清源乡北营村	地表水	549	295.39	59.48	25.4	174	58.40
杜儿坪煤矿	地表水	502	250.23	70.32	17.6	204	7.22
古交桃园郝家庄村	地表水	472	308.47	29.39	21.4	165	6.23
邢家社乡郭家社村	大川河水	442	325.45	17.27	22.5	128	2.89
姚村镇蚕石村	地表水	424	276.39	38.11	15.0	119	15.70
原相乡原乡村	原平河水	415	305.22	14.57	20.7	128	5.62
姚村镇杜里坪村	杜里坪村蓄水池	408	249.64	42.37	23.5	80	36.20
邢家社乡阳屋上村	地表水	394	272.89	30.18	13.0	87.3	2.78
马峪乡寺家坪村	地表水	376	209.73	47.12	23.5	137	4.23
古城街道下兰村	下兰村西侧排污沟	369	223.98	54.56	5.63	43.8	1.72
河口镇吾儿郭村	地表水	360	111.57	79.03	103.0	63.5	0.52
马峪乡安家沟村	地表水	346	219.20	31.27	19.7	91.5	1.34
原相乡后岭底村	地表水	336	238.45	20.98	20.7	73.2	2.68
静乐县昔湖洋村	昔湖洋村	322	277.07	9.63	10.2	91.2	1.08
原相乡下石沙村	原平河水	318	257.47	10.28	16.9	91.5	7.42
平均值		1 324.67	635.36	109.96	43.01	656.81	10.42
最大值		9 841	2 023.28	578.62	276	3 256	58.40

（2）汾河干流。表5-7是太原水文水资源勘测站对晋祠泉域汾河干流一库、寨上、二库及兰村水文站2010～2018年逐月的部分地表水环境质量项目分析结果平均值汇总表，4个断面的总氮平均含量全部超过地表水Ⅲ类环境质量标准值，并以寨上断面质量最差（图5-21），超标5.36倍，显然是受到古交市工农业及采煤活动的污染，该断面同时还有COD、氨氮平均含量超过地表水Ⅲ类环境质量标准值。

表5-7　晋祠泉域汾河支流、入河排污口流量及水质测量结果

站点	年度	pH	COD/(mg/L)	氨氮/(mg/L)	总磷/(mg/L)	总氮/(mg/L)	样品数/个
地表水Ⅲ类环境质量标准值		6.5～8.5	20	1	0.2	1	
汾河水库（坝上）	2010 年	8.13	9.2	0.129	0.027	1.63	12
	2011 年	8.13	8.5	0.229	0.020	2.30	12
	2012 年	8.00	10.4	0.189	0.031	3.87	12

续表

站点	年度	pH	COD/(mg/L)	氨氮/(mg/L)	总磷/(mg/L)	总氮/(mg/L)	样品数/个
汾河水库（坝上）	2013 年	8.21	8.9	0.161	0.017	2.66	12
	2014 年	8.23	9.0	0.147	0.011	2.46	12
	2015 年	8.28	6.8	0.119	0.015	2.52	12
	2016 年	8.21	6.8	0.209	0.018	2.42	12
	2017 年	7.98	7.7	0.150	0.020	2.54	12
	2018 年	7.89	9.2	0.184	0.017	2.76	5
平均		8.12	8.50	0.170	0.020	2.57	
寨上水文站	2010 年	7.88	26.9	2.517	0.108	7.53	12
	2011 年	7.98	36.7	2.365	0.293	7.22	12
	2012 年	7.86	26.1	0.849	0.114	7.09	12
	2013 年	8.08	23.4	1.577	0.292	7.47	12
	2014 年	8.08	16.2	1.607	0.130	5.37	12
	2015 年	8.05	15.1	1.196	0.120	5.00	12
	2016 年	8.12	18.8	1.380	0.168	6.21	12
	2017 年	7.9	20.9	1.620	0.221	6.33	12
	2018 年	7.65	18.4	0.543	0.061	5.01	5
平均		7.96	22.50	1.520	0.170	6.36	
汾河二库（坝上）	2010 年	8.10	8.2	0.224	0.018	2.63	12
	2011 年	8.10	9.2	0.215	0.052	3.01	12
	2012 年	8.00	7.6	0.241	0.044	4.33	12
	2013 年	8.20	7.5	0.262	0.032	2.48	12
	2014 年	8.20	9.1	0.273	0.024	2.59	12
	2015 年	8.26	9.9	0.208	0.025	2.93	12
	2016 年	8.22	10.5	0.271	0.023	2.59	12
	2017 年	7.99	5.8	0.247	0.026	2.72	12
	2018 年	7.83	10.4	0.335	0.026	2.95	5
平均		8.10	8.69	0.250	0.030	2.91	
兰村水文站	2010 年	8.00	10.1	0.660	0.038	1.20	1
	2011 年	8.20	7.2	0.412	0.019	3.46	2
	2012 年	8.07	8.4	0.479	0.070	3.95	3
	2013 年	8.23	7.9	0.250	0.059	2.31	3
	2014 年	8.21	8.9	0.290	0.023	2.34	3
	2015 年	8.30	7.4	0.244	0.020	3.19	3

续表

站点	年度	pH	COD/(mg/L)	氨氮/(mg/L)	总磷/(mg/L)	总氮/(mg/L)	样品数/个
兰村水文站	2016 年	8.25	10.2	0.213	0.020	2.66	10
	2017 年	7.96	5.9	0.316	0.025	2.82	12
	2018 年	7.79	12.0	0.355	0.026	3.47	5
平均		8.11	8.67	0.360	0.030	2.82	

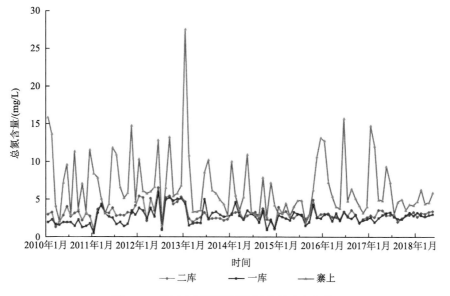

图 5-21　汾河水不同断面总氮含量动态曲线

表 5-8 列出了项目采集的汾河水水化学组分含量分析结果，整体上汾河一库及兰村断面水质比较好，古交—汾河二库段、兰村下游段受到古交市、太原市各种污水的污染，水质较差。其中古交下游寨上—扫石段、西山山前煤矿老窑水出流的碳酸盐岩河段成为晋祠泉域岩溶水重要线状污染源。

表 5-8　汾河干流不同断面水化学分析结果　　　　（单位：mg/L）

取样位置	控制性断面	TDS	HB	K + Na	Cl⁻	SO_4^{2-}	NO_3^-
娄烦县一库	汾河一库	324	221.52	25.68	26.0	76	3.91
娄烦杜交曲镇罗家曲		548	285.75	76.56	93.9	137	11.80
杜交曲镇下石家庄村		440	264.15	53.60	69.5	120	7.66
杜交曲镇罗家曲		621	277.08	109.63	114.0	175	2.17
河口镇河口村	汾河二库	611	323.79	85.67	97.7	183	12.80
扫石村南 1.5 km		720	402.83	63.12	64.1	304	13.00
汾河二库		615	328.69	68.38	73.4	228	7.34

续表

取样位置	控制性断面	TDS	HB	K + Na	Cl⁻	SO₄²⁻	NO₃⁻
尖草坪区上兰村	兰村水文站	599	314.43	86.37	109.0	146	12.90
古交市—上兰村西		514	295.32	66.12	92.9	141	7.84
晋源区茂家寨	汾河大桥	845	462.50	116.40	138.0	300	12.80
晋源街道庞家寨村		703	342.85	99.44	125.0	205	22.00
晋源区刘家售乡新口村		808	433.57	116.40	129.0	257	6.48
汾河大桥河水		504	191.77	97.97	111.0	145	2.42

3. 点状污染

晋祠泉域主要工矿企业、城市主要分布在碳酸盐岩埋藏区,碳酸盐岩裸露区的固、液污染源主要通过河流线状渗漏形式污染岩溶水,到目前为止尚未发现大型集中污染的点状污染源。

4. 地下水循环状态改变对岩溶水的污染

20世纪80年代以来,对岩溶水的大量开采及泉域内水环境的破坏极大地改变了岩溶水的天然循环状态,造成区域岩溶水位持续性下降、泉水流量趋势性衰减并断流。泉域排泄区岩溶水位从20世纪70年代开始持续下降,但在1980年前,地下水水位随降水量的变化而变化,呈相对稳定状态;1980~1992年,补给区、径流区地下水水位呈持续下降趋势,而排泄区水位下降趋势更为明显,下降速率较大,到2009年最大降深普遍达到20 m以上。如西铭街道红沟孔,1981年5月成井水位为802.92 m,到2009年10月降至767.05 m,累计降深35.87 m;地震台监测孔中奥陶统含水层水位,1981年8月成井标高为804.11 m,到2009年6月降至774.11 m,累计降深30 m,此后开始恢复,到2008年12月上升到800.24 m,累计升幅26.13 m。与20世纪80年代初比较,排泄区现状水位仍有2 m左右的降幅。区域水位下降,从整体上如不考虑水质在岩溶含水层内部的物化反应,水动力条件发生变化时,将改变水的径流运移方向以及循环深度,从而导致水化学场变化,可能产生一些地区性的污染。

(1)泉水断流前的水位下降。对于标高固定的岩溶水最低排泄基准的晋祠泉口,泉水流量的减少标志着岩溶水在向低水力梯度的渗流流场发展,处于低水位循环状态。理论上,地下水水化学组分含量垂向分布规律是随着深度增加而加大,基于这一点,对岩溶水进行变化前后的水量来源构成分析,表明区域水位下降后也会造成岩溶水的污染,其原因是地下水循环驱动力减小造成地下水滞流。同时地下水位降低、水力坡度减小还会使最终的泉水流量中来源于深部弱循环带的水的比例相对增加(图5-22),从而引起泉水中各种化学组分含量的升高。因此,深部地下水排泄量增加也是造成晋祠泉水中各种含量增加的原因之一。

(2)泉水断流。晋祠泉水于1994年4月断流,此后区域岩溶水位下降速率加快,如地震台监测孔1981年8月成井水位标高为804.11 m,到泉水断流1994年4月水位

801.96 m，12 年 8 个月降幅为 2.15 m，年均降幅约 0.17 m；1994 年 4 月到 2009 年 6 月，累计降深 27.85 m，年均降幅达到 1.85 m，下降速率是晋祠泉水断流前的 10 倍以上。泉水断流后岩溶水的排泄全部由分散性开采及山前潜流代替，原先泉域多数水量参与到向排泄区整体渗流的大循环状态变为向以分散开采井为中心的局部循环的大循环与小循环相结合的状态，补给区、径流区的"新鲜水"被上游截留开采，进入到下游汇流排泄区的水量越发减少。

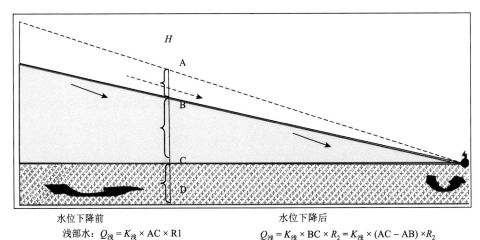

水位下降前

浅部水：$Q_浅 = K_浅 \times AC \times R1$

深部水：$Q_深 = K_深 \times CD \times R1$

$Q_浅/Q_深 = K_浅 \times AC/(K_深 \times CD)$

水位下降后

$Q_浅 = K_浅 \times BC \times R_2 = K_浅 \times (AC - AB) \times R_2$

$Q_深 = K_深 \times CD \times R_2$

$Q_浅/Q_深 = K_浅 \times (AC - AB)/(K_深 \times CD)$

式中：R_1、R_2 分别代表水位下降前后的地下水水力梯度

图 5-22　地下水位下降前后泉水流量中源于深部与浅部水量的比例对比示意图

比较 20 世纪 80 年代晋祠泉、平泉的 $\delta^{18}O$ 值均有增加（表 5-9），根据王瑞久（1985）建立的 $\delta^{18}O$ 与补给高程的关系方程：

$$H = -277 \times \delta^{18}O - 1170 \tag{5-2}$$

表明目前排泄区岩溶水的补给高程降低，来自近源补给的水量比重增加，同时，晋祠水样的 $\delta^{34}S$ 值和 SO_4^{2-} 含量也有较大幅度的增加，应该是在循环条件不畅条件下溶解中奥陶统含水层中石膏的结果。

表 5-9　晋祠泉、平泉 20 世纪 80 年代与目前的 SO_4^{2-} 含量、$\delta^{18}O$、$\delta^{34}S$ 值比较

点位	晋祠泉（或 103 井）			平泉		
时间	SO_4^{2-} 含量 /(mg/L)	$\delta^{34}S/‰$	$\delta^{18}O/‰$	SO_4^{2-} 含量 /(mg/L)	$\delta^{34}S/‰$	$\delta^{18}O/‰$
1980 年 6 月	266.7		−9.85	768.48		−9.73
1981 年 7 月			−10.00			−9.72
1983～1986 年	260.0	12.4～15.0（4 样）	−9.81～−9.88（11 样）	718.05	19.2	−9.38

续表

点位	晋祠泉（或103井）			平泉		
时间	SO_4^{2-}含量 /(mg/L)	$\delta^{34}S$/‰	$\delta^{18}O$/‰	SO_4^{2-}含量 /(mg/L)	$\delta^{34}S$/‰	$\delta^{18}O$/‰
2004 年	385.51					
2007 年 9 月	396.27	14.656	−9.149	2 008.61	18.411	−9.643
2016 年 4 月	476.0	17.39	−9.34	813	18.78	−9.27
2017 年 9 月	458.0	18.47	−9.39	842	20.05	−9.29
2018 年 4 月	506.0	16.49	−9.10	825	18.23	−9.21

（3）水位回升阶段。2000 年后，汾河二库放闸蓄水，2003 年 10 月万家寨引黄工程开始向太原市供水，同时太原市实施"关井压采"、部分工矿企业置换利用黄河水、中小煤矿整治与关停使域内岩溶水水位有明显回升，其中最显著的因素是二库蓄水水位抬高，大量渗漏补给岩溶水。

二库蓄水对岩溶水水质的影响主要由物质传导所决定，以从水库向下游的影响顺序进行。从目前看，二库的渗漏水量前锋已抵达官地矿到地震台间，以上地区水化学组分含量受到二库水的水化学组分含量影响，多数组分降低，前锋下游地区，因泉水已经断流，岩溶水处于内部循环状态，且二库的渗漏主要发生在中奥陶统含水层的下部下马家沟组，具有从下向上的"启底式活塞"推进特征，因此在物质传导二库渗漏水量尚未到达以前，岩溶水的水化学组分含量总体上较早前泉水出流时要高出许多。

总之，晋祠泉域岩溶水污染成因，原生污染是基础，次生污染是促进。

第三节　采煤对泉域岩溶水的影响

一、晋祠泉域煤矿开采概况

晋祠泉域内太原西山煤田面积 1 615.2 km^2，探明储量 186 亿 t，有肥煤、焦煤、瘦煤、贫煤和无烟煤 5 个品种，煤质优良、品种齐全。晋祠泉域是"水煤共生"的泉域。煤矿整合前，泉域内有煤矿 392 座（2001 年），整合后区内现有煤矿 57 座（表 5-10、图 5-23），其中万柏林区 7 座、晋源区 4 座、清徐县 9 座、娄烦县 1 座、古交市 32 座、交城县 4 座，井田面积共计 814.09 km^2。按设计生产能力统计，晋祠泉域煤矿设计年生产能力共 6 985 万 t/a，其中年生产能力 120 万 t 以上的大型煤矿 19 座，45 万～90 万 t 中型煤矿 38 座。目前煤矿主要开采煤层为 2 号、3 号、4 号、8 号、9 号煤层，开采方式均为井工开采。按 2017 年生产状态统计，晋祠泉域有正常生产的煤矿 23 座，基建矿井 11 座，停产停建煤矿 7 座，闭矿 11 座，整合未建煤矿 5 座。其中泉域带压开采 29 座煤矿中，正常生产煤矿 14 座，基建矿井 4 座，停产停建矿井 4 座，闭矿 2 座，整合未建煤矿 5 座。煤矿兼并重组期间正常生产矿井 13 座，原煤实际产量 3 000 万 t/a 左右。

表 5-10　晋祠泉域煤矿分区表[据中国地质大学（武汉）资料]

序号	分区	煤矿名称	序号	分区	煤矿名称
1		福巨源矿	31		新桃园矿
2		嘉乐泉矿	32		千峰矿
3		鸿福矿	33		石鑫矿
4		平定窑矿	34		东峰矿
5	古交市汾河以北非带压区	白家沟矿	35		王封矿
6		银宇矿	36	万柏林西山非带压开采区	西铭矿
7		炉峪口矿	37		垛儿坪矿
8		金鑫矿	38		官地矿
9		昌裕矿	39		鼎盛矿
10		西曲矿	40		大成窑矿
11		矾石沟矿	41		梅园永兴矿
12		天池店矿	42	万柏林西峪白家庄带压开采区	白家庄矿
13		大雁矿	43		西峪矿
14		义城矿	44		碾底矿
15		台城矿	45		碾沟矿
16	古交市晋祠泉域西边界非带压开采区	玉昴矿	46		南峪矿
17		星星矿	47		李家楼矿
18		辽源矿	48		赵家山矿
19		福昌矿	49		东于矿
20		铂龙矿	50	清交边山带压开采区	锦富矿
21		鑫峰矿	51		南岭矿
22		镇城底矿	52		瑞源矿
23		屯兰矿	53		瑞泽矿
24		马兰矿	54		香源矿
25		原相矿	55		中兴矿
26	古交市汾河以南带压开采区	东曲矿	56		泽鑫矿
27		金之中矿	57		鑫河矿
28		姬家庄矿			
29		大川河矿			
30		铁鑫矿			

二、采煤对水量的影响

泉域内石炭系太原组最下层主采煤 9 号煤与中奥陶统碳酸盐岩含水层顶板间的距离一般在 50 m 左右，有 29 座下组煤带压的煤矿，到目前为止泉域内煤矿尚未出现大规模岩

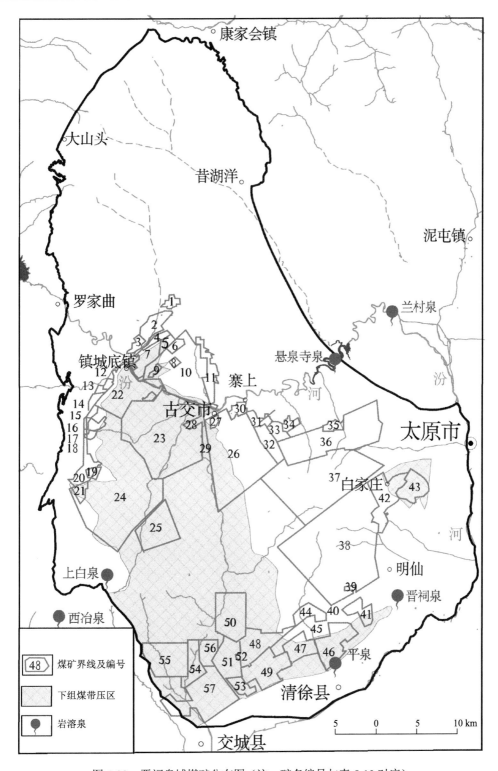

图 5-23　晋祠泉域煤矿分布图（注：矿名编号与表 5-10 对应）

溶水坑突水事件，但不乏降压排水或岩溶水通过其他形式进入坑道排水的煤矿。白家庄煤矿为保障 710 m 开采水平的煤矿开采，通过岩溶水井降压排泄岩溶水，2016 年实际调查时的排水量为 0.8 万 m³/d。表 5-11 列出了山西省水资源研究所调查、收集、整理的泉域内 30 座煤矿的排水，总排水量达到了 4 505.96 万 m³/a，由于排水量是多种地下水的混合水源，无法单独分离出岩溶水的具体数量，因此无法准确定量评价采煤对岩溶水的水量影响。

表 5-11　晋祠泉域煤矿矿坑排水量调查统计表［据中国地质大学（武汉）资料］

煤矿名称	开采环境	矿坑排水累计读数		累计天数/d	日均矿坑排水量 /(m³/d)	备注
		提取数据时间	累计排水量/m³			
镇城底矿	带压	2018-07-23	516 201	167	3 091.02	实测矿坑裂隙水 6317.43 m³/d
		2017-12-31	2 661 600	365	7 292.05	山西省水利发展中心
东曲矿	部分带压	2018-07-23	840 367	172	4 885.85	古交市水资源管理委员会办公室
屯兰矿	带压	2018-07-23	577 551	170	3 397.36	古交市水资源管理委员会办公室
		2017-12-31	592 420	365	1 623.07	山西省水利发展中心
马兰矿	带压	2018-07-23	1 071 844	178	6 021.60	古交市水资源管理委员会办公室
		2017-12-31	862 285	365	2 362.42	山西省水利发展中心
原相矿	带压	2018-10-19	16 206	22	736.64	古交市水资源管理委员会办公室
金之中矿	带压	2018-07-23	40 700	115	353.91	古交市水资源管理委员会办公室
星星矿	部分带压	2018-07-23	4 324	116	37.28	古交市水资源管理委员会办公室
辽源矿	部分带压	2018-07-23	8 318	187	44.48	古交市水资源管理委员会办公室
福巨源矿	非带压	2018-07-23	17 569	119	147.64	古交市水资源管理委员会办公室
嘉乐泉矿	非带压	2018-07-23	33 217	120	276.81	古交市水资源管理委员会办公室
平定窑矿	非带压	2018-07-23	35 428	134	264.39	古交市水资源管理委员会办公室
鸿福矿	非带压	2018-07-23	60 251	136	443.02	古交市水资源管理委员会办公室
金鑫矿	非带压	2018-07-23	9 413	188	50.07	古交市水资源管理委员会办公室
银宇矿	非带压	2018-07-23	12 099	118	102.53	古交市水资源管理委员会办公室

续表

煤矿名称	开采环境	矿坑排水累计读数		累计天数/d	日均矿坑排水量 /(m³/d)	备注
		提取数据时间	累计排水量/m³			
西曲矿	部分带压	2018-07-23	776 543	91	8 533.44	古交市水资源管理委员会办公室
矾石沟矿	非带压	2018-07-23	53 138	105	506.08	古交市水资源管理委员会办公室
义城矿	非带压	2018-07-23	37 749	189	199.73	古交市水资源管理委员会办公室
铂龙矿	部分带压	2018-07-23	882	27	32.67	古交市水资源管理委员会办公室
福昌矿	部分带压	2018-07-23	102 829	101	1 018.11	古交市水资源管理委员会办公室
杜儿坪矿	非带压	2018-08-17	549 693	154	3 569.40	山西煤电集团有限责任公司
西铭矿	非带压	2018-08-17	582 821	128	4 553.30	山西煤电集团有限责任公司
		2018-08-17	185 973	188	989.20	山西煤电集团有限责任公司
官地矿	非带压	2018-08-17	1 189 641	151	7 878.40	山西煤电集团有限责任公司
白家庄矿	部分带压	2018-08-17	209 572	219	2 483.60	山西煤电集团有限责任公司
东于矿	带压	2018-07-05	3 965	6	660.83	实测
					3 059.08	实测
李家楼矿	带压	2018-07-29	3 217	7	459.57	实测
碾沟矿	带压	2018-07-25	2 783	7	397.57	实测
锦富矿	带压					锦富矿提供
香源矿	带压	2018-08-17	1 898	7	271.14	实测
中兴矿	带压	2018-08-17	10 646.4	7	1 520.92	中兴矿提供

三、采煤对岩溶水水量、水质影响

硫同位素资料分析结果表明，一些带压煤矿排水明显地包含有岩溶水。以东于煤矿（图 5-24）和黄楼沟矿坑排水为例，它们处于泉口下游承压自流区，煤矿区属带压开采区，根据排水量测得 $\delta^{34}S$ 分别为 15.4‰和 11.65‰，与其他区矿坑排水或闭坑后的煤矿老窑水的 $\delta^{34}S$ 值相差巨大，更接近于东于岩溶井的值（表 5-12）。以本次实测到的煤矿老窑水 $\delta^{34}S$ 最低值（−7.52‰）作为煤系地层中硫铁矿的基准值，根据两矿附近的东于岩溶水（21.06‰）和蚕石村岩溶水（20.53‰）的 $\delta^{34}S$ 值计算，认为东于煤矿排水来自岩溶水的比例为 80.37%，黄楼沟矿坑排水中来自岩溶水的比例为 68.3%。

图 5-24　东于煤矿排水渠

表 5-12　煤矿排水及山前断裂带岩溶水 δ^{34}S 值　　　　（单位：‰）

位置	马兰矿矿坑排水	牛家口沟煤矿老窑水	东于煤矿矿坑排水	黄楼村煤矿排水	屯兰矿矿坑排水	明仙沟煤矿老窑水
δ^{34}S	−1.5	−6.2、−6.1、−7.16	15.4	11.65	−1.0	−7.52
位置	镇城底煤矿排水	晋祠南大寺孔隙水	东于岩溶水	蚕石岩溶水	平泉岩溶水	牛家口岩溶水
δ^{34}S	−0.5	18.57、18.0	21.06、20.25、19.05、18.23	20.53	18.78、20.39、20.05、18.03	22.1、21.5
位置	晋祠103岩溶井	神堂沟岩溶水	晋祠西镇岩溶水	晋祠供水站岩溶水	阎家坟岩溶水	汾河湾岩溶热水井
δ^{34}S	17.37、18.47	25.87、26.9、26.09	17.69	17.53、16.49	17.55	26.88

（一）采煤改变水循环环境

采煤对岩溶水的另一方面影响是极大地改变了泉域水环境。泉域南部地表分布煤系地层，地表水通过大川河、屯兰川、原平川等地表水汇入汾河并在碳酸盐岩河段形成对岩溶水的渗漏补给。煤矿开采后，地表产流的下垫面性质发生了根本性变化，遍布于碎屑岩区的大量泉水断流转化为矿坑水，地表水的产流特征改变，从而影响对岩溶水的入渗补给。

风峪沟店头水文站控制面积为 33.9 km^2，流域内地层主要为石炭、二叠系砂页岩地层。20 世纪 80 年代前，流域产流量与降水量呈相当密切的线性相关关系（图 5-25），相关系数达到 0.968 6，80 年代前中期以后，流域内煤炭大规模开采，由浅部向深部延伸，最高年产煤近 500 万 t。其间大量矿坑水排出地表，1986～1999 年这 14 年与开采前的 1976～1984 年比，年平均降水量由 546.1 mm 减少到 473.79 mm，年平均径流量则由

291.1 万 m³ 增至 298.83 万 m³，煤系地层含水层中水几乎全部排空。西峪煤矿寨沟坑口排水量动态表明（图 5-26），在 1984 年上覆含水层地下水疏干后，排水量急剧减少。

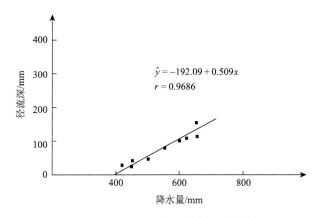

图 5-25　风峪沟降水量与径流深关系图（牛仁亮，2003）

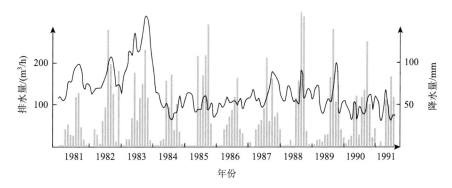

图 5-26　太原西峪煤矿寨沟坑口排水量动态曲线（牛仁亮，2003）

（二）采煤对岩溶水水质影响

在矿山勘探、开采、采后和洗选过程中及相关各类工矿企业形成的"三废"对岩溶水的污染是最普遍的一种形式。淋滤煤矸石的污水，采煤过程中排出的矿坑水的硬度、浊度、重金属、放射性和部分有机物含量普遍偏高，这些水通过河谷岩溶渗漏区或水库二次入渗补给岩溶水形成对岩溶水的污染。与此同时，矿坑突水沟通岩溶水与煤系地层水的联系，使煤矿坑道系统成为岩溶水的循环空间，矿坑水以及闭坑以后的老窑水将成为岩溶水的永久污染源。

1. 煤矿开采后地下水化学场的变化与矿坑水的污染

在煤矿开采过程中，矿区的地下水流场和水化学场均会发生改变。水化学场的改变通常是受流场的改变所制约，主要表现在以下方面。

（1）各含水层水力联系改变，使得各相对独立的水化学场之间联系增强。矿山开采过程中必须大量疏排地下水，使得直接充水含水层的水位大幅下降。在多煤层、多含水层矿区，多个直接充水含水层，它们都向矿井充水混合，增强了含水层（或含水体）的水力联系，水化学场之间的联系也增强了。

（2）氧化-还原环境等的改变。地下水流经矿井，压力、温度、氧化-还原电位等均会发生相应的变化。煤系地层中常含有较多的硫化矿物，但一般均分布在煤层和相对隔水层之中。在煤矿开采以后，一方面煤层顶部产生冒裂带，底板岩层也会遭到不同程度的破坏形成裂隙，形成了导水通道，地下水与这些围岩中所含的硫化矿物有了广泛的接触；另一方面矿井的通风也提供了较丰富的氧气，使硫化物产生氧化，因而矿井中硫酸根离子含量和硬度均较天然状态下地下水增高，同时外部环境中大量氧化亚铁硫杆菌的带入进一步加速黄铁矿的氧化。在矿井水的硬度和 SO_4^{2-} 含量增加的同时，其他一些金属阳离子成分也有增加的趋势。

（3）采矿活动造成的矿坑水水质污染。含水层中的地下水进入矿井以后，水质将受到各种采矿活动影响，水与煤层充分接触并发生一系列物理化学反应。煤系地层富含各种有机、无机成分，在煤矿采掘与空气接触后，硫铁矿等被氧化，使得矿坑水酸化并极大地增强其溶解能力，地层中矿物以及采掘设备耗损的金属成分被溶入水中而导致水质污染。

2. 矿坑水水化学特征

水温介于 8.0～37℃，pH 为 4.0～9.5，溶解性总固体、总硬度和溶解离子含量区间变化较大，以 Na^+、SO_4^{2-}、Cl^- 的含量变化较大，Ca^{2+}、Mg^{2+}、HCO_3^- 的含量变化较小。一般情况下，与岩溶水相比较，矿坑水的溶解性总固体和碳酸盐、氯化物含量较高，其均值约比岩溶水高 1～3 倍，其余组分 Ca^{2+}、Mg^{2+}、Cl^-、HCO_3^- 等含量均略高于岩溶水的0.3～0.5倍，多形成以 SO_4^{2-} 和 Na^+ 离子构成比例高的水化学类型，如 HCO_3—Ca·Mg、SO_4—Ca·Na、SO_4·HCO_3—Na·Ca 水。矿坑水水质总体上有如下特征。

（1）部分矿坑水 pH 偏低。经过充分氧化的矿坑水中多为酸性水。这是因为煤层中硫含量较高，且有黄铁矿伴煤分布。在天然状态下含水层水体与煤系地层相隔，而当采煤破坏含水层后含硫煤充分接触水体，氧化过程加快而形成酸性水。

（2）硫酸根离子含量偏高。煤层中普遍富含黄铁矿，硫铁矿在充分接触水体和空气后反应生成硫酸及其化合物，从而使矿坑水硫酸根离子的含量增高。

（3）硬度偏大。矿坑水在氧化成酸的过程中对含水体围岩不断溶蚀，使水体中 Ca^{2+}、Mg^{2+}的含量增加，硬度增大，特别是酸化程度高的老窑水，Mg^{2+}的含量增幅更大，如泉域内矾石沟、明仙沟、牛家口沟出流的煤矿老窑水，Mg^{2+}的含量依次为 661.0 mg/L、196 mg/L 和 169 mg/L。

（4）溶解性总固体高。天然水的溶解性总固体大都小于 1 000 mg/L，但矿坑水大量溶解煤系地层中矿化物，有的可达 2 000～5 000 mg/L。

（5）铁离子含量高。天然水中铁离子含量一般较低，采煤条件下煤系地层中当硫铁矿氧化形成铁的可溶化合物而进入矿坑水，使铁离子的含量增高。

（6）毒理学成分增高：酚类有机物在天然条件下转化困难，故天然状态下煤系地层水体中很少检出，更不会超标。而在开采条件下其有机反应加快，矿坑水中普遍酚含量增加，太原西山煤田90%以上矿坑水有酚超标。

汞在天然煤系地层中背景值偏高，主要是煤系地层中黄铁矿与朱砂（HgS）伴生。在煤矿开采破坏条件下，朱砂被加速氧化溶解而使汞离子进入水体，导致有的矿坑水汞超标。此外铅、铬、氟、锰超标也很普遍，一些煤田矿坑水的 COD、BOD 也有超标现象。

表 5-13 列出了泉域矿坑排水以及闭坑后溢出地表的煤矿老窑水常量组分的水化学分析结果，从中可以看出，晋祠泉域内 22 个矿坑排水采样点溶解性总固体含量 888.0～3 901.3 mg/L，平均值 1 687.3 mg/L；总硬度（以 $CaCO_3$ 计）149.2～1 822.5 mg/L，平均值 887.9 mg/L；SO_4^{2-} 含量 304～2 059 mg/L，平均值 1 070.9 mg/L。对以往矿坑排水的水质评价，均为V类或劣V类水（表 5-14）。这些水通过一定途径进入岩溶含水层，因其含量远超过地下水水质分类的III类标准，势必会对泉域岩溶水形成污染。

表 5-13　晋祠泉域内矿坑水的常量化学含量表　　　　（单位：mg/L）

采样地点	Ca^{2+}	Mg^{2+}	K + Na	Cl^-	SO_4^{2-}	HCO_3^-	TDS	HB
义城矿*	265.0	260.0	126.8	100.0	971.0	145.0	1 795.3	1 745.8
炉峪口矿*	223.0	114.0	77.5	86.3	800.0	228.0	1 414.8	1 032.5
镇城底矿*	155.0	151.0	150.8	55.4	562.0	231.0	1 189.7	1 016.7
屯兰矿*	61.7	25.2	426.2	133.0	589.0	429.0	1 449.6	259.3
马兰矿*	154.0	143.0	89.2	29.2	762.0	258.0	1 306.4	980.8
西曲矿*	186.0	186.0	258.6	77.6	1 008.0	156.0	1 794.2	1 240.0
东曲矿*	92.0	30.0	336.2	59.2	671.0	365.0	1 370.9	355.0
西铭矿*	255.0	163.0	173.4	64.3	1 870.0	2.5	2 527.0	1 316.7
杜儿坪矿*	379.0	210.0	237.8	13.3	3 060.0	2.5	3 901.3	1 822.5
官地矿*	290.0	138.0	257.7	14.9	1 730.0	134.0	2 497.6	1 300.0
白家庄矿*	248.0	131.0	163.2	32.3	1 280.0	172.0	1 940.5	1 165.8
李家楼矿*	67.0	30.0	155.5	37.5	323.0	207.0	716.5	292.5
碾沟矿*	61.0	21.0	335.8	33.0	437.0	515.0	1 145.3	240.0
香源矿*	48.0	7.0	231.0	124.0	304.0	348.0	888.0	149.2
原相矿*	78.3	12.9	236.2	44.0	454.0	295.0	972.9	249.5
姚村圪垯村	244.0	44.0	469.8	30.1	2 059.0	0.0	3 108	793.3
姚村黄楼村	336.0	92.6	276.3	55.4	1 684.0	77.0	2 606.0	1 225.8
姚村黄楼村	318.0	84.3	192.0	32.9	1 247.0	243.0	2 037.0	1 141.0
黄冶村	137.0	22.6	193.2	17.6	688.0	183.0	1 238.0	435.5
嘉乐泉九老塔	276.0	122.0	57.4	45.5	1 125.0	30.9	1 602.0	1 192.1
南峪村	145.0	43.6	201.6	17.8	865.0	115.0	1 411.0	543.0
会立村	306.0	65.8	75.5	65.9	974	143.0	1 630.0	1 035.8
平均	196.6	95.3	214.6	52.5	1 070.9	194.5	1 687.3	887.9

注：*资料源于中国地质大学（武汉）。

表 5-14 泉域部分矿坑排水水质评价结果

序号	矿井名称	超标项目	等级
西山煤田	杜儿坪矿东洞	Fe，TDS 酚，SO_4^{2-}，BOD_5，pH，HB，Zn，Mn，F，COD_{Cr}，SS	Ⅵ
	官地坑口	Mn，Fe，SO_4^{2-}，COD_{Cr}，HB，pH，TDS，Zn，F，SS，Cd，酚	Ⅵ
	西铭矿东	Mn，Fe，SO_4^{2-}，COD_5，HB，F，TDS，SS，pH	Ⅵ
	白家庄矿南坑	Mn，酚，Fe，COD_{Cr}，BOD_5，SO_4^{2-}，pH，HB，TDS	Ⅵ
	官地九院口	BOD_5，酚，Fe，SO_4^{2-}，COD_{Cr}，SS，HB	Ⅵ
	杜儿坪矿西洞	Mn，Fe，COD_{Cr}，SO_4^{2-}，BOD_5，TDS，酚	Ⅵ
	西铭矿西	Mn，Fe，COD_{Cr}，SO_4^{2-}，BOD_5，TDS	Ⅵ
	白家庄二号井	酚，Fe，COD_{Cr}，BOD_5，Mn，SO_4^{2-}，pH	Ⅵ
	西曲煤矿	酚，Mn，COD_{Cr}，Fe，BOD_5，SO_4^{2-}	Ⅴ
	寨沟煤坑	Pb，Cl，SO_4^{2-}，TDS，F	Ⅳ
	王封煤矿	Pb，Cd，HB，TDS，Cr^{6+}	Ⅳ

四、煤矿老窑水潜在的环境问题

1. 老窑水化学特征

煤矿或部分采区停采后，采空区逐步积水成为"地下水库"，这部分矿井积水称为老窑水或古空水。积水长期贮存在处于封闭状态的井下，水循环交替缓慢，逐渐形成了一种不同于一般矿井的涌水，即具有特殊化学成分的老窑水。

在煤层开采以前，处于还原条件下的黄铁矿，是比较稳定的矿物，但是在煤层开采后，在老窑中具有足够反应时间，这些黄铁矿将会遇到溶有氧气的水，形成以硫酸为主的酸性水，其反应过程为

$$2FeS_2 + 7O_2 + 2H_2O = 2FeSO_4 + 2H_2SO_4 \tag{5-3}$$

$$FeSO_4 + 2H_2O = Fe(OH)_2 + H_2SO_4 \tag{5-4}$$

$$4Fe(OH)_2 + O_2 + 2H_2O = 4Fe(OH)_3 \tag{5-5}$$

老窑水的化学成分很复杂，这与其补给、排泄条件、老窑的埋深，老窑所开采煤层的煤质及顶、底板岩性以及气候等条件密切相关，但总体上水质较矿坑水要差（表 5-15），它们的常量组分多在矿坑排水的 2 倍以上。此外，由上述列出的化学反应式可知，煤矿老窑水多数情况下呈现出低 pH 及高铁、锰和硫酸根的特征，如明仙沟渗出的老窑水 pH = 2.28，牛家口沟下石村老窑水在工作期间分年度进行过 3 次取样，其中有 2 次的 pH = 4.53。酸化的老窑水具有更强的溶解能力，因而其化学成分也较为复杂。2016 年牛家口沟下石村煤矿老窑水溢出点样品有 pH、HB、TDS、SO_4、TFe、Mn、Co、NH_4^+-N、F、Ni 共计 10 项超过国家地下水质Ⅲ类标准，其中铁超标 9.2 倍、锰超标 502 倍。老窑水的 $^{87}Sr/^{86}Sr$、$\delta^{34}S$ 同位素以及配套的 Sr 和 SO_4^{2-} 具有三高（$^{87}Sr/^{86}Sr$、Sr、SO_4^{2-}）一低（$\delta^{34}S$）的典型特征（表 5-16），是开展水循环研究的一种有效手段。

表 5-15　晋祠泉域内矿坑水的常量化学含量表

采样地点	pH	Ca²⁺含量/(mg/L)	Mg²⁺含量/(mg/L)	K+Na含量/(mg/L)	Cl⁻含量/(mg/L)	SO₄²⁻含量/(mg/L)	HCO₃⁻含量/(mg/L)	TDS含量/(mg/L)	HB含量/(mg/L)
矾石沟矿*	—	417.0	661.0	89.6	491.0	13 300.0	2.5	14 959.9	3 275.4
明仙沟	2.28	488.0	196.0	19.0	19.5	2 856.0	0.0	9 841.0	2 026.6
牛家口下石村	3.1	477.0	169.0	304.0	21.6	3 256.0	0.0	4 475.0	1 885.0
牛家口下石村	6.68	284.0	66.3	79.4	22.3	1 002.0	20.1	1 520	982
牛家口下石村	3.48	526.0	121.0	213.1	23.6	2 463.0	0.0	3 595.0	1 811.0
风峪沟店头	6.41	430	121	394.1	19.0	2 387	14.8	3 492	1 572.0
西曲矿突水**	6.36	458.75	133.44	470.7	72.61	2 634.92	39.25	3 951	1 695.0
平均	4.72	440.11	209.68	224.26	95.66	3 985.56	10.95	5 976.27	1 892.43

注：*资料源于中国地质大学（武汉），**2016年5月西曲煤矿18404回采工作面顶板老窑水突水分析资料。

表 5-16　煤矿老窑水 SO_4^{2-}、Sr 及其同位素分析结果

名称	SO_4^{2-}含量/(mg/L)	$\delta^{34}S_{CDT}$/‰	Sr含量/(mg/L)	$^{87}Sr/^{86}Sr$（2σ）
下石村老窑水	3 256	−6.27	1.16	0.711 55±0.000 09
下石村老窑水	1 002	−6.01	1.88	—
明仙沟老窑水	2 856	−7.52	—	—
下石村老窑水	2 463	−7.16	4.37	0.711 62±0.000 03

2. 晋祠泉域的煤矿老窑水现状

由于近年来煤矿整合，大量处于煤田边缘地带的个体、集体运营的煤矿关闭，还有一些停产，因此出现了大量煤矿老窑水的外溢，调查中发现西山山前风峪沟以南的沟谷几乎均有煤矿老窑水出流（图 5-27），尤其以风峪沟、牛家口沟、矾石沟较为严重。

2017 年 11 月 12 日，实测风峪沟碳酸盐岩渗漏段上游黄冶断面流量为 9 336.82 m³/d，碳酸盐岩渗漏段下游出山口流量 6 526.38 m³/d，未计程家峪支沟等区间来水的渗漏量为 2 810.44 m³/d（同年 8 月的水化学分析结果：TDS 含量为 2 730 mg/L，SO_4^{2-} 含量为 1 696 mg/L）。

牛家口沟出口

下石村老窑水溢出点

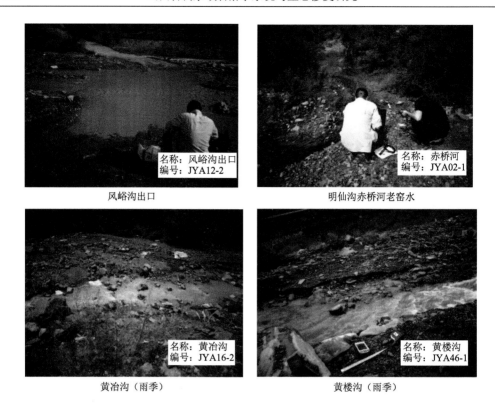

名称：风峪沟出口
编号：JYA12-2

名称：赤桥河
编号：JYA02-1

风峪沟出口　　　　　　　　　　　　明仙沟赤桥河老窑水

名称：黄冶沟
编号：JYA16-2

名称：黄楼沟
编号：JYA46-1

黄冶沟（雨季）　　　　　　　　　　黄楼沟（雨季）

图 5-27　晋祠泉域部分煤矿老窑水出流沟谷

调查分析结果表明，一些地区地下水受到了煤矿老窑水的污染。如晋祠镇一带孔隙水，主要接受山区岩溶水的潜流补给，因此硫同位素特征与岩溶水非常接近，如 2016 年测得地震台和晋祠岩溶水的 $\delta^{34}S$ 值分别是 17.34‰ 和 17.37‰，南大寺孔隙水的 $\delta^{34}S = 18.57‰$，但附近三家村孔隙水的 $\delta^{34}S = -5.03‰$，SO_4^{2-} 含量为 668 mg/L，均高于地震台、晋祠以及南大寺的含量 423～476 mg/L，认为受到来自山区煤矿老窑水入渗的污染；风峪沟下游为碳酸盐岩流量河段，流域内大量小煤矿关闭后，老窑水汇集于沟内（图 5-27）渗漏补给岩溶水，2018 年 4 月 19 日同时对沟内老窑水及店头岩溶水取样分析，店头岩溶水的 $\delta^{34}S = -2.02‰$，结合锶同位素以及其他常量组分分析，是由于风峪沟内煤矿老窑水渗漏污染所致。从区域岩溶水循环角度，表 5-17 中的水样均脱离了 $^{87}Sr/^{86}Sr$—Sr、SO_4^{2-}—$\delta^{34}S$ 的自然构成轨迹，落到了矿坑水（或煤矿老窑水）分布区域，分析认为是受到了与采煤相关活动的污染所致（图 3-43、图 3-45）。但到目前为止，晋祠泉域内煤矿老窑水由于尚属于出流初期，且都是煤炭边缘浅部小型煤矿，这种污染的分布目前还仅呈现为点状特征。值得提及的是 2017 年 8 月汾河扫石断面 $\delta^{34}S = -3.01‰$，这与同期罗家曲断面 $\delta^{34}S = 7.9‰$ 和 2016 年 5 月 $\delta^{34}S = 8.39‰$降低很多，同时王封岩溶水井的 $\delta^{34}S = 2.26‰$，较 2016 年的 $\delta^{34}S = 7.77‰$也有所降低，表明在 2017 年汾河水受到了镇城底到扫石河段与煤矿相关的污水汇入污染，同时这部分水在寨上—二库段渗漏补给岩溶水，也使得王封一带岩溶水受到污染。

表 5-17　与煤系硫污染相关的部分水化学组分

取样点	SO_4^{2-} 含量 /(mg/L)	TDS 含量 /(mg/L)	Sr 含量 /(mg/L)	HB 含量 /(mg/L)	$\delta^{34}S_{CDT}$/‰	$^{87}Sr/^{86}Sr$（2σ）	水化学类型	年份
风峪沟河水	2 387	3 492	—	1 572	—	—	S—Ca·Na·Mg	2018
店头岩溶水	1 738	2 803	3.71	1 453	−2.02	0.712 32	S—Ca·Na	2018
店头岩溶水	1 696	2 730	—	1 467.9	—	—	S—Ca·Na	2017
三家村孔隙水	668	1 298	1.07	865	−5.03	0.713 14	S·H—Ca·Mg	2016
镇城底岩溶水	225	648	0.79	412	0.65	0.711 31	S·H—Ca·Mg	2017
屯兰矿岩溶水	407	1 297	2.15	368	4.13	0.713 7	S·H·C—Na·Ca	2017
扫石村汾河水	304	720	0.89	404	−3.01	0.712 63	S·H—Ca·Mg·Na	2017
王封岩溶水	212	596	0.68	384	2.26	0.711 1	S·H—Ca·Mg	2017
下元村岩溶水	249	664	1.69	412	−0.15	0.712 87	S·H—Ca	2016

3. 潜在的环境问题

太原西山煤田面积 1 615.2 km²，探明储量 186 亿 t，整合后的 57 座煤矿总产能 7 259 万 t/a，煤矿兼并重组期间正常生产矿井 13 座，现状原煤实际产量 3 000 万 t/a 左右。晋祠泉域的太原西山煤矿有数百年的开采历史，目前采空区面积近 220 km² （如图 5-28 所示，其中太原市内 213.8 km²），以煤矿总产能的 70%计算（约 5 000 万 t/a）， 按照煤炭比重 1.8 t/m³ 及 5%的其他巷道的采矿空间，今后采空区体积大致以 2 800 万 m³/a 的速度递增。目前白家庄、西峪煤矿已闭坑，不少煤矿已进入开采后期，在未来 10～ 15 年间相继闭坑，这部分空间的绝大部分在未来煤矿停采后，将被地下水充填，并形成 矿坑污水。在一些地区将通过各种途径渗入下伏岩溶含水层，直接污染岩溶水；更多的 矿坑污水充满矿井后以泉水或从矿坑系统排出地表，将对环境形成极大的破坏。

废弃煤矿"酸性水"具有污染程度高（化学成分复杂，有害成分含量高）、影响范 围广（具有高度流动性能）、持续时间长（自然衰减更替能力极差，图 5-29）的特点。 但目前我国对煤矿老窑水在管理方面存在严重缺位的"三无"现象：第一是无污染主 体，煤矿整合或闭坑后，企业转产或解散，污染源成了无头债主；第二是缺少具体针对 性的管理法律、法规，煤矿闭坑后的水环境问题如何管理尚不明确；第三是无监测资 料，多数地区对煤矿老窑水出流点没有开展质、量监测，基本处于放任自流的状态。可 以想象未来几十年闭坑后进入采空区的老窑水带来的千疮百孔、污水横流的局面，必将 成为影响范围广、影响程度深的"永久污染源"，是晋祠泉域水环境的"定时炸弹"， 必须引起政府及社会各界的高度重视，急需尽早应对！

4. 矿坑水对岩溶水污染的途径

根据晋祠泉域岩溶水文地质条件及其他矿区的经验分析，泉域煤矿开采形成的"污 水"进入岩溶含水层主要有如下几个途径。

1）河流渗漏

由前述晋祠岩溶水文地质条件可知，河流渗漏是泉域岩溶水重要的补给方式，泉域内多数煤矿下游均存在碳酸盐岩渗漏区,如古交矿区汾河北岸从龙尾头到山洋沟和南岸天池河到王封沟间的所有支流,西山矿区玉门河、从冶峪沟到明仙沟间的各支流,排入地表河流的矿坑污水向下游到碳酸盐岩河段,渗漏补给岩溶水,这是一种最重要的污染途径。

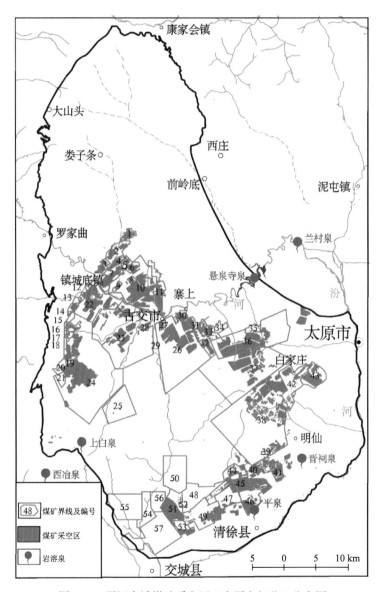

图 5-28　晋祠泉域煤矿采空区(太原市部分)分布图

2)垂向越流

泉域内最下部主采煤层中石炭统太原组的 8 号、9 号煤层,两煤层在东南部合并,在中间有一层砂岩,与下伏中奥陶统碳酸盐岩含水层顶板间沉积有太原组下部泥页岩、底部晋祠砂岩和中石炭统本溪组页岩、铝土质泥岩,总的地层厚度为 35~65 m 不等（图 5-30），其中本溪组为良好的隔水层，通常条件下，煤系地层中地下水在垂向上无法向下渗透，因此能构成相对独立的循环。分布在泉域西部、南部以及中东部的白家庄和西峪煤矿带压区煤矿，在煤炭开采期间岩溶水位高于矿坑顶板，因此对岩溶水的污染主要发生在煤矿闭坑且矿坑系统蓄水水位高于岩溶水位以后；而分布在泉域中南部非带压区煤矿，矿坑系统水无论在开采期间还是闭坑以后均存在矿井水向下伏岩溶水越流的现象，导致岩溶水有被污染的风险。通过垂向越流沟通煤矿坑道水与下伏岩溶水的形式主要有由于隔水底板强度不够的面上底板突水（特别是煤矿开采条件下）、断层导水、陷落柱导水以及止水失效的钻孔导水。

图 5-29　津巴布韦某煤矿关闭 94 年后出流的老窑水（拍摄于 2017 年 8 月）

（1）面上底板突水。面上底板突水是下伏承压含水层对煤层底板隔水层破坏后所致，它取决于底板隔水层自身的抗破坏能力和水压、矿压对隔水层破坏的平衡关系。前人采用突水系数法对古交矿区 8 号煤层突水风险的评价结果表明，煤矿受下伏岩溶水影响大部分属于基本安全区（突水系数≤0.06 MPa/m）和轻度危险区（突水系数＝0.06～1.0 MPa/m），极少数地段属突水系数＞0.1 MPa/m 的危险区（仅限于马兰向斜轴部），但该区又是岩溶水贫水区。西山矿区突水危害较大的煤矿主要是白家庄煤矿和西峪煤矿，西峪煤矿长期采用减压排水方式，已于 2017 年闭坑，白家庄煤矿 9 号煤层计算的突水系数为 0.018～0.02001 MPa/m，同属于基本安全区。因此，泉域内通过面上底板突水这种两套系统水的导通方式几乎不存在。

（2）断层导水。根据山西焦煤集团有限责任公司西山地质测量勘探中心和中国矿业大学（徐州）2010 年提交的《古交矿区奥灰水文地质补勘报告》认为，虽然区内断层多属压扭性正断层，但勘查和矿井生产过程中均未揭露过充水或导水的断层。西山矿区的条件较为特殊，主要是西山山前断裂带也是岩溶水极强富水带，晋祠泉以南的带压开采区煤矿如东于煤矿、南峪煤矿、梅园永兴煤业、瑞泽煤业、鑫河煤业等，其导水方式是岩溶水通过断裂带首先进入煤系地层中的灰岩、砂岩含水层，而后通过这些导水层进入坑道系统。反过来，当这些煤矿闭坑后，蓄积于坑道中的老窑水将补给并污染泉域岩溶水。

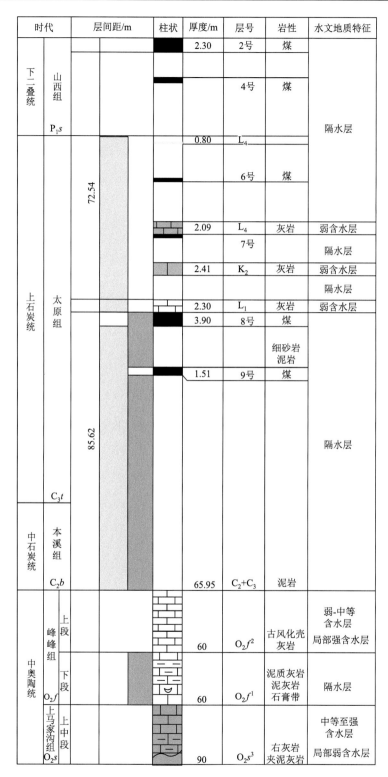

时代		层间距/m	柱状	厚度/m	层号	岩性	水文地质特征
下二叠统	山西组 P₁s			2.30	2号	煤	隔水层
					4号	煤	
上石炭统	太原组	72.54		0.80	L₄		
					6号	煤	
				2.09	L₄	灰岩	弱含水层
					7号		隔水层
				2.41	K₂	灰岩	弱含水层
							隔水层
				2.30	L₁	灰岩	弱含水层
				3.90	8号	煤	
		85.62				细砂岩 泥岩	
				1.51	9号	煤	隔水层
中石炭统	本溪组 C₂b						
	C₃t			65.95	C₂+C₃	泥岩	
中奥陶统 O₂f	峰峰组	上段		60	O₂f²	古风化壳 灰岩	弱-中等 含水层 局部强含水层
		下段		60	O₂f¹	泥质灰岩 泥灰岩 石膏带	隔水层
	上马家沟组 O₂s	上中段		90	O₂s³	灰岩 夹泥灰岩	中等至强 含水层 局部弱含水层

图 5-30　古交矿区下组煤与含水层关系柱状示意图(资料来源于西山焦煤集团有限责任公司西山地质测量勘探中心)

（3）陷落柱导水。根据勘查与煤矿开采揭露，太原西山矿区岩溶陷落柱数量与全国其他地区相比较多。但从全国已揭露的陷落柱来看，不导水的是多数，导水的是少数，导大水的更少。到目前为止，仅在 2009 年马兰矿南一下组煤 18306 工作面揭露一个岩溶陷落柱时发生了奥灰突水，突水量 10 m³/h，后通过注浆进行了封堵，消除了隐患。

（4）钻孔导水。初步统计，晋祠泉域内矿区同时揭穿了煤系地层和下伏岩溶含水层的岩溶水开采井、煤矿勘探孔、观测孔有 100 余眼，一般在成井时为防止 2 个含水层间水量交换，都做了止水处理，但随着时间的推移，特别是煤矿开采后生成大量酸性水，对钻孔套管进行长期腐蚀，止水性能失效，导致上部矿坑水通过井孔下渗进入岩溶含水层，成为沟通上下含水层的通道，形成对岩溶水的串层污染。这种情况在北方其他一些地区非常普遍，如阳泉娘子关泉域阳煤集团俱乐部井、跃进煤矿 2 号井等。泉域内磨石村、屯兰煤矿、西峪煤矿以及窑头村一带的水样，表现出高矿化度（TDS 含量均在 2 000 mg/L 以上）、高 SO_4^{2-}、低 $\delta^{34}S$ 的特征，分析认为主要是由于屯兰煤矿钻孔止水失效所致。

此外根据古交矿区 2009 年统测水位的分析，古交矿区采掘工作面可能导通 O_2s 水的钻孔导水主要存在下述情况：①揭露 O_2s，对 O_2s 和 O_2f 未进行止水隔离，现在仍在利用其观测水位和供水的钻孔，如 K128、K73、K111、K35、K23、K33 和 K24、K40、K66 等；②井下长观孔，现在孔口在漏水的，特别是 O_2f 和 O_2s 进行分层放水时，两个试验层段间未留隔水岩柱的钻孔，如 K99、K98 和 K114 等；③其他封堵孔不良的钻孔，特别是打穿 O_2f^1，揭露了 O_2s 并且封孔不良的钻孔（包括水文地质孔与地质孔）。

第六章　晋祠泉域岩溶水的开发利用与保护

第一节　晋祠泉域岩溶水的开发利用与潜力

一、泉域岩溶水的开采历史

晋祠泉是太原地区仅次于兰村泉的第二大岩溶泉，20 世纪 50 年代平均流量 1.99 m^3/s。晋祠泉具有晋祠风景区旅游资源景观的功能，并长期承担了河西化工区及晋祠地区工农业用水的供水任务。晋祠泉域岩溶水的开发始于 20 世纪 50 年代末 60 年代初，1961 年太原化学工业公司在晋祠泉附近兴建 101、102 两处泵站，共 5 眼深井开采岩溶水，开采量达 0.57 m^3/s，1968 年该公司又在开化沟口开凿 3 眼深井，岩溶水开采量由 1962 年的 0.57 m^3/s 增加到 1970 年的 0.84 m^3/s，致使泉水流量由 20 世纪 50 年代的 1.99 m^3/s 下降到 1970 年的 1.41 m^3/s。20 世纪 70 年代以来，太原地区持续干旱，边山地带农村大量打井开采岩溶水。1977～1978 年，清徐县建成平泉和梁泉两处自流井群，共 14 眼深井，最大自流量达 1.03 m^3/s，1979 年南郊洞儿沟自流井建成，最大自流量达 0.125 m^3/s。20 世纪 70 年代，工农业大量开采岩溶水，不仅袭夺了晋祠泉流量，而且大量释放了岩溶含水层的储存量，导致岩溶水水位下降。晋祠泉流量由 1970 年的 1.41 m^3/s 下降到 1980 年的 0.8 m^3/s，1980 年善利、圣母两泉干枯。20 世纪 80 年代，太原地区的旱情仍在持续，工农业开采量有增无减，同时，大量的煤矿矿坑排水和降压排水更加剧了晋祠泉的衰减趋势。1984 年，西山矿务局白家庄矿 2 号井，在井下利用勘探孔开采岩溶水，4 个孔总计最大开采量 14 240 m^3/d。同时西山矿区的大规模开发和建设，使矿井排水量大幅度增加，由 1980 年的 0.22 m^3/s 增加到 1988 年的 0.72 m^3/s，致使泉水流量由 1980 年的 0.8 m^3/s 减少到 1988 年的 0.36 m^3/s。到 1989 年，区内有工农业岩溶水开采井 67 眼，开采量为 90 000 m^3/d，相当于 1.04 m^3/s。其中，工业及城市生活开采井 22 眼。开采量为 48 000 m^3/d，相当于 0.55 m^3/s；农业及农村生活开采井 45 眼，开采量为 43 000 m^3/d，相当于 0.49 m^3/s。泉水流量，由 1988 年的 0.36 m^3/s 再度下降，达到 1989 年的 0.325 m^3/s，1990 年为 0.26 m^3/s，1992 年为 0.14 m^3/s，1994 年 4 月 30 日完全断流。

晋祠泉断流后，泉水水位曾持续大幅度下降，到 2008 年降至历史最低水位 774.83 m（距离泉口 27.76 m）。为改善泉域水生态环境，其间地方政府做了大量工作，如实施千里汾河清水复流工程、西山煤矿兼并重组、西山地区综合整治等，引黄工程通水后利用引黄水替代了部分开采井，特别是汾河二库蓄水后，不仅大大增加了渗漏补给量，同时早先相对独立循环的悬泉寺泉域由于水文地质条件的改变也成为晋祠泉域补给区，致使晋祠泉水水位持续大幅度回升，清徐平泉复流，天龙山瀑布再现，泉域水环境持续改善。截至 2017 年底，泉口水位恢复到 798.78 m，9 年间已累计回升 23.95 m，距出流还剩 3.81 m，到 2019 年 6 月，晋祠泉口水位距出流标高仅剩 2.76 m。

二、岩溶水的开发利用现状

晋祠泉开发利用历史悠久，据本次调查晋祠泉岩溶水开发利用方式主要有山区分散开采、泉水、自流井的开发利用及煤矿突（排）水等。据收集太原市晋祠泉域水资源管理处 2017 年晋祠泉域岩溶大泉开发利用情况年报统计，泉域范围内共有岩溶水井 189 眼，年开采总量 2 644.51 万 m³/a（详情见表 6-1、表 6-2），其中，不同的开发利用形式叙述如下。

表 6-1　晋祠泉域岩溶大泉水井工程开发利用情况统计表

泉域内县名称	工业		农业		生活		生态		合计	
	数量/眼	取水量/(10⁴m³/a)	数量/眼	取水量/(10⁴m³/a)	数量/眼	取水量/(10⁴m³/a)	数量/眼	取水量/(10⁴m³/a)	数量/眼	取水量/(10⁴m³/a)
万柏林区	9	212.44	3	80.68	28	315.01	——		40	608.13
晋源区	0	——	23	183.80	40	465.25	4	200.43	67	849.49
古交市	27	——	——		28	260.76			55	260.76
清徐县	2	1.38	12	794.70	1	28.92			15	825.00
尖草坪区	——		——		1	22.46			1	22.46
娄烦县	2	5.20			2	6.47			4	11.67
静乐县					5	57.60			5	57.60
交城县	2	9.40							2	9.40
合计	42	228.42	38	1 059.18	105	1 156.47	4	200.43	189	2 644.51

注："泉域内县名称"栏是指泉域范围内包括的县名，并以县域为单位，分类统计该县范围内的岩溶水井工程。

表 6-2　年开采量大于 100 万 m³ 的开采点　　　（单位：10⁴m³/a）

取水户名称	取水地点	现状年实际取水量					备注
		工业	农业	生活	生态	合计	
白家庄煤矿	白家庄煤矿 710 水平	——		225.0	——	225	
晋祠水利管理处	晋祠 103 号井	——	——	——	109.5	109.5	难老泉人工补水
清徐平泉灌区	清徐县平泉村	245.6				245.6	自流井
清徐东于村	东于煤矿东北	——	232.7	——		232.7	自流井
合计		245.6	232.7	225.0	109.5	812.8	

1. 山区分散开采

泉域范围内的山区分散开采井，在乡镇农村多为单井连片集中供水所利用。据收集太原市晋祠泉域岩溶大泉开发利用情况年报统计，泉域范围内岩溶水井共有 189 眼，年开采量 2 644.51 万 m³/a，其中自流井 12 眼，自流量为 693.79 万 m^3/a。岩溶水主要用作生活用水为 1 156.47 万 m^3/a，占 43.73%；农灌用水为 1 059.19 万 m^3/a，占 40.05%；生态环境用水为 200.43 万 m^3/a，占 7.58%；工业用水为 228.42 万 m^3/a，占 8.64%。

古交市有岩溶水井 55 眼，占 29.1%，年开采量为 260.76 万 m^3/a；太原市万柏林区有岩溶水井 40 眼，占 21.16%，年开采量 608.13 万 m^3/a；太原市晋源区有岩溶水井 67 眼，占 35.45%，年开采量 849.49 万 m^3/a；太原市尖草坪区有岩溶水井 1 眼，占 0.5%，年开采量 22.46 万 m^3/a；清徐县有岩溶水井 15 眼（自流井 12 眼），占 7.94%，年开采量 825 万 m^3/a；娄烦县有岩溶水井 4 眼，占 2.16%，年开采量 11.67 万 m^3/a；静乐县开采井 5 眼，占 2.65%，年开采量 57.6 万 m^3/a，吕梁市交城县 2 眼，占 1.06%，年开采量 9.4 万 m^3/a。

2. 泉水的开发利用

晋祠泉于 1994 年 4 月 30 日断流，之前的开发利用以旅游和农业灌溉为主。此外，据本次调查泉域范围内目前仍在出流的岩溶泉水还有 3 处，其中 2 处位于古交市嘉乐泉乡洞沟村狮子河东西两岸，为上层滞水泉，泉流量 0.87 L/s，主要用作人畜生活用水；1 处位于清徐县清源镇平泉村的平泉，泉水曾于 2001 年断流，2011 年复流，2016～2018 年测量泉水流量为 0.067～0.114 m^3/s，泉水除用于农业灌溉和渔业养殖外，其余泉水全部通过水渠排入清泉湖。平泉现已建立了完善的水利灌溉利用工程，岩溶泉水资源得到了合理的开发和利用。

3. 自流井的开发利用

据本次调查在清徐县城的北部平泉村一带有自流井 5 眼（含平泉），上固驿自流井 2 眼，南部西梁泉及东于村西各有自流井 3 眼，此外还有南大寺松散层自流井等，实测自流量 0.22 m^3/s（19 008 m^3/d，其中包含不老池的泉水流量 0.012 m^3/s = 1 040 m^3/d），主要用于农业灌溉、渔业养殖。

4. 煤矿突（排）水

煤矿突（排）水主要位于带压开采区，据本次调查煤矿突（排）水的煤矿主要有清徐县的东于煤矿、太原市的西峪煤矿和西山煤电集团的白家庄煤矿。白家庄煤矿开采的下组煤（太原组 8 号、9 号煤层）位于奥陶系岩溶水水位之下，为防止突水事故而降压开采深层岩溶水，造成大量岩溶水排放，白家庄煤矿岩溶水开采量 8 000 m^3/d；东于煤矿排水量 6 672 m^3/d（含部分煤系地层水）；西峪煤矿排水量 3 556 m^3/d。

5. 地热岩溶水井的开发利用

地热能是一种清洁而廉价的新能源，一般以钻凿深井的方式开发地热流体得到有效利用。太原市位于汾渭地堑地热带，地热资源丰富，特别是太原新生代断陷盆地西边山地热资源更为丰富。太原盆地地热资源主要分布于三给地垒以南的盆地内，属于"低温地热资源"，地热异常区的地热田热储层按埋藏深度、开采深度基本<3 000 m，水温 25～62.5℃，属于中浅埋藏经济适宜型地热资源。热储层主要为奥陶系中奥陶统碳酸盐

岩，热储层类型以层状为主，分布稳，构造条件相对简单。其开发利用始于 20 世纪 90 年代末期，目前主要用于洗浴、医疗保健、休闲、娱乐、温泉度假。

太原市的地热勘查工作始于 20 世纪 70 年代，山西省第一水文地质工程地质队自1995 年 5 月在太原市近郊的神堂沟村施工二眼热水井，S_1 号热水井，井深 603.71 m，井口水温 43℃，出水量 72 m³/h；S_2 号热水井，井深 801.18 m，井口水温 42℃，出水量60 m³/h；首次打出了具有理疗作用的优质热矿水，揭开了太原盆地热矿水的面纱，结束了太原盆地没有热矿水的历史，并于 1997 年 9 月提交了《山西省太原市神堂沟地热田勘察报告》。

据本次调查泉域内地热岩溶水井共 9 眼，开采量 622.5 万 m³/a，主要用于洗浴、游泳、供暖。详情见表 6-3。

表 6-3　太原市地热岩溶水井开采现状统计表

位置	孔深/m	地面标高/m	水位埋深/m	含水层时代	开采量/(m³/d)	开发利用情况
阳光汾河湾小区	1 654.5	815	+4.95	O_2s	2 895	供暖、洗浴
万柏林区恋日温泉小区	1 300	784				维修
万柏林区会展宾馆院内	1 690.5	782	11	O_2s、O_2x		现已停用
万柏林区汇锦花园	1 600	784		O_2s、O_2x	1 920	供暖、洗浴
万柏林区丽华苑小区中	1 803.35	840	+0.2	O_2s、O_2x		停用
神堂沟村西 S_1 号热水井	603.71	841	32.92	O_2f、O_2s	1 728	游泳、洗浴
神堂沟村西 S_2 号热水井	801.18	845	40.98	O_2s	1 440	游泳、洗浴
清徐县三国演义城	1 015			O_2s、O_2x	8 400	停用
山西省地质工程勘察院有限公司西院	1 339	803	+11.2	O_2f、O_2s	2 000	停用

三、开发利用潜力

据太原市晋祠泉域水资源管理处统计 2017 年晋祠泉域岩溶水井有 189 眼，总开采量2 644.51 万 m³/a。泉域内 100 万 t 以上取水户 4 家，批准水量 1 238 万 m³/a，实际取水量812.8 万 m³/a。

前述泉域岩溶水可开采资源量评价，在不考虑二库蓄水增加的渗漏量 0.86 m³/s（2 712.1 万 m³/a）时为 1.302 m³/s（4 105.99 万 m³/a）。显然，目前泉域的岩溶水开采量低于可开采资源量，但在晋祠泉水未复流以前，属于水资源涵养期，整体供水有引黄水源作保障，补足前期所动用的泉域亏空储存资源量，压缩或不再增加开采是优先考虑的开发利用方案。

第二节　晋祠泉域岩溶水的保护思路

水资源保护的核心是根据水资源系统运动、演化规律，调整和控制人类各种与地下水相关的行为活动，使水资源维持一种良性循环状态，以达到可持续利用的目的。根据不同系统岩溶水保护目标，应结合各系统具体的环境条件、次生以及潜在的环境问题及成因、开发利用状况，制定各种必要的水质、水量、水资源环境方面的定性或量化指标，如泉水最小流量目标、泉水及重要水源地水质分类指标、区域地下水位下降速率以及极值降幅指标等。

一、泉域岩溶水资源保护原则

水资源保护是为防止水资源因各种不恰当人类活动引发各种环境水文地质问题，而采取的法律、行政、经济、技术等措施的总和。岩溶水的保护与管理是一项综合性强而又复杂的工作，它不仅需要明确管理目标和任务，建立有权威性的管理机构，而且还需要有先进的管理技术和法律法规。为此，必须对水文地质、陆地水文、水利工程、污水处理利用、生态学、经济发展、法律及政治方面的因素进行综合分析研究。与此同时，在我国现今的"多龙治水"，质、量分治的管理体制下，水资源管理绝不是某一部门的事，必须要求自然资源、水利、环保、煤炭、城乡建设等部门密切配合，明确职责，齐心协力来开展。从技术方面来看，北方岩溶水保护应遵循以下原则。

1. 以系统思想为指导，兼顾全局，突出重点的原则

在水资源保护中要以系统论的科学方法为指导，强调系统的整体性，确定系统范围、边界条件、功能以及水煤资源相互依存和制约的关系，树立岩溶水以及泉域内各种类型的地下水、地表水、大气降水统一保护的思想。岩溶水资源保护要从岩溶基础水文地质条件出发，根据岩溶水环境问题的成因，有重点地开展诸如水量、水质、泉水排泄区环境的保护工作。

（1）水量保护。水量保护要遵循水均衡的原则，要做到地域间的取水平衡、系统内打井取水量与泉口直接取水量间的平衡，在控制安全开采总量前提下，合理布局取水工程，统筹规划岩溶水利用量。特别要加强与泉水流量敏感地区的开采量管理，实施严格的取水量许可制度。同时，水量保护应包括开源与节流两个方面。在控制取水许可制的同时，利用岩溶水系统的高度开放和巨大调蓄空间，积极开展岩溶水增补措施论证，包括抬高汾河二库蓄水水位增加水库渗漏量、利用水库放水（维持一定流量下的稳定放水）进行渗漏补给、在上游碎屑岩区植树造林、涵养水源，恢复浅层地下水循环系统，建设和完善雨洪利用体系并尽力发挥防洪、补源、改善生态环境等多项功效。

（2）水质保护。水质保护必须要从大气、地表水、地下水整体出发，从三水的循环转化机制来研究防治岩溶水污染的对策，根据岩溶水循环机制，从治理污染源和污染途径两方面着手开展岩溶水水质保护。由前述可知，晋祠泉域煤矿老窑水对岩溶水潜在的污染问题必须引起足够的重视，在煤矿闭坑前采取必要措施进行处置或闭坑后补救性处置应该作为岩溶水水质保护的一项重要内容来抓。

（3）泉水排泄区环境保护。晋祠泉是集供水、旅游、生态多种功能于一体的自然资源，保护的目标应保持其自然出流状态，相应的自然景观和古建筑物都应得到保

护。因此，提倡先观后用的开采方式，尽量不采用泉口直接打井取水的"杀鸡取卵"式的开采。

2. 以科学为依据的原则

晋祠泉域是庞大的多要素构成的复杂水资源系统，引发岩溶环境水文地质问题的根源多样。开展岩溶水保护必须以基本水文地质条件为依据，查清泉域岩溶水系统的环境条件。主要包括以下内容。

（1）系统地质结构特征（包括系统组成，含水层、隔水层和包气带结构、空间分布，系统边界特征及形成演化，等等）。

（2）系统水资源组成要素及其相互转化关系（包括大气降水、地表水、包气带水、岩溶水及与其密切相关的其他类型地下水）。

（3）各水资源要素的分布、循环、演化规律（水质、水量）。

（4）系统内岩溶水的天然资源量、可开采资源量、水质质量状况以及影响因素。

（5）系统与外界环境的关系。

（6）系统内水资源的开发利用状况（取水工程规模、布局、取水量及相关的环境水文地质问题）。

（7）岩溶水环境问题、成因及发展演化趋势。

只有在全面掌握泉域系统水资源、系统环境及相互间关系基础上，才能够有针对性地提出岩溶水资源保护与治理措施。因此，采用必要的技术手段，建立监测体系，加强基础数据的监测（气候、水文、地下水水位、水质、泉水流量、岩溶水开采量等）、持续开展岩溶水环境问题、成因机制与对策研究，以此为基础，制定切实可行的保护目标，开展水资源开发利用的规划与保护。

3. 实现经济效益、社会效益、环境效益三统一的原则

发展经济，提高人民生活水平，促进社会和谐发展是各级政府的主要任务。水资源是参与人类活动各个环节的必需资源，在发展经济与水资源环境出现矛盾时，不能一味以追求经济利益而牺牲水环境为代价。水资源保护要从保证国民经济长期出发，以持续利用为目的，实现经济效益、社会效益、环境效益三统一，促进人与自然和谐共处。

4. 依法开展水资源保护的原则

《中华人民共和国水法》《中华人民共和国水污染防治法》以及地方性的《山西省泉域水资源保护条例》《太原市晋祠泉域水资源保护条例》等法律、法规是开展岩溶水资源保护的重要依据。

二、保护目标

（1）使晋祠泉水恢复到 $0.2 \mathrm{~m}^3/\mathrm{s}$ 以上。

（2）使泉区基本保持自然景观，即"难老泉、善利泉、圣母泉"三泉自流，古建筑得到保护，维持良好的自然和人文环境的良好状态。

（3）水质方面，考虑泉域水环境的复杂情况，水质保护第一目标暂定为常规指标（矿化度、总硬度、硫酸根离子、硝酸根离子等）浓度不继续增加，并逐渐恢复到泉水断流前的水质状况或有所改善。

三、保护区划分的基本思路

岩溶泉域水资源系统作为一个有机整体，应按照泉域水资源管理条例对全区开展岩溶水的保护。

受泉域内岩溶水文地质条件的控制，岩溶水富集程度与泉域系统内其他水资源要素的密切程度在不同地区的表现差异性非常大，人类的生活、生产活动对岩溶水的影响程度也不尽一致。因此，岩溶水水资源保护要从系统水资源循环机制出发，来确定对岩溶水水质、水量具有重要影响的地区及主要影响因素，有针对性地确定保护区范围并制定相应保护措施。

泉域水资源保护对象主要包括水量（泉水流量、区域岩溶水位）、水质和岩溶水排泄区环境质量，保护区划分依据水量保护区、水质保护区和泉源保护区进行。保护区划分中要综合考虑岩溶水文地质条件、泉域环境水文地质问题以及其成因、泉域水资源保护目标等因素。

岩溶水资源内涵包括水量、水质两方面内容，在上述分类保护区中：

（1）水量保护区方面主要着重于岩溶含水层内部。保护重点是控制对岩溶水水位、泉水流量等影响明显的地区岩溶含水层内的地下水开采等活动，这些地区范围是由岩溶含水层结构、地下水富集规律等来决定的，保护工作侧重于地下水开采量控制以及采煤活动控制。

（2）岩溶水水质次生污染的主要原因是地表污染水体进入含水层，水质保护是防止污染水体进入岩溶含水层，其保护部位主要是由污染途径来确定，保护工作侧重于对进入岩溶含水层的地表水体质量控制。

泉源区是岩溶水由地下向地表的转换地带，同时具有水质、水量问题，保护也要从地上、地下同时开展。

煤层介于地表以下，岩溶含水层之上，采煤活动作为一种特殊因素，对岩溶水水质、水量均会产生影响，其影响形式可以是地下的直接影响，也可以是通过地表等其他途径的间接影响，还有的问题是煤矿闭坑后"潜在"的。

晋祠泉域岩溶水质、水量问题发生的主要原因不同，影响的部位具有多层立体性，因此不同类型的保护区在平面上存在"不一致"以及"重叠"的现象。

第三节　泉域含水层水量脆弱性评价及保护区划分

一、水量脆弱性分区划分标准

根据系统内降水量系列动态分析，历史上出现两次连续 5 年低于多年降水量平均值的时段，为此，选择 5 年期作为评价期。以 10 000 m³/d 的抽水量并抽水 1 年的标准，施加在泉域内任意点，通过岩溶水数值渗流模型计算晋祠泉口的水位响应值，按照响应值大小制定以保护晋祠泉水流量为目标的泉水含水层水量保护区划分级别，具体分级标准如下：

（1）抽水 1 年内，泉口水位下降在 1 m 以上的范围为极高敏感区，相当于直接抽取泉水，即泉水排泄区，称作泉源保护区。

（2）泉域内进行岩溶水开采，在 1 年内使得泉口地下水位降深在 0.5～1.0 m 的地区，称作一级脆弱区（一级水量保护区）。

（3）泉域内进行岩溶水开采，抽水 1～5 年内，使得泉口地下水位降深在 0.1～0.5 m 的范围称作二级脆弱区（二级水量保护区）。

（4）上述三个分区以外的地区，即在 1～5 年内泉口水位下降小于 0.1 m 的范围称为三级脆弱区（水量准保护区）。

晋祠泉域脆弱性分区划分标准如表 6-4 所示。

表 6-4　晋祠泉域岩溶水脆弱性分区划分标准

时间	<1 年		1～5 年	
降深/m	≥1	0.5～1.0	0.1～0.5	<0.1
脆弱性等级	泉源保护区	一级脆弱区	二级脆弱区	三级脆弱区

二、脆弱性评价方法

根据晋祠泉域岩溶水位地质条件及前述岩溶水资源量评价过程，晋祠泉为非全排型泉水，鉴于目前晋祠泉水已经断流，在进行水量保护区划分时，以晋祠泉口水位变化作为衡量泉域水量保护区的准则。从 20 世纪 70 年代起泉水流量逐年减小，至 80 年代泉口水位开始缓慢下降，至泉口水位达到最低值（2008 年），多年平均水位下降值为 1.00 m/a（1983～2008 年），以此作为划定泉源保护区的标准。即以晋祠泉水水流量（水位）为保护核心，对系统内岩溶含水层抽水所引起的泉口水位的变化，即晋祠泉水对系统内岩溶含水层抽水在时空的敏感性响应进行分区，评价泉口水位对系统含水层的脆弱性。

本书采用我们已经完成识别验证的泉域地下水数值模型，利用响应矩阵法（后述）建立泉域内任意位置的开采对其他任意点引起的计算时间段的水位降深，开展岩溶含水层的水量脆弱性评价、保护区划分以及优化开采量的计算。

（一）泉域水文地质概念模型

1. 模拟区范围

根据本次工作区的实际地质、水文地质条件，晋祠泉域和兰村泉域的相邻边界为一可移动的地下水分水岭边界，并且三给地垒也未将两个泉域地下水完全阻断，从地下水系统整体性的角度出发，为方便水文地质概念模型概化及边界条件的处理，最终确定在建立水文地质概念模型时采用的模拟范围为晋祠、兰村两个泉域范围。总面积为 5 326.42 km^2，其中晋祠泉域 2 712.58 km^2，兰村泉域 2 613.84 km^2。其中兰村泉域的各类入渗、河流渗漏参数与晋祠泉域一致。

2. 含水层结构概化

晋祠—兰村泉域内有供水意义的地下水主要为岩溶水及盆地孔隙水。模拟区内盆地孔隙水主要分布在大盂盆地、阳曲盆地、泥屯盆地及太原盆地分布在汾河以西的山前断陷盆地内。孔隙水主要受大气降水、河流入渗、沟谷洪水渗漏及盆地东西两侧山区岩溶水、裂隙水的侧向渗流补给；整体由西向东，由北向南径流；排泄途径主要为人工开采，浅埋区地下水蒸发，井泉自流及侧向边界流出等。本次工作中盆地孔隙水区所在处除北部小范围地区为碳酸盐岩覆盖区外，其余地区均为碳酸盐岩埋藏区，新近系或石炭系泥岩、页岩地层构成了本区孔隙水的隔水底板，孔隙水与下伏岩溶水或裂隙水水力联系微弱，仅能通过越流或天窗发生水量交换。

根据模拟区水文地质条件、含水层介质结构性质及地下水水力联系特征分析：泉域岩溶水盆地是一个非封闭的地下水盆地，其西部、北部、东部出露前寒武系变质岩，为固定的隔水边界；东北部为地下水分水岭；西南部边界受岭底向斜影响为零通量边界；东南部为流量边界。岩溶水主要接受西北及东北部碳酸盐岩裸露区的降水入渗补给、汾河渗漏补给及其他支流在上游非碳酸盐岩区季节性产流的渗漏补给；整体分别由东西两侧向南径流；排泄途径主要为人工开采、井泉自流、潜流补给盆地孔隙水及侧向东太原盆地深埋区侧向径流排泄。前寒武系火成岩、变质岩或在碳酸盐岩相对深埋区的下奥陶统白云岩构成了本区岩溶水含水系统的隔水底板。

因模拟区内不同位置处地层岩性、含水层厚度等受后期构造运动的影响往往存在较大的差异，使得不同地区含水层结构、富水性特征、导水性能等在空间上存在变异性、非均质性。同时对已有的资料分析结果可知，目前模拟区内年降水量、蒸发量、人工开采及其他补给排泄项年内、年际间均存在较大的差异，为反映年内地下水位变化特征，将含水层概化为非稳定地下水流系统。

综上将模拟区概化为两层结构、非均质各向异性、非稳定流系统。

3. 边界条件概化

模拟区地质条件极其复杂，本次工作综合前述区内地形、地层岩性、地质构造、水文地质条件等资料并结合已有研究成果最终对泉域边界条件做以下处理。

1）垂向边界

模拟区涉及的盆地孔隙水主要为泥屯盆地、阳曲盆地、大盂盆地及太原盆地汾河以西地区。根据本次工作中搜集到的钻孔资料，将新近系泥岩作为孔隙水的底部边界。

太原西山山前盆地因受西边山断裂带的影响，碳酸盐岩深埋地下，据大井峪 D1 热水井钻孔资料，碳酸盐岩地层顶板埋深 816 m，而长风大桥西侧路北埋深达 1 165 m。因埋藏深度大，岩溶水循环速度极为缓慢，故将深埋于太原盆地内岩溶水含水层做等效处理，具体做法是根据实际钻孔揭示的中奥陶统含水层厚度，直接在盆地孔隙水隔水底板的基础上累加中奥陶统地层的厚度，并以此作为隔水底板，忽略中间的碎屑岩类裂隙水含水层，但在渗透系数上需进行等效处理。

据区域地质图、现场调查与钻探资料分析，模拟区内地层总体由北向南倾斜，棋子山地垒以西及汾河以北为岩溶水接受降水入渗的主要补给区，多数地区碳酸盐岩直接裸露地表，柳林河、凌井河、泥屯河河谷下游多出露下奥陶统白云岩地层，河谷上游更是出露中—上寒武系碳酸盐岩地层。此范围内岩溶水主要含水层为寒武系张夏组鲕粒状灰岩及白云岩，如位于模拟区西北部的静乐县赤泥窊乡供水井，井深 254 m，开孔至 140 m 揭露第四系松散层及新近系泥岩地层，其下为寒武系中寒武统—上寒武统鲕粒状灰岩、泥灰岩及白云质灰岩，地下水位埋深 118 m（2017 年 7 月 9 日实测）；位于泥屯盆地西侧的西关口村 ZK1 孔，开孔 47.76 m 揭露寒武系上寒武统竹叶状灰岩，其下 168.20 m 揭露寒武系中寒武统鲕粒状灰岩，水位埋深 137.79 m（2011 年 1 月平均水位）为主要含水层。因此，本次工作认为棋子山地垒以西汾河以北底部边界为徐庄组页岩。

根据钻孔揭露的地层及地下水位资料，棋子山地垒以东及汾河以南地区含水层底部边界为下奥陶统白云岩地层，如位于阳曲盆地黄寨乡官圪垛村 J35（原编号）观测孔，孔深 643.41 m，至 382.42 m 处见中奥陶统上马家沟组灰岩，至终孔未能揭穿下马家沟组地层，地下水位埋深 98.3 m（2017 年 12 月）；位于兰村泉域东北部补给区南温川村边的 J32（原编号）观测孔深 303.11 m，开孔至 197.46 m 处见上马家沟组灰岩，至终孔未揭穿下马家沟组地层，地下水位埋深 230.94 m（2017 年 8 月）。汾河以南地区因受马兰向斜及石千峰向斜的共同作用，使得碳酸盐岩地层深埋地下，岩溶发育弱，富水性较差，如阴家沟村南 K69 勘探孔，孔深 891.6 m，至 454.8 m 处揭露到峰峰组泥灰岩地层，至终孔未能揭穿奥陶系中奥陶统地层，主要含水层为上、下马家沟组灰岩地层，抽水试验结果表明单井涌水量 0.44～0.6 L/(m·s)，富水性差；又如位于草庄头村 J9 勘探孔，孔深 879.35 m，至 722 m 处揭露到峰峰组泥灰岩，至终孔未能揭穿峰峰组地层，单井涌水量仅为 0.347 L/(m·s)，富水性同样很差。

需要说明的是不论是岩溶水，还是孔隙水，底板以上虽有多个含水层，但在实际成井过程中通常未做专门的止水，存在上下含水层间的相互交换，观测资料也难以将不同含水层水文地质特征进行区分，故本次工作分别将岩溶水及孔隙水视为单一混合含水层进行处理。

2）侧向边界

（1）岩溶水系统侧向边界位置具体见图 3-18，这里不再复述。

（2）盆地孔隙水含水系统侧向边界位置如图 6-1 所示，具体如下：

①西部边界：

以太原西边山断裂带与太原盆地西侧接触带为界，该边界为固定的透水或弱透水边界。主要接受西山岩溶水中循环较深的部分岩溶水及西山地区碎屑岩类裂隙水的侧向补给。

由于西边山断裂带的存在，使得太原西山地区循环较浅的岩溶水多以泉的形式排泄，循环较深的岩溶水则部分侧向补给太原盆地新生界孔隙水，另一部分则补给盆地内更深的岩溶水。盆地孔隙水系统与西山岩溶水系统之间的关系受西边山断裂带的结构、岩性、渗透性及断裂带两盘地层的岩性、渗透性及其相互组合特征所控制。在本次工作中具体的概化方法如下。模拟区范围及边界条件性质示意图如图 6-1 所示。

图 6-1　模拟区范围及边界条件性质示意图

a. 兰村一三给段：该段内碳酸盐岩地层与盆地内新生界松散层直接相接，西山岩溶水通过"断阶"侧向补给盆地孔隙水和深部岩溶水。

b. 西铭区段：西山地区碳酸盐岩与断阶中的碎屑岩相接触，断阶内灰岩埋深由 600 m 逐级降至 1 700 m，盆地内灰岩与西山地区灰岩被断裂带逐级错断而不连续，故此段可视为隔水边界。

c. 大井峪一神堂沟段：该段为晋祠断裂北部尖灭处。晋祠断裂在此段内大致由三个断裂组成，其中东部的展览馆到南堰断裂断距最大，约 100 m，其西部的断层断距最小，30～100 m 不等。该断层西部的黄土丘陵与盆地区 Q_3、Q_4 相连（地层厚度 30～300 m），下部二叠、三叠系砂岩浅埋，O_2 灰岩埋深在 500～1 200 m 以下，但该地区太原西山灰岩和盆地区下部的 O_2 灰岩仍然连接。黄土丘陵区浅部砂页岩侧向补给盆地孔隙水和裂隙水，西山黄土丘陵区深部 O_2 灰岩岩溶水侧向补给盆地深部岩溶水，但因埋深大且处于滞流状态，侧向补给量不大。

d. 开化沟一晋源区段：太原西山灰岩与盆地中的 Q_3 砂砾石接触，西山岩溶水侧向排泄补给晋源凹陷孔隙水。晋祠附近盆地内孔隙水单井涌水量大，其主要原因就是得到了西山岩溶水的侧向补给。

e. 清徐县段：该区段位于西山大向斜轴部，西山岩溶水为深埋滞留水，地下水处于停滞状态，这一带水的矿化度大于 1.0 g/L，SO_4^{2-} 含量高。西山灰岩与盆地内石炭系地层对接，西山深埋的高矿化度滞流岩溶水渗流补给盆地孔隙水及岩溶水，故此段亦为弱透水边界。

②东部边界：

太原东山岩溶水系统与盆地孔隙水系统之间为固定的弱透水边界，该边界基本上沿着范庄断裂带展布，盆地孔隙水从东山地区获得的侧向补给量除少部分来自东部山区岩溶水外，大部分来自东山奥陶系灰岩区沟谷洪水的渗漏补给。因此，东山岩溶水与盆地孔隙水存在一定的水力联系，但联系微弱。

4. 模拟期均衡计算

1）岩溶水均衡计算结果

前面已经对岩溶水的主要水文地质参数、各源汇项进行了分析，并计算出晋祠泉域多年岩溶水均衡结果，但其更倾向于年内地下水均衡的分析，就本次地下水数值模拟来说识别验证期仅为 2016 年 6 月 1 日至 2017 年 5 月 31 日，且应力期为 30 d，上述计算过程不能满足精度要求。根据计算区内各种源汇项分析结果，综合考虑降水入渗的滞后性，计算出适用于本次建立的晋祠—兰村泉域地下水流数值模型的源汇项，如表 6-5 所示。

表 6-5　模型中岩溶水源汇项计算结果表　　（单位：m³/s）

项目			资源量	小计	合计
补给项	汾河渗漏	罗家曲—镇城底	0.495	3.371	10.253
		寨上—扫石	0.463		
		汾河二库	2.012		
		二库—兰村	0.401		
	支流渗漏	屯兰川	0.031	0.221	
		天池河	0.021		
		泥屯河	0.086		
		凌井河	0.019		
		柳林河	0.064		
	降水入渗		7.836	6.661	
排泄项	人工开采	兰村水源地	2.382	6.057	8.365
		枣沟水源地	1.233		
		三给水源地	0.600		
		自备水井	1.208		
		晋祠泉域开采量	0.634		
	井泉自流		0.220	0.220	
	煤矿排水		0.256	0.256	
	补给孔隙水		1.732	1.732	
	补给深层岩溶水		0.100	0.100	

2）盆地孔隙水均衡计算结果

受资料限制，前述各章节没有对盆地孔隙水系统多年地下水均衡情况进行分析，鉴于本次建立的两层三维水文地质结构模型需考虑孔隙水与岩溶水的交换关系，在此，对盆地孔隙水系统的各源汇项的处理与确定做简要介绍。

（1）降水入渗量。根据第四章第二节盆地孔隙水降水入渗补给系数分区情况，结合清徐、董茹、太原、尖草坪、兰村、阳曲、岔上、沙河共计 8 个雨量站的实测降水量资料，在降水入渗补给系数分区的基础上叠加泰森多边形分区，最终计算得盆地孔隙水区降水入渗补给量为 0.402 m^3/s。

（2）河流渗漏量。河流渗漏量的大小受河床下地层渗透性的大小、河水流量、过水时间、河水位与地下水位差、包气带缺水量的控制。河床下部地层的渗透性，又与岩性、构造裂隙、松散层孔隙的大小等有关，汾河在模拟区渗漏补给孔隙水主要是兰村—三给段，根据实际情况将此段分为两个渗漏段，如表 6-6 所示。

表 6-6　汾河入渗补给孔隙水渗漏段划分

区段号	位置	长度/km	河床下部地层岩性	渗漏情况
1	兰村—北固碾	7.97	Q$_4$卵砾石、中粗砂	强
2	北固碾—三给	5.88	Q$_4$砂砾石、中粗砂	较强

根据太原工业大学 1984 年对汾河二坝至清徐出境 23 km 汾河河道渗漏量的实测分析结果，类比计算。

清徐二坝至出境的分析成果公式为

$$Q_{RS} = 0.154 \times Q_L^{0.513} \tag{6-1}$$

式中，Q_{RS} 为河道渗漏量，m^3/s；Q_L 为兰村断面来水量，m^3/s。

汾河对孔隙水渗漏补给量时，参照《太原市水资源评价报告》中在计算汾河兰村—三给段渗漏系数时对上述公式乘以了修正系数为 1.86 的计算结果，即上式变为

$$Q_{RS} = 0.29 \times Q_L^{0.513} \tag{6-2}$$

根据式（6-2）及兰村断面实测来水量可计算得汾河对模拟区盆地孔隙水的渗漏补给量为 0.653 m^3/s。

（3）侧向补给量。计算盆地孔隙水的侧向补给量方法与第四章第三节计算岩溶水侧向排泄量方法基本一致，主要是根据盆地孔隙水模拟范围西部边界兰村至清徐高白段附近孔隙水水位计算不同时间段的水力坡度值，根据模型中差值出的初始水位值与底板高程的差值计算含水层厚度，从而采用达西定律计算各段侧向补给量。经计算分析，均衡期内盆地孔隙水接受的侧向补给量为 2.434 m^3/s。

（4）潜水蒸发量。根据第四章第二节盆地孔隙水蒸散发系数分区结果，结合清徐、阳曲、尖草坪三站实测蒸发量资料，将蒸散发系数分区与蒸发站泰森多边形相叠加，计算出均衡期内盆地孔隙水蒸散发量为 0.61 m^3/s。

（5）人工开采量。本次工作收集到太原市非岩溶水开采井共计 4 386 个，其中位于模

拟区盆地孔隙水范围且有开采量数据的 1 886 个，合计开采量 5 498.867 万 m³/a。泉域内各区、县孔隙水开采量见表 6-7。

综合上述分析过程，泉域内盆地孔隙水源汇项计算结果如表 6-7 所示。

表 6-7　盆地孔隙水源汇项计算结果　　　　　（单位：m³/s）

项目		资源量	小计	合计
补给项	降水入渗	0.402	0.402	3.490
	汾河渗漏	0.653	0.653	
排泄项	侧向流入量	2.435	2.435	3.555
	人工开采　西张水源地	1.201	2.945	
	清徐县	0.583 835		
	晋源区	0.582 145		
	万柏林区	0.151 654		
	杏花岭区	0.010 298		
	尖草坪区	0.297 421		
	阳曲县	0.092 726		
	泥屯盆地	0.025 6		
	蒸发排泄	0.610	0.610	

（二）地下水流数值模型

1. 地下水流数学模型

前已叙述，本次评价工作模拟区可概化为非均质、各向异性、两层三维地下水流动系统，因区内地下水年内水位变幅较大，可概化为非稳定流模型，其数学模型为

$$\begin{cases}
\mu\dfrac{\partial h}{\partial t}=K_{xx}b\dfrac{\partial h}{\partial x}+K_{yy}b\dfrac{\partial h}{\partial y}+K_{zz}b\dfrac{\partial h}{\partial z}+W, & (x,y,z)\in\Omega_1, t\geqslant 0 \\[2mm]
h(x,y,z,t)|_{t=0}=h_0(x,y,z), & (x,y,z)\in\Omega_1 \\[2mm]
h(x,y,z,t)|_{\Gamma_{1-1}}=\varphi_1(x,y,z,t), & (x,y,z)\in\Gamma_{1-1}, t\geqslant 0 \\[2mm]
K_{xx}b\dfrac{\partial h}{\partial x}\cos(n,x)+K_{yy}b\dfrac{\partial h}{\partial y}\cos(n,y)+K_{zz}b\dfrac{\partial h}{\partial z}\cos(n,z)|_{\Gamma_{1-2}}=q_1(x,y,z,t), & (x,y,z)\in\Gamma_{1-2}, t\geqslant 0 \\[2mm]
S_s\dfrac{\partial H}{\partial t}=\dfrac{\partial}{\partial x}\left[T_{xx}\dfrac{\partial H}{\partial x}\right]+\dfrac{\partial}{\partial y}\left[T_{yy}\dfrac{\partial H}{\partial y}\right]+\dfrac{\partial}{\partial z}\left[T_{zz}\dfrac{\partial H}{\partial z}\right]+\varepsilon, & (x,y,z)\in\Omega_2, t\geqslant 0 \\[2mm]
H(x,y,z,t)|_{t=0}=H_0(x,y,z), & (x,y,z)\in\Omega_2 \\[2mm]
H(x,y,z,t)|_{\Gamma_{2-1}}=\varphi_2(x,y,z,t), & (x,y,z)\in\Gamma_{2-1}, t\geqslant 0 \\[2mm]
T_{xx}\dfrac{\partial h}{\partial x}\cos(n,x)+T_{yy}\dfrac{\partial h}{\partial y}\cos(n,y)+T_{zz}\dfrac{\partial h}{\partial z}\cos(n,z)|_{\Gamma_{2-2}}=q_2(x,y,z,t), & (x,y,z)\in\Gamma_{2-2}, t\geqslant 0
\end{cases}$$

$$(6\text{-}3)$$

式中：Ω_1、Ω_2 分别代表潜水含水层、层渗流区域；h、H 分别为潜水含水层、承压含水层的水头标高，m；K_{xx}、K_{yy}、K_{zz} 分别为潜水含水层 x、y、z 方向的渗透系数，m/d；T_{xx}、T_{yy}、T_{zz} 分别为承压含水层 x、y、z 方向的导水系数，m^2/d；n 为边界面法线方向；S_s 为承压含水层储水系数，1/m；μ 为潜水含水层的重力给水度；ε 为承压含水层的源汇项，1/d；w 为含水层潜水面的垂向交换量，1/d；h_0、H_0 分别为潜水、承压含水层的初始水位，m；φ_1、φ_2 分别为 t 时刻潜水、承压含水层水位值，m；$\varGamma_{1-1}$、$\varGamma_{2-1}$ 分别为潜水、承压含水层渗流区域的一类边界；$\varGamma_{1-2}$、$\varGamma_{2-2}$ 分别为潜水、承压含水层渗流区域的二类边界；q_1、q_2 为流量边界的单宽流量，m^2/(d·m)，流入为正，流出为负，隔水边界值为 0。

2. 模型结构与模拟期

数值模拟的思路是通过数值法求得数学模型的近似解，以达到模拟实际系统的目的。目前解决地下水流问题和溶质运移问题最主要的两种方法是有限元法（finite element method，FEM）和有限差分法（finite difference method，FDM）。相应的数值模拟软件主要有基于有限元法的 FEFLOW 和基于有限差分法的 GMS、Visual Modflow。

考虑本模型模拟区中主要河流渗漏段、自流井泉等均需加密剖分，特别是汾河二库大坝防渗性能良好，其范围远小于模拟区范围，需使用网格局部加密技术对大坝坝址进行精细剖分，若使用 GMS 或 Visual Modflow 则因网格剖分过密造成不能剖分或即使剖分成功也会产生大量冗余数据，造成模型无法运行或运行过于缓慢，故本次数值模拟软件采用基于有限元法的 FEFLOW 进行。模型建立的具体过程如下。

综合考虑网格剖分密度对求解精度和计算时间的影响，同时避免垂向上疏干单元格的出现，需对研究区的网格进行合理的剖分。剖分过程中将模拟区范围以*.shp 文件的形式导入到软件中，采用 Triangle 法进行剖分，为减小模型计算误差，将网格最小角度设置为 30°，对开采井、自流井、泉水等重要点位加密剖分，最小网格边长 100 m；对河流渗漏段加密剖分，最小网格边长 50 m；汾河二库大坝所在位置加密剖分最小边长 10 m。剖分完成后，单层网格总数 114 406 个，节点个数 57 792 个。模型剖分结果如图 6-2 所示。

网格剖分完成后，将顶底板高程文件以*.dat 的形式导入到模型中，以 Akima 法进行插值，使得模型纵向上剖分为两层结构。为检验模型结构剖分的合理性，利用 FEFLOW 绘制出娄子条—冶元—马兰—草庄头及兰村—大虎峪—西铭—晋祠—东于两个剖面，如图 6-3、图 6-4 所示。图 6-3 中冶元村北部第二层（碳酸盐岩地层）裸露地表，南部第二层顶板埋深逐渐增大，至草庄头一带达到最大值，与实际情况基本一致；图 6-4 中，兰村、晋祠所在位置附近碳酸盐岩出露地表，其他地区均埋藏于地下，且在大井峪—西铭段埋深最大，与实际情况相符，说明模型剖分结构较合理。

利用 Geometry 模块下 In-/active Elements 功能，将第一层盆地外围区及棋子山地垒、第二层中非碳酸盐岩区设置成非活动单元格，如图 6-5 所示。

模拟期选择从现状年开始以后的 20 a，即从 2016 年 6 月 1 日（为方便在 Excel 中处理数据，模型中设置为 42 522 d）至 2036 年 5 月 31 日（模型中为 49 826 d）止。其中 2016 年 6 月 1 日至 2017 年 5 月 31 日为模型的识别验证期。模型采用定时间步长进行运算，时间步长为 10 d，应力期为 30 d。

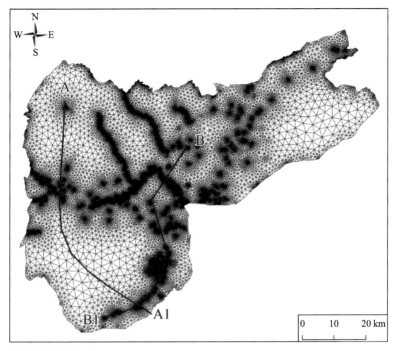

图 6-2　模拟区水平剖分效果图

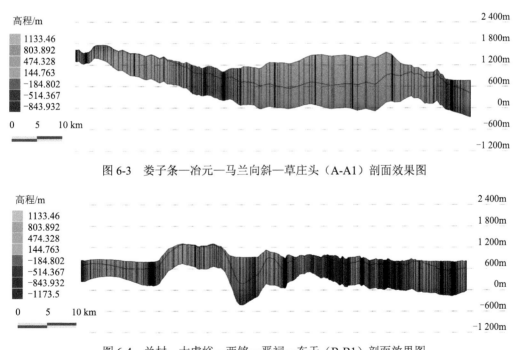

图 6-3　娄子条—冶元—马兰向斜—草庄头（A-A1）剖面效果图

图 6-4　兰村—大虎峪—西铭—晋祠—东于（B-B1）剖面效果图

3. 模型中边界与源汇项处理

根据前述分析过程，晋祠—兰村泉域模型中主要补给项为大气降水入渗补给、汾河及其支流的渗漏补给，主要排泄途径包括人工开采、井泉自流、侧向排泄。针对本次建模所使用的 FEFLOW 软件，各边界及特殊源汇项的处理方法如下。

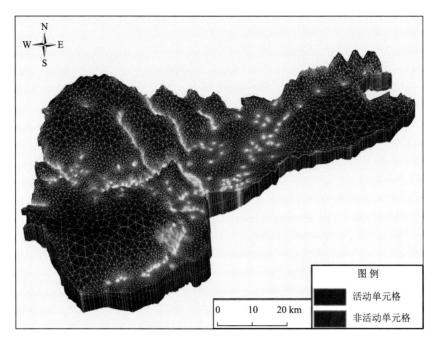

图 6-5　三维结构与非活动单位格设定示意图

盆地孔隙水西部边界：兰村至高白段，处理为给定流量的流入（二类）边界，补给流入量根据前述计算的年补给量的平均值及地下水位波动特征，进行不同时间段的补给量分配。

盆地孔隙水东部边界：模型东部以汾河为界，自三给至高家堡段，汾河水位与盆地孔隙水转化关系复杂，在北部地区汾河水位高于地下水位，河水补给孔隙水，而在南部地区地下水位高于汾河水位，汾河起到了排泄地下水的作用。在对此边界进行处理时，根据汾河河床高度，将其处理为三类水头边界。

岩溶水东南部边界：岩溶水东南部边界为侧向排泄边界，在处理该边界时考虑两方面内容，一是该边界原本的侧向排泄量，二是岩溶水潜流补给盆地孔隙水的量，在此边界上等效给出，故将此边界作为给定流量边界。不同时期边界流量与盆地孔隙水西部边界的确定方法类似，不再赘述。

岩溶水降水入渗与河流渗漏补给量：如图 6-5 所示，将模型第一层盆地孔隙水外围地区全部设置为非活动单元格，因此在模型中，岩溶水的降水入渗补给量、河流渗漏量（二库渗漏量除外）通过 In/outflow on top/bottom 模块赋到研究区第二层网格单元上，同时考虑降水入渗补给量的滞后性，将降水量前两个月及当月按权重为 0.1、0.3、0.6 的比例计算各月降水入渗补给量。

汾河二库渗漏段：根据项目组搜集到的实际水位及蓄水量资料，在模型中将汾河二库渗漏段处理为给定水头边界。

人工开采量处理：盆地孔隙水内人工开采井数过多，为减小模型计算工作量，计算出各个区内开采井总量，并按面积分配到各个行政区，通过 In/outflow on top/bottom 模块赋到第一层；岩溶水开采井井位在模型剖分时已经将其进行加密，采用软件中 Multilayer Well 赋值到各节点。历月开采量根据搜集资料的实际值进行分配。

井泉自流量的处理：对于兰村泉泉口、晋祠泉泉口及晋祠泉域南部地区 14 处自流井、泉，在模型处理中将其设定为 Fluid-Flux 边界，根据项目期内实测流量设定边界初始交换量（晋祠、兰村泉为 0），并根据 RTK 测定井口（泉口）标高，设定最大限制水位（Max. hydraulic-head constrict），这种做法的好处在于当泉口水位高于最大限制水位时，该边界条件自动转化为一类边界条件，根据周边水位与泉口水位的差值，自动计算泉水出流量，从而达到对泉水流量的预测。

4. 模型参数的识别验证

模型参数的识别验证过程是整个模拟中极为重要的一步工作，通常要在反复修改参数和调整某些源汇项输入的基础上，才能达到较为理想的拟合结果。本次模型的识别与验证过程采用的方法为试估-校正法，属于反求参数的间接方法之一。

运行计算模型，可得到这种水文地质概念模型在给定水文地质参数和各均衡项条件下的地下水位时空分布，通过拟合同时期的流场，识别水文地质参数、边界值和其他均衡项，使建立的模型更加符合模拟区的水文地质条件。

模型的识别与验证主要遵循以下原则：①模拟的地下水流场要与实际地下水流场基本一致，即要求地下水模拟等值线与实测地下水位等值线形状相似，或识别验证的末流场与初始流场相似；②从均衡的角度出发，模拟的地下水均衡变化与实际要基本相符；③识别的水文地质参数要符合实际水文地质条件。根据以上三个原则，对模拟区地下水系统进行识别验证。通过反复调整参数和均衡量，识别水文地质条件，确定模型结构、参数和均衡要素。

本次模型识别与验证期为 2016 年 6 月 1 日至 2017 年 5 月 31 日，共 365 d。模型识别验证的过程主要是通过将模拟区内地理位置上具有典型水文地质意义长观孔的实测地下水位与模型计算水位进行拟合，最终识别模型水文地质参数。

1）钻孔水位拟合

综合考虑观测孔的位置及实测孔数据的完整性，本次用于模型识别与验证的观测孔共 26 个，其中盆地孔隙水观测孔 9 个，岩溶水观测孔 17 个，各观测孔位置如图 6-6 所示。部分观测孔水位过程线拟合结果如图 6-7、图 6-8 所示。

通过误差计算公式［式（6-4）］得出：观测孔误差率均在 20% 以内（表 6-8），除补给区个别孔外，各观测孔拟合平均误差值均在 0.5 m 以内，整体拟合效果较好；补给区拟合效果较排泄区差，如冶元村平均计算误差值达到 3.46 m，分析其原因发现该观测孔实测水位在计算时段内 8～9 月地下水位突然下降 4 m 之多，模型源汇项处理过程中不存在同步的下降，故而出现预测值明显大于实测值的现象，另外补给区年内地下水位动态变化明显，降水入渗补给往往存在一定的滞后性，即使在源汇项处理时考虑滞后性进行相应的处理，计算值与实测值仍会出现不同步的现象。

$$\sigma = \frac{\sqrt{\displaystyle\sum_{k=1}^{n}(h_{r_k} - h_{s_k})^2}}{n\Delta h} \times 100\% \qquad (6\text{-}4)$$

式中，n 为应力期数；h_{r_k} 为实测第 k 应力期的水位值（m）；h_{s_k} 为模拟第 k 应力期的水位值（m）；Δh 为验证期实测水位最大变幅。

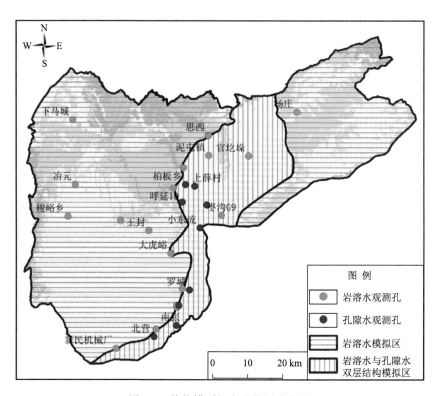

图 6-6　数值模型拟合孔位置分布图

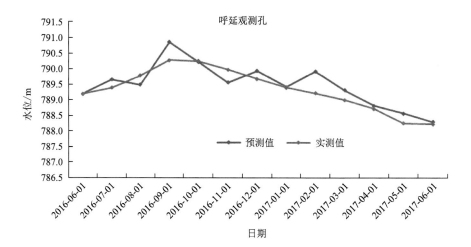

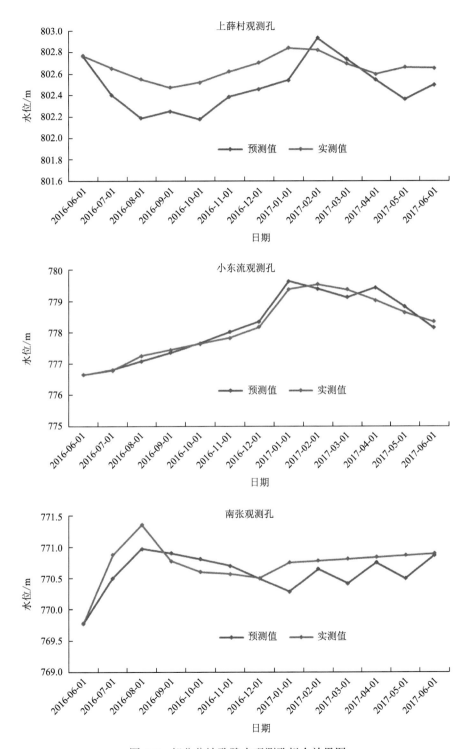

图 6-7 部分盆地孔隙水观测孔拟合效果图

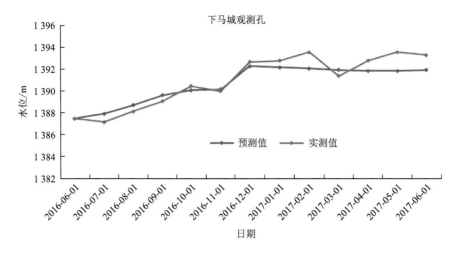

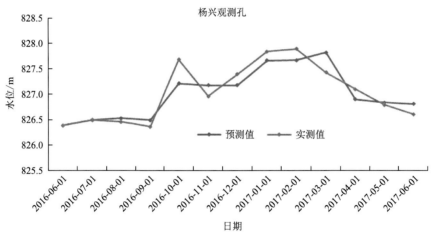

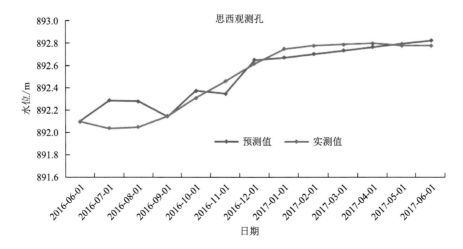

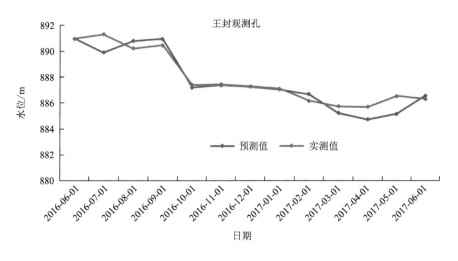

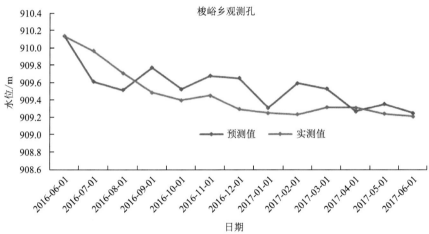

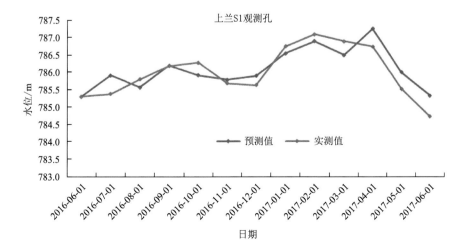

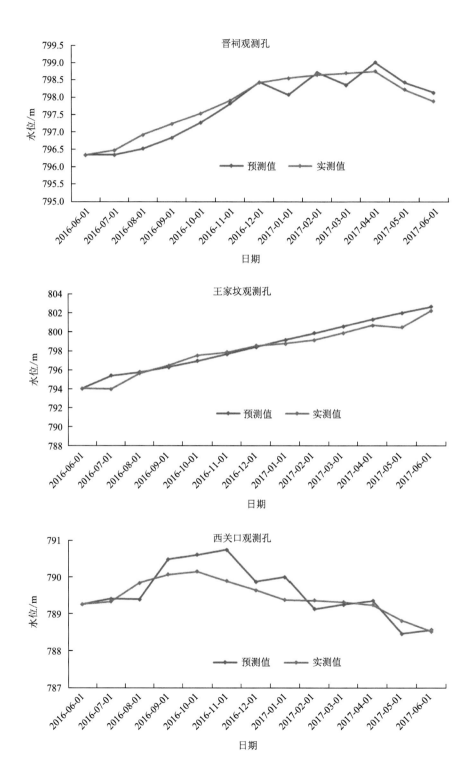

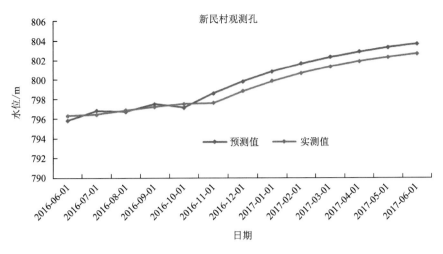

图 6-8　部分岩溶水观测孔拟合效果图

表 6-8　观测孔拟合误差

孔号	柏板乡	北营	南张	晋祠	观测站	小东流	上薛村	呼延	罗城
监测层	孔隙水	孔隙水	孔隙水	孔隙水	孔隙水	孔隙水	孔隙水	孔隙水	孔隙水
平均误差/cm	3.10	7.10	7.45	13.62	3.11	4.14	5.75	11.88	9.36
误差率/%	2.53	11.31	5.00	12.51	17.55	2.02	18.87	4.86	5.86
孔号	赤桥村	大虎峪	官圪垛	汉道岩	晋祠	泥屯	上兰 S1	思西	梭峪乡
监测层	岩溶水	岩溶水	岩溶水	岩溶水	岩溶水	岩溶水	岩溶水	岩溶水	岩溶水
平均误差/cm	10.50	11.10	2.88	3.41	7.89	2.58	13.68	1.24	5.32
误差率/%	3.66	4.53	7.21	10.92	3.36	2.33	4.51	4.23	7.21
孔号	王封	王家坟	下马城	西关口	新民村	杨兴	冶元村	枣沟 G9	
监测层	岩溶水	岩溶水	岩溶水	岩溶水	岩溶水	岩溶水	岩溶水	岩溶水	
平均误差/cm	49.79	53.09	85.74	16.16	69.77	5.51	346.14	8.56	
误差率/%	4.08	2.56	4.16	7.12	3.81	4.48	10.50	5.38	

2）流场形态拟合

通常情况下，识别验证期实测末流场与计算流场形态的拟合也是评价模型参数识别与验证结果的重要指标之一，但限于本项目模拟区范围较大，区内地下水流场形态、相互转化复杂，地下水开采井多为混合开采井且多集中在人类活动较多的径流排泄区，本项目未能绘制识别验证期的实测末流场，但根据均衡计算结果分析，识别验证期末流场与实测初始流场在整体形态上不应发生明显的总体形态上的差异。图 6-9 与图 6-10 分别是盆地孔隙水与岩溶水初始流场与计算末流场的对比图。

由图 6-9 及图 6-10 可以看出，识别验证末期计算流场与初始流场形态基本一致，等水位线无特殊尖锐或凹陷地区，整体符合泉域水文地质条件的分布特征。

3）水文地质参数识别结果

水文地质参数是表征含水介质储水、释水和地下水运动能力的指标。分析、研究、求取水文地质参数，是地下水动态预测及地下水资源计算与评价的重要环节之一，参数的选取直接影响地下水环境影响评价及预测结果的准确性。

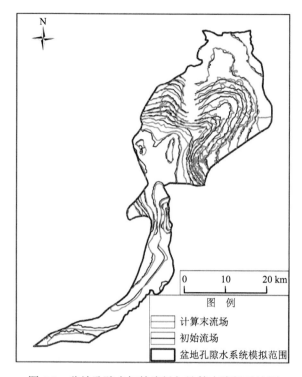

图 6-9　盆地孔隙水初始流场与计算末流场对比图

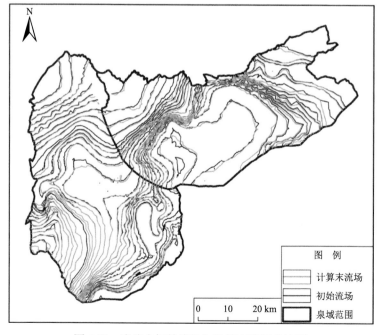

图 6-10　岩溶水初始流场与计算末流场对比图

经过模型的识别验证，最终确定的模拟区盆地孔隙水水文地质参数分区如图 6-11 所示，将盆地孔隙水水文地质参数划分为 17 个区，整体看来水平渗透系数在山前较大，靠近盆地中部逐渐减小，取值范围为 0.1～4.5 m/d；垂向渗透系数在西山山前断裂带附近

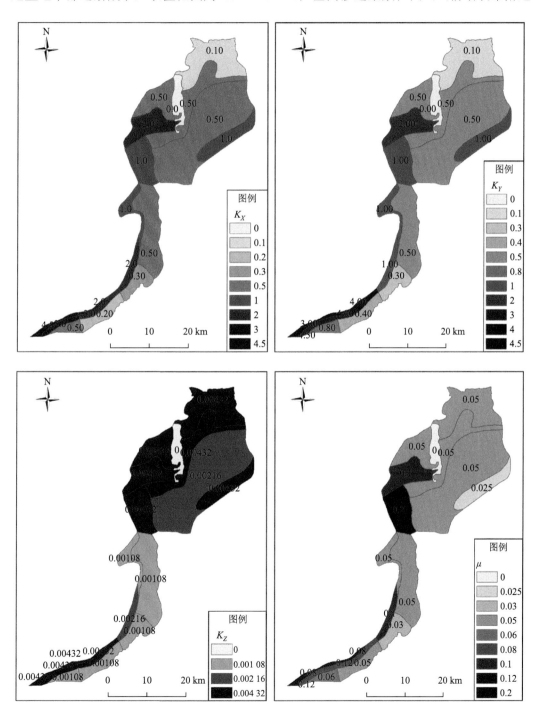

图 6-11　盆地孔隙水水文地质参数分区图

及北部碳酸盐岩覆盖区相对较大，靠近太原盆地及阳曲盆地中部地区受新近系及石炭系隔水底板的影响，垂向渗透系数较小，整体取值范围为 0.001 08～0.004 32 m/d；给水度在西山山前断裂带附近及西张水源地附近较大，其他地区较小，取值范围为0.03～0.2。

　　岩溶水含水层水文地质参数分区情况及各分区水文地质参数如图6-12及表6-9所示。

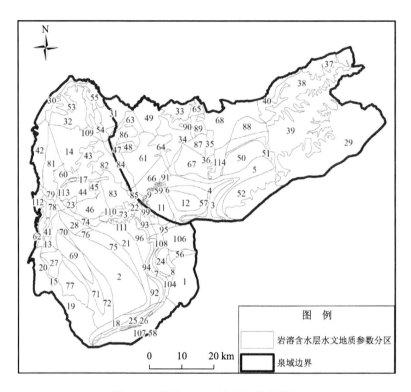

图6-12　岩溶水水文地质参数分区图

表6-9　拟合后水文地质参数一览表

ID	K_X/(m/d)	K_Y/(m/d)	K_Z/(m/d)	S_s	μ
1	0.01	0.02	0.002 16	1.00E-06	0.12
2	0.005	0.005	0.000 22	5.00E-05	0.003
3	70	80	0.002 16	5.00E-05	0.1
4	50	60	0.002 16	1.00E-04	0.06
5	20	25	0.001 08	1.00E-04	0.02
6	100	80	0.004 32	1.00E-04	0.055
7	80	100	0.043 2	1.00E-04	0.001
8	60	80	0.043 2	1.00E-04	0.001
9	55	55	0.043 2	1.00E-04	0.045
10	25	25	0.004 32	1.00E-04	0.025
11	0.5	1	0.008 64	1.00E-04	0.01

续表

ID	K_X/(m/d)	K_Y/(m/d)	Kz/(m/d)	S_s	μ
12	5	5	0.004 32	1.00E-04	0.005
13	1	5	0.005 86	1.00E-04	0.01
14	0.001	0.001	0.004 32	1.00E-04	0.005
15	1.6	1.6	0.002 15	1.00E-04	0.016
16	8	20	0.008 64	1.00E-04	0.03
17	4	8	0.005 64	1.00E-04	0.02
18	0.1	0.05	0.001 08	2.00E-04	0.005
19	0.003	0.003	0.000 86	1.00E-04	0.003
20	0.5	0.5	0.004 32	1.00E-04	0.005
21	0.05	0.1	0.002 16	1.00E-04	0.01
22	30	20	0.002 16	1.00E-04	0.001
23	0.8	0.8	0.004 32	1.00E-04	0.01
24	3	8	0.002 16	1.00E-04	0.025
25	0.5	1	0.004 32	1.00E-04	0.02
26	5	10	0.004 32	1.00E-04	0.03
27	0.4	0.4	0.002 16	5.00E-05	0.04
28	0.75	0.5	0.001 08	1.00E-04	0.01
29	0.5	0.5	0.005 43	1.00E-04	0.003
30	0.001	0.001	0.004 32	1.00E-04	0.02
31	0	0	0	0.00E + 00	0
32	0.002	0.002	0.004 32	1.00E-04	0.002
33	0	0	0	0.00E + 00	0
34	0.2	0.5	0.008 64	1.00E-04	0.008
35	0.2	0.5	0.009 75	1.00E-04	0.004
36	0.5	0.5	0.008 64	1.00E-04	0.014
37	0.05	0.03	0.005 43	1.00E-04	0.003
38	0.02	0.01	0.005 43	1.00E-04	0.002
39	0.03	0.003	0.008 64	1.00E-04	0.03
40	0.01	0.001	0.007 53	1.00E-04	0.006
41	0.3	0.7	0.008 64	1.00E-04	0.007
42	0.06	0.06	0.002 16	1.00E-04	0.008
43	0.02	0.02	0.004 32	1.00E-04	0.008
44	0.5	0.3	0.002 16	1.00E-04	0.05
45	0.4	0.2	0.002 16	1.00E-04	0.01
46	0.1	0.07	0.002 16	1.00E-04	0.007
47	0.04	0.04	0.005 86	1.00E-04	0.004
48	0.03	0.03	0.008 64	1.00E-04	0.003
49	0.05	0.1	0.005 64	1.00E-04	0.002

续表

ID	K_X/(m/d)	K_Y/(m/d)	Kz/(m/d)	S_s	μ
50	5	3	0.001 08	1.00E-04	0.05
51	2	2	0.002 16	1.00E-04	0.008
52	1.5	0.8	0.004 32	1.00E-04	0.01
53	0.02	0.02	0.004 32	1.00E-04	0.01
54	0.03	0.03	0.008 64	1.00E-04	0.003
55	0.04	0.04	0.008 64	1.00E-04	0.004
56	5	2	0.008 64	8.00E-05	0.015
57	25	25	0.002 16	1.00E-04	0.025
58	15	20	0.043 2	1.00E-04	0.05
59	25	35	0.008 64	1.00E-04	0.025
60	0.07	0.1	0.004 32	1.00E-04	0.007
61	0.05	0.05	0.004 32	1.00E-04	0.01
62	0.4	0.4	0.002 16	1.00E-04	0.004
63	0.02	0.04	0.008 64	1.00E-04	0.002
64	0.05	0.07	0.004 32	1.00E-04	0.003
65	0.03	0.06	0.005 64	1.00E-04	0.003
66	0.2	0.5	0.008 64	1.00E-04	0.012
67	0.5	0.7	0.004 32	1.00E-04	0.01
68	0.05	0.15	0.004 32	1.00E-04	0.005
69	0.001	0.001	0.000 22	1.00E-05	0
70	0.05	0.05	0.000 22	1.00E-05	0
71	0.002	0.002	0.000 22	1.00E-05	0
72	0.003	0.003	0.000 22	2.00E-05	0
73	50	50	0.002 16	1.00E-04	0.001
74	20	15	0.002 16	1.00E-04	0.001
75	0.05	0.05	0.002 16	1.00E-04	0.005
76	0.1	0.1	0.000 22	1.00E-04	0.005
77	0.005	0.005	0.000 22	5.00E-05	0.003
78	0.35	0.35	0.004 32	1.00E-04	0.035
79	35	35	0.004 32	1.00E-04	0.001
80	1	1.5	0.004 32	1.00E-04	0.035
81	0.01	0.02	0.004 32	1.00E-04	0.01
82	0.05	0.05	0.004 32	1.00E-04	0.01
83	0.05	0.05	0.002 16	1.00E-04	0.002
84	0.03	0.03	0.004 32	1.00E-04	0.005
85	0.02	0.01	0.008 64	1.00E-04	0.01
86	0.01	0.01	0.004 32	1.00E-04	0.01
87	0.4	1	0.004 32	1.00E-04	0.05

ID	K_X/(m/d)	K_Y/(m/d)	K_Z/(m/d)	S_s	μ
88	0.1	0.3	0.004 32	1.00E-04	0.01
89	0.2	0.5	0.008 64	1.00E-04	0.008
90	0.2	0.6	0.005 64	1.00E-04	0.01
91	20	20	0.001 08	1.00E-04	0.02
92	0.5	1	0.002 16	1.00E-04	0.01
93	25	35	0.021 6	1.00E-04	0.001
94	1	5	0.021 6	1.00E-04	0.001
95	5	3	0.021 6	1.00E-04	0.04
96	0.05	0.05	0.021 6	1.00E-04	0.04
97	0.5	1	0.021 6	1.00E-04	0.001
98	5	25	0.021 6	1.00E-04	0.1
99	40	50	0.002 16	1.00E-04	0.001
100	35	60	0.021 6	1.00E-04	0.001
101	40	70	0.021 6	1.00E-04	0.001
102	1	5	0.002 16	1.00E-04	0.08
103	2	8	0.021 6	1.00E-04	0.04
104	80	60	0.043 2	1.00E-04	0.05
105	5	5	0.002 16	1.00E-04	0.025
106	0.02	0.02	0.008 64	1.00E-06	0.003
107	0.02	0.04	0.002 16	1.00E-06	0.12
108	18	36	0.008 64	1.00E-04	0.003
109	0.001	0.001	0.004 32	1.00E-04	0.005
110	10	2	0.002 16	1.00E-04	0.001
111	25	15	0.002 16	1.00E-04	0.001
112	0.15	0.05	0.002 16	1.00E-04	0.008
113	30	30	0.004 32	1.00E-04	0.001
114	0.5	2	0.004 32	1.00E-04	0.01

综合考虑模拟区分布埋藏类型、岩溶水富水性特征、含水层结构特征、地下水流场等特征，在对各观测孔进行拟合的基础上调节模型参数，最终将模拟区岩溶水含水层水文地质参数划分为114个分区。如图6-12所示，补给区水平渗透系数整体小于排泄区，径流区汾河河道附近及地下水强径流带处水平渗透系数明显增大，但在古交市南部地区受马兰向斜、石千峰向斜构造运动影响，在太原盆地内因受西边山断裂影响，碳酸盐岩深埋地下，水平渗透系数迅速变小，最终识别的水平渗透系数取值范围为0.001~100 m/d；垂向渗透系数在碳酸盐岩裸露的补给区相对较大，而在径流区—排泄区因多处于碳酸盐岩覆盖区—埋藏区，垂向孔隙、裂隙不发育，使得垂向渗透系数相对较小，但在汾河二库附近，受地表水长期渗漏补给作用，垂向渗透系数明显增大，整体取值范围为0.000 216~0.043 2 m/d；释水系数仅在古交

南部马兰向斜轴部地区、晋祠泉—平泉一线、太原盆地碳酸盐岩深埋区及枣沟水源地局部地区等承压水范围内给定，取值范围为 $1 \times 10^{-6} \sim 2 \times 10^{-4}$，其他非承压区取默认值 1×10^{-4}；给水度主要与碳酸盐岩有效孔隙度有关，在径流区—排泄区的深埋范围内相对较小，且补给区相对小于人类开采活动频繁的排泄区，整体取值范围为 0.000 1～0.12。

综上分析，本次工作所建立的地下水流数值模型整体误差率均控制在 20%以内，识别验证期末流场整体形态未发生明显变化，说明该模型拟合精度达到要求，基本反映了模拟区地下水系统的水力特征，为工作区地下水水位动态预测与不同复流方案措施下晋祠泉水的响应分析奠定了基础。

三、水量脆弱性分区评价结果

根据上述目标与分区标准，以及水量脆弱性的评价方法，最终脆弱性分区评价结果如图 6-13 所示，其中：

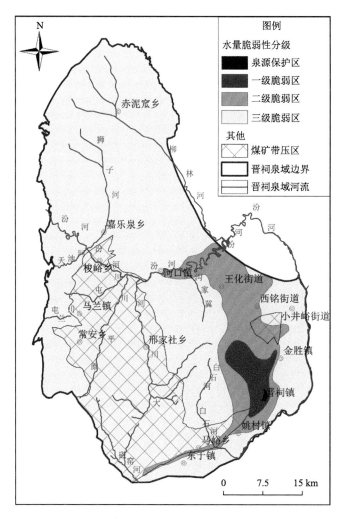

图 6-13　晋祠泉域岩溶含水层水量脆弱性评价分区图

（1）泉源保护区主要位于晋祠公园及其附近地区，面积 2.06 km²。

（2）一级脆弱区位于蚕石村—东院村—长巷村—闫家坟—开化村—石庄头村—寺底村—赵家山—官地—要子村—十字河—马坊圈闭范围内，面积为 65.02 km²。

（3）二级脆弱区位于火山煤矿—交城水泥厂—新民村—西梁泉—仁义—平泉—上固驿—小站村—杨家村—神堂沟—玻璃厂—西铭村—石马村—宋家山村—角子牙—汉道岩—河口镇—芦子足—上南山—磺厂—偏交村—上合庄—猫儿梁—刘家园一线圈闭范围内，面积为 279.83 km²。

（4）上述泉域以外的地区为三级脆弱区，面积为 2 365.67 km²。

第四节　泉域含水层水质脆弱性评价及保护区划分

一、评价因子的选取

结合晋祠泉域岩溶系统的具体条件，本次岩溶含水层水质脆弱性评价选择包气带厚度、入渗补给量（单位面积上大气降水入渗补给及河流、水库渗漏补给量）、包气带岩性（碳酸盐岩分布埋藏类型）及岩溶含水层的富水性作为评价因子。

1. 包气带厚度

包气带是指地面与地下水面之间的部分，是地下水与地表水、大气圈以及植被生态系统相联系的重要纽带，也是污染物进入含水层的必经途径。通常，包气带厚度越大，其与污染物接触的时间越长，则污染物得到稀释、降解的机会就越多，包气带的自净能力越强。所以说，包气带厚度越厚，表示地下水环境脆弱性越低，越不易遭受到污染。

前人在山西省娘子关泉域岩溶水资源评价过程中认为娘子关泉域岩溶含水层包气带的垂向渗透系数为 37 m/a，晋祠泉域依据此垂向渗透系数平均岩溶水在包气带中渗流时间，以 1 年、5 年、10 年、20 年划分包气带厚度，见表 6-10。

表 6-10　晋祠泉域岩溶水系统包气带厚度评分表

包气带厚度/m	0～37	37～185	185～370	370～740	740～951.33
级别	5～4	4～3	3～2	2～1	1～0

包气带厚度愈薄，其级别越高，表示地下水环境越脆弱，越易遭受到污染。

采用 2016 年系统岩溶水流场图和 30 m 间隔的地形图，由 ArcGIS 计算得系统内最大包气带厚度为 951.33 m，最小为 0 m。

2. 入渗补给量

区域水文地质调查表明，晋祠泉域岩溶水系统的岩溶水的主要补给来源有大气降水面状的入渗补给（包括碳酸盐岩裸露区的直接入渗补给和松散层覆盖区的间接入渗补给）、河流在碳酸盐岩区的线状渗漏补给及水库点状渗漏补给。

降水入渗补给分为四种情况，第一种为岩溶相对发育的中奥陶统碳酸盐岩裸露区，该区降水入渗补给系数为 0.21；第二种为岩溶发育相对较弱的下奥陶统和寒武系碳酸盐岩裸露区，该区降水入渗补给系数为 0.123；第三种为碳酸盐岩覆盖区，该区降水入渗补给系数为 0.043；第四种为碳酸盐岩埋藏区及非碳酸盐岩区，对寒武—奥陶碳酸盐岩含水岩组的入渗补给为 0。大气降水的入渗补给强度首先对不同雨量站多年（1956～2016 年）平均降水量按照泰森多边形进行分区，而后依据所对应的降水入渗补给系数计算单位面积上多年平均入渗量。

晋祠泉域内河流碳酸盐岩渗漏段主要分布在汾河干流罗家曲—镇城底段和寨上—扫石段、汾河二库（晋祠泉域内），以及汾河支流天池河、屯兰川、柳林河及西山山前开化沟、风峪沟等。各段渗漏长度分别为汾河罗家曲—镇城底段 21.61km，汾河寨上—扫石段 18.61km，天池河 6.04km，屯兰川 3.75km，柳林河 3.24km，其他支流 5.21km。设汾河河宽等效为 0.2km，汾河各支流河宽等效为 0.1km。各河流多年（1956～2016 年）平均单位面积上的渗漏量见表 6-11。前述汾河二库（晋祠泉域内）2007～2016 年平均渗漏量为 1.4477m³/s，汾河二库蓄水面积（晋祠泉域内）按 1.63km² 计算，则汾河二库（晋祠泉域内）（2007～2016 年）平均单位面积上的渗漏量为 2378.80mm/a（表 6-11）。

表 6-11　晋祠泉域内各河流多年平均渗漏量及入渗强度

位置	渗漏长度/km	多年平均渗漏量/(m³/s)	单位面积上渗漏量/(mm/a)
汾河罗家曲—镇城底段	21.61	0.5	364.83
汾河寨上—扫石段	18.61	0.47	398.22
汾河二库（晋祠泉域内）	—	1.4477	2378.80
天池河	6.04	0.033	172.30
屯兰川	3.75	0.04	336.38
柳林河	3.24	0.057	554.80
其他支流	5.21	0.023	139.22

汇总以上各补给项，计算系统内岩溶水资源的单位面积补给量（包括大气降雨入渗补给、河流渗漏补给），其补给量为 0～2378.80mm/a，考虑不同补给量在系统内的分布面积，我们采用表 6-12 分级标准进行 5 级入渗强度分级。

表 6-12　晋祠泉域岩溶水系统入渗强度分级评分表

入渗强度/(mm/a)	2378.80~200	200~150	150~100	100~50	50~0
级别	5~4	4~3	3~2	2~1	1~0

3. 包气带岩性

包气带岩性是对各种污染物在包气带内吸附能力的一种表征，影响因素包括岩性本身的吸附能力和对地下水的传输速度两方面。系统内岩性划分为河床—砂砾石层、中奥陶统碳酸盐岩裸露区—碳酸盐岩、中上寒武统及下奥陶统碳酸盐岩裸露区—碳酸盐岩、碳酸盐岩覆盖区—黄土、碳酸盐岩埋藏区及非碳酸盐岩区—碎屑岩、火成岩、变质岩5种类型。其中砂砾石层入渗最快，吸附能力弱；碳酸盐岩裸露区吸附能力弱，迁移速度相对较快；碳酸盐岩覆盖区吸附能力强，迁移速度相对较慢；碳酸盐岩埋藏区传输速度为0（对岩溶含水层）。该指标为定性指标，分级中无法连续取值，因此各类指标区取中值，分级标准如表6-13所示。

表6-13　晋祠泉域岩溶水系统包气带岩性分级评分表

包气带岩性	河床—砂砾石层分布区	中奥陶统碳酸盐岩裸露区—碳酸盐岩	中上寒武统及下奥陶统碳酸盐岩裸露区—碳酸盐岩	碳酸盐岩覆盖区—黄土	碳酸盐岩埋藏区及非碳酸盐岩区—碎屑岩、火成岩、变质岩
级别	4.5	3.5	2.5	1.5	0.5

级别越高，表示对地下水的影响越大，地下水越容易受到污染，表明其越脆弱。

4. 岩溶含水层的富水性

岩溶含水层的富水性按照降深10 m，统一口径8吋（203.2 mm）进行换算的钻孔单井涌水量大小进行划分，将单井涌水量大于或等于 5 000 m³/d 的井区，定为极强富水区；单井涌水量为 3 000～5 000 m³/d 的井区，定为强富水区，单井涌水量大于或等于1 000～3 000 m³/d 的井区，定为中等富水区；单井涌水量为 100～1 000 m³/d，定为弱富水区；单井涌水量小于 100 m³/d，定为贫水区。因该指标为定性指标，分级中无法连续取值，因此各类指标区取中值，分级标准如表6-14所示。级别越高，表示对地下水的影响越大，表示越脆弱。

表6-14　晋祠泉域岩溶含水层富水性分级评分表

富水性分区	极强富水区	强富水区	中等富水区	弱富水区	贫水区
单位涌水量/(m³/d)	≥5 000	5 000～3 000	3 000～1 000	1 000～100	<100
级别	4.5	3.5	2.5	1.5	0.5

二、计算方法

1. 隶属级别

根据评价指标的分级标准特征，采用线性内插法确定各因素隶属级别函数。定量因素直接采用线性内插法来确定评价因子对应的级别，定性因子按照对地下水影响的程度确定取各级别的中值，作为隶属级别。

对于包气带岩性及富水性所隶属的级别划分，如表6-13、表6-14所示。其余2个指标所隶属级别确定按照线性内插法来确定；确定级别特征值 x_j（表6-15），线性型隶属级别函数的图形见图6-14，所对应的函数公式如下。

表 6-15　其余 2 个指标的级别特征值

指标	级别特征值 x_j					
	1	2	3	4	5	6
包气带厚度/m	951.33	740	370	185	37	0
入渗补给量/(mm/a)	0	50	100	150	200	2378.8

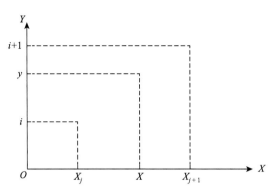

图 6-14　隶属级别函数分布图

$$Y = i + \frac{X - X_j}{X_{j+1} - X_j} \tag{6-5}$$

式中，Y 为隶属级别；X_j 为分区标准；X 为实测值；$i = 0, 1, 2, 3, 4$；$j = 1, 2, 3, 4, 5$；由实测值 X 代入上述公式即可确定出隶属级别。

2. 确定权重

本书按以下方法对地下水脆弱性评价指标的权重进行确定。

把 4 项地下水脆弱性评价指标组成指标集：

$D = (d_1, d_2, d_3, d_4) = ($岩溶含水层的富水性，入渗补给量，包气带岩性，包气带厚度$)$

式中，d_j 为指标集中的指标，$j = 1, 2, 3, 4$。

首先研究指标集 D 对重要性的二元比较定性排序。指标集 D 中的元素 d_k 与 d_l 就"重要性"作二元比较，若①d_k 比 d_l 重要，记定性标度 $e_{kl} = 1$，$e_{lk} = 0$，②若 d_k 比 d_l 同样重要，记 $e_{kl} = 0.5$，$e_{lk} = 0.5$；③d_l 比 d_k 重要，记 $e_{kl} = 0$，$e_{lk} = 1$；$k = 1, 2, 3, 4$；$l = 1, 2, 3, 4$。矩阵：

$$E = \begin{bmatrix} e_{11} & e_{12} & e_{13} & e_{14} \\ e_{21} & e_{22} & e_{23} & e_{24} \\ e_{31} & e_{32} & e_{33} & e_{34} \\ e_{41} & e_{42} & e_{43} & e_{44} \end{bmatrix} = (e_{kl}) \tag{6-6}$$

为指标集 D 对重要性作二元比较的定性排序标度矩阵。在二元比较过程中要求判断思维不出现矛盾，即要求逻辑判断的一致性，根据其一致性检验条件如下：

（1）若 $e_{hk} > e_{hl}$，有 $e_{kl} = 0$。

（2）若 $e_{hk} > e_{hl}$，有 $e_{kl} = 1$。

（3）若 $e_{hk} = e_{hl} = 0.5$，有 $e_{kl} = 0.5$，$h = 1, 2, 3, 4$。

若定性排序矩阵 E 通不过一致性检验条件，则说明判断思维过程自相矛盾，需重新调整排序标度 e_{kl}。权重 w 通过求矩阵 E 的特征向量然后归一化处理而得到的。

$$w = (w_1, w_2, w_3, w_4) \tag{6-7}$$

根据研究区的实际情况，确定 4 个因子的相对重要性为：入渗补给量＞岩溶含水层的富水性＞包气带厚度＞包气带岩性。

由两两比较确定二元比较重要性矩阵：

$$E = \begin{bmatrix} 0.5 & 0 & 1 & 1 \\ 1 & 0.5 & 1 & 1 \\ 0 & 0 & 0.5 & 0 \\ 0 & 0 & 1 & 0.5 \end{bmatrix} \tag{6-8}$$

满足一致性条件，归一化得权向量为

$$w = (0.25, 0.6, 0.03, 0.12)$$

利用 ArcGIS 软件，将各个指标转化成栅格图件，使得每一栅格都有对应的 4 个指标的实际数值，由式（6-8）和表 6-10～表 6-15 通过线性内插获得各指标的隶属级别特征值，各指标分区如图 6-15 所示。

三、评价结果

根据式（6-5）计算的各单元格代表的因子所隶属的级别，采用归一化法所得权重计算各单元格所代表的级别，根据表 6-16 地下水脆弱性评价的污染难易程度与级别的对应关系，判断各单元格所属污染程度，划分级别。对每一栅格中各评价因子隶属级别特征值加权平均，获得最终脆弱性分级评价结果如图 6-16 所示。

表 6-16　地下水脆弱性评价的污染难易程度与级别的对应关系

污染程度	极难污染	较难污染	稍难污染	较易污染	极易污染
级别	0～1	1～2	2～3	3～4	4～5

对每一栅格中各评价因子隶属级别特征值加权平均，获得最终脆弱性分级评价结果如图 6-15 所示。其中，极易污染区位于晋祠泉域晋祠公园及附近，以及汾河、屯兰川、天池河以及柳林河渗漏段；较易污染区主要分布在汾河沿岸渗漏段；稍难污染区主要分布在泉域内汾河沿岸罗家曲到东部晋祠泉域边界处以及泉域北部胡家庄一带；较难污染区主要分布在晋祠泉域北部山区补给区、泉域西部补给区；极难污染区主要分布在碳酸盐岩埋藏区。

根据脆弱性评价结果并结合具体水文地质条件，对系统岩溶含水层按照前述水质保护区分级标准，划分为泉源保护区、水质一级保护区、水质二级保护区（稍难污染区和较难污染区合并）和水质准保护区。具体各区面积（图 6-17）如下：

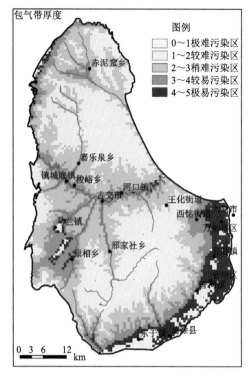
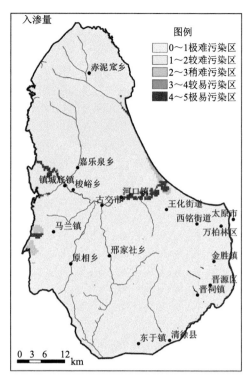
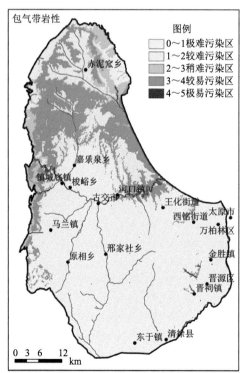
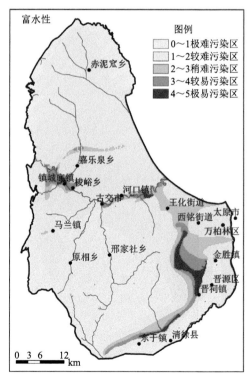

图 6-15　包气带厚度、入渗量、包气带岩性、富水性分级图

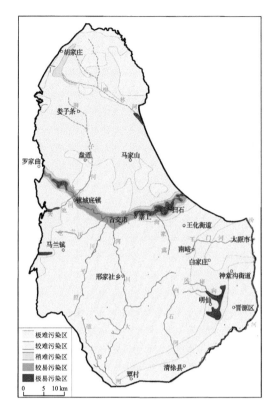

图 6-16　晋祠泉域岩溶含水层脆弱性分级　　　图 6-17　晋祠泉域岩溶水系统水质保护区分布图

（1）泉源保护区，面积为 2.06 km^2。

（2）岩溶含水层水质一级保护区，面积为 89.55 km^2。

（3）岩溶含水层水质二级保护区，面积为 975.59 km^2。

（4）系统水质准保护区，面积 1 645.38 km^2。

第五节　不同保护区的保护措施

岩溶泉域水资源系统作为一个有机整体，应按照泉域水资源管理条例对全区开展岩溶水的保护。

受泉域内岩溶水文地质条件的控制，岩溶水富集程度，以及与泉域系统内其他水资源要素的密切程度在不同地区的表现差异性非常大，人类的生活、生产活动对岩溶水的影响程度也不尽一致，因此，岩溶水资源保护要从系统水资源循环机制出发，来确定对岩溶水质、水量具有重要影响的地区及主要影响因素，有针对性地确定保护区范围并制定相应保护措施。

泉域水资源保护对象主要包括水量（泉水流量、区域岩溶水位）、水质和岩溶水排泄区环境质量。保护区划分主要考虑岩溶水文地质条件、泉域环境水文地质问题以及引发问题的原因、泉域水资源保护目标等因素。

1. 泉源重点保护区

晋祠泉源区（主要指晋祠公园及附近范围）定为泉源重点保护区，面积为 2.06 km^2。保护内容除了水量、水质外，景观及古建筑保护也是主要保护内容。在此区内，禁止新开凿岩溶水井；禁止挖泉截流；禁止兴建影响泉水出流及影响景观的工程；禁止倾倒、排放工业废渣；各种污水的排放必须严格执行有关法律、法规，不准污染岩溶水；禁止新建、扩建矿井。

2. 水量保护区

1）水量一级保护区

水量一级保护区分布在晋祠泉附近的西边山断裂带及岩溶水强径流带下游。

其位置位于蚕石村—东院村—长巷村—阎家坟—开化村—石庄头村—寺底村—赵家山—官地—要子村—十字河—马坊圈闭范围内，面积为 65.02 km^2。

本区内保护任务：

（1）不准新开煤矿，已有煤矿不允许带压开采，即开采标高不能低于岩溶水位。

（2）不准新打井开采岩溶水，对已有井进行清查。对违规的开采井要封井，对已批井应限制开采量。

2）水量二级保护区

水量二级保护区主要分布在泉域及水量一级保护区外围，边界线位于火山煤矿—交城水泥厂—新民村—西梁泉—仁义—平泉—上固驿—小站村—杨家村—神堂沟—玻璃厂—西铭村—石马村—宋家山村—角子牙—汉道岩—河口镇—芦子足—上南山—磺厂—偏交村—上合庄—猫儿梁—刘家园一线圈闭范围内，面积为 279.83 km^2。其中包括了西边山断裂带、岩溶水强径流带上游、二库蓄水区及寨上至二库汾河渗漏段，属于晋祠泉水对该区内的岩溶水开采响应的敏感区，因此，本区水量保护的主要任务是严格限制打开采井，对已有井限制开采量或封井。

3. 煤矿带压区

泉域内煤矿带压区范围约 722.97 km^2，主要分布在泉域西部石千峰向斜轴部地带和白家庄—西峪煤矿，压力水头在几十米至几百米，例如，白家庄矿岩溶水位高出井下710 轨道巷 137 m，屯兰矿岩溶水位高出井下巷道 123～148 m，存在着较大的突水风险。部分带压煤矿处于岩溶水强富水区或太原盆地山前断裂带附近，对煤矿本身安全以及岩溶水均存在极大的风险，为此，提出如下建议。

（1）按照《山西省岩溶泉域水资源管理条例》，禁止在重点保护区内采煤，目前涉及重点保护区的煤矿（含部分处于重点保护区内）有白家庄煤矿（已闭坑）、西峪煤矿、梅园永兴煤业、南峪煤矿、李家楼煤业、东于煤矿、镇城底煤矿、炉峪口煤矿、屯兰煤矿、西曲煤矿、姬家庄煤业、金之中煤业、铁鑫煤业、矾石沟煤矿。

（2）煤矿带压且下伏岩溶水属于强、极强富水区煤矿，但未涉及重点保护区，瑞泽煤矿、东于煤矿，两矿部分地段均处于西山山前断裂带前极强或强富水区，应停止开采。一旦发生突水事故，将直接袭夺北部晋祠泉域重点保护区水量。因此煤矿开采过程中，必须预先防水，不能造成矿井涌水，破坏岩溶水资源。

4. 水质重点保护

岩溶含水层水质一级保护区，主要分布在汾河主干流、西山山前碳酸盐岩裸露区，屯兰川、天池河及柳林河碳酸盐岩渗漏段，面积为 89.55 km²。

（1）汾河主干流保护区，主要是污染防护带，严格执行《山西省汾河流域水污染防治条例》，禁止排污，特别是加强古交市污水排放的管制，以防污染地下水。古交市区段是目前晋祠泉域岩溶水主要污染源区之一，根据 2011 年山西省水文水资源勘测总站调查资料，在古交段 6.8 km 的汾河河道就有 11 个污水排放口，年总排污水量 3 655 万 m³，COD 排放量为 1 035 t，氨氮排放量为 398 t（表 6-17）。这些污水向下游进入寨上—扫石渗漏段及汾河二库。虽然目前该段古交市有 4 个污水处理厂，分别为古交中心污水处理厂、山西西山煤电股份有限公司镇城底矿生活污水处理厂、山西焦煤集团有限责任公司西山煤气化公司马兰地区生活污水处理厂、太原煤气化股份有限公司炉峪口矿生活污水处理厂，总的处理能力 5.25 万 m³/d，但从表 6-17、表 5-14 及寨上水文站的水质监测结果来看，不少指标含量仍处于超标状态。

表 6-17　汾河水库至汾河二库区间入河排污口调查统计表

排污口名称	主要排污单位	废污水年排放天数/d	废污水年排放量/万 t	COD 年排放量/t	氨氮年排放量/t
屯兰川净水厂	屯兰矿	365	31.54	4.98	0.14
七佛沟煤气化	西山煤电	365	78.84	19.08	5.77
镇城底矿	镇城底矿	365	296.44	250.79	99.31
炉峪口污水厂	镇城底矿	365	264.90	67.55	15.39
马兰矿净化水排水	马兰矿	365	151.37	19.22	2.00
嘉乐泉矿出水	嘉乐泉矿	365	28.38	2.04	0.39
大川河入汾口		365	2 239.10	214.90	152.00
长峪沟		365	94.60	87.60	6.20
半沟		365	15.80	13.60	2.30
原平川入汾口		365	451.0	349.00	114.50
矾石沟入汾口		365	3.20	6.10	0.30
合计			3 655.17	1 034.86	398.3

因此，为了保障晋祠泉水质，建议结合新建的古交市第二处理厂（已完成一期处理能力 2.0 万 m³/d、规划二期处理能力 4.0 万 m³/d），尽快实现以下两方面工作：一是对污水实现全部处理；二是现有污水处理厂要严格执行达标排放。

（2）西山山前碳酸盐岩渗漏段水质重点保护区主要为西山山前风峪沟，该沟在店头以下为裸露灰岩区，透水性强。店头以上，有多处小煤矿及炼焦厂分布，排放的矿井水及污水水质极差，入渗地下进入岩溶含水层可直接污染晋祠泉。该区目前主要污染源为矿坑排水以及关闭煤矿形成的老窑水。煤矿污染防治排水有相关法规进行管理，这里重点对煤矿老窑水的污染防治提出本章第六节的措施。

5. 泉域整体保护（准保护区）

（1）开发利用泉域水资源，须优先满足城乡居民生活用水，统筹兼顾农业、工业用水和其他用水需要，兼顾地区之间的利益，保护泉域生态环境，发挥水资源的综合效益，不得损害公共利益和他人的合法权益。由水行政主管部门会同有关部门进行科学考察和调查评价，制定泉域水资源开发利用规划，报同级人民政府批准，并报上一级水行政主管部门备案。经批准的规划是开发利用泉域水资源的基本依据。

（2）泉域岩溶水取水实行总量控制，统筹泉水流量与泉域内不同地区岩溶水开采量，不得超过规划确定的可开采总量，并应符合井点总体布局和取水层位的要求。

（3）在泉域范围内开采岩溶水（包括岩溶泉水）或与岩溶水主排泄区密切相关的其他类型地下水，须依据国务院发布的《取水许可制度实施办法》和有关规定，办理取水许可审批手续，用水单位不得擅自变更由水资源管理部门审批的取水用途。

（4）在泉域范围内新建、改建、扩建工程项目，建设单位须持有环境保护行政主管部门和主管该泉的水行政主管部门批准的对泉域水环境影响的评价报告，计划部门方可立项。

（5）对任何单位从事生产经营活动，造成泉域水资源（包括地表水）污染的，必须采取有效措施，限期治理。

（6）加强泉域岩溶水质量动态检测，合理布置岩溶水质、量监测网，对日取水量 1 万 t 以上的建设项目，须建立水源水位、水量、水质监测设施。

（7）根据泉域水资源变化情况和开采利用状况，经县级以上人民政府批准，水行政主管部门可对泉域内取水许可证持有人的取水量予以核减或限制，并可采取井网合作、封闭停用等措施。

（8）加强泉域范围内生态建设，特别在泉域岩溶水补给区开展植树造林，涵养水源，减少水土流失，改善岩溶水补给条件。

（9）通过论证，可在有利的地段采取工程措施增加地下水入渗补给量。

（10）不得将煤系地层层间岩溶水、裂隙水与寒武系、奥陶系岩溶水进行混合开采；对止水效果失效的岩溶水井，使用单位要进行止水处理，无法处理并对岩溶水造成污染的并要采取填埋处理措施。

（11）采矿排水应按技术规程进行，水行政主管部门有权进行监督检查。

（12）不得在非带压区利用坑下裂隙和打孔向下伏岩溶含水层排矿坑水。

第六节　煤矿老窑水的治理对策建议

一、开展煤矿老窑水典型区调查与治理的目的

煤矿老窑水的危害在于具有水量大、水质劣的特点，同时还在于其空间流动性强和持续时间久，对环境具有致命的污染危害。由于我国华北地台特定的地质演化史，使得

分布最广泛的石炭—二叠系煤系地层直接覆盖于北方最重要的奥陶系碳酸盐岩岩溶含水层之上，下层煤与奥陶系顶面的地层厚度一般在20～60 m，晋祠泉域最薄的地区仅35 m左右，小断距地层或煤矿开采过程中形成的卸荷裂隙都可能沟通煤系坑道水与下伏岩溶水的联系，这部分污水将成为岩溶水重要污染源。北方岩溶水的特点之一是发育规模大，岩溶大泉的汇水面积往往达到数千平方公里，地下水的循环也具有更长的时间，一旦遭受污染将无法短期内通过自然更迭修复。

针对晋祠泉域岩溶水在后采煤时代所面临严峻的煤炭老窑水环境形势，应加强相关论证，尽早提出防治措施。

二、开展煤矿老窑水调查与治理的主要内容

我国是世界上煤炭开采历史悠久、开采量最大的国家，煤炭在我国一次性能源生产和消费中占到70%以上。目前，初步估计采空区体积在 200 亿 m^3 以上，而且每年以近20亿 m^3 速度在递增。许多矿区浅部老窑星罗棋布，原中央直属的 94 个煤炭企业，有2/3的矿山已进入中老年期及衰退期，全国有 50 多座矿业城市的资源处于衰竭状态，约有400 多座矿山已经或将要关闭。近年来，为了贯彻落实新时代生态文明建设理念、严格保护和合理开发矿产资源、淘汰落后产能、调整优化采矿产业结构，国家出台了煤矿并购整合的政策，已有近 8 万座小煤矿关停。巨大的废弃坑道、采空区将成为地下水的循环、蓄积空间，特定条件下演变成酸性矿坑水（AMD）。酸性矿坑水水化学特征为 pH偏低（一般 pH = 2.37～5.58），高 SO_4^{2-}、HB、TDS（最高可达 10 000 mg/L 以上）、TFe、Mn，其酸性特征使得煤层中 Hg、As、Cd、Pb、Co、Ni 等微量元素被溶解，酚类有机物反应速度加快，毒理学成分增高。多数酸性矿坑水会源源不断地接受各种途径的补给，随着水位回升，通过地下、地表途径向外径流扩散，在形成自身循环的同时，叠加参与到其他水体的循环过程，所到之处水体、土壤遭受污染。

晋祠泉域目前采空区面积近 220 km²，太原市西山山前多数沟谷内已出流，其中冶峪沟到明仙沟的煤矿老窑水渗漏河段，未来汾河寨上到二库段的南侧各支沟也将是煤矿老窑水集中出流段。分析结果表明，泉域部分岩溶水已遭受老窑水的污染，呈现出点状或不连续的区片污染的特征。

煤矿老窑水水质成分复杂、治理难度大、投资成本高、质量监测和机理研究薄弱，且煤矿老窑水的处理在我国还基本处于空白的状况，不同水质、水量的老窑水治理所采取的方法均有不同的要求，为此需选择典型试点，依据循序渐进的步骤推进项目。具体分如下 4 部分内容开展。

1. 煤矿水文地质条件的调查

采用资料收集分析（包括流域内开采矿井）、遥感解译、地面调查、地球物理勘探、钻探、水化学同位素、示踪试验等方法，有针对性地开展矿山环境水文地质条件的调查，查明地下地质及采空区结构，地下水分布埋藏类型条件，地下水补、径、蓄、排条件，水化学分区特征，评价补给及储存量，编制相关水文地质图件。

2. 选择煤矿老窑水典型流域，建立地下水质、水量动态监测网

建议选择凤峪沟，从降水、地表径流、地下水位、地下水排泄以及老窑水进入碳酸盐岩河段后的渗漏量部署观测点，开展水质（重点地下水部分）和水量的监测。在掌握地下水质、水量动态的同时，分析研究水质演化的驱动机制。

3. 老窑水水质室内试验

室内试验的目的是直接采集老窑水样品，在室内通过添加不同的中和剂（石灰石、石灰、石灰乳、黄土、氢氧化钠、微生物方法等），开展试验性研究，主要对添加不同物质、剂量等在效果与次生污染间权衡。

4. 煤矿老窑水环境修复工程

煤矿老窑水环境修复采用以源头治理为主、末端治理为辅、源头与末端相结合的方法。根据晋祠泉域煤矿老窑水的实际状况，可采取三类措施，分别是老矿井物理封闭、坑下水处理工程、坑道外集中处理。其中前两类属源头治理，后一类属末端治理。

1）老矿井物理封闭

其目的是尽量减少氧气和水量进入坑道，减缓煤系地层中黄铁矿的氧化速率；减少雨水及地表水的入渗补给量。矿坑中氧第一来源于空气，矿井系统的坑道、地裂缝等因高程、季节温度分布的差异，使其中空气在一定区域的循环流动，大量氧气被带入坑道，成为硫铁矿氧化的氧源之一；第二由大气降水入渗的水带入，水中氧的一部分来自大气，另一部分是在入渗过程中溶解地表土壤微生物新陈代谢生成的氧（或 CO_2）。进入矿坑的通道包括煤系地层中裂隙（特别是采矿"上三带"形成的塌陷裂隙）及矿井坑道系统。降水在空气以及土壤中对氧的溶解我们难以控制，因此，减少矿坑水中氧进入矿坑通道是防治酸化的方法之一，具体如下：

（1）对矿井采用"坑道封闭法"，闭坑前密闭矿井坑道口。

（2）对地表开裂、塌陷区进行回填处理，同时加大植树造林的力度，由树木根系减小裂隙的开裂度。

2）坑下水处理工程

坑下水处理采用 2 种方法，分别为中和法和微生物法。

（1）中和法。在调查获取的水文地质参数和室内试验确定最佳方法（包括材料和用量）的基础上，利用煤矿塌陷渗漏段和勘探孔将中和液回灌进地下坑道积水区，达到中和目的，其间要利用观测孔对部分化学组分进行现场水质监测，以观测处理效果。

（2）微生物法。主要对西山向西矿坑水埋藏深度较大地区开展微生物方法处理，利用勘探孔加注中和液调制 pH 后，再加注培养的硫酸盐还原菌和细菌新陈代谢所需有机碳的多级处理方法。

3）坑道外集中处理

对源头、坑下无法处理的煤矿老窑水，要避免进入碳酸盐岩渗漏段，设法收集引出，建立污水处理厂进行末端集中处理。其方法有化学中和、氧化与电离、膜分离、混凝等。

第七节 泉域岩溶水监测与规划部署

为了科学合理开发利用和保护泉域岩溶水资源,实现其可持续利用的目的,必须建立健全泉域水质量动态和环境监测网,加强对泉水资源的系统掌握和科学研究,为合理开发利用和保护泉域岩溶水资源提供科学的决策依据和保护措施。多年来以太原市晋祠泉域水资源管理处为主体的不少部门在晋祠泉域内部署有监测设施,从不同方面开展了对晋祠岩溶水的质量监测,积累了大量资料,应该说为泉域岩溶水资源的管理与保护起到了非常重要的作用。

从泉域岩溶水资源整个循环过程出发,监测的主要内容包括泉域岩溶水取水量(含煤矿排水)、泉水流量、岩溶水位、岩溶水水化学以及与岩溶水有密切补排关系对岩溶水质量有重要影响的泉域其他水资源要素。但大气降水、地表水以及地下水开采量等有专门的监测体系,因此,本节重点规划岩溶水的质、量监测部署。

根据泉域的水文地质条件和已有的监测点部署与监测内容,这里提出如下规划方案。

一、优化已有监测网

1. 保留的岩溶水水位监测点

晋祠泉域内水利、煤炭、地矿与自然资源等不同部门出于各种目的都部署有岩溶水位观测孔,但除了煤炭系统用来监测下伏奥陶系岩溶水水位防止煤矿突水外,多数观测孔布设在汾河沿岸或太原盆地西边山断裂带岩溶水强富水区(目前执行的泉域岩溶水重点保护区),对北部补给区、西山向斜深埋区以及以往泉域以外的地段(本次划入)控制孔极少。从控制区域岩溶水流场精度出发,本书认为需保留如下22个岩溶水位动态监测点,具体见表6-18、图6-18。

表6-18 保留已有的泉域岩溶水位长观点一览表

序号	名称	X坐标	Y坐标	部署目的
1	刘家园村	4 166 414.129	19 611 906.29	泉口下游煤矿带压区
2	黄楼村	4 171 967.122	19 621 818.86	排泄区煤矿带压区
3	晋祠103号孔	4 176 225.863	19 626 483.72	排泄区
4	地震台	4 176 796.622	19 626 275.18	排泄区、岩溶水强径流带
5	王家坟孔	4 182 378.856	19 628 096.39	西边山强富水区
6	神堂沟村	4 186 675.147	19 629 425.33	地热井
7	红沟村	4 190 904.549	19 627 705.81	煤矿带压区、径流汇流区
8	大虎峪村	4 190 794.644	19 623 982.79	岩溶水强径流带
9	风声河村	4 195 037.335	19 625 590.07	西边山
9	官地矿孔	4 186 016.772	19 620 932.69	强径流带

序号	名称	X坐标	Y坐标	部署目的
10	洗煤厂	4 198 469.96	19 630 879.04	与兰村泉域边界
11	王封村	4 197 521.318	19 617 310.13	二库附近、径流区
12	扫石车站	4 202 117.152	19 613 812.09	径流区、二库附近
13	汉道岩	4 200 340.22	19 611 811.88	汾河岸边、二库附近
14	火山村	4 199 140.094	19 605 011.16	汾河岸边、径流区
15	郝家庄村	4 194 665.203	19 602 201.56	径流区、煤矿带压区
16	古交火车站	4 198 405.132	19 602 062.01	径流区、煤矿带压区
17	梁庄村	4 195 614.14	19 599 057.04	径流区、煤矿带压区
18	风坪岭村	4 198 870.298	19 598 898.89	径流区、煤矿带压区
19	梭峪村	4 202 098.545	19 594 144.9	径流区、煤矿带压区
20	李八沟村	4 205 624.498	19 591 288.78	径流区、汾河岸边
21	策马村	4 208 855.556	19 586 479.46	补给区、汾河渗漏段
22	冶元村	4 210 331.921	19 596 903.04	径流区、岩溶水转换带

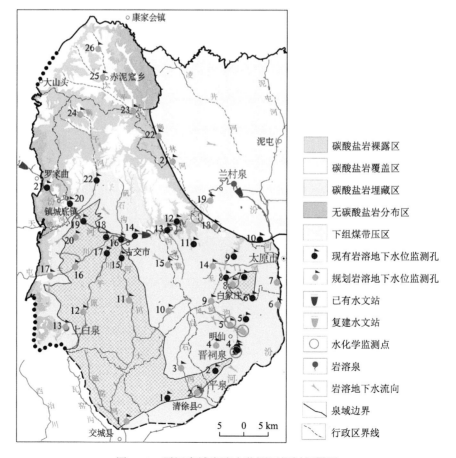

图 6-18　晋祠泉域岩溶水监测网规划部署图

2. 增加地表水监测内容

以往地表水文站除了流量监测外，对水质也进行了监测，但分析项目以地表水的标准进行，泉域内水文站均坐落在汾河干流上。由前述可知，汾河河水渗漏是晋祠泉域岩溶水重要的补给源，占到岩溶水总补给量的 50%以上，其水质优劣直接影响泉域岩溶水的水质状况，因此对地表水文站的水质需按照地下水质量标准增加监测内容，这样有利于开展地下水环境问题的成因分析。

二、新增监测点

1. 新增岩溶水水位监测点

为控制岩溶水循环及流场演化、人类活动对地下水的影响以及泉域其他水资源对岩溶水的影响，同时考虑已有的孔位，规划新建岩溶水位监测点 26 处（图 6-18、表 6-19）。

表 6-19　规划新增的泉域岩溶水位长观点一览表

序号	名称	X坐标	Y坐标	监测目的	观测孔状况
1	交城奈林砖厂	4 161 731.601	19 603 363.5	泉口下游煤矿带压区	砖厂井，需核实
2	平泉村	4 167 534.73	19 618 090.55	排泄区	重新处理部署
3	碾底村	4 172 488.542	19 614 788.01	深埋区与边山过渡区	已有、需核实
4	窑头	4 177 073.088	19 621 966.66	深埋区与西边山过渡区	已有、需核实
5	店头村孔	4 181 208.318	19 624 911.26	岩溶水强径流带、煤矿老窑水渗漏区	村民供水井
6	国土厅地热井	4 185 352.062	19 634 612.84	盆地深埋区地热井	已有
7	农展馆地热井	4 189 833.492	19 634 441.31	盆地深埋区地热井	已有
8	白家庄矿	4 189 427.125	19 625 372.58	煤矿带压区、强径流带	白家庄煤矿井
10	油坊坪	4 184 006.684	19 612 138.55	深埋区	需重新部署
11	邢家社	4 186 142.402	19 603 821.82	深埋区、煤矿带压区	新施工
12	原相	4 183 751.517	19 594 168.05	深埋区、煤矿带压区	已有，需核实
13	上白泉勘探孔	4 180 703.527	19 590 379.46	补给区、泉域边界	已有勘探孔
14	南峪勘探孔	4 193 065.938	19 621 203.11	岩溶水强径流带	已有勘探孔
15	王家庄	4 193 357.15	19 611 977.94	径流、汇流区	正在施工
16	马兰村	4 192 884.549	19 592 442.26	深埋区、煤矿带压区	煤炭勘探孔
17	营立勘探孔	4 190 998.705	19 587 161.24	补给区	已有勘探孔
18	银角村	4 201 070.891	19 621 618.97	与兰村泉域边界、二库附近	村民开采井
19	二库坝下	4 206 309.153	19 620 696.69	二库坝下、下含水岩组	原有二库勘探孔

序号	名称	X坐标	Y坐标	监测目的	观测孔状况
20	镇城底矿760水平	4 198 799.831	19 592 554.93	径流区、煤矿带压区	煤矿井下
21	青崖槐勘探孔	4 214 206.606	19 612 949.48	补给区、与二库边界处	已有勘探孔，未利用
22	前岭底勘探孔	4 219 310.47	19 609 946.33	补给区、与兰村泉域边界	已有勘探孔，未利用
23	横山村孔	4 224 274.915	19 604 695.1	补给区	村民供水井
24	娄子条孔	4 223 646.242	19 593 472.13	补给区水位	村民供水井
25	赤泥窊孔	4 231 123.479	19 598 157.6	补给区水位	村民供水井
26	下双井村孔	4 236 835.04	19 597 155.99	补给区数位	村民供水井

2. 新增泉水流量的监测

（1）晋祠泉及下游以平泉为代表的自流井，自恢复自流以来，当地水利管理部门做了一些不定期测量，但完整的设施基本没有，下一步随着水位抬高，自流井点以及自流量还会增加，无疑会影响晋祠泉水的出流，因此需要尽早建设相关设施开展流量监测。

（2）晋祠泉在断流前一直作为流量长观点，泉水断流已有30年，从新的水文地质条件以及泉域排泄区岩溶水位变化趋势分析，晋祠泉出流预期不会太长，因此需要对监测设置进行部署、整修。

3. 新增煤矿老窑水质量监测点

从前述泉域岩溶水环境问题可知，煤矿老窑水目前已在不少地区出现，且对岩溶水形成了不连续的点状污染，随着闭坑矿井的增多，潜在的环境问题将非常严重，为此需要对煤矿老窑水质量开展长期监测。选择风峪沟设置监测站，开展流量与水质的长期监测。

风峪沟沙河是晋祠泉源附近最大的边山河流，控制流域面积 48.7 km^2，发源于庙前山，流经店头碳酸盐岩渗漏段（渗漏段总长度 4.58 km），在古寨村南汇入汾河，全长21.7 km，沟内有泉水以及闭坑矿井的煤矿老窑水出流，流量约 15 m^3/h，风峪沟内沙河的黄冶村上游有西山白家庄煤矿的风井，并有矿坑水排出。2017 年实测沟内碳酸盐岩河段（未加程家峪支沟等区间来水及支沟渗漏）的渗漏量为 2 810.4 m^3/d。

根据早期沟内店头水文站资料，20 世纪 80 年代前，流域环境和水文下垫面条件基本处于天然状态。1976～1984 年的降水量与径流深，呈现良好的线性相关，相关系数为0.968 6，表现为自然状态流域水文下垫面的产流特征。而 1986～1999 年，煤炭大规模开采后，降水产流量与原有产流规律不再相符。从月降水量与径流深动态曲线中可看出，当月降水量的相关性好于多月滑动平均值与径流量的相关性，反映出地下水调蓄作用失调。又如处于冶峪沟中游的官地、西峪煤矿，20 世纪 60 年代初具规模，80 年代开采达到高峰。冶峪沟下游的董茹水文站监测资料表明：1958年降水量532.8 mm，地表径流深为 31.7 mm，1983 年降水量 564.5 mm，地表径流深为 5.8 m，表明煤炭开采量增大，对地表径流产生明显的影响。该水文站后期被撤销。

4. 新增水质监测点

本次部署增加的水质监测点 5 处（图 6-18），分别是：

（1）晋祠、平泉水质监测点。作为泉域主要排泄点，所体现的是整个泉域岩溶水的质量状态，因此需要开展水质监测。

（2）二库水质监测点。二库是新增的晋祠泉域岩溶水重要补给源，按照地下水水质监测标准开展监测。

（3）风峪沟店头水质监测点，重点监测风峪沟煤矿老窑水渗漏对岩溶水水质的影响。

（4）白家庄煤矿排水井的水质监测点。白家庄煤矿属于带压开采区，为避免矿坑突水事故，保障正常开采，长期采取降压排水措施进行生产。目前已闭坑，坑道内将逐步蓄水形成煤矿老窑水，随着蓄水水位的提高，可能形成上覆煤矿老窑水对岩溶水的反向补给，因此需要开展这一带的岩溶水水质监测，以掌握与煤矿老窑水间的关系。

5. 岩溶水的质量监测

为有效地开展泉域岩溶水的管理，建议相关部门每年开展不少于一次区域岩溶水位统测和水化学同期取样。

三、监测方法与密度

1. 监测方法

根据具体条件可采用自动和人工结合的方法开展监测。目前市场上各种流量、水位监测设施都很多，有条件的尽量采用远程自动监测，做到随时掌握动态。水质监测除了部分内容可自动监测外，多数需在实验室进行分析。

2. 监测密度

（1）流量自动监测不少于 3 次/d；流量人工监测一般控制在 1 次/d。

（2）水位自动监测不少于 3 次/d；人工监测控制在 3～5 次/月。

（3）水质自动监测可按照逐日监测，人工采样监测以月为单位开展。

（4）岩溶水位统测和水化学同期取样，不少于 1 次/a，有条件时可采取 5 月和 11 月枯水期、丰水期各一次。

第七章 晋祠泉水复流的生态修复方案优化

第一节 现状条件下泉水复流预测

现状条件下，汾河二库蓄水标高 902 m 左右；位于晋祠泉水强径流补给带的白家庄煤矿虽于 2016 年底已彻底关停，但为满足附近居民生活用水，目前其开采井仍在抽取岩溶水；晋祠泉口下游平泉一带自流井、泉已经复流，流量达到 0.22 m³/s；晋祠泉口水位标高已于 2018 年底回升到 800.95 m，距泉口（802.56 m）仅 1.61 m，但近年来泉口水位回升平均速度也逐渐下降，泉水的出流时间成为人们迫切关心的问题。基于本次已经完成识别验证的地下水流数值模型，依据历史气象资料，通过组合降水入渗补给量、河流渗漏量等源汇项信息，分别预测了多年平均降水补给量及连续枯水年状态下泉口水位动态变化与泉水流量变化情况。

一、降水时间序列选择

在选择连续枯水年时，前人利用均值-标准差法对降水序列进行状态划分，确定晋祠—兰村泉域内 1956～2016 年平均降水量的级别划分标准，如表 7-1 所示，表中 x 为当年降水量，$\bar{x}$ 为多年降水量系列的平均值，s 为降水量系列的标准差。可见当降水量小于 362.38 mm 时判定为枯水年，当降水量大于 576.96 mm 时判定为丰水年，当降水量介于 416.02～523.31 mm 时判定为平水年。

表 7-1　太原市平均降雨量状态划分标准

降雨量级别	划分标准	划分区间/mm
枯水年	$x < \bar{x} - 1.0s$	$x < 362.38$
偏枯年	$\bar{x} - 1.0s \leqslant x < \bar{x} - 0.5s$	$362.38 \leqslant x < 416.02$
平水年	$\bar{x} - 0.5s \leqslant x < \bar{x} + 0.5s$	$416.02 \leqslant x < 523.31$
偏丰年	$\bar{x} + 0.5s \leqslant x < \bar{x} + 1.0s$	$523.31 \leqslant x < 576.96$
丰水年	$x > \bar{x} + 1.0s$	$x > 576.96$

根据本次岩溶水资源评价收集整理的 1956～2016 年各雨量站资料，计算多年平均降水量如图 7-1 所示，可见 1997～2001 年这 5 年在整个系列中为相对连续的枯水年，选取该段为连续枯水年泉口水位动态预测的模型输入项。连续枯水年逐月降水量与多年平均降水量对照如表 7-2 所示。

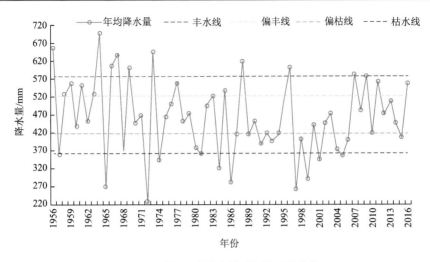

图 7-1 晋祠—兰村泉域历年降雨量曲线

表 7-2 连续枯水年降水量与多年平均降水量对比表 （单位：mm）

月份	降水量					1956~2016 年平均降水量
	1997 年	1998 年	1999 年	2000 年	2001 年	
1	1.02	2.18	1.08	3.85	3.04	2.22
2	3.21	4.42	2.38	3.60	3.25	5.01
3	14.01	12.21	6.31	7.90	7.43	10.85
4	15.90	18.94	13.01	17.30	17.33	22.54
5	16.85	38.94	23.74	30.07	20.91	35.55
6	30.54	57.49	35.83	69.71	40.63	62.86
7	76.98	107.42	71.61	99.26	83.48	108.68
8	48.21	82.60	71.04	107.39	71.48	103.14
9	38.14	46.33	43.94	58.30	56.27	65.84
10	11.79	23.44	16.90	32.27	17.89	25.78
11	8.39	7.23	7.31	9.50	8.62	11.34
12	0.99	1.51	1.24	1.67	1.86	2.40
合计	266.03	402.72	294.39	440.82	332.18	456.20

二、多年平均降水条件下动态预测

根据前述分析过程，将已完成识别验证的地下水流数值模型模拟时间调整为 2019 年 1 月 1 日～2024 年 12 月 31 日，共计 5 年，计算出多年平均降水量对应的岩溶水降水入渗补给量、孔隙水入渗补给量、汾河干流（二库段除外）、各支流渗漏量作为主要修改的输入项，同时将现状年（2016 年 6 月～2017 年 5 月）开采量延长至 5 年，初始计算流场采用模型计算得到的 2019 年 1 月 1 日流场，运行模型并观测晋祠泉泉口水位变化及时间，如图 7-2 所示。

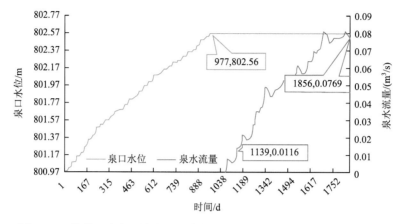

图 7-2　现状情况多年平均降水补给条件下泉口水位与泉水流量模拟曲线

可见在现状条件下，在连续 5 年降水量采用多年平均降水量条件下，晋祠泉口水位在 977 d（2.677 a）后恢复到 802.56 m，在此过程中水位恢复速率可分为两个阶段：1～248 d 水位恢复速率较快，247 d 内恢复至 801.487 m，平均恢复速率 0.206 cm/d；249～977 d 恢复速率有所减慢，729 d 水位累计恢复 1.073 m，平均恢复速率 0.147 cm/d；至 1 139 d（3.12 a）泉水出流量达 0.011 6 m³/s，至 5 a 后，泉水出流量 0.076 9 m³/s。

三、连续枯水年条件下动态预测

选择 1997～2001 年连续枯水年降水系列，根据该段时间内逐月降水量及前述对应时间段的年降水入渗量，运行模型，模拟现状条件下若遇到连续枯水年的情况时晋祠泉的水位动态变化及出流时间（图 7-3）。

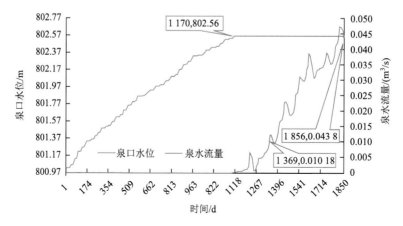

图 7-3　现状情况连续枯水年降水补给条件下泉口水位与泉水流量模拟曲线

根据模型计算结果，现状情况下若遇到连续枯水年，晋祠泉口水位在 1 170 d（3.205 a）恢复到 802.56 m，1 369 d（3.751 a）后泉口流量达到 0.01018 m³/s，至 5 a 后泉水出流量 0.0438 m³/s。晋祠泉口水位恢复过程可分为三个阶段：1～172 d，水位恢复到 801.33 m，平均恢复速率 0.205 cm/d，恢复速率较快；173～902 d，729 d 内水位恢复到 802.31 m，平均恢复速率 0.134 cm/d；903～1 170 d，267 d 内水位恢复到 802.56 m，平均恢复速率 0.094 cm/d。

综上分析，现状条件下，若汾河二库蓄水标高稳定在 902 m 左右，晋祠泉口水位可望在 2.677～3.205 a 内恢复到 805.26 m，泉口出流量保持在 0.01 m³/s 所需时间为 3.12～3.751 a，5 a 后泉水流量在 0.043 8～0.076 9 m³/s。

第二节　晋祠泉水复流生态修复的技术措施

一、晋祠泉水复流的历程

晋祠泉是"三晋第一名泉"，也是享誉国内外的著名岩溶大泉，与我国古老文明一样，有数千年的悠久历史，从春秋时期的智伯渠开始，就开始了悠久的开发、利用、观赏历史，凝聚了丰厚的人文积淀。晋祠作为我国著名的风景名胜旅游区，众多"鱼沼飞梁"的古迹精美绝伦，与清澈喷涌"晋泉"相得益彰。春秋智伯渠是我国最早引泉灌溉的工程之一，《水经注·晋水》中对晋祠泉就有"悬瓮之山，晋水出焉"的记载。而最令人神往的是晋泉、水磨、荷花、稻田构成的水乡风光，李白留有"晋祠流水如碧玉，百尺清潭写翠蛾"诗篇；宋代文学家范仲淹和欧阳修也洒墨于晋祠，留下"皆如晋祠下，生民无旱年"和"晋水今入并州里，稻花漠漠浇平田"的美妙绝句。然而自20世纪70 年代后，由于泉域内岩溶水的大量开采和西山煤田的大规模开发，致使泉域岩溶水资源补、排严重失衡，地下水位持续下降，流淌了千年的难老泉于 1994 年 4 月 30 日彻底断流，语出《诗经·鲁颂》的"难老泉"最后"终老归天"，成为古人对我们最刻薄的嘲讽。

泉水断流作为生态恶化的"标志性"事件，是留在山西人民与政府心中永远的伤痛。为防止晋祠泉水断流，以及在断流后实现泉水复涌，山西省政府及社会各界做了长期不懈努力。泉水流量自 20 世纪 70 年代开始衰减，就引起了社会的普遍关注，1980年，山西省科学技术委员会下达的针对晋祠泉水保护项目任务书，由山西地质矿产局承担，中国地质科学院参加，对太原东、西山岩溶水从系统划分到资源评价，同时采用水化学同位素方法进行了研究，1985 年，通过中英合作，开展了太原西山地区岩溶水资源评价研究，重点查明了泉水流量衰减的原因、制定合理开采措施。为减少平泉自流井对晋祠泉水流量的袭夺，1990 年由太原市政府牵头，晋祠泉域保护办公室负责，山西省水文水资源勘测总站、229 队再次对平泉自流井进行封堵治理，使流量控制在 0.32 m³/s。但岩溶水作为太原市当时最主要的供水水源，虽然采取了严格的全市"定时供水"节水措施，在晋祠泉下游封堵了部分自流井，搬迁了部分用水大户，但在经济发展、城市规模扩大对水资源的需求日益增长的大背景下，水资源总量难以为继，晋祠泉最终不可避免地沦落到断流的境地。为从根本上改变这种局面，山西省及太原市政府采取了如下措施。

1. 供水工程建设

1993 年山西省启动引黄工程，工程历时十年，于 2003 年 10 月正式向太原供水，引黄工程一期总干线南干线及连接段向太原供水 3.2 亿 m³/a，二期工程最终可向太原市引水 6.4 亿 m³/a，与此同时，新建了 200 万 m³ 的呼延水厂蓄水池及相应城市供水管网等配套工程，向太原市供水。近年来引黄工程向太原市日供水量稳定在 26 万 m³，到 2018 年 5 月，向太原市供水总量达到 12.19 亿 m³，2018 年 6 月 3 日，引黄工程向太原市供水量首次突破 30 万 m³/d，到 6 月 5 日供水量增加到 33 万 m³/d。

1996 年山西省水利厅在泉域内修建汾河二库，汾河二库位于兰村、晋祠泉域内的汾河干流碳酸盐岩地段，水库控制汾河水库以下区间流域面积 2 348 km²，总库容 1.33 亿 m³，坝址河床底高程 855.7 m，设计正常蓄水水位 905.7 m。水库主体工程于 1999 年 12 月下闸蓄水，2007 年 7 月竣工验收并正式投入使用。水库建成后，由于大坝工程尚有部分灌浆工程未完成，水库蓄水水位多年限制在 886 m 高程以下，2010 年 9 月，汛限水位提高到 895 m 左右，目前蓄水位在 902 m 左右。利用汾河二库和汾河一库的调蓄功能，可开展汾河径流量在晋祠泉域、兰村泉域内的联合调度。

这两项工程的完工，扭转了太原市水资源供需矛盾突出的局面，极大地改变了水资源运行环境，同时，有了替代水源，为太原晋祠泉、兰村泉的复流提供了必需的基础条件，也是使得晋祠泉域区域岩溶水位大幅抬升的原因。

2. 水资源管理

1990 年 12 月，太原市第八届人民代表大会常务委员会通过《太原市晋祠泉域水资源保护条例》，1991 年 2 月山西省第七届人民代表大会常务委员会批准，此后分别于 2003 年和 2013 年修订。

1997 年，山西省第八届人民代表大会常务委员会批准公布了《山西省泉域水资源保护条例》，并于 1998 年 1 月 1 日施行。该条例又于 2010 年和 2022 年做了修订，与之配套的技术成果是由山西省水资源管理委员会办公室对山西省 19 个岩溶大泉完成的泉域重点保护区划分方案，该方案又于 2005 年由山西省水利厅组织中国地质科学院岩溶地质研究所、山西省水资源管理委员会办公室等单位做了修改。

这些地方性法规的制定，为泉域水资源有效管理与其泉水复流方案的制定提供了法律依据。

3. 基础水文地质条件与复流方案制定

十七大以来，党中央做出了加强生态文明建设的战略部署，将生态文明建设提高到"五位一体"的新高度，山西省政府积极落实响应。2008 年开始实施千里汾河清水复流工程，2011 年山西省委、省政府发出的《中共山西省委、山西省人民政府关于加快水利改革发展的实施意见》（晋发〔2011〕21 号文件）中要求，"对保障部分中心城市主要生活水源的 19 处岩溶大泉，实行水量指标分配，建立岩溶泉水开发利用总量控制制度。建设一批人工补充地下水工程，调整泉域保护区范围，通过 5~10 年努力，实现兰村、古堆及洪山等千古名泉的复流"。2014 年 1 月 18 日，时任省长李小鹏提出"启动晋祠泉复流工程，让千古名泉早日重现昔日风采"，将晋祠泉、洪山泉、古堆泉泉水的复流纳入政府工作报告。按照要求，山西省水利厅启动了岩溶大泉重点保护区调整划定及保护措施研究工作，于 2014 年 4 月完成提交了《晋祠泉复流工程实施方案》报告并于当月通过专家评审。

2015 年 7 月，山西省委、省政府正式印发《汾河流域生态修复规划纲要（2015—2030 年）》，计划投资 1000 亿，全面启动了汾河流域生态修复工程，其中晋祠、兰村、洪山、古堆断流岩溶大泉的复流成为其中的重要内容。为此，经山西省政府向国土资源部申请，地调局安排"汾河流域晋中南大型岩溶泉域 1∶5 万水文地质调查"项目，对晋祠、兰村泉域开展调查，为泉水复流提供泉域水文地质方面的基础性依据。与此同时，山西省水利厅作为申请函中配套项目单位，由山西省水资源管理中心于 2017 年 12 月委托中国地质大学（武汉）开展"晋祠泉复流工程方案研究"，项目成果已于 2019 年 2 月验收通过。

二、前人制定的复流措施与问题分析

1. 前人制定的复流措施

晋祠泉水自 1994 年断流后，社会各界对泉水复流的呼声与工作一直没有停息，从导致泉水断流的原因出发，其间提出了很多复流的措施，其中以 2014 年山西省水利厅组织提交的《晋祠泉复流工程实施方案》（"下称复流方案"）最全面也最具权威，针对其中的一些工程措施，2017 年 12 月又启动"晋祠泉复流工程方案研究"项目[由中国地质大学（武汉）中标实施，下称"工程方案"]，并于 2019 年提交成果。复流方案中针对晋祠复流的措施归结如下（图 7-4）。

1）通过汾河一库调节汾河水流量、增加汾河渗漏补给

汾河水库地处晋祠泉域上游，放水量以外源水形式进入晋祠泉域，并在泉域碳酸盐岩裸露区形成渗漏，补给 2 个泉域岩溶水。其库容达到 7.21 亿 m^3，具有强大的调蓄能力。历史上由于其蓄水，经常导致下游泉域碳酸盐岩河段断流，其渗漏补给量是影响泉水流量的重要因素。目前万家寨引黄水进入汾河一库，有了水源保障，因此维持水库下游长期过水，无疑有利于对晋祠泉域岩溶水的补给。根据前人大量的实测研究，在自由渗漏条件下，实测汾河河流的渗漏量与河水流量间呈非线性关系（图 4-14、图 4-15），即虽然渗漏量会随河水流量增大而增大，但渗漏率往往会随之减小，为了使得汾河水的渗漏率达到最大，有效利用河水量，需要通过汾河一库调节放水量。"复流方案"中，制定的汾河水库坝下至汾河二库区间汾河干流最小流量不小于 4.5 m^3/s。

2）抬升汾河二库蓄水水位

提高汾河二库现状蓄水水位，"复流方案"认为二库蓄水水位由 895.0 m 提高到设计正常蓄水水位 905.7 m，延长库区汾河河道回水长度，可增加向晋祠泉域内的渗漏补给量 946 万 m^3/a。

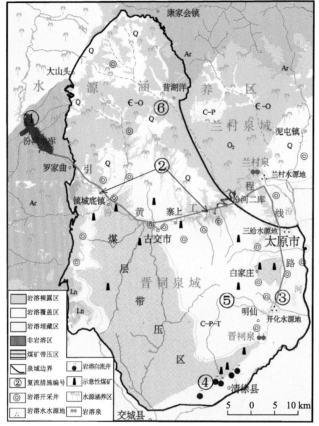

晋祠泉水复流措施

①通过上游水库（汾河一库）调节渗漏段来水量与动态（维持在 2～5m³/s），使渗漏率达到最大；

②渗漏段建立漏库（抬高汾河二库蓄水水位、修建罗家曲-龙尾头低坝漏库），增加人工补给量；

③利用引黄水源作为替代水源，关闭部分关键部位开采井（山前断裂富水带及岩溶水强径流带），或采取人工回灌补给措施；

④处置下游自流井（晋祠泉水下游有14处岩溶水自流点）；

⑤关闭部分降压疏干排水的煤矿（白家庄、东于煤矿等）；

⑥在上游补给区植树造林、涵养水源，增加对岩溶水的补给。

图 7-4　晋祠泉水复流的措施工程部署说明图

3）汾河河谷的远源渗漏补给措施

在汾河渗漏段修筑低坝，通过抬高蓄水水位增加人工补给，汾河在晋祠泉域共有 2 段碳酸盐岩渗漏段，分别是娄烦县罗家曲东—古交市镇城底镇李八沟村南汾河河谷和寨上—古交市河口镇扫石村南东磺厂沟入口段，长度为 17.32 km 和 18.61 km。目前山西省水利厅已在上游第一渗漏段设计 8 座低坝并进行了勘探，"工程方案"中对渗漏条件进行了论证。

4）排泄区关岩溶水井压采措施

"复流方案"中关井压采措施是所有复流方案中最重要的措施，主要是利用晋祠泉域内晋源区、万柏林区现状供水设施，实施自来水供水管网建设，利用引黄工程南干线供水能力，建设引黄原水直供工程。规划关闭晋源区、万柏林区内水井15眼，压采水井 7 眼，年压缩地下水开采量 1 015 万 m³；封堵清徐县平泉村自流井 3 眼，减少岩溶水排泄量约 100 万 m³/a。总计年压缩地下水开采量 1 115 万 m³。

5）泉域内煤矿禁采、限采措施

2008 年山西省实施煤矿兼并重组整合后，晋祠泉域内大量小煤矿整合、关停，矿坑排水量减少，据此提出重点保护区煤矿禁采方案和带压区煤矿限采措施，包括：

（1）关闭煤炭资源枯竭的煤矿有西山煤电集团有限公司白家庄煤矿和山西省监狱管理局西峪煤矿（目前均已关闭）。

（2）禁止开采位于泉域重点保护区内的井田，晋祠泉域径流区分布有西山煤电集团有限公司杜儿坪矿、西山煤电集团有限公司西铭矿，以及西边山断裂岩溶水强富水区的梅园永兴煤矿、南峪煤矿和东于煤矿，补给径流区分布有山西焦煤集团金之中煤业有限公司、西山煤电集团有限公司镇城底矿、屯兰矿、东曲矿、西曲矿、山西华润煤业有限公司铁鑫煤矿、新桃园煤矿、古交市矾石沟煤焦有限公司矾石沟煤矿、太原煤气化股份有限公司炉峪口矿 9 个煤矿且有部分井田位于泉域重点保护区内。根据《山西省泉域水资源保护条例》有关规定，在晋祠泉域重点保护区内的煤层禁止开采，同时矿方应委托有资质勘探单位，对位于泉域重点保护区内的井田范围进行勘察划界，明确地理坐标，并在禁采区边界按有关规范要求留设足够保护煤柱，经自然资源部门重新核定、批准矿界和井田范围。在开采下组煤之前，必须进行专门水文地质勘探，禁止采用疏水降压的方式采煤。

（3）带压区煤矿限采，目前主要有西山煤电集团有限公司屯兰矿和太原华润煤业有限公司原相煤矿。

6）近源人工回灌补给措施

近源人工回灌补给主要思路与关井压采基本一致，同时利用引黄工程水源并补充设定提引水和回灌工程开展人工补给，回灌选择的位置有 2 处，一处是明仙沟，修建明仙沟水库并辅以钻孔进行回灌，另一处是开化沟，是利用开化沟口太化原供水井，进行人工回灌。通过水利相关部门勘探论证，2 处均有很好的回灌条件，对晋祠泉水复流具有很好的效果。

7）处置泉口下游自流井

由前述可知，20 世纪 70 年代后在晋祠泉口下游承压自流区施工自流井是导致晋祠泉水断流的重要原因之一，同样晋祠泉域水位的回升速率也因平泉一带自流井在 2011 年 8 月复流后大大减缓。处置自流井成为晋祠泉水复流的重要措施，其方法包括 2 种，一是直接处理自流井，减少自流量；二是在晋祠泉与平泉间选择强导水通道进行地下封堵，达到一劳永逸的效果。

2. 前人复流技术措施的问题分析

上述各项措施无疑都有利于晋祠泉水的复流，但根据目前对泉域水文地质条件的认识，我们认为其中有些措施存在不足。

1）水文地质条件认识不到位

前人的晋祠泉水复流的措施均建立在以往对晋祠泉域岩溶水文地质认识的基础上，结合上述具体措施，我们认为有两个方面存在不足。

（1）汾河二库的泉域归属和对晋祠泉水的渗漏补给量。

由于前人将晋祠与兰村泉域在汾河以北边界确定在狮子河与柳林河分水岭地带，汾河以南确定在三给地垒，在制定汾河二库渗漏补给时，认为二库渗漏量主要补给兰村泉域和山前西张水源地，抬高汾河水位到设计标高 905.7 m 时，水库回水 22 km，但仅有

5 km 在晋祠泉域范围内，因此对晋祠泉域岩溶水增加的渗漏补给非常有限。1993 年汾河二库初步设计阶段，山西省水利水电勘测设计研究院提出水库总渗漏量为 0.7 m³/s，后经中国水利学会勘测专业委员会技术咨询，并提交《汾河二库岩溶渗漏及其环境影响评价技术咨询报告》，该报告受水库渗漏不超过 1.0 m³/s 结论的影响，最终计算渗漏补给晋祠泉域的水量为 0.3 m³/s，年渗漏量 946 万 m³。

实际上，通过本次大量勘查资料分析论证，认为汾河二库蓄水后，蓄水水位大幅抬升，悬泉寺泉群不再出流，围绕泉水形成的小型汇水漏斗消失，渗漏水量主要向西南部越过王封地垒进入晋祠泉域，库区主体渗漏区归属于晋祠泉域。另外，根据寨上、兰村水文站径流量系列，结合二库蓄水量计算，2014～2016 年（蓄水水位约 898.5 m）二库的平均渗漏量为 2.13 m³/s，采用 2 个泉域建立的岩溶水联合数值模型计算，补给到晋祠泉域的渗漏量为 1.81 m³/s，而补给到兰村泉域的渗漏量为 0.32 m³/s（仅占渗漏总量的 15.02%）。这两种对汾河二库截然不同的归属认识，无疑会极大影响晋祠泉水复流效果的预期。

汾河二库库区地层从下游向上游依次由上寒武统、下奥陶统和中奥陶统，地层倾向和库区蓄水河段走向总体均向西南，向上游地层变新，下奥陶统统顶界在柏崖头村到下槐村的河湾转折处，标高大致为 880 m。由前述可知，受库区下游段下奥陶统白云岩和下马家沟组一段岩性影响，岩溶发育较差，下马家沟组二段不仅岩性对岩溶发育有利，同时还存在膏溶角砾岩层，因此岩溶发育强烈，其库区的底界标高根据地层厚度倾角推算，大致在 900 m 左右（由于河曲摆动，此值在不同地段稍有变化）。以此高程可将库区分为 2 个渗漏区，即低于此高程的弱渗漏区和高于此高程的强渗漏区（图 7-5）。根据调查，当库坝的水库水位约 902 m 时，库尾扫石村东水位接近下马家沟组顶面（图 5-13），推断当蓄水水位至设计正常水位标高 905.7 m 时，库尾可越过扫石村到达周家山一带（有水下泄时库尾水位高于坝址处水位），水库回水长度约 22 km，但库尾基本处于岩溶发育相对较弱的上马家沟组一段中。在正常蓄水水位以下的强渗漏区主要被限定在下马家沟组中。由此可见，抬高汾河二库蓄水水位至 900 m 以上，将会极大地增加汾河二库对晋祠泉域岩溶水的渗漏补给量。

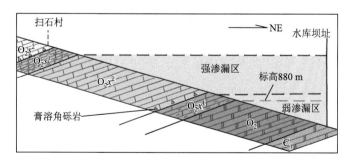

图 7-5　汾河二库蓄水水位与强、弱渗漏区分布高程示意图

（2）关井压采和人工补给区域选择。

晋祠泉域从南峪—官地矿西—龙山—明仙—晋祠泉的岩溶水强径流带，为本项目首次发现，其延伸方向伸入了西山山区。前人制定关井压采、近源人工补给措施时，

主要基于早期岩溶水在山前断裂带富集的认知，因此在位置选择上会受到一定限制。事实上沿强径流带内官地矿、风峪沟内、玉门沟采取人工回灌补给对晋祠泉都会有明显的效果。

2）措施效果的定量化考量不足

以往复流方案制定中，一些措施制定建立在补、排关系基础上，没有量化概念；一些借助于泉域水资源黑箱、灰箱模型，做简单的预测，但对每一项措施缺乏时效性定量评价；同时，对一些可以比对的措施没有统一的评判指标与标准以及计算方法，在对措施的选择中必然出现盲目性，缺乏优化过程。

3）措施的经济性、可持续性的考量有待加强

针对晋祠泉水复流的前述措施中，有一些对基本运行的经济性和可持续性缺乏评价，特别需要与其时效性的定量评价相结合时，缺乏依据。例如，对需要新建水利工程开展远源人工补给的措施，其经济投入与对晋祠泉水复流能够起到的实际效果是否合理？对目前尚无补水工程且还需要远距离调水进行人工回灌的近源补给工程，其可持续性也有待论证。

三、复流措施效果的定量评价

1. 汾河一库调节汾河流量的渗漏补给效果评价

根据实测研究，在非顶托自由渗漏状态下，碳酸盐岩河段的河水流量与渗漏量间为非线性关系。多年来，山西省水文水资源勘测总站对汾河渗漏量做了大量实测分析，获得扫石以上渗漏段的渗漏率（θ）与汾河一库断面水量（Q）的关系为 $\theta = 50.997 \times Q^{-0.597}$（图 7-6，未考虑区间来水）。汾河渗漏是晋祠泉域岩溶水重要补给源，但上游汾河水库（一库）修建后，下游渗漏区在枯季经常出现河水断流状况。目前万家寨引黄水进入汾河一库，具有水源保障，但为了提高入渗补给效率，根据建立的汾河一库断面水量与渗漏率的关系，建议维持汾河一库断面枯季流量 3～5 m³/s，可使汾河河水的渗漏率达到 18% 以上。

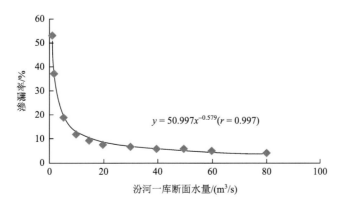

$$y = 50.997x^{-0.579}(r = 0.997)$$

图 7-6　扫石以上渗漏段汾河一库断面水量与渗漏率间关系曲线

2. 晋祠泉域内人工补给和关井压采措施效果的定量评价

前述晋祠泉水复流的人工补给和关井压采措施包括 2）～7）项，效果评价计算位置选择：汾河罗家曲—龙尾头（也称远源补给）选择在龙尾头一带；抬高汾河二库蓄水水位位置选择在二库蓄水范围内；在太原盆地山前断裂岩溶水富水带和岩溶水强径流带采取关井压采措施，计算位置选择在白家庄煤矿排水井；晋祠北西侧明仙沟修建小水库并配套钻孔进行人工回灌补给（又称近源补给）位置选择在距离明仙沟口约 1 km 处；处置晋祠泉口下游自流井及东于煤矿等计算位置选择在平泉一带。

1）评价方法

为单纯评价晋祠泉水对不同措施的效果，需要设定在没有初始流场、其他源汇项干扰的条件下，采取施加同等应力（抽或排水量）、同等时长时晋祠泉水的响应。为此可将式（6-3）中的承压含水层数学模型分解为式（7-1）和式（7-2）。

$$\begin{cases} S_s \dfrac{\partial H}{\partial t} = \dfrac{\partial}{\partial x}\left[T_{xx}\dfrac{\partial H}{\partial x}\right] + \dfrac{\partial}{\partial y}\left[T_{yy}\dfrac{\partial H}{\partial y}\right] + \dfrac{\partial}{\partial z}\left[T_{zz}\dfrac{\partial H}{\partial z}\right] + P, & (x,y,z)\in\Omega_2, t\geqslant 0 \\ H(x,y,z,t)|_{t=0} = H_0(x,y,z), & (x,y,z)\in\Omega_2 \\ H(x,y,z,t)|_{\Gamma_{2\text{-}1}} = \varphi_2(x,y,z,t), & (x,y,z)\in\Gamma_{2\text{-}1}, t\geqslant 0 \\ T_{xx}\dfrac{\partial h}{\partial x}\cos(n,x) + T_{yy}\dfrac{\partial h}{\partial y}\cos(n,y) + T_{zz}\dfrac{\partial h}{\partial z}\cos(n,z)|_{\Gamma_{2\text{-}2}} = q_2(x,y,z,t), & (x,y,z)\in\Gamma_{2\text{-}2}, t\geqslant 0 \end{cases}$$

（7-1）

和

$$\begin{cases} S_s \dfrac{\partial s}{\partial t} = \dfrac{\partial}{\partial x}\left[T_{xx}\dfrac{\partial s}{\partial x}\right] + \dfrac{\partial}{\partial y}\left[T_{yy}\dfrac{\partial s}{\partial y}\right] + \dfrac{\partial}{\partial z}\left[T_{zz}\dfrac{\partial s}{\partial z}\right] + Q, & (x,y,z)\in\Omega_2, t\geqslant 0 \\ s(x,y,z,t)|_{t=0} = 0, & (x,y,z)\in\Omega_2 \\ s(x,y,z,t)|_{\Gamma_{2\text{-}1}} = 0, & (x,y,z)\in\Gamma_{2\text{-}1}, t\geqslant 0 \\ T_{xx}\dfrac{\partial h}{\partial x}\cos(n,x) + T_{yy}\dfrac{\partial h}{\partial y}\cos(n,y) + T_{zz}\dfrac{\partial h}{\partial z}\cos(n,z)|_{\Gamma_{2\text{-}2}} = 0, & (x,y,z)\in\Gamma_{2\text{-}2}, t\geqslant 0 \end{cases}$$

（7-2）

式中，$\varepsilon = P + Q$；P 是渗流中不可控的降雨入渗量、河流渗漏量、水库等垂向补给量及管理区外围的开采量；Q 为管理区(被响应点)内的开采量，其他符号意义同式（6-3）。

可以证明：

$$H = h + s \qquad (7\text{-}3)$$

很显然式（7-3）所描述的是齐次线性系统，对它所代表的水文地质体特征可用单位脉冲响应函数来表征，并以此可获得系统输入-输出的数学关系表达式。地下水的降深可由其开采量与系统单位脉冲响应的卷积来表达：

$$S(x_i, x_j, t) = \int_0^t Q(x_j, \tau) \cdot b(x_i, x_j, t-\tau)\mathrm{d}\tau \qquad (7\text{-}4)$$

式中，x_i, x_j 为 i、j 点的位置坐标；$S(x_i, x_j, t)$ 为在 x_j 点以流量 $Q(x_j,\tau)$ 在 $0\sim t$ 之间连续抽水，在 t 时刻在 x_i 点产生的累计降深；$b(x_i, x_j, t-\tau)$ 为单位脉冲响应函数，表示 x_j 点在 τ

时刻以某单位流量抽水（单位脉冲），在 t 时刻在 x_i 点产生的水位降深；$Q(x_j,\tau)$ 为 τ 时刻 x_j 点的抽水量。

对式（7-4）离散则有

$$S(i,j,n) = \sum_{k=1}^{n} Q(j,k) \cdot b(i,j,n-k+1) \tag{7-5}$$

式中，$S(i,j,n)$ 为第 j 个节点以流量 $Q(j,k)$ 在 $k=1,2,\cdots,n$ 各时段连续抽水，在第 n 时段末对第 i 个节点产生的累计降深；$b(i,j,n-k+1)$ 为单位脉冲响应函数，它表示第 j 个节点在第 k 时刻以某单位流量抽水，在第 n 时段末刻在第 i 个节点产生的水位降深；$Q(j,k)$ 为第 j 个节点在第 i 个节点产生的水位降深。

据叠加原理，对式（7-5）的线性系统，由 i 个水源地在 n 时段末 k 节点上产生的降深为

$$S(i,n) = \sum_{j=1}^{m} S(i,j,n) = \sum_{j=1}^{m}\sum_{k=1}^{n} Q(j,k) \cdot b(i,j,n-k+1) \tag{7-6}$$

式中，$S(i,n)$ 为 i 节点在 n 时段末由 m 个节点引起的累降深。

响应矩阵所代表的物理意义可理解为：i 水源地（措施设置地点）以单位抽水量在第一时段内抽水，在以后时段内停抽时，各时段末在 k 节点（这里设定晋祠泉口水位）上所产生的剩余降深。它具有如下的特征：

（1）管理点（泉口水位响应）对不同注入（抽出）量的响应，可与脉冲量直接进行线性比例计算。

（2）管理点（泉口水位）对多时段连续的脉冲注入（抽出）量水位响应，可由响应矩阵的对响应结果进行叠加。

（3）管理点（泉口水位）对多时段不连续的脉冲注入（抽出）量水位响应，可通过对应时段的响应矩阵进行叠加响应。

（4）某一时间点管理点（泉口水位）对多个脉冲注入（抽出）量的水位总响应，可以进行线性叠加。

利用响应矩阵即可获得在泉域内任意一处（或多处）施加单位脉冲抽（注）水量，管理点（晋祠泉口）水位（可进一步换算为流量）的时间响应序列，对不同空间点的输入响应具有绝对的可比性和计算的灵活性。本次采用响应矩阵法进行各措施效果的定量评价。

2）评价指标

本次设定输入项的单位脉冲量（输入）为各措施点加注水量 5.0 万 m^3/d，加注时长 1 年，以晋祠泉口水位（输出）的响应曲线（注：加注水量时水位响应过程为上升—消退，抽水时水位响应过程为下降—恢复）为评价对象，由此可获得下列具体评价指标：

（1）起始响应时间，即某点加注水量后，晋祠泉口水位出现 1 cm 响应的起始时间。

（2）最大响应水位，即晋祠泉口水位对某点加注水量的最大上升值。

（3）最大响应时间，即晋祠泉口水位达到最大响应值时所需时间。

（4）平均退水速率，即达到最大响应值后水位消退的速率。

（5）各措施实施的具体条件和经济成本匡算。

3）评价结果

结合具体情况，对目前正在实施或具有实施条件的措施进行评价，包括罗家曲—龙尾头汾河渗漏河段修低坝漏库、汾河二库抬高蓄水水位、白家庄煤矿排水井、明仙沟人工补给、平泉自流井区封堵措施，采用响应矩阵计算获得的晋祠泉口水位响应曲线及指标如图 7-7、表 7-3 所示。

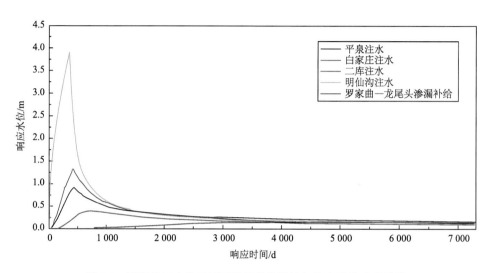

图 7-7　晋祠泉口水位对不同措施单位脉冲加注水量的响应曲线

表 7-3　晋祠泉口对主要补给方案的水位响应

方案响应	罗家曲—龙尾头	汾河二库	白家庄矿	明仙沟	平泉自流井
起始响应时间/d	840	120	40	10	40
最大响应时间/d	4 380	710	410	370	420
最大响应水位/m	0.117	0.400	1.325	3.871	0.905
平均退水速率/(cm/a)	0.156	1.703	6.425	19.780	4.008
目前水源条件	一库放水	一库放水、区间来水	关闭降压排水井	无水源（晋阳湖调水）	关闭自流井及排水煤矿
工程设施	需建低坝	抬高到设计水位	关井	需建提水、蓄水可回灌井	处置井、关矿

各措施的评价如下：

（1）罗家曲—龙尾头渗漏补给。相关部门计划在罗家曲—龙尾头汾河渗漏段增设 8 座小型滚水低坝漏库，增加汾河对晋祠泉域岩溶水的补给，目前已建成，受地形等条件选址，坝址高度均在 2.5 m 以下，一般汇水距离约 100 m。从总体水资源平衡角度，修建漏库无疑能够增加晋祠泉域岩溶水补给量，对泉水复流及水资源量是有益的，但单纯从晋祠泉水复流的角度，水位起始响应时间需要 840 d（2.3 年），最大水位响应时间约 12 年，以每座水库每天增加渗漏量 5 000 m³ 计算，晋祠泉口水位仅能升高 0.09 m，效果不佳，而且还存在建坝的工程投入问题。

（2）汾河二库增加渗漏的效果。汾河二库处于晋祠泉域东侧中游，设计最大蓄水标高 905.7 m，目前蓄水量标高 902 m，根据我们利用上游寨上水文站和下游兰村水文站对二库渗漏量的计算结果，当二库水位提高到设计蓄水高度时，每日可增加约 5.84 万 m³ 的渗漏量，根据前述计算结果，加注 1 年水量后，其起始响应时间仅需 120 d（4 个月），实施约 2 年后效果达到最大，并可使晋祠泉口水位抬升约 0.467 m，而且该措施不需要增加更多的工程投入，但需要考虑环境问题可能对下游某重要仓库产生影响。

（3）关闭白家庄煤矿降压排水井。位于通向晋祠泉强径流带的集中开采主要是白家庄煤矿的 710 降压排水井，日排水量 8 000 m³，其余为村民分散开采。白家庄煤矿已闭坑，但降压排水仍然继续，主要向附近煤矿居民生活供水，现万家寨引黄工程水源已到达这一带，具备了替代水源。根据计算其起效时间 40 d，最大响应时间为 410 d（1.12 年），可使晋祠泉口水位抬升 0.212 m。

（4）明仙沟修漏库的人工补给。2014 年山西省水利厅制定的晋祠泉水复流措施中，设计在明仙沟修建漏库并辅以渗孔进行人工补给。从计算结果看对晋祠泉水水位提升最大，起始时间仅需 10d，达到最大值需 1 年左右，如回灌水量达到 2 万 m³/d，1 年后晋祠泉口水位可回升 1.55 m（注：这里仅作为效果比较，实际晋祠泉水出流后，水位回升将大大减缓），但退水过程较为迅速，停止回灌 1 年后，水位将下降至最大回升值的 1/3，可持续性较差。根据明仙沟内 3 个岩溶水勘探孔资料，单位涌水量均在 3 000 m³/(d·m) 以上，具有很好的回灌条件。但目前回灌的水源和蓄水设施尚未解决，根据原有设计，回灌水源为将引黄水引进晋阳湖，再提水到明仙沟蓄水水库，初步估算工程投入约 4 000 万元，水源成本在 2 元/m³ 以上，存在明显的设施建设和运行成本较高的问题，因此，认为该措施仅可作为应急使用。

（5）平泉关井压流（含关闭东于排水煤矿）。晋祠泉口下游为岩溶水承压区，从上固驿到平泉再到东于，调查结果共有 14 处自流水点（含平泉不老池泉水），2017 年 12 月实测总流量 16 300 m³/d，2018 年 9 月实测自流量为 17 185 m³/d，此外还有东于煤矿日排水量 6 672 m³/d（含少量煤系地层水量），总计排水量约 23 000 m³/d。如实施自流井封堵并关闭东于煤矿，使压缩排泄量为 1.15 万 m³/d，持续时间为 1 年，则根据计算，约 40 d 后晋祠泉口水位开始抬升，420 d 后水位抬升达到最大值 0.21 m。其主要问题是钻孔封堵存在一定难度，目前清徐县水务局已对部分自流井加装控制阀门，可减少非灌溉季节的排水量。

3. 兰村泉域内关井压采措施对晋祠泉水影响效果评价

1）兰村泉域各水源地概况

兰村水源地主要以自来水公司兰村水厂集中开采为主，外围开采量较小。兰村水厂于 1957 年建成，开采井 25 眼（井深 18～32 m），初期开采量为 12 万 m³/d，后逐步增加到 18 万 m³/d、22 万 m³/d、25 万 m³/d、27 万 m³/d，到 20 世纪 80 年代前期，开采量又减少到 20 万 m³/d，1986 年水厂改造后，开采井 15 眼（井深 120 m），开采量剧增，最大时开采量可达 33 万 m³/d，1995 年后水厂开采量以每年 2 万 m³/d 的速度递减，至 2001 年减少至 20 万 m³/d，2003～2006 年继续波动性较小，至 2006 年开采量减少至 13.09 万 m³/d，2007 年起又开始波动性增加，截止到 2016 年，开采量为 20.58 万 m³/d（7 512.9 万 m³/a）。

西张水源地为孔隙水水源地，主要包括自来水四水厂和位于汾河东岸的太钢北固碾水源地。自来水四水厂于 1972 年建厂，开采井 10 眼，开采量约为 9 万 m³/d，1978 年二期工程扩建，开采井增加至 23 眼，保持原有开采量，1993 年三期工程继续扩建，开采井增加至 44 眼，仍保持原有开采量；太钢水厂源于自来水公司，20 世纪 50 年代开采井 3 眼，开采量约为 1 200 m³/d，60 年代太钢水厂正式投产，开采井达 28 眼，开采量 8.6 万 m³/d，90 年代后衰减为 7 万 m³/d 左右。2003 年 11 月引黄水到太原后，关闭了四水厂 35 眼和太钢北固碾 6 眼孔隙水开采井，2003～2008 年，西张水源地开采量逐年递减，到 2008 年开采量仅为 3.47 万 m³/d（1 266.663 万 m³/a），2009 年后开采量又迅速增加至 10 万 m³/d 左右，截止到 2016 年，开采量为 10.43 万 m³/d（3 810.02 万 m³/a）。西张水源地虽不直接开采岩溶水，但根据前述岩溶水的潜流排泄量计算分析过程，西张水源地的补给很大程度上来源于西山岩溶水的潜流排泄。

枣沟水源地以自来水公司枣沟水厂集中开采为主。枣沟水厂于 1986 年建厂，初期试采阶段为 6 眼井，开采量 1 万～2 万 m³/d，20 世纪 90 年代以后，开采井增加至 13 眼，开采量也增加至 10 万 m³/d 左右，截止到 2016 年，枣沟水源地开采量为 10.65 万 m³/d（3 888.03 万 m³/a）。

综上所述，兰村、西张、枣沟三个水源地现状合计开采量为 15 210.95 万 m³/a，按照三个水源地供水只满足当地居民的生活需求的标准，三个水源地供水范围内大致 200 万人，每人每天 100 L 水，则三个水源地总开采量可压缩至 7 300 万 m³/a，按照对应比例则兰村水源地压采 3 906.708 万 m³/a（107 033.1 m³/d），西张水源地可压采 1 981.21 万 m³/a（54 279.74 m³/d），枣沟水源地可压采 2 021.77 万 m³/a（55 391 m³/d）。

2）评价方法

根据前述水文地质条件分析，晋祠泉域与兰村泉域内并不存在完全不变的地下水分水岭，随着降水量、汾河渗漏补给量及泉域内地下水位的变化，两个泉域的相邻边界在不同时期有所不同。结合前人研究已经提出的泉水复流措施，为定量评价兰村泉域内各主要水源地压采后晋祠泉水位动态的响应效果，对已经建立的地下水响应模型进行调整，分别在兰村、西张、枣沟三个水源地处注水 50 000 m³/d，持续注水 1 年，观测晋祠泉口水位动态变化情况，如图 7-8 及表 7-4 所示。

表 7-4　晋祠泉口对兰村泉主要水源地脉冲注水的响应

方案响应	兰村注水	西张注水	枣沟注水
起始响应时间/d	790	2 140	710
最大响应时间/d	1 460	6 610	1 380
最大响应水位/m	0.013	0.02	0.015

续表

方案响应	兰村注水	西张注水	枣沟注水
平均退水速率/(cm/a)	0.036	0.009	0.044
现状开采量/(万 m³/a)	7 512.9	3 810.02	3 888.03
可压缩开采量/(万 m³/a)	3 906.708	1 981.21	2 021.78

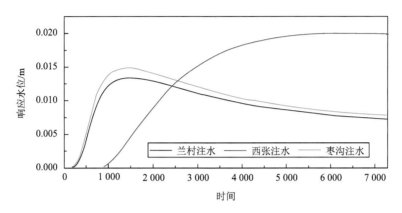

图 7-8 晋祠泉口对兰村各水源地处单位脉冲加注水量的响应曲线

3）评价结果

根据模型运行结果，压采兰村水源地开采量后，晋祠泉口水位开始响应时间为 790 d（约 2.16 a），1 460 d（4 a）后达到最大响应值 0.028 m，此后晋祠泉口响应水位以 0.036 cm/a 的速率缓慢下降；压采西张水源地开采量后，晋祠泉口起始响应时间为 2 140 d（5.86 a），到 6 610 d（18.1 a）后达到最大值 0.022 m，此后开始以 0.009 cm/a 的速率缓慢下降；压采枣沟水源地后，晋祠泉口起始响应时间为 710 d（1.94 a），1 380 d（3.78 a）后达到最大响应值 0.017 m，此后开始以 0.044 cm/a 的速率逐渐下降。

综上分析，按照人口需水量压采兰村泉域岩溶水开采量对晋祠泉水恢复的影响效果均不明显，同时压采兰村、西张、枣沟三个水源地后，约在 2 500 d（6.85 a）达到最大影响值 0.052 8 m，换算成压采至 7 300 万 m³/a 后，可达最大影响值为 0.23 m。

4. 植树造林、涵养水源采取措施的效果评价

大气降水降落地表后分为地表产流、入渗地下、陆面蒸散三部分，不同的地面植被覆盖状况对它们的分配比例有一定影响。植被可以拦蓄地表径流、消洪补枯、涵养水源，对表层地下水的补给是非常有利的，但植被叶面截留的雨水蒸发及其本身生长所发生的蒸腾作用又会消耗大量的水分，孰是孰非学界还存在一定争议，需要开展定量方面的评价。申豪勇（2017）运用地表能量平衡系统（SEBS）模型以 NOAA/AVHRR 的遥感数据对碳酸盐岩裸露区和碎屑岩区不同覆盖率下陆面蒸散量进行初步研究（表 7-5），认为碎屑岩区的日均蒸散量和月均蒸散量均高于碳酸盐岩裸露区；碳酸盐岩裸露区的蒸散量与植被覆盖率之间呈正相关关系，即蒸散量随着植被覆盖率的增大而增加；在碎屑岩区中等植被覆盖率地区（40%～80%）的陆面蒸散量最低。这一结论有悖于我们的一般认知，还有待与地表产流相结合进一步深入研究，但根据晋祠泉域补给区情况，大气降水除了入渗补给地下水外，汾河以北的碳酸盐岩裸露区和以南的碎屑岩地表水进入汾河干流后还形成河流及汾河二库对岩溶水的二次渗漏补给，因此，目前建议可在泉域南部碎屑岩区实施中等覆盖率的造林工程，而在碳酸盐岩裸露区不宜开展大规模的植树造林工程。

表 7-5　不同岩性地区日蒸散量和月蒸散量

地面岩性	碳酸盐岩裸露区			碎屑岩区		
植被覆盖率/%	≤40	40～80	≥80	≤40	40～80	≥80
日均蒸散量/mm	3.57	3.66	4.04	4.15	4.08	4.23
月均蒸散量/mm	90.67	92.92	100.52	103.94	102.17	105.64

5. 晋祠泉与平泉间主径流通道封堵措施

平泉及自流井群处于同一西边山山前断裂带且位于晋祠泉下游，对晋祠泉水复流影响巨大，在二者间选择断面对主径流通道采取帷幕灌浆方法进行封堵，降低其含水层渗透性能，减少对晋祠排泄区岩溶水的水量袭夺，也不失为一种晋祠泉水复流的"极端措施"。

1）我国岩溶含水层带水通道"帷幕灌浆"的封堵实例

我国自 20 世纪 60 年代以来，我国相继在煤矿、冶金矿山、有色矿山等实施了 100 余项截水帷幕工程。矿山涌水的补给源包括相邻被淹矿井、地表河流、第四系松散层、岩溶裂隙、烧变岩、断层破碎带等，帷幕技术包括地面直钻孔注浆、井下直钻孔注浆、地面水平定向钻孔注浆、井下水平钻孔注浆、旋喷注浆、混凝土地连墙、咬合桩、超高压角域射流注浆、防渗膜帷幕等。侧向帷幕构筑机械有地面钻机、地面定向钻机、井下钻机、旋喷钻机、全方位高压旋喷、双轮铣、液压抓斗成槽机等。侧向帷幕构筑材料有水泥浆液、水泥粉煤灰浆液、水泥黏土浆液、黏土浆液、水泥水玻璃浆液、水泥粉煤灰水玻璃浆、水泥尾砂浆、水泥尾砂黏土浆、混凝土、水泥尾矿砂浆、高密度聚乙烯膜。

1964～1965 年，江苏徐州青山泉煤矿为切断 2 号井与 3 号井之间含水灰岩的水力联系，成功建成我国第一个矿区帷幕，封堵了流向矿井的地下水。该工程采用地面直钻孔注浆，钻孔间距 3.5～10 m，帷幕墙长度 565 m，深度 10～150 m，帷幕墙厚 10 m，采用水泥黏土浆、水玻璃注浆材料。帷幕工程拦截后水量减少 228.3 m³/h，截水率 13.6%，取得了一定效果。河南平顶山平煤七星煤业，实施对地表水经灰岩补给浅截、帷幕注浆截流，封堵补给路径，工程实施的截水率 68.42%。河北邯郸钢铁集团有限责任公司中关铁矿防水帷幕灌浆工程，为减少中奥陶统岩溶水对矽卡岩铁矿开采的威胁并降低长期排水费用而实施，2004 年完成注浆设计，2005 年完成注浆试验工程，2006 年完成注浆线路勘查，2008～2009 年实施大帷幕的施工。帷幕线长 3 397 m，灌浆孔采用等距离单排孔布置，孔距 12 m，完成灌浆孔 283 个，孔深 500～700 m，形成厚度 10.0 m、灌浆段平均厚度 30 m 的深孔帷幕，工程总投入 1.2 亿元。中关铁矿防水帷幕构筑完成后，使得矿坑疏排水量由 15 万 m³/d 减少到 3 万 m³/d，截水率在 80%，取得了非常好的效果。

　　2）晋祠泉—平泉间岩溶水强导水通道的确定

　　为探测晋祠—平泉的边山断裂带岩溶水强导水带空间位置，采用可控源音频大地电磁法和大功率充电法，在牛家口一带沿垂直于边山断裂带方向部署物探剖面 3 条进行测量，测量剖面总长度 8.51 km，剖面线位置如图 7-9 所示。在剖面 L2 线的 800～1 600 区段（图 7-9），电位曲线持续在高位徘徊，电位梯度曲线在零值线上下波动，并多次出现"零值点"异常（图 7-10、图 7-11），推测地下岩溶水强导水带可能发育在该段中。该强导水带导致该区域的电阻率值极低，并呈现出微弱的高极化特征，它的发育底界面可深达高程 400 m 左右。该探测可为晋祠复流措施中泉口下游自流井的封堵处置提供思路和水文地质依据。

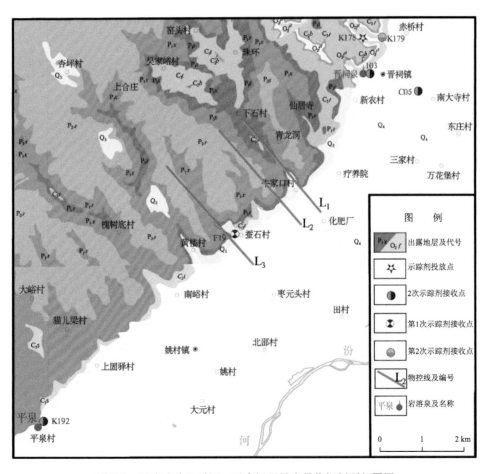

图 7-9　示踪试验及晋祠—平泉间强导水带物探剖面部署图

此外，为了解晋祠泉与平泉间的联系，项目分别于 2016 年和 2017 年开展了 2 次示踪试验。示踪剂投放点选择晋祠泉口西北直线距离为 1.25 km 的赤桥沟内 K178 孔；接收点共 4 处，分别为晋祠公园内岩溶水井、南大寺村孔隙水井、蚕石村岩溶水井和平泉岩溶水自流井（图 7-9）。2016 年第一次试验的示踪剂采用钼酸铵，试验期为 2016 年 5 月 3 日至 2016 年 9 月 24 日，监测取样时间间隔 1～2 日。结果 4 个接收点均无响应，试验失败。在分析失败原因后，采取了加大示踪剂投入剂量并增加碘化钾成 2 种示踪剂，投放点不变，接收点调整第一次的蚕石点至地震台 K179 岩溶井（图 7-9），开展第二次试验。试验期为 2017 年 3 月 21 日至 2017 年 9 月 13 日，监测取样时间间隔 1～2 日。试验结果表明：在试验期的第 63 天晋祠公园岩溶水接收点的钼和碘浓度开始增加，分别从 5.13 µg/L 和 2.43 µg/L 持续增加到试验末期的 11.50 µg/L 和 46.00 µg/L；地震台接收点大致在 61 d 后碘浓度整体出现 0.4 µg/L（从 2.25 µg/L 到 2.9 µg/L）等增加，钼的变化响应不明显；南大寺接收点碘的最大浓度值出现在试验期的第 72 天，从初期的 11.4 µg/L 变为 39.7 µg/L，钼的浓度多在上下约 2.0 µg/L 范围内变动，对示踪剂的影响不显著；平泉接收点的碘和钼的浓度同在试验期的第 92 天出现微幅变动性增加，但对于前期量值的增幅不到 10%，不足以认定是示踪剂的影响。通过本次示踪试验得出的结论如下：

①晋祠泉域排泄区（强径流带）岩溶地下水的视渗透速率为 19.84 m/d；

②晋祠泉域岩溶地下水对太原盆地松散层地下水存在潜流补给，因此认定，近年来山前多地从松散层中出流的水点与排泄区岩溶水位回升及潜流补给有关；

③受试验时间不足或示踪剂投放剂量小（排泄区水量大）、岩溶水径流路径复杂等因素影响，本次试验未能解决晋祠泉与平泉的关联问题。

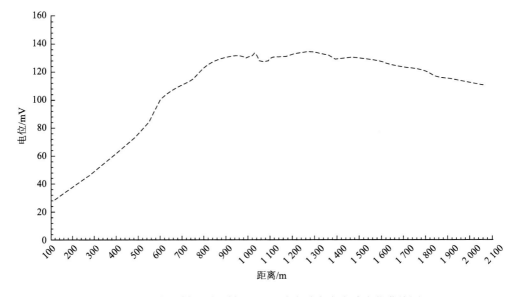

图 7-10　牛家口村—蚕石村测区 L2 线大功率充电法电位曲线图

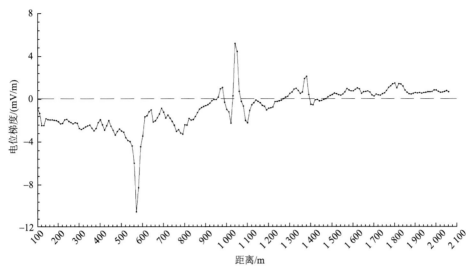

图 7-11　牛家口村—蚕石村测区 L2 线大功率充电法电位梯度曲线图

四、晋祠泉水复流方案的优化

根据上述对晋祠泉水复流措施效果的定量评价结果，提出如下复流优化方案。

1. 近期措施

（1）抬高二库蓄水水位从目前 902 m 左右至设计水位 905.7 m，可增加渗漏量 5.84 万 m^3/d，结合库区岩溶水文地质条件，建议力争使蓄水水位维持在 900 m 标高以上。

（2）关闭处于岩溶水强径流带内的白家庄煤矿（已闭坑）降压排水井，减排 0.8 万 m^3/d。

（3）处置晋祠泉口下游部分自流井及东于排水煤矿，使排泄量从现状 2.3 万 m^3/d 减少到 1.15 万 m^3/d。

2. 远期措施

重点考虑如下 2 项措施：

（1）通过上游汾河一库调节，维持汾河一库断面枯季河水流量 3～5 m^3/s，可使河水在扫石以上渗漏段的渗漏率维持在 18%以上。

（2）在泉域上游碎屑岩区实施中等植被率的植树造林、涵养水源措施，有利于晋祠泉域岩溶水的补给。

3. 极端措施

在特殊条件下，可考虑极端措施，即在晋祠泉和平泉间选择强导水通道进行灌浆。

4. 监测措施

在区域水位回升过程中，需要对泉域排泄区地面形变加强监测，特别涉及文物及重要建筑需要重点观测。

五、近期措施下晋祠泉水的复流预期

在完成晋祠泉水对各项复流措施相应矩阵计算的基础上分析，得知汾河二库蓄水位抬高、关闭强径流带岩溶水开采井、封堵平泉附近自流井群三项复流措施效果明显且持续性良好，是近期内可实行的有效措施。基于本次建立并完成识别验证的晋祠—兰村泉域地下水流数值模型，预测上述三项复流措施同时实施后，在多年平均降水量补给状态下及连续枯水年状态下晋祠泉口的水位动态及泉水出流时间，可为各方案的实施提供重要的理论与现实依据。

从广泛性与保守性的角度出发，并便于与前述章节模拟结果进行对比分析，本节在采取复流措施的情况下，以及降水量为多年平均值与连续枯水年降水情况下对晋祠泉口水位变化及泉水流量变化过程进行了预测与分析。

1. 平水年复流预测

为模拟前述三项复流措施的效果，对岩溶水渗流数模型源汇项进行修改，具体做法是：汾河二库处给定水头边界由 902 m 增加到 905.7 m，可增加对岩溶水的渗漏补给量 5.84 万 m^3/d；将白家庄煤矿处开采井开采量设置为 0，总减采量控制在 8 000 m^3/d；在模型中将晋祠泉域南部清徐一带 14 处自流井（泉）设定的二类水头边界中，假定处理后总排水量减小为原自流量的一半。运行模型，得晋祠泉口水位及流量变化过程预测曲线如图 7-12 所示。在采取复流措施后，降水量为多年平均值的情况下，晋祠泉泉口水位在 622 d（约 1.70 a）后恢复到 802.56 m，整个过程平均恢复速率 0.254 cm/d；至 688 d（约 1.88 a）泉流量达到 0.01025 m^3/s，5 a 后泉流量可恢复到 0.202 m^3/s。

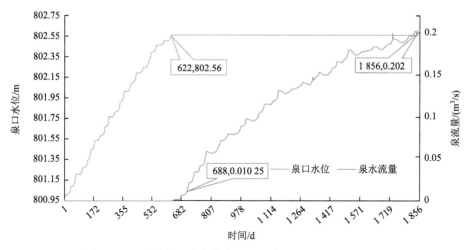

图 7-12　近期措施平水年条件下晋祠泉流量及水位预测曲线

与现状条件预测结果比较，采取三项复流措施后，泉口水位提早 355 d 达到 802.56 m；提早 451 d 泉流量达到 0.01 m^3/s；至 5 a 后泉流量增大 0.125 m^3/s。

2. 枯水年复流预测

对重现连续枯水年条件下采取复流措施后，运行模型预测泉口水位及泉流量动态结果如图 7-13 所示。

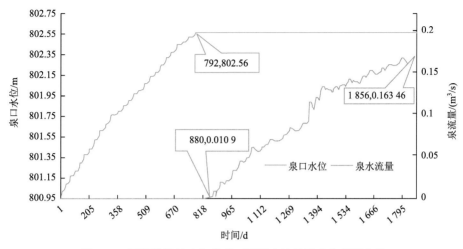

图 7-13 近期措施枯水年条件下晋祠泉流量及水位预测曲线

由模型运行结果可知，采取复流措施后，若遇到连续枯水年，晋祠泉口水位在 792 d（约 2.17 a）达到 802.56 m，水位恢复速率大致可分为两个阶段：1～327 d，水位恢复至 801.76 m，平均恢复速率 0.239 cm/d；328～792 d 平均恢复速率 0.172 cm/d。至 880 d（约 2.41 a）泉流量达到 0.0109 m³/s，至 5 a 后，泉流量达到 0.16346 m³/s。

对比现状条件连续枯水年预测结果，采取三项复流措施后，泉口水位提早 378 d 达到 802.56 m；提早 489 d 泉流量达到 0.01 m³/s；至 5 a 后泉流量增大 0.086 56 m³/s。

综上分析，采取复流措施后，将汾河二库蓄水标高稳定在 905.7 m，强径流带压采 8 000 m³/d，封堵清徐自流区一半的自流井，晋祠泉口水位可望在 1.70～2.17 a 内恢复到 805.26 m，泉口出流量保持在 0.01 m³/s 所需时间为 1.88～2.41 a，5 a 后泉流量在 0.163～0.202 m³/s。采取复流措施后，泉水复流时间比现状可提前 1～1.5 a。

六、2019 年后晋祠泉口水位下降的原因分析

自 2008 年晋祠泉口水位埋深在 2008 年达到最低的 27.76 m，此后，岩溶水位开始止降回升，2017 年 4 月恢复至距泉口 3.72 m，到 2018 年底恢复至距泉口 1.61 m，2019 年后泉口岩溶水位首次出现持续下降现象，全年平均水位距泉口降至 3.36 m。这种情况的出现在社会层面一定程度上影响对晋祠泉水出流的信心，但从技术层面分析，我们认为主要有如下 3 个原因。

（1）2019 年泉域平均降水量偏低，为 380.87 mm，是泉域多年平均的 82.37%、2008 年以来降水量的 77.6%，降水入渗及河流渗漏对泉域岩溶水补给量减少是原因之一。

（2）由于当年降水量减少，使得农业灌溉等泉域岩溶水开采量增加，根据统计，

2017年泉域189眼岩溶井总开采量为2 644.51万 m³，2019年总开采量增加到3 252.3万 m³，岩溶水开采量增加是导致泉口水位下降的原因之二。

（3）由上所述，汾河二库的渗漏量大小对晋祠泉水的复流起着重要的影响，而库区的主要渗漏发生于下马家沟组二段强岩溶发育层。根据调查，二库坝址柏崖头附近下马家沟组一段顶面标高 880 m 左右（图 7-5），该处下马家沟组顶面标高 980～990 m，到库尾扫石村一带标高降到 920 m 左右，水库汇水在下马家沟组二段强岩溶渗漏段长度和渗漏量随蓄水水位增减而增减。但二库蓄水水位自 2018 年 4 月水位达到最高值 903.83 m 后，由于 2019 年上游来水减少，同时为满足下游生态需水的要求持续性放水，水库蓄水水位呈现下降趋势（图 7-14），至 2020 年 7 月降至 891.95 m。二库蓄水水位下降最终导致地震台观测孔水位在之后约 1 年的 2019 年 3 月出现下降。

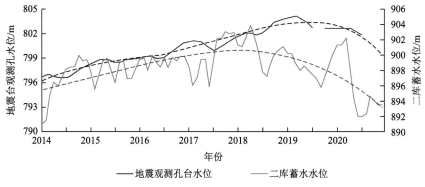

图 7-14　二库蓄水水位和地震台观测孔水位动态曲线

上述分析表明，2019 年后晋祠泉口附近岩溶水位下降有其特殊的客观原因，其中二库蓄水水位下降是重要原因，从长远看，不会影响晋祠泉水复流的乐观预期。可喜的是，2021 年后，随着泉域内降水量增加，且有关部门采取了维持二库蓄水高水位运行措施，晋祠泉口水位又出现回升常态，相信继续坚持下去，不久的将来一定会实现千古名泉的复流。

第三节　晋祠泉域岩溶水开发利用规划概述

由前述可知，目前晋祠泉域岩溶水处于补给大于排泄的水量盈余状态，但由于历史欠账过大，晋祠泉水的出流目标尚无法实现。在晋祠泉水流量达到生态修复目标的最低流量（初步确定为 0.2 m³/s）前的这一时期，我们确定为水资源涵养期，根据前述预测可知，在采取晋祠泉水复流的近期措施后，以平水年的气候条件，大致需要 5 年的时间晋祠泉水流量可达到 0.2 m³/s，本节就这一时期的泉域岩溶水开发利用提出建议。

一、太原市水资源供需分析

1. 太原市水资源开发利用状况

1956～2000 年系列评价的太原市水资源量为 5.373 9 亿 m³，20 世纪 80 年代到 21 世纪初，多年取水量在 6 亿～6.3 亿 m³/a。以 2000 年为例，太原市取水量为 6.33 亿 m³，其中地表水取水量 1.56 亿 m³，地下水 4.77 亿 m³，占总取水量的 75.4%。地下水长期处于超采状态，致使地下水位持续下降，水资源状况进一步恶化，全市面临严重的水短缺问题，严重制约了全市经济社会的可持续发展。

从 20 世纪 90 年代起，太原市全面进入水危机阶段，为解决水资源危机，启动了汾河一库改造、新建汾河二库、万家寨引黄等大型调蓄与调水工程，随着汾河水库改造工程完工，汾河二库在 1999 年底蓄水、2003 年引黄工程水源抵达太原，全区水资源供需矛盾得以改善。相关资料显示，2015 年全市地下水实际开采量为 27 825.36 万 m³，低于全市地下水可开采量为 3.675 亿 m³/a，地下水系统整体上处于基本盈余状态。其中，晋祠泉域岩溶水开采系数 0.46，处于涵养水源状态；兰村泉域岩溶水开采系数 1.15，处于超采状态；西张地区、市中心区和晋源区孔隙水开采系数分别为 0.44、0.51 和 0.41，均处于涵养水源状态；清徐县孔隙水开采系数为 0.91，处于基本平衡状态；小店区孔隙水开采系数为 1.10，处于超采状态。

2. 太原市短期需水量估算

2015 年太原市用水总量 74 658.25 万 m³，其中城镇居民生活用水 17 520.19 万 m³，农村居民生活用水 2 793.84 万 m³，生活用水占用水总量的 27.21%。第一产业用水 17 581.88 万 m³，其中农田灌溉用水 16 432.2 万 m³，林牧渔业用水 1 149.68 万 m³；第二产业用水 27 747.03 万 m³，其中工业用水 26 991.48 万 m³，建筑业用水 755.55 万 m³；第三产业用水 6 524.35 万 m³，"三产"占用水总量的 69.46%。生态用水 2 490.96 万 m³，占用水总量的 3.34%。各用户的取水指标如表 7-6 所示。

表 7-6　太原市三产及生活等用水指标一览表

项目		数值			2015～2018 年增长率/%	2015 年取水量/万 m³	2015 年单位取水量		2015 年取水定额预测需水量/万 m³	
		单位	2015 年	2018 年			单位	数值	2020 年	2023 年
产业用水	总值	亿元	2 735.34	3 884.48	12.40	51 853.26	m³/万元	27.29	80 856.66	107 643.3
	第一产业		38.30	41.05	2.34	17 581.88		459.06	19 735.85	21 152.91
	第二产业		1 020.28	1 439.13	12.15	27 747.03		27.20	49 224.83	69 432.83
	第三产业		1 676.76	2 404.3	12.76	6 524.35		3.89	11 895.98	17 057.6
生活用水	总人口	个	431.87	442.14	0.79	20 314.03	m³/(人·年)	47.04	21 132.84	21 639.9
	城镇居民生活		355.05	363.53	0.79	17 520.19		49.35	18 226.39	18 663.71
	农村居民生活		76.82	78.61	0.79	2 793.84		36.37	2 906.45	2 976.191
生态用水（预测按照太原市"十三五"规划的经济增长率）					0.789 7	2 490.96			3 642.63	4 575.56
合计						74 658.25			105 632.13	133 858.8

根据《太原市国民经济和社会发展第十三个五年规划纲要》，到 2020 年经济总量突破 4 000 亿元。其间，第一产业增加值年均增长 3.5%以上，规模以上工业增加值年均增长 7.5%，服务业增加值年均增长 8%。但根据 2018 年的实际统计，当年经济总量突破 3 884.48 亿元，其国民经济产值的增长速度高于太原市"十三五"的规划预期，由此计算得 2015 年以来的年增长幅度达到 12.40%；人口为 442.14 万人，实际年增幅为 0.79%。以此实际增长幅度以及 2015 年取水定额，推算到 2023 年为 13.39 亿 m³（表7-6）。

3. 水源情况

（1）太原市第二次水资源评价的水资源量为 5.373 9 亿 m³，其中扣除基流量的地表水资源可利用量 1.075 7 亿 m³不变，地下水可开采资源量 3.675 亿 m³/a，净化水重复利用量 0.5 亿 m³/a，全市合计水资源可利用量为 5.251 亿 m³/a。

（2）万家寨引黄工程已通水，二期设计可向太原市供水 6.4 亿 m³/a。

（3）汾河一库库容在引黄工程通水前，1958～2002 年多年平均水库下泄水量为 3.22 m³/a，这部分水量主要源于上游忻州市宁武、静乐、岚县等县的产流，属于域外水源，其中部分水量通过下游二库调节可加以利用。

二、泉域岩溶水开发利用原则

围绕晋祠泉水复流目标，提出如下开发利用建议：

（1）泉水涵养期，要基本维持现状开采量，除山区居民饮用用途外，不增加泉域岩溶水的开采。

（2）树立晋祠泉水"先观后用"的思想，晋祠泉水出流后仍然可用于农业灌溉及晋阳湖生态补水。

（3）为维持晋祠泉水出流的最低流量，泉域岩溶水开采中需在可开采资源中扣除下游自流井区的袭夺量以及岩溶水向盆地松散层孔隙水的潜流量。

（4）抬高汾河二库水库蓄水高度，可增加泉域岩溶水补给量，同时渗漏水量通过地下含水层自然向山前渗流，具有"无须输水设施、无跑冒滴漏和蒸发损耗、无须大规模水源调节设施"的优点。

（5）充分利用引黄水源，满足国民经济发展对水资源的需求。

第四节　北方断流岩溶大泉复流模式

一、北方断流岩溶大泉的现状

岩溶大泉是我国北方岩溶水主要排泄形式，全区流量大于 1.0 m³/s 的泉水有 41 处，大于 0.1 m³/s 的 170 余处。近 40 年来，在国民经济高速发展水资源需求下，对岩溶水大规模、高强度的活动影响，使得泉域水资源补排关系长期失衡，造成近 30%泉水在短期内断流、接近断流，其中不乏集供水、人文、旅游、生态功能为一体的世界性著名大泉。在党中央国务院大力倡导生态文明建设的新形势和南水北调、各地引黄工程通水后有了替代水源条件下，选择一些意义重大、具备复流条件的大泉开展生态修复，恢复其本来的面目，是生态文明建设成果的标志性指标，也是一件"功在当代、利在千秋"的大事。

二、岩溶大泉生态修复的国家需求

党中央把生态文明建设提升到"五位一体"的高度，习近平总书记长期倡导"绿水青山就是金山银山""要坚持节约资源和保护环境的基本国策""像保护眼睛一样保护生态环境，像对待生命一样对待生态环境"的科学发展理念，在中央政治局审议通过的《京津冀协同发展规划纲要》中把生态环境作为刚性约束条件。《"十三五"生态环境保护规划》（国发〔2016〕65号）提出：生态文明建设上升为国家战略，出台《生态文明体制改革总体方案》，实施大气、水、土壤污染防治行动计划。把发展观、执政观、自然观内在统一起来，融入到执政理念、发展理念中，生态文明建设的认识高度、实践深度、推进力度前所未有。

北方大量断流泉水的泉域处于南水北调工程和山西、山东引黄工程水源辐射区，例如，南水北调中线穿越的16个泉域中，有13个断流岩溶大泉的泉域。有了替代水源，具备了人工干预下复流的必要保障，同时石灰岩含水层易于实施人工补给均为泉水复流提供了有利的自然条件。

随着生活水平的提高，人们对优美自然环境追求的向往与日俱增。为践行党中央对生态文明建设的战略决策，各地政府纷纷采取断流岩溶大泉的生态修复措施。山东省通过数十年努力使趵突泉得以复流，为开展其他泉水复流提供了范例；山西省政府已开始实施汾河流域5个断流岩溶大泉复流的生态修复工程；从2007年起，河北省对邢台百泉已开展了数年复流工作并取得了一定成效；北京市玉泉山泉、白浮泉，河北一亩泉的复流提上了议事日程……

需要提及的是2021年以郑州为中心的7·20百年不遇的特大暴雨后，太行山区许多断流多年的岩溶大泉出现复涌，如河南辉县百泉、河南焦作九里山泉（图7-15）、河北邢台狗头泉、山西娘子关程家泉、北京秦城泉等。根据河南省地质调查院的监测，新密市超化泉口一带岩溶水位升幅达40多m。可见岩溶区强大的入渗能力，也为我们对其他地区断流岩溶大泉的复流提振了信心。

图7-15　2021年复流的辉县百泉（左）、焦作九里山泉（右）（由李满州教高、潘国营教授提供）

三、北方断流岩溶大泉的成因机制

　　分析北方岩溶大泉断流的原因，除了自然要素如大气降水的影响进入 20 世纪 80 年代后总体降低（与 20 世纪 80 年代前比较减少 6%～10%）外，人类大规模的开采以及环境条件的改变是主要因素，包括了岩溶水的开采，煤矿突水以及降压排水，一些河流由于上游拦蓄使其流量减少，导致进入下游石灰岩区渗漏量减少等。在地质结构方面，根据对北方岩溶水系统（泉域）归结的结构模式，大型断流泉水主要发生在地下水流向与地层倾向一致的"单斜顺置型"泉域，如山东济南趵突泉域、章丘明水泉域、淄博沣水泉域、莱芜郭娘泉域，太行山前河南焦作九里山泉域、安阳珍珠泉域，河北邯郸黑龙洞泉域、邢台百泉泉域，北京玉泉山泉域，山西晋祠泉域、郭庄泉域，等等，这类泉域在北方分布最广。"单斜顺置型"泉域结构剖面图如图 7-16 所示。

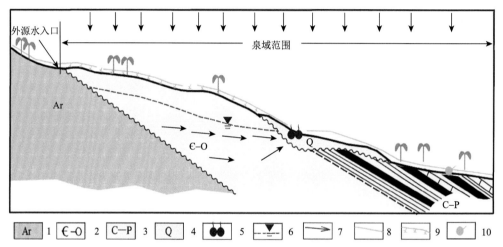

1.岩溶水隔水底板；2.碳酸盐岩含水层；3.岩溶水煤系地层隔水顶板；4.松散层；5.岩溶泉；6.岩溶地下水位线；
7.岩溶地下水流向；8.地表水；9.地表水渗漏段；10.碎屑裂隙泉

图 7-16　"单斜顺置型"泉域结构剖面图

　　（1）岩溶水总体流向与地层倾向一致。
　　（2）泉域岩溶水主要接受上游碳酸盐岩裸露区降水入渗补给以及河流渗漏补给，其中不少泉域上游存在过境外源水，如晋祠泉域汾河、北京玉泉山泉域上游永定河、济南趵突泉玉符河、河北邢台百泉的沙河等。
　　（3）泉水主要由隔水顶板煤系地层阻水溢流，为上升泉，岩溶水排泄较为集中，排泄区沿石灰岩顶板往往发育有与泉水相连的岩溶水强径流带。
　　（4）泉水下游存在大面积承压自流区，往往也是煤矿带压区。
　　（5）泉域岩溶水动力分区为：补给区—径流区、汇流区—排泄区—承压区。
　　由于上述特殊的结构模式，尤其泉口下游的承压区，往往也是岩溶水富集自流区，这一带打井、采煤极易造成泉水断流，根据统计，这类泉域的岩溶大泉断流最多的一类，占到断流岩溶大泉的 70% 以上。

四、北方断流岩溶大泉复流的模式

岩溶泉水断流的实质是泉域内岩溶水资源补、排关系长期失衡的结果。针对泉水复流的生态修复就是要改变这种失衡状态，通过采取一定措施达到泉域岩溶水补给量大于排泄量，且盈余量可在一定预期内补足以往的亏损。因此，查明泉域岩溶水文地质条件是开展泉水复流措施制定的基础，其内容包括泉域的边界及水文地质性质确定、泉域资源要素构成及转化关系研究、现状条件下的水资源评价及开发现状调查、泉水断流的成因分析等。具体的复流措施总体可归结为"开源、减排、调整补排格局"三个方面，在此过程中，适度地进行人工干预是非常必要的。结合晋祠泉域的具体复流措施，大型断流泉水生态修复工程部署示意图如图 7-17 所示。

图 7-17　大型断流泉水生态修复工程部署示意图

1. 开源

岩溶水的人工补给应作为岩溶水水量环境问题修复的一项重要手段，德国汉诺威、澳大利亚 Gambier Mount 市、以色列、英国、美国等国家和地区，以及我国的济南、邢台、太原、北京等已经实施过地下水的人工补给。开展地下水的人工补给需要对如下内容进行论证。

（1）补给水源论证。补给的水源包括雨水、泉域内地表水、跨流域调水等，需要对水源的水量保证程度和水质进行论证。涉及晋祠泉域除了降水量外，还包括往汾河一库的调节放水及汾河渗漏段的流量、二库蓄水量等。

（2）补给方式与预期效果评价。补给的方式主要包括：在地表河流的碳酸盐岩裸露区河段开展地表径流量的人工调蓄，在碳酸盐岩裸露区修建漏库、塘坝等，岩溶区修建水库对岩溶水补给极为有利，如陕西铜川桃曲坡水库、永寿县羊毛湾水库、山西太原汾河二库年渗漏量均在数千万立方米以上；在碳酸盐岩河漫滩或阶地开挖渗渠、渗坑、渗井，在特殊地区（如河北邯邢地区、鲁中南地区以及山西临汾的矽卡岩铁矿区）也可利用废弃矿坑，增加地表水的渗漏量。具体实施人工补给的位置与方式需要结合具体水文地质条件确定，同时开展人工补给参数的研究，定量预测实施人工补给的效果预期。晋祠泉域的主要补给措施（图 7-17 措施②）包括抬高汾河二库蓄水水位，增加对岩溶水的渗漏补给，同时，山西水利部门已在娄烦县龙尾头一带的汾河渗漏段修建堤坝以增加对泉域岩溶水的补给。

（3）环境影响论证。需要对区域岩溶水位回升可能引起的诸如岩溶塌陷、黄土湿陷、土地盐碱化等地质灾害问题进行论证。晋祠泉域需要考虑的问题主要是汾河二库抬高后可能预期下游仓库的淹没和岩溶水位上升后对晋祠一带古建筑等地基稳定问题。

2. 减排

减排工作主要围绕减少人工排泄量的"关井、压采"措施来开展。利用已有的引水工程（南水北调及山西、山东引黄工程等）覆盖区水源作为替代水源，对原有开采井或水源地关闭或压减开采量，减少泉域岩溶水的支出。由于不同地区井对泉流量的响应在时间上其中选择具体关井区域是非常重要的工作，与泉水相连的岩溶水强径流带对关井压采措施的实施将会起到事半功倍的效果。"单斜顺置型"泉域在泉水下游为岩溶水承压区，往往也是煤矿带压区，煤矿矿坑突水和降压排水对泉流量影响极大，太行山前多数泉水的断流均与此有关，河南焦作矿区 2008 年吨煤排水量达到 30.58 m³，山西霍州郭庄泉附近 4 个矿，平均吨煤排水量 40 m³。这些煤矿不仅开采期间直接影响水量，未来闭坑后形成的采空区老窑水对地下水的污染将是致命的，由此，对排水量极大的煤矿应坚决关闭。此外，不少泉域的排泄区下游承压区施工有自流井，如北京玉泉山泉域苹果园一带自流井、柳林泉域黄河谷地横沟自流井、天桥泉域铁匠铺—天桥自流井、晋祠泉域平泉自流井，这些部位打井一定程度上相当于直接抽取泉水。处置这些放任自流的自流井是泉水复流的重要措施之一。

开展减排措施需要考虑如下问题：

（1）替代水源。水资源保护与生态修复的目的是使其更好地服务于人类，在做好节约用水的同时，确定置换"关井压采"的水源是开展该措施的前提。晋祠泉域万家寨调水工程及与之相应的供水配套系统的水源可为实施泉水复流措施提供必要的保障。

（2）配套的经济与政策措施。关井压采必然涉及多方的利益，制定配套的经济补偿与相关的规章制度是顺利实施该措施的保障。

（3）位置选取与效果评价。"非均质、各向异性"是碳酸盐岩含水层介质结构的基本特点，泉水流量对泉域内不同开采区的时间响应存在较大差异，关闭或压缩对泉水流量敏感程度高的开采区的开采量（如岩溶水强径流带、泉口下游自流富集区等）有利于提高复流措施的效率。建立泉域岩溶水分布式渗流模型是开展评价的必要手段。晋祠泉域涉及的主要措施有：向晋祠泉汇流的"南峪—白家庄煤矿西—龙山—明仙沟—晋祠泉"岩溶水强径流带内岩溶井的关闭和减排（图7-17措施③），晋祠泉口下游清徐下固驿、平泉到交城东、西梁泉一带自流井的封堵处置（图7-17措施④）和泉口下游煤矿带压区疏干排水的监控，包括南峪煤矿、东于煤矿、瑞泽煤矿等，禁止泉域重点保护区内的煤层开采（图7-17措施⑤）。

（4）环境影响论证。与"开源"一样，需对减排措施实施后的环境影响进行论证。

3. 调整补、排布局

调整补、排布局的原理是利用泉流量对泉域补排项在时间、空间响应差异以及降水入渗转换量的差异进行调整。主要有如下方法：

（1）泉域岩溶水调蓄功能的利用。北方泉域岩溶水系统规模巨大，根据119个泉域统计，泉域的平均面积为1 453 km²，多数泉域的岩溶水储存资源量在100亿m³以上，加之含水层"非均质、各向异性"的特征，泉流量对补排项存在"时间优先性和空间分散性"的特点，为在泉水复流的生态修复中"调整补、排布局"措施的采用提供了较大的回旋余地。

（2）碳酸盐岩河段渗漏量的非线性入渗调节。碳酸盐岩河段河水流量与渗漏量（为自由渗漏状态）间为非线性入渗关系，即对于相同的水量，在通过相同时间长度与相同渗漏段长度时，会因不同时段的流量分配不一致而导致形成不同的渗漏量。通过一些水利工程对碳酸盐岩渗漏段上游来水量的合理调配，可提高河流对岩溶水的渗漏补给率。很多泉域外上游外源水区都建有水库，如山东济南趵突泉玉符河上的卧虎庄水库，北京玉泉山泉泉域上游官厅水库、白浮泉上游的十三陵水库，河北邢台百泉上游的朱庄水库。由于进入石灰岩段河水流量与渗漏量间为非线性关系，因此需要通过水库放水量的人工调节控制，使得渗漏率达到最大化，以发挥地表水资源最大的渗漏补给效能。晋祠泉域调节上游汾河一库放水量，使进入石灰岩渗漏段的渗漏率达到最大（图7-17措施①）。

（3）降水入渗量的调节。降水入渗补给是北方岩溶水最重要的补给源。大气降水降落地表后形成地表产流、入渗地下、陆面蒸散三部分，不同的地面植被覆盖状况对它们的分配比例有一定影响，虽然在植树造林是否有利于增加岩溶水入渗补给的问题上学界还存在一定争议，但通过可行合理的植树造林来调节大气降水分配结构的措施可应用于泉水复流的生态修复中（图7-17措施⑥）。

参 考 文 献

蔡宣三，1982. 最优化与最优控制[M]. 北京：清华大学出版社.

蔡祖煌，1992. 环境水文地质学[J]. 地球科学进展，7（3）：84-85.

曹剑峰，迟宝明，王文科，等，2006. 专门水文地质学 [M]. 3 版. 北京：科学出版社.

陈宝铭，陈杰，骈元，等，2004. 太原市晋祠泉域岩溶水取水现状调查报告[R]. 太原：太原市水务局.

陈军锋，李秀彬，2001. 森林植被变化对流域水文影响的争论[J]. 自然资源学报，15（5）：475-478.

陈连瑜，2004. 汾河二库碾压混凝土筑坝技术[J]. 山西水利科技（1）：32-33.

陈梦熊，1988. 我国岩溶地区水文地质图编图经验[J]. 中国岩溶，7（3）：199-204.

陈梦熊，1995. 环境水文地质学的最新发展与今后趋向[J]. 地质科学管理（3）：28-32.

陈梦熊，马凤山，2002. 中国地下水资源与环境[M]. 北京：地震出版社.

陈喜，刘传杰，胡忠明，等，2006. 泉域地下水数值模拟及泉流量动态变化预测[J]. 水文地质工程地质，33（2）：36-40.

陈跃，2006. 太原市兰村泉流量衰减原因分析[J]. 山西水利（4）：44-45，82.

陈治平，1985. 中国喀斯特地带性因素初探[M]//中国地理学会地貌专业委员会. 喀斯特地貌与洞穴. 北京：科学出版社.

地质矿产部，1990. 岩溶地质术语：GB 12329—90[S]. 北京：国家技术监督局.

邓坚荣，1986. 太原市地质构造图说明书（1∶5 万）[R]. 太原：山西地质矿产局区域地质调查队.

丁慧峰，2008. 汾河二库洪水调度与运用[J]. 山西水利科技（1）：47-48.

斗怀章，王天运，张超，等，1985. 太原市地下水位区域下降（漏斗）问题研究报告[R]. 太原：山西地矿局.

段君才，2008. 汾河二库大坝灌浆工程的施工方法[J]. 山西水利科技（1）：61-63.

冯增昭，王英华，张吉森，1990. 华北地台早古生代岩相古地理[M]. 北京：地质出版社.

高庆杰，田金海，张德远，1986. 太原市地下水污染程度图说明书（1∶5 万）[R]. 太原：山西地质矿产局第一水文地质队.

高洋洋，左其亭，2009. 植被覆盖变化对流域总蒸散发量的影响研究[J]. 水资源与水工程学报，20（2）：26-31.

郭彩蝶，2014. 太原市水资源利用方案与水质预测研究[J]. 山西水土保持科技（3）：21-22，30.

郭芳芳，梁永平，王志恒，等，2018. 山西太原西山汾河二库的泉域归属及其渗漏量计算[J]. 中国岩溶，37（4）：493-500.

郭玲玲，郝小平，李春华，等，2001. 西山煤田综合水文地质图及说明书（1∶5000）[R]. 太原：山西焦煤集团公司，山西煤田水文地质二二九队.

郭满金，郭磊，1995. 汾河二库环境地质问题[J]. 山西水利科技（3）：24-30.

郭满金，郭磊，1993. 山西汾河二库初步设计报告[R]. 太原：山西省水利勘测设计院.

郭清海，王焰新，马腾，等，2005. 山西岩溶大泉近 50 年的流量变化过程及其对全球气候变化的指示意义[J]. 中国科学 D 辑 地球科学，35（2）：167-175.

郭振中，张宏达，于开宁，2004. 山西岩溶大泉衰减的多因复成性[J]. 工程勘察，（2）：22-25.

韩宝平，1998. 微观喀斯特作用机理研究[M]. 北京：地质出版社.

韩冬梅，徐恒力，梁杏，2006. 北方岩溶大泉地下水系统的圈划：以太原盆地东西山地区为例[J]. 地球科学：中国地质大学学报，31（6）：885-890.

韩行瑞，梁永平，1989. 北方岩溶地区水资源科学调配：以娘子关泉域为例[J]. 中国岩溶（2）：127-141.

韩行瑞，鲁荣安，李庆松，等，1993. 岩溶水系统：山西岩溶大泉研究[M]. 北京：地质出版社.

韩行瑞，时坚，孙有俨，等，1994. 丹河岩溶水系统：中国北方岩溶水系统典型研究[M]. 桂林：广西师
　　范大学出版社.

贺可强，王滨，杜汝霖，2005. 中国北方岩溶塌陷[M]. 北京：地质出版社.

洪业汤，朱詠煊，张鸿斌，等，1993. 燃煤过程硫同位素分馏效应及其环境意义[J]. 环境科学学报，13（2）：
　　240-243.

华解明，傅耀军，白喜庆，2006. 我国煤矿区水文地质勘查与环境地质评价现状及发展趋势[J]. 煤田地
　　质与勘探，34（3）：40-43.

黄丹红，成建梅，刘军，等，2006. 岩溶含水层降雨非线性入渗补给的处理方法[J]. 地下水，28（2）：
　　23-25.

黄皓莉，2003. 晋祠泉断流与地下水资源保护关系[J]. 中国煤田地质，15（2）：26-28.

黄奇波，覃小群，刘朋雨，等，2014. 汾阳地区不同类型地下水 SO_4^{2-}、$\delta^{34}S$ 的特征及影响因素[J]. 第四
　　纪研究，34（2）：364-371.

黄中本，王发琨，李长义，1987. 太原地区煤矿岩溶水资源评价报告[R]. 太原：山西省煤炭地质局.

霍建光，赵春红，梁永平，等，2015. 娘子关泉域径流—排泄区岩溶水污染特征及成因分析[J]. 地质科
　　技情报，34（5）：147-152.

金芳义，郑秀清，陈军锋，等，2010. 汾河二库蓄水对兰村水源地影响的数值模拟研究[J]. 地下水，32（3）：
　　28-29，74.

金光炎，1980. 水文统计计算[M]. 北京：水利电力出版社.

金晓媚，郭任宏，夏薇，2013. 基于 MODIS 数据的柴达木盆地区域蒸散量的变化特征[J]. 水文地质工
　　程地质，40（6）：8-12.

晋华，侯文生，等，2016. 兰村泉域岩溶水特性及泉水复流初步方案研究[R]. 太原：太原理工大学.

晋华，杨锁林，郑秀清，等，2005. 晋祠岩溶泉流量衰竭分析[J]. 太原理工大学学报，36（4）：488-490.

赖富国，高国华，肖燕飞，等，2018. 氯-硫酸盐体系下硫酸钙溶解度相图的研究进展[J]. 无机盐工业，
　　50（8）：16-21.

蓝先洪，1997. 锶同位素的环境指示意义[J]. 海洋地质动态（8）：4-6.

李慧赟，张永强，王本德，2012. 基于遥感叶面积指数的水文模型定量评价植被和气候变化对径流的影
　　响[J]. 中国科学：技术科学，42（8）：963-971.

李力争，1995. 划分地下水水源地保护区的研究[J]. 中国环境科学，15（5）：338-341.

李文渊，1989. 多阶段地下水管理优化模型[J]. 武汉水利电力学院报（5）：21-32.

李向全，侯新伟，张宏达，等，2006. 太原盆地地下水系统水化学-同位素特征研究[J]. 干旱区资源与环
　　境，20（5）：109-114.

李义连，王焰新，刘剑，等，1998. 娘子关岩溶地下水 SO_4^{2-}、Ca^{2+}、Mg^{2+}污染分析[J]. 地质科技情报，
　　17（A2）：111-114.

李玉山，2001. 黄土高原森林植被对陆地水循环影响的研究[J]. 自然资源学报，16（5）：427-432.

李祖武，1983. 中国东部北北西—北西向构造系的基本特征[J]. 地震研究，6（3）：339-348.

梁永平，韩行瑞，2006. 优化技术在娘子关泉域岩溶地下水开采资源量评价与管理中的应用[J]. 水文地
　　质工程地质，33（4）：67-71.

梁永平，韩行瑞，王维泰，等，2013. 中国北方岩溶地下水环境问题与保护[M]. 北京：地质出版社.

梁永平，申豪勇，赵春红，等，2021. 对中国北方岩溶水研究方向的思考与实践[J]. 中国岩溶，40（3）：
　　363-380.

梁永平，石东海，李纯纪，等，2011. 岩溶渗漏河段来水量与渗漏量间关系测试研究[J]. 水文地质工程地质，38（2）：19-26.

梁永平，王维泰，2010. 中国北方岩溶水系统划分与系统特征[J]. 地球学报，31（6）：860-868.

梁永平，王维泰，段光武，2007. 鄂尔多斯盆地周边地区野外溶蚀试验结果讨论[J]. 中国岩溶，26（4）：315-320.

梁永平，张发旺，2016. 山西娘子关泉域岩溶水文地质环境地质调查[R]. 桂林：中国地质科学院岩溶地质研究所.

梁永平，张发旺，申豪勇，等，2019. 山西太原晋祠—兰村泉水复流的岩溶水文地质条件新认识[J]. 水文地质工程地质，46（1）：11-18，34.

梁永平，赵春红，2018. 中国北方岩溶水功能[J]. 中国矿业，27（s2）：297-299，305.

廖资生，1978. 北方岩溶的主要特征和岩溶储水构造的主要类型[M]. 北京：地质出版社.

林学钰，焦雨，1987. 石家庄市地下水资源的科学管理[Z]. 长春：长春地质学院学报（水文地质专辑）.

刘光亚，1979. 基岩地下水[M]. 北京：地质出版社.

刘光亚，1986. 岩溶地下水径流带系统[J]. 河北地质学院学报，9（3-4）：305-326.

刘启仁，张凤岐，秦毅苏，1989. 中国北方岩溶地下水资源评价及预测研究[R]. 北京：地质矿产部.

刘文修，袁学敏，任运增，等，1986. 山西省太原东山地区岩溶水供水水文地质初步勘查报告[R]. 太原：山西省地矿局第一水文队.

刘文修，袁学敏，沈可，1990. 山西省太原东西山岩溶水补排关系及岩溶水开发利用可行性研究[R]. 太原：山西省地质勘查局.

刘亚平，2005. 地下水超采对太原地区岩溶泉的影响分析[J]. 地下水，27（2）：110-111.

刘再华，Dreybrodt W，李华举，2006. 灰岩和白云岩溶解速率控制机理的比较[J]. 地球科学：中国地质大学学报，31（3）：411-416.

刘占利，2015. 太原市实行最严格水资源管理制度实践与成效[J]. 山西水利（1）：10-11.

卢海平，张发旺，赵春红，等，2018. 我国南北方岩溶差异[J]. 中国矿业，27（s2）：317-319.

鲁荣安，李录秀，严德美，等，1997. 山西省泉域分为及重点保护区[R]. 太原：山西省水利厅.

马腾，马瑞，闫春淼，等，2006. 太原市水资源保护规划[R]. 太原：太原市水务局.

米广尧，李建荣，张玉生，等，2014a.（北小店）幅地质图说明书（1∶50 000）[R]. 太原：山西省地质调查院.

米广尧，李建荣，张玉生，等，2014b.（康家会）幅地质图说明书（1∶50 000）[R]. 太原：山西省地质调查院.

米广尧，李建荣，张玉生，等，2014c.（娄烦）幅地质图说明书（1∶50 000）[R]. 太原：山西省地质调查院.

米广尧，李建荣，张玉生，等，2015. 山西1∶5万大盂、杨兴、冶元村、上兰村、阳曲幅区域地质矿产调查子项目野外验收简报[R]. 太原：山西省地质调查院.

牛仁亮，2003. 山西省煤炭开采对水资源的破坏影响及评价[M]. 北京：中国科学技术出版社.

山西省水利厅，中国地质科学院岩溶地质研究所，山西省水资源管理委员会，2008. 山西省岩溶泉域水资源保护[M]. 北京：中国水利水电出版社.

庞志斌，李建荣，杨月生，等，2015. 山西1∶5万大盂、杨兴、冶元村、上兰村、阳曲幅区域地质矿产调查子项目野外验收简报[R]. 太原：山西省地质调查院.

裴捍华，杨亲民，郭振中，等，2003. 山西岩溶水强径流带的成因类型及其水文地质特征[J]. 中国岩溶，22（3）：219-224.

乔小娟，2011. 基于随机方法的岩溶渗透性的非均质性研究：以太原西山岩溶水系统为例[D]. 北京：中国科学院研究生院.

任美锷，刘振中，1983. 岩溶学概论[M]. 北京：商务印书馆.

任月宗，周兴平，郭振中，等，1986a. 太原市综合水文地质图说明书（1：5 万）[R]. 太原：山西地质矿产局第一水文地质队.

任月宗，周兴平，毛炳鑫，等，1986b. 太原市地貌与第四纪地质图说明书（1：5 万）[R]. 太原：山西地质矿产局第一水文地质队.

钱学溥，刘文修，赵敬抚，等，1983. 山西省娘子关泉域岩溶水资源评价及其开发利用科研报告[R]. 太原：山西地质矿产局第一水文地质队.

山西省水利勘测设计院，1993. 山西省汾河二库初步设计报告[R]. 太原：山西省水利厅.

山西省水利厅，2014. 晋祠泉复流工程实施方案[R]. 太原：山西省政府.

山西省水资源管理中心，山西省水文水资源勘测局，太原市晋祠泉域管理处，等，2013. 晋祠泉域水生态修复与保护——岩溶地下水流场及动态特征[R]. 太原：山西省水资源管理中心.

申豪勇，梁永平，程洋，等，2017. 龙子祠泉域不同下垫面陆面蒸散量的对比研究[J]. 中国岩溶，36（2）：234-241.

申豪勇，梁永平，唐春雷，等，2018. 应用氯量平衡法估算娘子关泉域典型岩溶区的降水入渗系数[J]. 水文地质工程地质，45（6）：31-35.

申豪勇，梁永平，徐永新，等，2019. 中国北方岩溶地下水补给研究进展[J]. 水文，39（3）：15-21.

孙炳亮，张世秋，1986. 太原市地质图说明书（1：5 万）[R]. 太原：山西地质矿产局区域地质调查队.

孙才志，潘俊，1999. 地下水脆弱性的概念、评价方法与研究前景[J]. 水科学进展，10（4）：444-449.

太原市水务局，2005. 太原市水资源评价报告[R]. 太原：太原市水务局.

汤邦义，周忠孝，王秀进，等，1982. 1：20 万太原幅区域水文地质普查报告[R]. 太原：山西地矿局.

唐春雷，梁永平，王维泰，等，2017. 龙子祠泉域岩溶水水化学-同位素特征[J]. 桂林理工大学学报，37（1）：53-58.

万天丰，2004. 中国大地构造学纲要[M]. 北京：地质出版社.

王贵喜，周兴平，王宪民，等，2006. 太原市环境水文地质问题及灾害研究[R]. 太原：山西省地质工程调查院.

王贵喜，朱锡冰，刘瑾，等，1990. 山西省太原市地下水资源管理模型研究[R]. 太原：山西省地质勘查局.

王怀颖，王瑞久，1988. 太原东山地下水的三种混合模式[J]. 地质评论，34（5）：448-456.

王怀颖，王瑞久，1989a. 太原东山和西山岩溶地下水的对比[J]. 水文地质工程地质（1）：39-43.

王怀颖，王瑞久，1989b. 太原东山岩溶地下水的边界[J]. 中国岩溶，8（1）：1-7.

王怀颖，王瑞久，1990. 太原东山岩溶地下水的补给[J]. 中国岩溶，9（1）：1-6.

王瑞久，1985. 太原西山的同位素水文地质[J]. 地质学报，59（4）：345-355.

王晓敏，2018. 太原市水资源开发利用现状及问题分析[J]. 山西水利（6）：9-10.

王秀进，汤邦义，周忠孝，1981. 晋祠泉衰竭原因初步分析[J]. 水文地质工程地质（4）：16-20.

王秀兰，马德元，2004. 太原东山岩溶热矿水成因分析[J]. 太原理工大学学报，35（2）：183-186.

王秀云，王晓敏，2005. 太原市晋祠泉域岩溶水水质现状及对策[J]. 地下水，27（3）：179-180.

王焰新，胡祥云，成建梅，等，2019. 晋祠泉复流工程方案研究[R]. 太原：山西省水资源管理中心.

王英华，张秀莲，杨承运，1989. 华北地台早古生代碳酸盐岩岩石学[M]. 北京：地震出版社.

王云峰，2004. 山西省小型水面蒸发器折算系数分析[J]. 山西水利（2）：46-47.

王增银，刘娟，王涛，等，2003. 锶元素地球化学在水文地质研究中的应用进展[J]. 地质科技情报，22（4）：91-95.

王志恒，梁永平，申豪勇，等，2021. 自然与人类活动叠加影响下晋祠泉域岩溶地下水动态特征[J]. 吉林大学学报（地球科学版），51（6）：1823-1837.

王志恒，梁永平，唐春雷，等，2020. 北方断流岩溶大泉复流的生态修复模式与复流措施效果的定量评价：以山西太原晋祠泉为例[J]. 中国地质，47（6）：1726-1738.

文冬光，2002. 用环境同位素论区域地下水资源属性[J]. 地球科学：中国地质大学学报，27（2）：141-147.

翁金桃，何师意，1991. 中国北方寒武－奥陶系岩溶层组类型及其区域变化规律[J]. 中国岩溶，10（2）：116-125.

吴爱民，李传谟，文唐章，等，1986. 山东省羊庄盆地岩溶水均衡试验报告[R]. 兖州：山东省地矿局第三水文队.

吴慧芳，段水云，荆庆年，2002. 太原西峪煤矿9号煤层带压开采危安区的划分[J]. 中国煤田地质，14（1）：45-51.

吴攀，刘丛强，张国平，等，2007. 矿山环境地表水系的硫同位素研究：以贵州赫章后河为例[J]. 矿物岩石地球化学通报，26（3）：224-227.

吴文金，2006. 岩溶陷落柱充填特征与堵导水分析[J]. 北京工业职业技术学院学报，5（2）：106-109.

吴晓芳，苏小四，冯玉明，2006. 兰村泉域岩溶水位动态遗传回归模型与岩溶地下水保护[J]. 吉林大学学报（地球科学版），36（S1）：60-64，79.

吴秀萍，2004. 西峪煤矿井下防治水措施[J]. 山西焦煤科技（12）：24-25.

吴玉琪，2007. 太原盆地下热水分布特征[J]. 山西能源与节能（1）：41-42.

武强，2003. 我国矿山环境地质问题类型划分研究[J]. 水文地质工程地质（5）：107-112.

武强，董东林，傅耀军，等，2002. 煤矿开采诱发的水环境问题研究[J]. 中国矿业大学学报，31（1）：19-22.

解奕炜，郑世书，吕福祥，等，2010. 古交矿区奥灰水文地质补勘报告[R]. 太原：山西焦煤集团公司西山地质测量勘探中心.

邢立亭，陆敏，胡兰英，2006. 济南泉域岩溶水环境现状与保护对策[J]. 济南大学学报（自然科学版），20（4）：345-349.

邢作云，赵斌，涂美义，等，2005. 汾渭裂谷系与造山带耦合关系及其形成机制研究[J]. 地学前缘，12（2）：247-262.

徐爽，李德永，王瑞久，等，1984. 太原西山地区岩溶水资源评价研究[R]. 太原：山西地矿局.

许贵森，哈承佑，王怀颖，等，1987. 山西太原西山裂隙岩溶地下水系统[J]. 中国地质科学院地质力学研究所所刊：85-125.

许涓铭，邵景力，1988. 第二讲 地下水系统的分类与单位脉冲响应函数[J]. 工程勘察（2）：46 -52.

许涓铭，邵景力，1988. 地下水管理问题讲座（第五讲 地下水分布参数水利管理模型建模的基本方法之二——响应矩阵法）[J]. 工程勘察（5）：49-53.

薛凤海，2004. 山西省水资源问题研究[J]. 水资源保护（1）：53-56.

闫丽，2015. 太原市兰村泉域岩溶地下水数值模拟及水资源合理开发利用研究[D]. 太原：太原理工大学.

闫世龙，王贵喜，周兴平，2006. 太原市环境水文地质问题及灾害研究[R]. 太原：山西省地质调查院.

尹志强，马利华，韩延本，等，2007. 太阳活动的甚长周期性变化[J]. 科学通报，52（16）：1859-1863.

于浩然，韩行瑞，1989. 中国北方岩溶分布及发育规律研究[R]. 北京：地质矿产部.

袁传芳，张运区，逯志强，2003. 从明水泉的成因谈采煤与保泉的关系[J]. 水资源保护（4）：10-12.

袁道先，2002. 中国岩溶动力系统[M]. 北京：地质出版社.

袁道先，蔡桂鸿，1988. 岩溶环境学[M]. 重庆：重庆出版社.

张德远，周忠孝，宋建民，等，1987. 太原市地下水资源评价及规划利用报告[R]. 太原：山西省地矿局第一水文队.

张凤岐，李博涛，1990. 中国北方岩溶地下水系统和开发利用中的几个问题[J]. 中国岩溶，9（1）：7-14.

张华栋，2013. 太原市水资源调配策略模型分析[J]. 山西水利（12）：12-13.

张江华，梁永平，王维泰，等，2009. 硫同位素技术在北方岩溶水资源调查中的应用实例[J]. 中国岩溶，

28（3）：235-241.

张杰，宋玉琴，2004. 济南市的保泉措施[J]. 水资源保护（1）：49-56.

张丽君，曹红，马颖，2006. 地下水源保护区划分方法的探讨[J]. 辽宁城乡环境科技，26（2）：9-10.

张人权，梁杏，靳孟贵，等，2011. 水文地质学基础[M]. 北京：地质出版社.

张寿越，辛奎德，籍传茂，1988. 中国岩溶区域的水文地质研究[J]. 中国岩溶，7（3）：173-177.

张之淦，1986. 应用硫同位素方法研究天然水中SO_4^{2-}离子起源一例[C]//中国矿物岩石地球化学学会同位素地球化学委员会. 第三届全国同位素地球化学学术讨论会论文（摘要）汇编：316-316.

张之淦，2007. 岩溶圈系统及其研究方法[J]. 中国岩溶，26（1）：1-10.

赵伟丽，2013. 平泉与晋祠泉的关系以及晋祠泉复流的可能性分析[J]. 山西水利科技（4）：83-84，89.

赵永贵，蔡祖煌，1990. 岩溶地下水系统的研究：以太原地区为例[M]. 北京：科学出版社.

郑跃军，崔亚莉，邵景力，等，2005. 万家寨水库对库区岩溶地下水的补给作用[J]. 水文地质工程地质（5）：24-26.

中国地质调查局，2012. 水文地质手册[M]. 2版. 北京：地质出版社.

中国科学院地质研究所岩溶研究组，1979. 中国岩溶研究[M]. 北京：科学出版社.

周海，王润福，李恒周，等，1992. 山西省太原市西峪煤矿二水平矿床水文地质勘查报告[R]. 太原：山西省地质勘查局.

周晓峰，赵惠勋，孙慧珍，2001. 正确评价森林水文效应[J]. 自然资源学报，16（5）：420-426.

周仰效，1987. 石羊河流域武威盆地地下水系统的管理模型[D]. 北京：中国地质科学院研究生部.

周永昌，郭晓峰，赵小平，等，2013. 山西省地下水资源与开发利用研究[M]. 太原：山西科学技术出版社.

周永红，2015. 汾河二库蓄水至正常水位后对周边地下水影响分析[J]. 山西水利（12）：1-2.

Aharon P，Fu B，2003. Sulfur and oxygen isotopes of coeval sulfate–sulfide in pore fluids of cold seep sediments with sharp redox gradients[J]. Chemical Geology，195（1-4）：201-218.

Edmunds W M，1995. Geochemical indicator in the groungwater environmental of rapid environmental change[C]//Kharaka Y K，Chudaev O V. Water-Rock Interaction. Rotterdam：Balkema：3-8.

Escolero O A，Marin L E，Steinich B，et al.，2002. Development of a protection strategy of karst limestone aquifers：The Merida Yucatan Mexico Case study[J]. Water Resources Management，16（5）：351-367.

Goldscheider N，2005. Karst groundwater vulnerability mapping：Application of a new method in the Swabian Alb[J]. Hydrogeology Journal，13（4）：555-564.

Liang Y P，Gao X B，Zhao C H，et al.，2018. Review characterization，evolution，and environmental issues of karst water systems in Northern China[J]. Hydrogeology Journal，26（5）：1371-1385.

Luo M M，Zhou H，Liang Y P，et al.，2018. Horizontal and vertical zoning of carbonate dissolution in China[J]. Geomorphology，322：66-75.

Martin J B，Dean R W，2001. Exchange of water between conduits and matrix in the Floridan aquifer[J]. Chemical Geology，179（1-4）：145-165.

Raab M，Spiro B，1991. Sulfur isotopic variations during seawater evaporation with fractional crystallization[J]. Chemical Geology：Isotope Geoscience Section，86（4）：323-333.

Stewart B W，Capo R C，Chadwick O A，2001. Effects of rainfall on weathering arte，base cation provenance，and Sr isotope composition of Hawaiian soils[J]. Geochimica et Cosmochimica Acta，65（7）：1087-1099.

Zwahlen F，2003. Vulnerability and risk mapping for the protection of carbonate（karst）aquifers[R]. European Approach，COST Action 620，Final Report.